BIM 系列应用教程

权威一线作者讲授方法与技巧！

建筑工程计量与计价（河南版）

朱溢镕　韩红霞　张　霞　主编

化学工业出版社

·北京·

本书内容主要以情境任务展开，主要分为建筑工程计量计价概述、建筑工程计量计价实例编制讲解、建筑工程计量计价案例实训。三大情境模块围绕“基础理论知识—业务案例分析—独立案例实训练习”展开，每个情境根据任务划分，有明确的学习目标及学习要求。同时教材配备有两套图纸，一讲一练。其中一套为案例讲解图纸，结合实际的建筑工程各分部分项具体内容，进行全过程细化分析讲解。另一套为案例实训图纸，通过情境三模块实训任务的布置及要求，学生独立完成该案例工程的各分部分项工程实训内容的编制，从而提升学生独立编制建筑工程投标报价能力。与本书配套的图纸是《BIM 算量一图一练》。

本书以案例任务化模式展开，结合新版清单及河南省最新定额进行本地化模式编制，可以作为高等院校工程管理、造价管理、房地产经营管理、审计、公共事业管理、资产评估等专业的教材，同时也可以作为建设单位、施工单位、设计及监理单位工程造价人员学习的参考资料。

图书在版编目（CIP）数据

建筑工程计量与计价：河南版/朱溢镕，韩红霞，张霞主编. —北京：化学工业出版社，2018.5（2023.10重印）
BIM 系列应用教程
ISBN 978-7-122-31875-6

Ⅰ. ①建… Ⅱ. ①朱…②韩…③张… Ⅲ. ①建筑工程-计量-教材②建筑工程-工程造价-教材 Ⅳ. ①TU723.3

中国版本图书馆 CIP 数据核字（2018）第 065337 号

责任编辑：吕佳丽　　装帧设计：张　辉
责任校对：边　涛

出版发行：化学工业出版社（北京市东城区青年湖南街 13 号　邮政编码 100011）
印　　装：三河市延风印装有限公司
787mm×1092mm　1/16　印张 25¼　字数 622 千字　2023 年 10月北京第 1 版第 11 次印刷

购书咨询：010-64518888　　售后服务：010-64518899
网　　址：http://www.cip.com.cn
凡购买本书，如有缺损质量问题，本社销售中心负责调换。

定　　价：49.80 元

编审委员会名单

孙咏梅　浙江水利水电学院

温艳芳　山西职业技术学院

杨文生　北京交通职业技术学院

黄丽华　浙江广厦职业技术学院

刘立明　北京建谊集团

柴润照　河南一砖一瓦

布宁辉　广联达工程教育

王全杰　广联达工程教育

朱溢镕　广联达工程教育

吕春兰　广联达 BIM 造价

石知康　杭州宾谷教育科技

周晓奉　北京睿格致科技

张树坤　北京展视网科技（AR）

编写人员名单

主　编　朱溢镕　广联达工程教育

韩红霞　河南一砖一瓦工程管理公司

张　霞　开封大学

副主编　董晓宇　安阳工学院

王艳阳　黄河科技学院

李文雁　郑州商业技师学院

参　编（排名不分先后）

甄　凤　河南经贸职业学院

陈偲勤　郑州航空工业学院

丁纯刚　河南职业技术学院

黄海荣　河南工业大学

陈　捷　河南财经政法大学

王　辉　河南建筑职业技术学院

樊松丽　河南职业技术学院

王玉雅　商丘工学院

豆叶青　郑州工商学院

阴钰娇　黄河交通学院

李晶晶　河南工程学院

许　准　郑州财税金融职院

单贺明　安阳师范学院

杨　柳　郑州铁路职业技术学院

苏丹娜　郑州铁路职业技术学院

蒲红娟　郑州市商业技师学院

刘　姹　北京睿格致科技有限公司

程宝娟　河南维学企业管理咨询有限公司

柴润照　河南兴河工程造价咨询有限公司

樊　娟　黄河建工集团有限公司

侯高升　黄河建工集团有限公司

张永昌　黄河建工集团有限公司

崔　明　广联达 BIM 造价

黄小杰　郑州信息科技职业学院

序

建设行业作为国民经济支柱产业之一，转型升级的任务十分艰巨，BIM 技术作为建设行业创新可持续发展的重要技术手段，其应用与推广对建设行业发展来说，将带来前所未有的改变，同时也将给建设行业带来巨大的前进动力。

伴随着 BIM 技术理念不断深化，范围不断拓展，价值不断彰显，呈现出了以下特点：一是应用阶段从以关注设计阶段为主向工程建设全过程扩展；二是应用形式从单一技术向多元化综合应用发展；三是用户使用从电脑应用向移动客户端转变；四是应用范围从标志性建筑向普通建筑转变。它对建设行业是一次颠覆性变革，对参与建设的各方，无论从工作方式、工作思路、工作路径都将发生革命性的改变。

面对新的趋势和需求，从技术技能应用型人才培养角度出发，需要我们更多地理解和掌握 BIM 技术，将 BIM 技术与其他先进技术融合到人才培养方案，融合到课程，融合到课堂之中，创新培养模式和教学手段，让课堂变得更加生动，使之受到更多学生的喜爱和欢迎。

本套 BIM 算量系列教程，主要围绕 BIM 技术深入应用到建筑工程工程造价计价与控制全过程这一主线展开，突出了以下特色。

一是项目导向，注重理论与实际融合。通过项目阶段任务化的模式，以情景片段展开，在完善基础知识的同时开展项目化实训教学，通过项目化任务的训练，让学生快速掌握计量计价手算技能。

二是通俗易懂，注重知识与技能融合。教材立足于学生能通过 BIM 技术在计量计价中学习与训练，形成完整知识架构，并能熟练掌握操作过程的目标，通过完整的项目案例为载体，利用“一图一练”的模式进行讲解，将复杂项目过程更加直观化，学生也更容易理解内容与提升技能。

三是创新引领，注重技术与信息融合。本套教材在编写过程中，大量应用了二维码、三维实体动画、模拟情景展开等多种形式与手段，将二维课本以三维立体的形式呈现于学生面前，从而提升学生实习兴趣，加快掌握造价技能与技巧。

四是校企合作，注重内容与标准融合。有多家企业共同参与策划与编写本系列教材，尤其是计价软件教材以广联达 BIM 系列软件为基础，按照 BIM 一体化课程设计思路，围绕设计打通造价应用展开编制，较好地做到了教材内容与实际职业标准、岗位职责相一致，真正让学生做到学以致用、学有所用。

本套教材是在现代职业教育有关改革精神指导下，围绕能力培养为主线，根据 BIM 技术发展趋势与毕业生岗位就业方向、生源实际情况编写的，教学思路清晰，设计理念先进，突破了传统的计量计价课程模式，为 BIM 技术在工程造价行业落地应用提供了很好的资源，探索了特色教材编写的新路径，值得向广大读者推荐。

浙江建设职业技术学院院长 何辉 教授

前言

随着土建类专业人才培养模式的转变及教学方法改革，人才培养主要以技能型人才为主。本书围绕全国高等教育建筑工程技术专业教育标准和培养方案及主干课程教学大纲的基本要求，在以往教程建设方面的宝贵经验的基础上，确定了本书的编写思路。

本书主要介绍建筑工程计量计价概述、建筑工程计量计价实例编制讲解、建筑工程计量计价案例实训。三大情景围绕“基础理论知识—案例业务分析—独立案例实训练习”分层次展开，每个章节根据任务划分，有明确的学习目标及学习要求。本书采取一讲一练双案例设计。一套为项目精讲案例，结合实际业务，根据国家新版清单《建设工程工程量清单计价规范》（GB 50500—2013）和《河南省房屋建筑与装饰工程预算定额》（HA 01—31—2016）为依据，编制有完整的造价工程实例，学生在学习专业基础知识的学习同时，通过完整的案例分析可以有效地把握项目分部分项模块化计量计价训练及整体造价知识框架结构体系的搭建，提升学生建筑工程计量计价能力，从而满足高校进行项目全过程计量计价理论教学需求；另一套为项目实训案例，通过情景三实训任务的布置及要求，学生独立完成该案例工程的各分部分项工程实训内容的编制，从而提升学生独立编制建筑工程投标报价能力。

本书配套图纸为《BIM 算量一图一练》，读者还可单独购买《BIM 造价应用》。

本书主要针对建筑类相关专业识图及建筑工程计量与计价课程学习使用，可以作为高等院校工程管理、造价管理、房地产经营管理、审计、公共事业管理、资产评估等专业的识图算量教材，同时也可以作为建设单位、施工单位、设计及监理单位工程造价人员学习的参考案例。本图纸只可以用于教学，不可用于施工。

由于我们水平有限，书中难免有不足之处，恳请广大读者批评指正，以便及时修订与完善。为方便读者学习 BIM 系列教程，并与我们应用交流，编审委员会特建立 BIM 交流 QQ 群：296680092（该群为实名制，入群读者申请以“姓名＋单位”命名），欢迎广大读者加入。该群为广大读者提供与主编以及各地区参编的交流机会，如果需要电子图纸等电子资料，也可以在群内获取。读者也可以登录 www. cipedu. com. cn，会员注册，关键词处输入“建筑工程计量与计价（河南版）”，查询范围选“课件”，免费下载相关资料。

编者

2018 年 6 月

目 录

情境一 建筑工程计量计价概述

情境二 建筑工程计量计价实例编制讲解

情境三 建筑工程计量计价案例实训

情境一
建筑工程计量计价概述

第1章

工程造价基础知识

学习目标

1. 了解基本建设的概念及建设程序。
2. 熟悉建设项目的概念及组成。
3. 掌握建筑工程造价的概念、分类及基本建设的关系。

学习要求

1. 理解建设工程项目概念，掌握建设工程项目组成。
2. 掌握建设项目分类，理解建筑工程造价基本内容。
3. 掌握工程项目建设程序及相关工程计价内容及特点。

本章内容框架

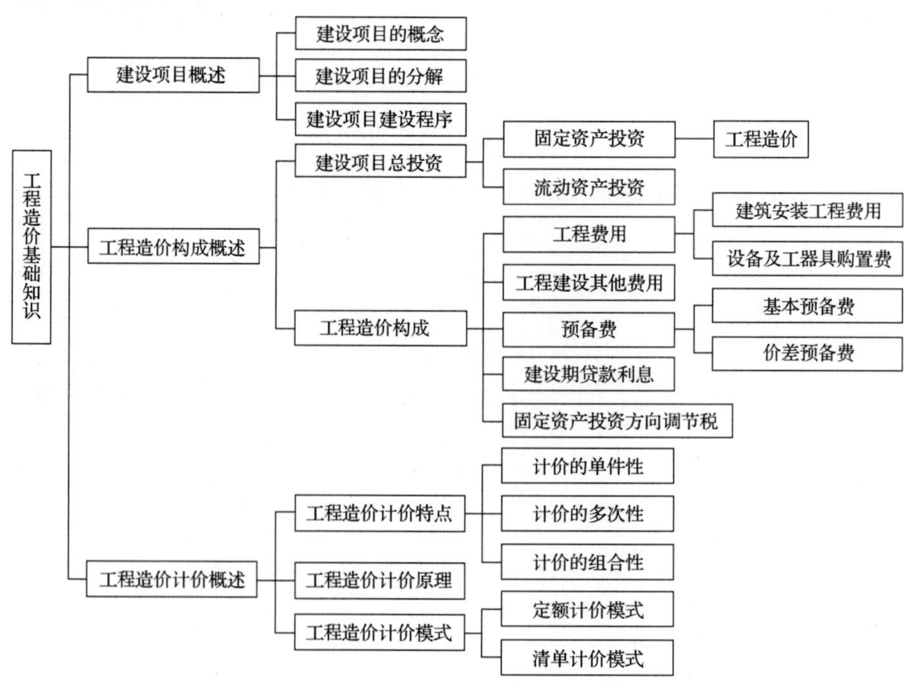

1.1　建设项目概述

1.1.1　建设项目相关概念及其分解

1.1.1.1　建设项目相关概念

(1) 项目

项目是在一定的约束条件下（主要是限定资源、限定时间），具有特定目标的一次性任务。其特点包括以下几个方面：

① 项目具有特定目标；

② 有明确的开始和结束日期；

③ 有一定的资源约束条件；

④ 是由一系列相互独立、相互联系、相互依赖的活动组成的一次性任务。

只要符合上述特点的都属于项目，如建设一项工程、开发一个住宅小区、开发一套软件、完成某项科研课题、组织一次活动等，这些都受一些条件的约束，都有相关的要求，都是一次性任务，所以都属于项目。

(2) 建设项目

建设项目是一项固定资产投资项目，它是将一定量的投资，在一定的约束条件下（时间、资源、质量），按照一个科学的程序，经过投资决策（主要是可行性研究）和实施（勘查、设计、施工、竣工验收），最终形成固定资产特定目标的一次性建设任务。其特点包括以下几个方面：

① 技术上，有一个总体设计；

② 构成上，由一个或几个相互关联的单项工程所组成；

③ 建设中，行政上实行统一管理，经济上实行统一核算，管理上具有独立的组织形式。

只要满足以上特点就属于建设项目，如一所学校、一个住宅小区、一个工厂、一个企业、一条铁路等。

提示：建设项目造价是通过编制建设项目的总概预算来确定的。

1.1.1.2　建设项目的建设内容

建设项目是通过勘察、设计和施工等活动，以及其他有关部门的经济活动来实现的。具体包括的建设内容如图 1-1 所示。

(1) 建筑工程

建筑工程是指通过对各类房屋建筑及其附属设施的建造和其配套的线路、管道、设备的安装活动所形成的工程实体。主要包括以下几类：

① 永久性和临时性的各种建筑物和构筑物，如住宅、办公楼、厂房、医院、学校、矿井、水塔、栈桥等新建、扩建、改建或复建工程；

② 各种民用管道和线路的敷设工程，如与房屋建筑及其附属设施相配套的电气、给排水、暖通、通信、智能化、电梯等线路、管道、设备的安装活动；

③ 设备基础；

④ 炉窑砌筑；

⑤ 金属结构件工程；

⑥ 农田水利工程等。

(2) 设备及工器具购置

设备及工器具购置是指按设计文件规定，对用于生产或服务于生产的达到固定资产标准的设备、工器具的加工、订购和采购。

(3) 设备安装工程

设备安装工程是指永久性和临时性生产、动力、起重、运输、传动等设备的装备、安装工程，以及附属于被安装设备的管线敷设、绝缘、保温、刷油等工程。

(4) 工程建设其他工作

工程建设其他工作是指上述三项工作之外与建设项目有关的各项工作。其内容因建设项目性质的不同而有所差异。如新建工程主要包括征地、拆迁安置、七通一平、勘察、设计、设计招标、施工招标、竣工验收和试车等。

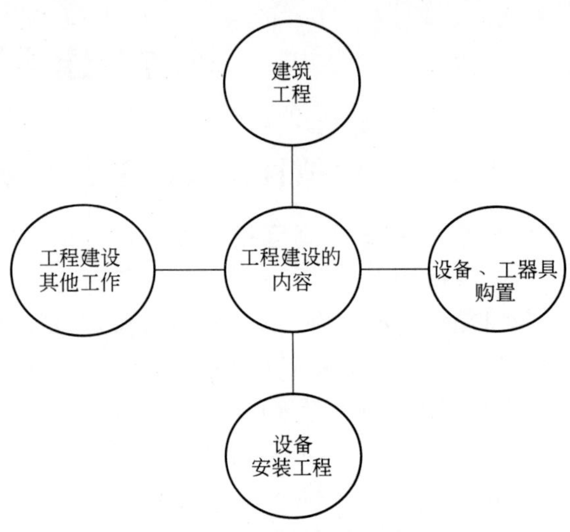

图 1-1　建设项目的建设内容

1.1.1.3　建设项目的分解（工作分解结构）

一个建设项目是一个完整配套的综合性产品，从上到下可分解为多个项目分项，如图1-2所示。

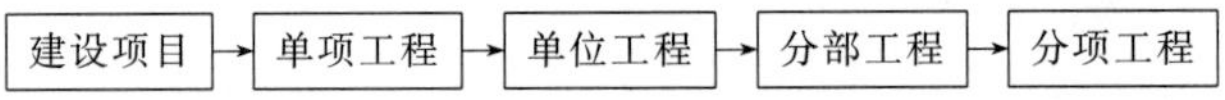

建设项目 → 单项工程 → 单位工程 → 分部工程 → 分项工程

图 1-2　建设项目的分解结构图

(1) 单项工程

单项工程是指在一个建设项目中，具有独立的设计文件，竣工后可以独立发挥生产能力或效益的一组配套齐全的工程项目。单项工程是建设项目的组成部分，一个建设项目可以分解为一个单项工程，也可以分解为多个单项工程。

对于生产性建设项目的单项工程，一般是指具有独立生产能力的建筑物，如一个工厂中的某生产车间；对于非生产性建设项目的单项工程，一般是指具有独立使用功能的建筑物。如一所学校的办公楼、教学楼、宿舍、图书馆、食堂等。

提示： 单项工程造价是通过编制单项工程综合概预算来确定的。

(2) 单位工程

单位工程是指在一个单项工程中可以独立设计，也可以独立组织施工，但是竣工后一般不能独立发挥生产能力或效益的工程。

单位工程是单项工程的组成部分，一个单项工程可以分解为若干个单位工程。如办公楼这个单项工程可以分解为土建、装饰、电气照明、室内给排水等单位工程。

提示： 单位工程造价是通过编制单位工程概预算来确定的。

单位工程是进行工程成本核算的对象。

(3) 分部工程

分部工程是指在一个单位工程中按照建筑物的结构部位或主要工种工程划分的工程分

项。分部工程是单位工程的组成部分，一个单位工程可以分解为若干个分部工程。如办公楼单项工程中的土建单位工程可以分解为土石方工程、地基与基础工程、砌体工程、钢筋混凝土工程、楼地面工程、屋面工程、门窗工程等分部工程。

(4) 分项工程

分项工程是指在分部工程中按照选用的施工方法、所使用的材料、结构构件规格等不同因素划分的施工分项。分项工程是分部工程的组成部分，一个分部工程可以分解为若干个分项工程。分项工程具有以下几个特点：

① 能用最简单的施工过程去完成；

② 能用一定的计量单位计算；

③ 能计算出某一计量单位的分项工程所需耗用的人工、材料和机械台班的数量。

如土建单位工程中的钢筋混凝土工程可以分解为现浇混凝土条形基础、现浇框架柱、现浇框架梁、现浇板等分项工程。下面以某大学为例说明建设项目的分解，如图 1-3 所示。

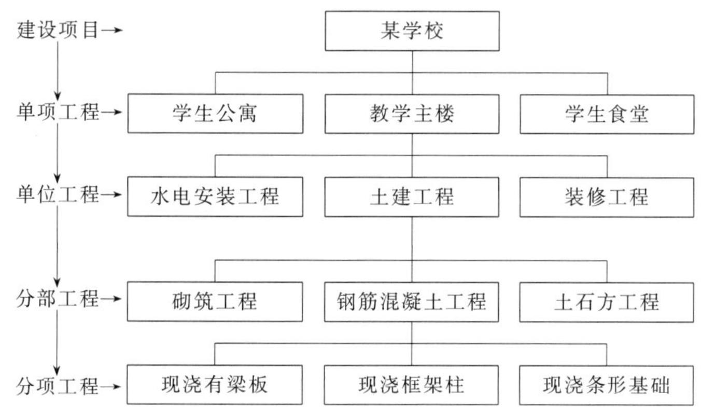

图 1-3 建设项目分解结构图

1.1.2 建设项目建设程序

建设程序是指建设项目从设想、选择、评估、决策、设计、施工到竣工验收、投产生产等整个建设过程中，各项工作必须遵循的先后次序法则。按照建设项目发展的内在联系和发展过程，建设程序分为若干阶段，这些发展阶段有严格的先后次序，不能随意颠倒。

目前，我国建设项目的基本建设程序划分为五个建设阶段和若干个建设环节，如图 1-4 所示。

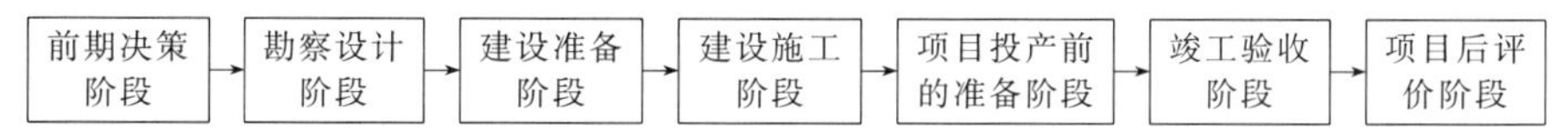

图 1-4 建设项目建设程序

1.2 工程造价构成概述

1.2.1 建设项目总投资及其构成

(1) 建设项目总投资

建设项目总投资是指投资主体为获取预期收益在选定的建设项目上投入所需的全部

资金。

(2) 建设项目总投资的构成

建设项目按投资作用可分为生产性项目和非生产性项目。生产性项目总投资包括固定资产投资和流动资金投资两部分。非生产性项目总投资只有固定资产投资，不含流动资金投资。

1.2.2 工程造价及其构成

(1) 工程造价

工程造价就是建设项目总投资中的固定资产投资部分，是建设项目从筹建到竣工交付使用的整个建设过程所花费的全部固定资产投资费用。

(2) 工程造价的构成

根据国家发改委和原建设部审定（发改投资［2006］1325号）发行的《建设项目经济评价方法与参数》（第三版）的规定，工程造价（固定资产投资）由五部分构成，如图1-5所示。

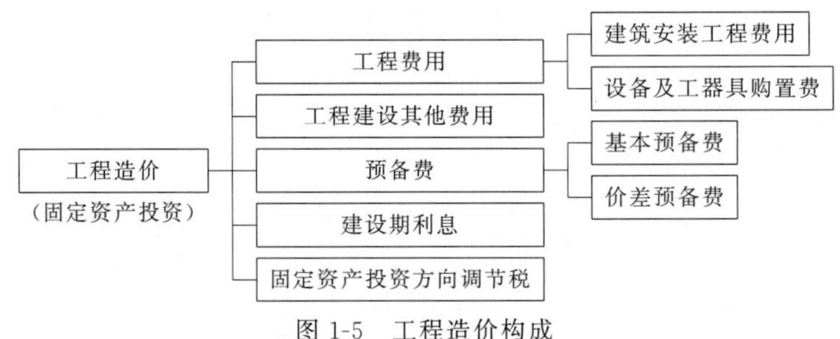

图1-5 工程造价构成

提示：根据财政部、国家税务总局、国家发展计划委员会财税字［1999］299号文件，自2000年1月1日起发生的投资额，暂停征收固定资产投资方向调节税。但该税种并未取消。

1.2.3 建筑安装工程费用的内容、组成及参考计算方法

1.2.3.1 建筑安装工程费用的内容

主要包括建筑工程费用和安装工程费用两大部分。

(1) 建筑工程费用包括的内容

① 各类房屋建筑工程和列入房屋建筑工程的供水、供暖、卫生、通风、燃气等设备费用及其装饰、油饰工程的费用，列入建筑工程预算的各种管道、电力、电信和电缆导线敷设工程的费用。

② 设备基础、支柱、工作台、烟囱、水塔、水池、灰塔等建筑工程以及各种炉窑的砌筑工程和金属结构工程的费用。

③ 为施工而进行的场地平整和水文地质勘察费用，原有建筑物和障碍物的拆除及施工临时用水、电、气、路和完工后的场地清理费用，环境绿化、美化等的费用。

④ 矿井开凿、井巷延伸、露天矿剥离费用，石油、天然气钻井费用，修建铁路、公路、桥梁、水库、堤坝、灌渠及防洪工程的费用。

(2) 安装工程费用包括的内容

① 生产、动力、起重、运输、传动和医疗、实验等各种需要安装的机械设备的装配费

用，与设备相连的工作台、梯子、栏杆等设施的工作费用，附属于被安装设备的管线敷设工程费用，以及安装设备的绝缘、防腐、保温、油漆等工作的材料费和安装费用。

② 为测定安装工程质量，对单台设备进行单机试运转、对系统设备进行系统联动无负荷试运转工作的调试费用。

1.2.3.2 建筑安装工程费用项目组成及参考计算方法

我国现行的建筑安装工程费用项目组成按最新住房和城乡建设部、财政部《关于印发〈建筑安装工程费用项目组成〉的通知》（建标［2013］44号）的规定执行，该规定是在总结原建设部、财政部《关于印发〈建筑安装工程费用项目组成〉的通知》（建标［2003］206号）执行情况的基础上，修订完善了《建筑安装工程费用项目组成》（以下简称“费用组成”）。“费用组成”自2013年7月1日起施行，原建设部、财政部《关于印发〈建筑安装工程费用项目组成〉的通知》（建标［2003］206号）同时废止。

(1) 建筑安装工程费用项目组成（按费用构成要素划分）

建筑安装工程费按照费用构成要素划分，由人工费、材料（包含工程设备，下同）费、施工机具使用费、企业管理费、利润、规费和税金组成。其中人工费、材料费、施工机具使用费、企业管理费和利润包含在分部分项工程费、措施项目费、其他项目费中，如图1-6所示。

1）人工费：是指按工资总额构成规定，支付给从事建筑安装工程施工的生产工人和附属生产单位工人的各项费用。包括的内容如图1-6所示。

① 计时工资或计件工资：是指按计时工资标准和工作时间或对已做工作按计件单价支付给个人的劳动报酬。

② 奖金：是指对超额劳动和增收节支支付给个人的劳动报酬。如节约奖、劳动竞赛奖等。

③ 津贴、补贴：是指为了补偿职工特殊或额外的劳动消耗和因其他特殊原因支付给个人的津贴，以及为了保证职工工资水平不受物价影响支付给个人的物价补贴。如流动施工津贴、特殊地区施工津贴、高温（寒）作业临时津贴、高空津贴等。

④ 加班加点工资：是指按规定支付的在法定节假日工作的加班工资和在法定日工作时间外延时工作的加点工资。

⑤ 特殊情况下支付的工资：是指根据国家法律、法规和政策规定，因病、工伤、产假、计划生育假、婚丧假、事假、探亲假、定期休假、停工学习、执行国家或社会义务等原因按计时工资标准或计时工资标准的一定比例支付的工资。

人工费的参考计算方法：

$$人工费=\sum(工日消耗量\times日工资单价)$$

$$日工资单价=\frac{\begin{matrix}生产工人平均月工资\\(计时、计件)\end{matrix}+\begin{matrix}平均月工资\\(奖金+津贴补贴+特殊情况下支付的工资)\end{matrix}}{年平均每月法定工作日}$$

2）材料费：是指施工过程中耗费的原材料、辅助材料、构配件、零件、半成品或成品、工程设备的费用。包括的内容如图1-6所示。

① 材料原价：是指材料、工程设备的出厂价格或商家供应价格。

② 运杂费：是指材料、工程设备自来源地运至工地仓库或指定堆放地点所发生的全部费用。

③ 运输损耗费：是指材料在运输装卸过程中不可避免的损耗。

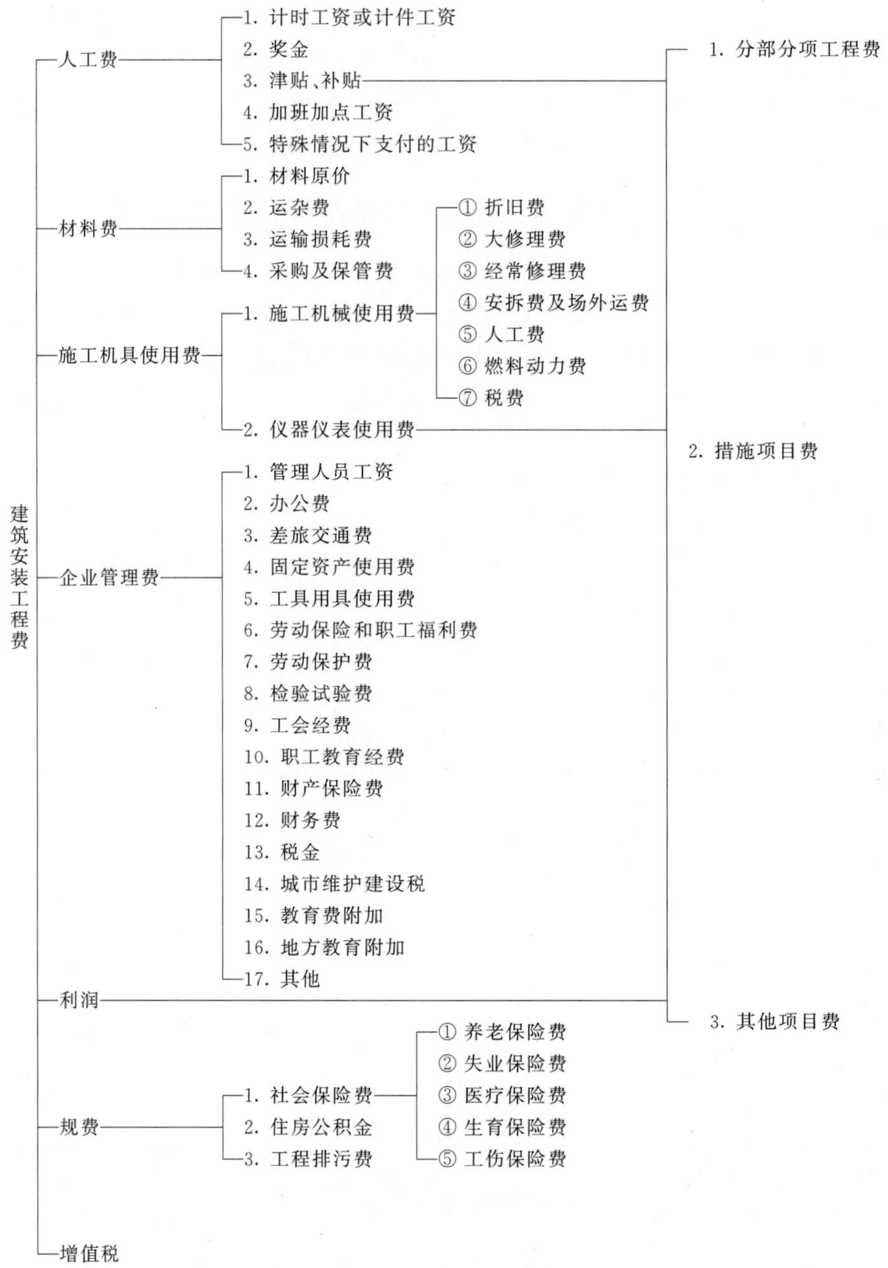

- 建筑安装工程费
  - 人工费
    - 1. 计时工资或计件工资
    - 2. 奖金
    - 3. 津贴、补贴
    - 4. 加班加点工资
    - 5. 特殊情况下支付的工资
  - 材料费
    - 1. 材料原价
    - 2. 运杂费
    - 3. 运输损耗费
    - 4. 采购及保管费
  - 施工机具使用费
    - 1. 施工机械使用费
      - ① 折旧费
      - ② 大修理费
      - ③ 经常修理费
      - ④ 安拆费及场外运费
      - ⑤ 人工费
      - ⑥ 燃料动力费
      - ⑦ 税费
    - 2. 仪器仪表使用费
  - 企业管理费
    - 1. 管理人员工资
    - 2. 办公费
    - 3. 差旅交通费
    - 4. 固定资产使用费
    - 5. 工具用具使用费
    - 6. 劳动保险和职工福利费
    - 7. 劳动保护费
    - 8. 检验试验费
    - 9. 工会经费
    - 10. 职工教育经费
    - 11. 财产保险费
    - 12. 财务费
    - 13. 税金
    - 14. 城市维护建设税
    - 15. 教育费附加
    - 16. 地方教育附加
    - 17. 其他
  - 利润
  - 规费
    - 1. 社会保险费
      - ① 养老保险费
      - ② 失业保险费
      - ③ 医疗保险费
      - ④ 生育保险费
      - ⑤ 工伤保险费
    - 2. 住房公积金
    - 3. 工程排污费
  - 增值税

（人工费、材料费、施工机具使用费、企业管理费、利润）→ 1. 分部分项工程费；2. 措施项目费；3. 其他项目费

图 1-6　建筑安装工程费用项目组成（按费用构成要素划分）

④ 采购及保管费：是指为组织采购、供应和保管材料、工程设备的过程中所需要的各项费用。包括采购费、仓储费、工地保管费、仓储损耗。

材料费的参考计算方法：

$$材料费=\sum(材料消耗量\times材料单价)$$

$$材料单价=\{(材料原价+运杂费)\times[1+运输损耗率(\%)]\}\times[1+采购保管费率(\%)]$$

工程设备是指构成或计划构成永久工程一部分的机电设备、金属结构设备、仪器装置及其他类似的设备和装置。

工程设备的参考计算方法：

$$工程设备费=\sum(工程设备量\times工程设备单价)$$

$$工程设备单价=(设备原价+运杂费)\times[1+采购保管费率(\%)]$$

3）施工机具使用费：是指施工作业所发生的施工机械、仪器仪表使用费或其租赁费。

① 施工机械使用费：以施工机械台班耗用量乘以施工机械台班单价表示，施工机械台班单价应由下列七项费用组成，如图1-6所示。

a. 折旧费：指施工机械在规定的使用年限内，陆续收回其原值的费用。

b. 大修理费：指施工机械按规定的大修理间隔台班进行必要的大修理，以恢复其正常功能所需的费用。

c. 经常修理费：指施工机械除大修理以外的各级保养和临时故障排除所需的费用。包括为保障机械正常运转所需替换设备与随机配备工具附具的摊销和维护费用，机械运转中日常保养所需润滑与擦拭的材料费用及机械停滞期间的维护和保养费用等。

d. 安拆费及场外运费：安拆费指施工机械（大型机械除外）在现场进行安装与拆卸所需的人工、材料、机械和试运转费用及机械辅助设施的折旧、搭设、拆除等费用；场外运费指施工机械整体或分体自停放地点运至施工现场或由一施工地点运至另一施工地点的运输、装卸、辅助材料及架线等费用。

e. 人工费：指机上司机（司炉）和其他操作人员的人工费。

f. 燃料动力费：指施工机械在运转作业中所消耗的各种燃料及水、电等。

g. 税费：指施工机械按照国家规定应缴纳的车船使用税、保险费及年检费等。

施工机械使用费的参考计算方法：

$$施工机械使用费=\sum(施工机械台班消耗量\times机械台班单价)$$

$$机械台班单价=台班折旧费+台班大修费+台班经常修理费+台班安拆费及场外运费+台班人工费+台班燃料动力费+台班车船税费$$

② 仪器仪表使用费：是指工程施工所需使用的仪器仪表的摊销及维修费用。

仪器仪表使用费的参考计算方法：

$$仪器仪表使用费=工程使用的仪器仪表摊销费+维修费$$

4）企业管理费：是指建筑安装企业组织施工生产和经营管理所需的费用。包括的内容如图1-6所示。

① 管理人员工资：是指按规定支付给管理人员的计时工资、奖金、津贴补贴、加班加点工资及特殊情况下支付的工资等。

② 办公费：是指企业管理办公用的文具、纸张、账表、印刷、邮电、书报、办公软件、现场监控、会议、水电、烧水和集体取暖降温（包括现场临时宿舍取暖降温）等费用。

③ 差旅交通费：是指职工因公出差、调动工作的差旅费，住勤补助费，市内交通费和误餐补助费，职工探亲路费，劳动力招募费，职工退休、退职一次性路费，工伤人员就医路费，工地转移费及管理部门使用的交通工具的油料、燃料等费用。

④ 固定资产使用费：是指管理和试验部门及附属生产单位使用的属于固定资产的房屋、设备、仪器等的折旧、大修、维修或租赁费。

⑤ 工具用具使用费：是指企业施工生产和管理使用的不属于固定资产的工具、器具、家具、交通工具和检验、试验、测绘、消防用具等的购置、维修和摊销费。

⑥ 劳动保险和职工福利费：是指由企业支付的职工退职金、按规定支付给离休干部的经费、集体福利费、夏季防暑降温、冬季取暖补贴、上下班交通补贴等。

⑦ 劳动保护费：是企业按规定发放的劳动保护用品的支出。如工作服、手套、防暑降温饮料及在有碍身体健康的环境中施工的保健费用等。

⑧ 检验试验费：是指施工企业按照有关标准规定，对建筑以及材料、构件和建筑安装物进行一般鉴定、检查所发生的费用，包括自设试验室进行试验所耗用的材料等费用。不包括新结构、新材料的试验费，对构件做破坏性试验及其他特殊要求检验试验的费用和建设单位委托检测机构进行检测的费用，对此类检测发生的费用，由建设单位在工程建设其他费用中列支。但对施工企业提供的具有合格证明的材料进行检测不合格的，该检测费用由施工企业支付。

⑨ 工会经费：是指企业按《中华人民共和国工会法》规定的全部职工工资总额比例计提的工会经费。

⑩ 职工教育经费：是指按职工工资总额的规定比例计提，企业为职工进行专业技术和职业技能培训，专业技术人员继续教育、职工职业技能鉴定、职业资格认定以及根据需要对职工进行各类文化教育所发生的费用。

⑪ 财产保险费：是指施工管理用财产、车辆等的保险费用。

⑫ 财务费：是指企业为施工生产筹集资金或提供预付款担保、履约担保、职工工资支付担保等所发生的各种费用。

⑬ 税金：是指企业按规定缴纳的房产税、车船使用税、土地使用税、印花税等。

工程项目附加税费：是指国家税法规定的应计入建筑安装工程造价内的城市维护建设税、教育费附加及地方教育附加。

⑭ 其他：包括技术转让费、技术开发费、投标费、业务招待费、绿化费、广告费、公证费、法律顾问费、审计费、咨询费、保险费等。

企业管理费的参考计算方法，以分部分项工程费为计算基础：

企业管理费＝分部分项工程费×企业管理费率

以人工费和机械费合计为计算基础：

企业管理费＝人工费和机械费合计×企业管理费率

以人工费为计算基础：

企业管理费＝人工费×企业管理费率

5）利润：是指施工企业完成所承包工程获得的盈利。

利润的参考计算方法包括两种：第一种是施工企业根据企业自身需求并结合建筑市场实际自主确定，列入报价中。第二种是工程造价管理机构在确定计价定额中利润时，应以定额人工费或（定额人工费＋定额机械费）作为计算基数，其费率根据历年工程造价积累的资料，并结合建筑市场实际确定，以单位（单项）工程测算，利润在税前建筑安装工程费的比重可按不低于5%且不高于7%的费率计算。利润应列入分部分项工程和措施项目中。

6）规费：是指按国家法律、法规规定，由省级政府和省级有关权力部门规定必须缴纳或计取的费用。包括的内容如图1-6所示。

① 社会保险费

a. 养老保险费：是指企业按照规定标准为职工缴纳的基本养老保险费。

b. 失业保险费：是指企业按照规定标准为职工缴纳的失业保险费。

c. 医疗保险费：是指企业按照规定标准为职工缴纳的基本医疗保险费。

d. 生育保险费：是指企业按照规定标准为职工缴纳的生育保险费。

e. 工伤保险费：是指企业按照规定标准为职工缴纳的工伤保险费。

② 住房公积金：是指企业按规定标准为职工缴纳的住房公积金。

社会保险费和住房公积金应以定额人工费为计算基础，根据工程所在地省、自治区、直辖市或行业建设主管部门规定费率计算。

社会保险费和住房公积金＝$\sum$(工程定额人工费×社会保险费和住房公积金费率)

③ 工程排污费：是指按规定缴纳的施工现场工程排污费。

其他应列而未列入的规费，按实际发生计取。

工程排污费等其他应列而未列入的规费应按工程所在地环境保护等部门规定的标准缴纳，按实计取列入。

7）增值税：是根据国家税法规定的，应计入营建装工程造价内的增值税额。如图 1-6 所示。

税金的参考计算方法：

$$税金＝税前造价×综合税率(\%)$$

(2) 建筑安装工程费用项目组成（按造价形成划分）

建筑安装工程费按照工程造价形成由分部分项工程费、措施项目费、其他项目费、规费、税金组成，分部分项工程费、措施项目费、其他项目费包含人工费、材料费、施工机具使用费、企业管理费和利润。如图 1-7 所示。

1）分部分项工程费：是指各专业工程的分部分项工程应予列支的各项费用。

专业工程：是指按现行国家计算规范划分的房屋建筑与装饰工程、仿古建筑工程、通用安装工程、市政工程、园林绿化工程、矿山工程、构筑物工程、城市轨道交通工程、爆破工程等各类工程。

分部分项工程：是指按现行国家计算规范对各专业工程划分的项目。如房屋建筑与装饰工程划分的土石方工程、地基处理与桩基工程、砌筑工程、钢筋及钢筋混凝土工程等。

各类专业工程的分部分项工程划分见现行国家或行业计算规范。

$$分部分项工程费＝\sum(分部分项工程量×综合单价)$$

式中，综合单价包括人工费、材料费、施工机具使用费、企业管理费和利润以及一定范围的风险费用。

2）措施项目费：是指为完成建设工程施工，发生于该工程施工前和施工过程中的技术、生活、安全、环境保护等方面的费用。包括的内容如图 1-7 所示。

① 安全文明施工费。包括的内容如图 1-7 所示。

a. 环境保护费：是指施工现场为达到环保部门要求所需要的各项费用。

b. 文明施工费：是指施工现场文明施工所需要的各项费用。

c. 安全施工费：是指施工现场安全施工所需要的各项费用。

d. 临时设施费：是指施工企业为进行建设工程施工所必须搭设的生活和生产用的临时建筑物、构筑物和其他临时设施费用。包括临时设施的搭设、维修、拆除、清理费或摊销费等。

② 夜间施工增加费：是指因夜间施工所发生的夜班补助费、夜间施工降效、夜间施工照明设备摊销及照明用电等费用。

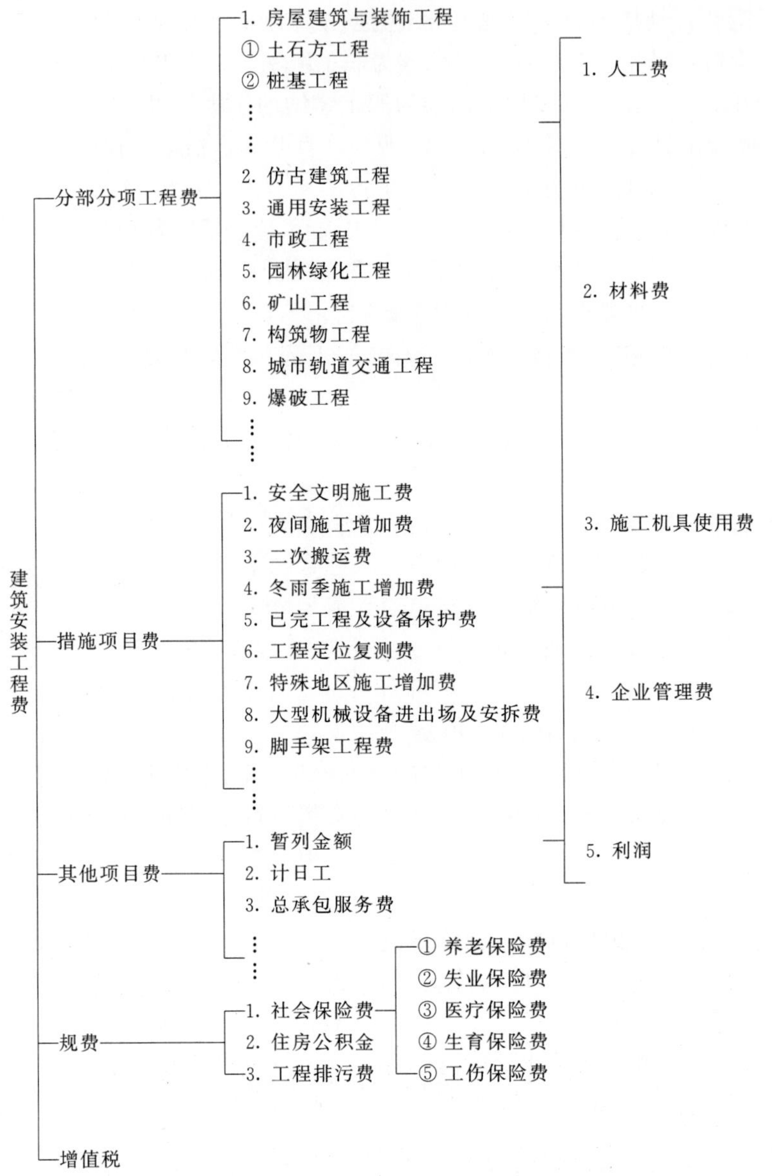

图 1-7 建筑安装工程费用项目组成（按造价形成划分）

③ 二次搬运费：是指因施工场地条件限制而发生的材料、构配件、半成品等一次运输不能到达堆放地点，必须进行二次或多次搬运所发生的费用。

④ 冬雨季施工增加费：是指在冬季或雨季施工需增加的临时设施、防滑、排除雨雪，人工及施工机械效率降低等费用。

⑤ 已完工程及设备保护费：是指竣工验收前，对已完工程及设备采取的必要保护措施所发生的费用。

⑥ 工程定位复测费：是指工程施工过程中进行全部施工测量放线和复测工作的费用。

⑦ 特殊地区施工增加费：是指工程在沙漠或其边缘地区、高海拔、高寒、原始森林等特殊地区施工增加的费用。

⑧ 大型机械设备进出场及安拆费：是指机械整体或分体自停放场地运至施工现场或由一

个施工地点运至另一个施工地点，所发生的机械进出场运输和转移费用，以及机械在施工现场进行安装、拆卸所需的人工费、材料费、机械费、试运转费和安装所需的辅助设施的费用。

⑨ 脚手架工程费：是指施工需要的各种脚手架搭、拆、运输费用以及脚手架购置费的摊销（或租赁）费用。

措施项目及其包含的内容详见各类专业工程的现行国家或行业计算规范。

措施项目费的参考计算方法：

国家计量规范规定应予计量的措施项目，其计算公式为：

$$措施项目费=\sum(措施项目工程量\times综合单价)$$

国家计量规范规定不宜计量的措施项目计算方法如下：

$$措施项目费=计算基数\times相应的费率(\%)$$

3）其他项目费

① 暂列金额：是指建设单位在工程量清单中暂定并包括在工程合同价款中的一笔款项。用于施工合同签订时尚未确定或者不可预见的所需材料、工程设备、服务的采购，施工中可能发生的工程变更、合同约定调整因素出现时的工程价款调整以及发生的索赔、现场签证确认等的费用。

② 计日工：是指在施工过程中，施工企业完成建设单位提出的施工图纸以外的零星项目或工作所需的费用。

计日工由建设单位和施工企业按施工过程中的签证计价。

③ 总承包服务费：是指总承包人为配合、协调建设单位进行的专业工程发包，对建设单位自行采购的材料、工程设备等进行保管以及施工现场管理、竣工资料汇总整理等服务所需的费用。

4）规费：与按费用构成要素划分中的完全一样，如图1-7所示。

5）税金：与按费用构成要素划分中的完全一样，如图1-7所示。

1.2.4 设备及工器具购置费的构成

设备及工器具购置费由设备购置费和工具、器具及生产家具购置费组成。

（1）设备购置费

设备购置费是指为工程项目购置或自制的达到固定资产标准的各种国产或进口设备、工具、器具的购置费用。由设备原价和设备运杂费构成。其计算公式为：

$$设备购置费=设备原价+运杂费$$

① 设备的种类及原价的构成　设备一般分为国产设备和进口设备两种。

国产设备的原价一般是指设备制造厂的交货价，即出厂价或订货合同价。

进口设备的原价是指进口设备的抵岸价，即抵达买方边境港口或边境车站，且交完关税等税费后形成的价格。其原价构成如图1-8所示。

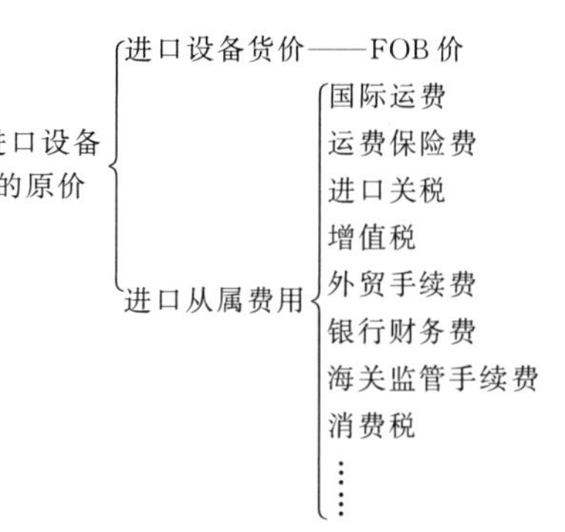

图1-8　进口设备的原价构成图

② 设备运杂费　设备运杂费是指除设备原价之外的关于设备采购、运输、途中包装及仓库保管等方面支出费用的总和。其费用按照设备原价乘以设备运杂费率计算，

其公式为：

设备运杂费＝设备原价×设备运杂费率

其中：设备运杂费率按各部门及省、市等的规定计取。

（2）工具、器具及生产家具购置费

工具、器具及生产家具购置费是指新建或扩建项目初步设计规定的，保证初期正常生产必须购置的没有达到固定资产标准的设备、仪器、工卡模具、器具、生产家具和备品备件等的购置费用。一般以设备购置费为基数，按照部门或行业规定的工具、器具及生产家具费率计算。计算公式为：

工具、器具及生产家具购置费＝设备购置费×定额费率

1.2.5 工程建设其他费用

工程建设其他费用是指从工程筹建起到工程竣工验收交付使用止的整个建设期间，除建筑安装工程费用和设备及工、器具购置费用以外的，为保证工程建设顺利完成和交付使用后能够正常发挥效用而发生的各项费用。工程建设其他费用，按其内容大体可分为三类：土地使用费、与工程建设有关的其他费用、与未来企业生产经营有关的其他费用，如图 1-9 所示。

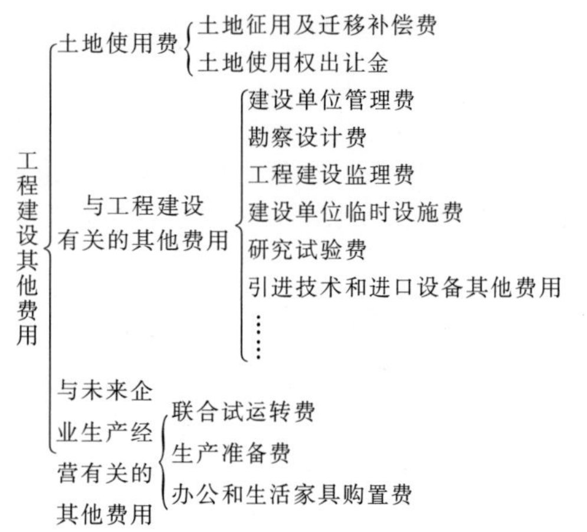

图 1-9 工程建设其他费用的构成

（1）土地使用费

土地使用费是指建设单位为了获得建设用地的使用权而支付的费用。土地使用费有两种形式，一是通过划拨方式取得土地使用权而支付的土地征用及拆迁补偿费；二是通过土地使用权出让方取得土地使用权而支付的土地使用权出让金。如图 1-9 所示。其费用根据各地土地使用费的具体构成内容和标准计算。

（2）与工程建设有关的其他费用

与工程建设有关的其他费用主要包括建设单位管理费、勘察设计费、研究试验费、建设单位临时设施费、工程建设监理费、工程保险费、施工机构迁移费、引进技术和进口设备其他费用、工程承包费等，如图 1-9 所示。其费用根据各地与工程建设有关的其他费用的具体构成内容和标准计算。

（3）与未来企业生产经营有关的其他费用

与未来企业生产经营有关的其他费用主要包括联合试运转费、生产准备费、办公和生活家具购置费等，如图 1-9 所示。

① 联合试运转费　联合试运转费是指新建或扩建工程项目竣工验收前，按照设计规定应进行有关无负荷和有负荷联合试运转所发生的费用支出大于费用收入的差额部分费用。该项费用一般按照不同性质的项目，根据试运转车间工艺设备购置费的百分比进行计算。

提示：联合试运转费不包括应由设备安装工程费开支的单台设备调试费和试车费用。

② 生产准备费　生产准备费是指新建或扩建工程项目在竣工验收前为保证竣工交

付使用而进行必要的生产准备所发生的有关费用。其费用根据各地费用内容和标准进行计算。

③ 办公和生活家具购置费　办公和生活家具购置费是指为保证新建或扩建工程项目初期正常生产、使用和管理所必须购置的办公和生活家具、用具的费用。

该项费用一般按照设计定员人数乘以相应的综合指标进行估算。

提示：改、扩建工程项目所需的办公和生活家具购置费应低于新建项目。

1.2.6　预备费及其构成

按我国现行规定，预备费包括基本预备费和价差预备费，如图1-5所示。

(1) 基本预备费

基本预备费是指在初步设计及概算内难以预料的工程费用。主要包括以下三部分内容。

① 在批准的初步设计范围内，技术设计、施工图设计及施工过程中所增加的工程费用；设计变更、局部地基处理等增加的费用。

② 一般自然灾害造成的损失和预防自然灾害所采取的措施费用，实行工程保险的工程项目费用应适当降低。

③ 竣工验收时为鉴定工程质量，对隐蔽工程进行必要的挖掘和修复费用。

基本预备费一般用建筑安装工程费用、设备及工、器具购置费和工程建设其他费用三者之和乘以基本预备费率进行计算。其计算公式为：

基本预备费=(建筑安装工程费用+设备及工、器具购置费+工程建设其他费用)×基本预备费率

基本预备费率一般按照国家有关部门的规定执行。

(2) 价差预备费

价差预备费是指为在建设期内利率、汇率或价格等因素的变化而预留的可能增加的费用，亦称为价格变动不可预见费。价差预备费的内容包括：人工、设备、材料、施工机械的价差费，建筑安装工程费及工程建设其他费用调整，利率、汇率调整等增加的费用。计算公式为：

$$PF=\sum_{t=1}^{n}I_t[(1+f)^m(1+f)^{0.5}(1+f)^{t-1}-1]$$

式中　PF——价差预备费；

n——建设期年份数；

I_t——估算静态投资额中第 t 年投入的工程费用；

m——建设前期年限（从编制估算到开工建设，单位：年）；

f——年投资价格上涨率；

t——建设期第 t 年。

1.2.7　建设期贷款利息及其计算

建设期贷款利息包括向国内银行和其他非银行金融机构贷款、出口信贷、外国政府贷款、国际商业银行贷款以及在境内外发行的债券等在建设期间内应偿还的借款利息。根据我国现行规定，在建设项目的建设期内只计息不还款。贷款利息的计算分为以下三种情况。

(1) 当贷款总额一次性贷出且利率固定时利息的计算

当贷款总额一次性贷出且利率固定时，按下式计算贷款利息：

$$贷款利息=F-P$$

$$F=P\ (1+i_{实际})^{n}$$

式中 P——一次性贷款金额；

F——建设期还款时的本利和；

$i_{实际}$——年实际利率；

n——贷款期限。

(2) 当总贷款是分年均衡发放时利息的计算

当总贷款是分年均衡发放时，建设期利息的计算可按当年借款在年中支用考虑，即当年贷款按半年计息，上年贷款按全年计息。计算公式为：

$$q_t=\left(P_{t-1}+\frac{1}{2}A_t\right)i_{实际}$$

$$建设期贷款利息=建设期各年应计利息之和$$

式中 q_t——建设期第 t 年应计利息；

P_{t-1}——建设期第（$t-1$）年末贷款累计金额与利息累计金额之和；

A_t——建设期第 t 年贷款金额；

$i_{实际}$——年实际利率。

(3) 当总贷款分年贷款且在建设期各年年初发放时利息的计算

当总贷款分年贷款且在建设期各年年初发放时，建设期利息的计算可按当年借款和上年贷款都按全年计息。计算公式为：

$$q_t=(P_{t-1}+A_t)i_{实际}$$

提示：实际利率与名义利率的换算公式为：

$$i_{实际}=\left(1+\frac{i_{名义}}{m}\right)^{m}-1$$

式中 $i_{名义}$——年名义利率；

m——每年结息的次数。

【例 1-1】 某新建项目，建设期为 3 年，贷款年利率为 6%，按季计息，试计算以下三种情况下建设期的贷款利息。

1. 如果在建设期初一次性贷款 1300 万元。

2. 如果贷款在各年均衡发放，第一年贷款 300 万元，第二年贷款 600 万元，第三年贷款 400 万元。

3. 如果贷款在各年年初发放，第一年贷款 300 万元，第二年贷款 600 万元，第三年贷款 400 万元。

【解】 由题意可知：贷款年利率为 6%，按季计息，因此，先把 6% 的年名义利率换算为年实际利率。

$$i_{实际}=\left(1+\frac{i_{名义}}{x}\right)^{x}-1=\left(1+\frac{6\%}{4}\right)^{4}-1=6.14\%$$

1. 如果在建设期初一次性贷款 1300 万元

根据在建设期初一次性贷款的公式，第三年末本利和为：

$$F=P(1+i_{实际})^n=1300\times(1+6.14\%)^3=1554.46\text{（万元）}$$

建设期的总利息为：1554.46－1300＝254.46（万元）

2. 如果贷款在各年均衡发放，在建设期，各年利息和总利息计算如下：

$$q_1=\frac{1}{2}A_1 i_{实际}=\frac{1}{2}\times300\times6.14\%=9.21\text{（万元）}$$

$$q_2=\left(P_1+\frac{1}{2}A_2\right)i_{实际}=\left(300+9.21+\frac{1}{2}\times600\right)\times6.14\%=37.41\text{（万元）}$$

$$q_3=\left(P_2+\frac{1}{2}A_3\right)i_{实际}=\left(300+9.21+600+37.41+\frac{1}{2}\times400\right)\times6.14\%=70.4\text{（万元）}$$

所以，建设期贷款利息为：9.21＋37.41＋70.4＝117.02（万元）

3. 如果贷款在各年年初发放，各年利息和总利息计算如下：

$$q_1=A_1 i_{实际}=300\times6.14\%=18.42\text{（万元）}$$

$$q_2=(P_1+A_2)i_{实际}=(300+18.42+600)\times6.14\%=56.39\text{（万元）}$$

$$q_3=(P_2+A_3)i_{实际}=(300+18.42+600+56.39+400)\times6.14\%=84.41\text{（万元）}$$

所以，建设期贷款利息为：18.42＋56.39＋84.41＝159.22（万元）

1.3 工程造价计价概述

1.3.1 工程造价计价的概念

工程造价计价是指建设项目工程造价的计算与确定。具体是指工程造价人员在项目实施的各个阶段，根据各个阶段的不同要求，遵循计价原则和程序，采用科学的计价方法，对投资项目最可能实现的合理价格做出科学的计算，从而确定投资项目的工程造价，编制工程造价的经济文件。

1.3.2 工程造价计价的主要特点

工程造价计价具有单件性计价、多次性计价、组合性计价等主要特点，如图 1-10 所示。

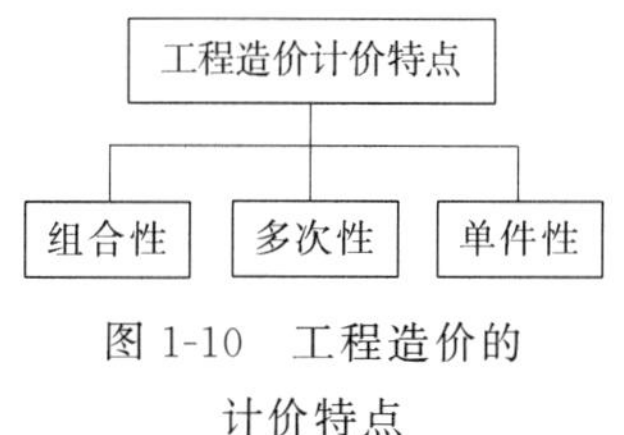

图 1-10 工程造价的计价特点

1.3.2.1 单件性计价

工程建设产品生产的单件性，决定了其产品计价的单件性。每个工程建设产品都有专门的用途，都是根据业主的要求进行单独设计并在指定的地点建造的，其结构、造型和装饰、体积和面积、所采用的工艺设备和建筑材料等各不相同。因此，建设工程就不能像工业产品那样按品种、规格、质量成批地定价，只能通过特殊的程序（编制估算、概算、预算、合同价、结算价及最后确定竣工决算价格），就各个工程项目计算工程造价，即单件计价。

1.3.2.2 多次性计价

建设工程的生产过程是按照建设程序逐步展开、分阶段进行的。为满足工程建设过程中不同的计价者（业主、咨询方、设计方和施工方）各阶段工程造价管理的需要，就必须按照设计和建设阶段多次进行工程造价的计算，以保证工程造价确定与控制的合理性，如图 1-11 所示。

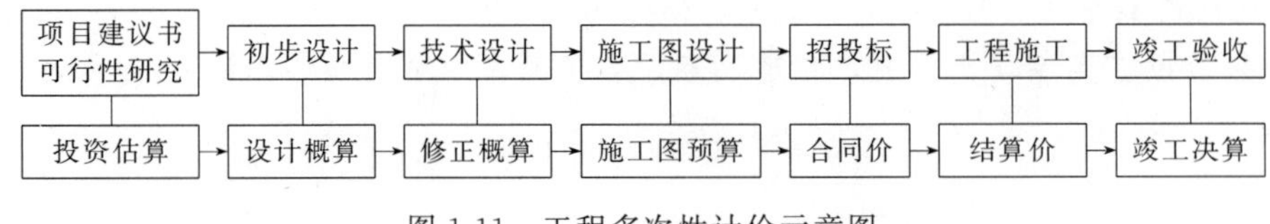

图 1-11 工程多次性计价示意图

（1）投资估算

投资估算是在投资决策阶段，由业主或其委托的具有相应资质的咨询机构，对拟建项目所需投资进行预先测算和确定的过程，投资估算是决策、筹资和控制造价的主要依据。费用内容包括拟建项目从筹建、施工直至竣工投产所需的全部费用。

（2）设计概算

设计概算是在初步设计阶段，由设计单位在投资估算的控制下，根据初步设计图纸及说明、概算定额、各项费用定额、设备、材料预算价格等资料，编制和确定的建设项目从筹建到竣工交付使用所需全部费用的文件。设计概算是初步设计文件的重要组成部分，与投资估算相比，准确性有所提高，但要受到估算额的控制。

（3）修正概算

修正概算是指在技术设计阶段，由设计单位编制的建设工程造价文件，是技术设计文件的组成部分。修正概算对初步设计概算进行修正调整，比设计概算准确，但要受到概算额的控制。

（4）施工图预算

施工图预算是指在施工图设计阶段由设计单位或施工单位编制的建设工程造价文件，是施工图设计文件的组成部分。它比设计概算或修正概算更为详尽和准确，但同样要受到设计概算或修正概算的控制，其费用内容为建筑安装工程造价。

（5）合同价

合同价是在招投标阶段经评标中标后，由业主与中标单位对拟建工程价格进行洽商，达成一致意见后，以合同形式确定的工程承发包价格。它是由承发包双方根据市场行情共同议定和认可的成交价格，其费用内容与合同标有关。

（6）结算价

结算价是指在合同实施阶段，由承包商依据承包合同中关于付款条款的规定和已经完成的工程量，并按照规定的程序向建设单位（业主）收取的工程价款额。结算价反映的是该承发包工程的实际价格，其结算的费用内容为已完工程的建安造价。

（7）竣工决算

竣工决算是指在整个建设项目或单项工程竣工验收移交后，由业主的财务部门及有关部门以竣工结算等为依据编制的反映建设项目实际造价和投资效果的文件，是竣工验收报告的重要组成部分。其费用内容包括建设项目从筹建、施工直至竣工投产所实际支出的全部费用。

提示：从投资估算、设计概算、施工图预算到招标投标合同价，再到工程的结算价和最后在结算价基础上编制的竣工决算，整个计价过程是一个由粗到细、由浅到深，最后确定建设工程实际造价的过程。计价过程各环节之间相互衔接，前者制约后者，后者补充前者。

1.3.2.3 组合性计价

工程造价的计算是逐步组合而成，这一特征和建设项目的分解有关。一个建设项目总造价由各个单项工程造价组成，一个单项工程造价由各个单位工程造价组成，一个单位工程造价按分部分项工程计算得出，这充分体现了计价组合的特点。可见，工程计价过程是从分部分项工程造价、单位工程造价、单项工程造价、建设项目总造价逐步向上汇总组合而成，其计算、组合汇总的顺序如图 1-12 所示。

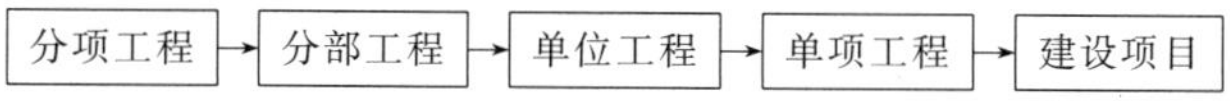

分项工程 → 分部工程 → 单位工程 → 单项工程 → 建设项目

图 1-12　工程计价顺序图

1.3.3 工程造价计价的基本原理

由上述可知，工程造价计价的一个主要特点是具有多次性计价，具体表现形式为投资估算、设计概算、施工图预算、招标工程控制价、投标报价、工程合同价、工程结算价和决算价等，既包括业主方、咨询方和设计方计价，也包括承包方计价，虽然形式不同，但工程造价计价的基本原理是相同的。即：

工程造价＝工程成本＋利润

不同之处就是对于不同的计价主体，成本和利润的内涵是不同的。

工程造价计价的另一个主要特点是组合性计价，具体表现形式为先把建设项目按工程结构分解进行。通过工程结构分解，将整个工程分解至基本子项，以便计算基本子项的工程量和需要消耗的各种资源的量与价。工程分解的层数越多，基本子项越细，计算得到的费用也越准确。然后从基本子项的成本向上组合汇总就可得到上一层的成本费用。

如果仅从成本费用计算的角度分析，影响成本费用的主要因素有两个：基本子项的单位价格和基本子项的工程实物数量，可用下列基本计算公式表达：

$$\text{工程成本费用} = \sum_{i=1}^{n}(\text{单位价格} \times \text{工程实物量})$$

式中　i——第 i 个基本子项；

n——工程结构分解得到的基本子项数目。

(1) 基本子项的工程实物数量计算

基本子项的工程实物数量可以根据设计图纸和相应的计算规则计算得到，它能直接反映工程项目的规模和内容。工程量的计算将在第五章中详细介绍。

工程实物量的计量单位取决于单位价格的计量单位。如果单位价格的计量单位是单项工程或单位工程，甚至是一个建设项目，则工程实物量的计量单位也对应地是一个单项工程或一个单位工程，甚至是一个建设项目。计价子项越大，得到的工程造价额就越粗略；如果以一个分项工程为一个基本子项，则得到的造价结果就会更为准确。

工程结构分解的层次越多，基本子项越小，越便于计量，得到的造价越准确。

编制投资估算时，由于所能掌握的影响工程造价的信息资料较少，工程方案还停留在设想或概念设计阶段，计算工程造价时单位价格计量单位的对象较大，可能是一个建设项目，也可能是一个单项工程或单位工程，所以得到的工程造价值较粗略；编制设计概算时，计量单位的对象可以取到扩大分项工程；而编制施工图预算时则可以取到分项工程作为计量单位的基本子项，工程结构分解的层次和基本子项的数目都大大超过投资估算或设计概算的基本子项数目，因而施工图预算值较为准确。

(2) 基本子项的单位价格计算

基本子项的单位价格主要由两大要素构成：完成基本子项所需的资源数量和需要资源的价格。资源主要包括人工、材料和施工机械等。单位价格的计算公式可以表示为：

$$单位价格 = \sum_{i=1}^{n}(资源消耗量 \times 资源价格)$$

式中　i——第 i 种资源；

n——完成某一基本子项所需资源的数目。

如果资源消耗量包括人工消耗量、材料消耗量和机械台班消耗量，则资源价格就包括人工价格、材料价格和机械台班价格。

① 资源消耗量　资源消耗量是指完成基本子项单位实物量所需的人工、材料、机械、资金的消耗量，即工程定额，它与一定时期劳动生产率、社会生产力水平、技术和管理水平密切相关。因此，工程定额是计算工程造价的重要依据。建设单位进行工程造价的计算主要依据国家或地方颁布的、反映社会平均生产力水平的指导性定额，如地方编制并实施的概算定额、预算定额等；而建筑施工企业进行投标报价时，则应依据反映本企业劳动生产率、技术和管理水平的企业定额。

② 资源价格的选取　进行工程造价计算时所依据的资源价格应是市场价格，而市场价格会受到市场供求变化和物价变动的影响，从而导致工程造价的变化。如果单位价格仅由资源消耗量和资源价格形成，则构成工程定额中的直接工程费单位价格。如果单位价格由规费和税金以外的费用形成，则构成清单计价中的综合单位价格。关于综合单位价格即综合单价的计算将在工程量清单计价章节中详细介绍。

1.3.4　工程造价计价的两种模式

根据上述可知，影响工程造价的因素主要包括两个，如图 1-13 所示。根据这两种因素计算的依据不同对应的有两种工程造价计价模式，即定额计价模式和清单计价模式。

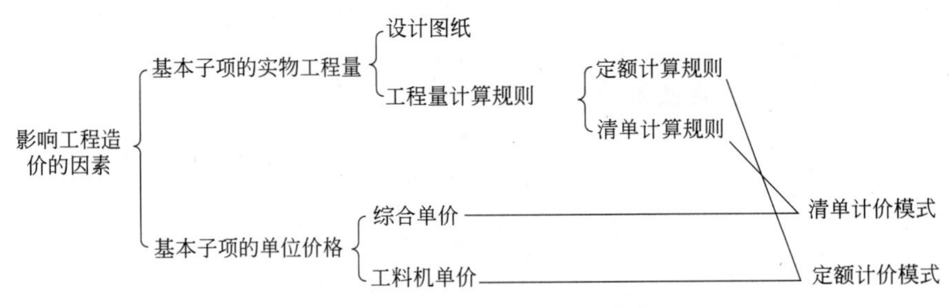

图 1-13　影响工程造价的因素图

(1) 定额计价模式

建设工程定额计价模式是指在工程造价计价过程中以各地的预算定额为依据，按其规定的分项工程子目和计算规则，逐项计算各分项工程的工程量，套用预算定额中的工、料、机单价确定直接工程费，然后按规定取费标准确定构成工程价格的其他费用和利税，获得建筑安装工程造价，如图 1-14 所示。

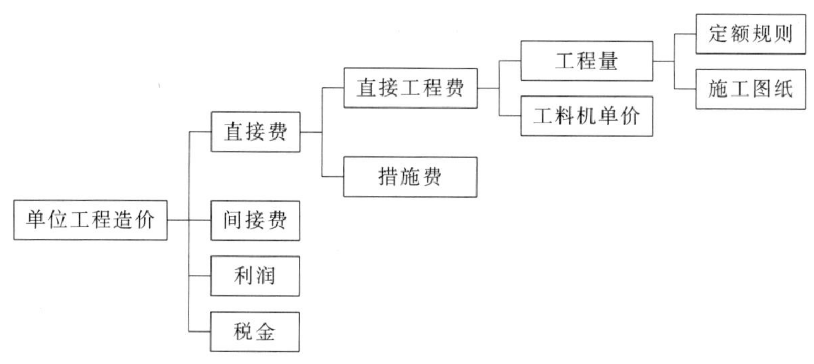

图 1-14　定额计价模式

由于定额中工、料、机的消耗量是根据各地的“社会平均水平”综合测定的，费用标准也是根据不同地区平均测算的，因此，企业采用这种模式的报价是一种社会平均水平，与企业的技术水平和管理水平无关，体现不了市场公平竞争的基本原则。

(2）清单计价模式

工程量清单计价模式是建设工程招标投标中，招标人或委托具有资质的中介机构按照国家统一的工程量清单计价规范，编制反映工程实体消耗和措施消耗的工程量清单，并作为招标文件的一部分提供给招标人，由投标人依据工程量清单，根据各种渠道所得的工程造价信息和经验数据，结合企业定额自主报价的计价方式，如图 1-15 所示。工程量清单计价在第八章做详细的介绍。

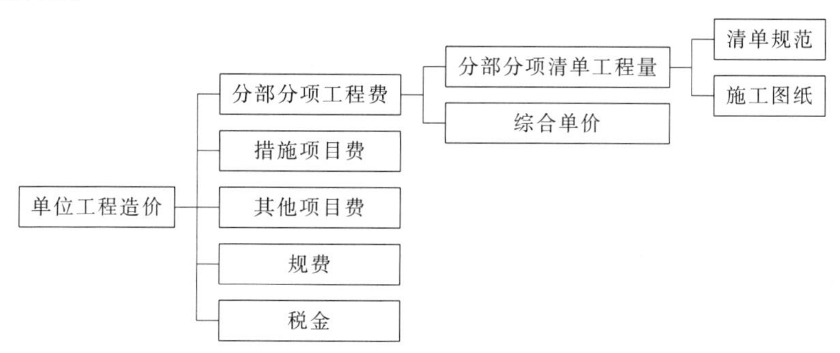

图 1-15　清单计价模式

(3）清单与定额河南（2016 定额）计算规则实例对比分析

见表 1-1、表 1-2。

表 1-1　定额计算规则与 2013 版建筑面积规范对照表

序号	项目名称	河南 2016 定额	2013 版建筑面积计算规范	备注
1	阳台建筑面积	同 2013 版建筑面积计算规范	在主体结构内的阳台，应按其结构外围水平面积计算全面积；在主体结构外的阳台，应按其结构底板水平投影面积计算 1/2 面积	—
2	雨篷建筑面积	同 2013 版建筑面积计算规范	有柱雨篷应按其结构板水平投影面积的 1/2 计算建筑面积；无柱雨篷的结构外边线至外墙结构外边线的宽度在 2.10m 及以上的，应按雨篷结构板的水平投影面积的 1/2 计算建筑面积	—

表 1-2 清单与定额计算规则实例对比表

序号	项目名称	河南 2016 定额计算规则	2013 清单计算规则	区别	备注
1	土方分部放坡系数	同 2013 清单计算规则	一二类土坑上作业放坡系数:0.75		—
2	现浇楼梯	楼梯(包括休息平台、平台梁、斜梁及楼梯的连接梁)按设计图示尺寸以水平投影面积计算,不扣除宽度小于 500mm 的楼梯井,伸入墙体部分不计算	(1)以 m^2 计量,按设计图示尺寸以水平投影面积计算。不扣除宽度小于等于 500mm 的楼梯井,伸入墙内部分不计算; (2)以 m^3 计量,按设计图示尺寸以体积计算	(1)定额计算规则按楼梯水平投影面积计算; (2)清单计算规则可选择楼梯水平投影面积和体积两种计算方法	—
3	楼梯底面抹灰、涂料	板式楼梯底面抹灰面积(包括踏步、休息平台及≤500mm 宽的楼梯井)按水平投影面积乘以系数 1.15 计算,锯齿形楼梯底面抹灰面积(包括踏步、休息平台及≤500mm 宽的楼梯井)按水平投影面积乘以系数 1.37 计算	板式楼梯底面抹灰按斜面积计算,锯齿形楼梯底板抹灰按展开面积计算	(1)定额计算规则按楼梯水平投影面积×系数 1.3 计算; (2)清单计算规则可按楼梯斜面积、展开面积计算	—
4	踢脚线	踢脚线按设计图示长度乘以高度以面积计算	(1)以 m^2 计算,按设计图示长度乘以高度以面积计算; (2)以 m 计算,按延长米计算	(1)定额计算规则按图示面积计算; (2)清单计算规则可选择图示面积和长度两种计算方法	—
5	块料楼地面	按设计图示尺寸以面积计算。门洞、空圈、暖气包槽、壁龛的开口部分并入相应工程量	按设计图示尺寸以面积计算。门洞、空圈、暖气包槽、壁龛的开口部分并入相应的工程量内	二者计算规则相同	—
6	楼地面防水	楼地面防水、防潮层和找平层按设计图示主墙间的净空面积计算。扣除凸出地面构筑物、设备基础、室内铁道、地沟等所占面积,不扣除间壁墙和 $0.3m^2$ 以内的柱、垛、附墙烟囱及孔洞所占面积。平面与立面交接处,上翻高度≤300mm 时,按展开面积并入平面工程量内计算,高度>300mm 时,按立面防水计算	(1)楼(地)面防水层按设计图示主墙间的净空面积计算。扣除凸出地面构筑物、设备基础等所占面积,不扣除间壁墙和 $0.3m^2$ 以内的柱、垛、附墙烟囱及孔洞所占面积。 (2)楼(地)面防水反边高度 300mm 以内算作地面防水,反边高度大于 300mm 的按墙面防水计算	二者计算规则相同	—
7	现浇混凝土模板	现浇混凝土构件模板,除另有规定外,均按模板与混凝土接触面积(扣除后浇带所占面积)计算	按模板与现浇混凝土构件的接触面积计算	二者计算规则相同	—

注:结合本教材情境二及情境三中案例工程图纸,2013 清单特指《房屋建筑与装饰工程工程量计算规范》(GB 50854—2013),以下相同。河南 2016 定额特指《河南省房屋建筑与装饰工程预算定额》(HA 01-31-2016),以下相同。

本章小结

工程造价概述是工程造价计价必备的基础知识，因此，本章对这些基本知识进行了详细介绍，首先介绍了建设项目的基本概念及其分解，建设项目从上到下分为单项工程、单位工程、分部工程和分项工程，这种分解结构体现了工程造价计价的组合计价特点。

其次介绍了建设项目的建设程序及其各阶段的主要任务，以及与造价的对应关系，这体现了工程造价计价的多次计价的特点。

再次介绍了工程造价的概念及其构成，尤其是详细介绍建筑安装工程造价的构成。

最后介绍了工程造价计价的基本概念、特点及其计价的两种基本模式。

思考题

1. 何为建设项目？建设项目从大到小分解为哪些子项？各有何特点？试举例说明。
2. 简述我国工程建设的程序及各个阶段的主要任务。
3. 与建设程序各个阶段相对应的造价是什么？
4. 何谓工程造价？其费用有哪些构成？
5. 建筑安装工程造价包括哪些内容？
6. 工程造价计价有哪些主要特点？
7. 从基本子项的实物工程量和基本子项的单位价格阐述定额计价模式与清单计价模式的区别。

第2章

工程定额

学习目标

1. 了解建筑工程定额的种类及编制原则、编制方法。
2. 熟悉建筑工程定额的概念、作用。
3. 掌握建筑工程预算定额手册的使用方法。
4. 了解其他计价定额的概念、表现形式。

学习要求

1. 理解建筑工程定额的概念、种类、作用及编制原则、编制方法。
2. 掌握建筑工程预算定额手册的使用方法。

本章内容框架

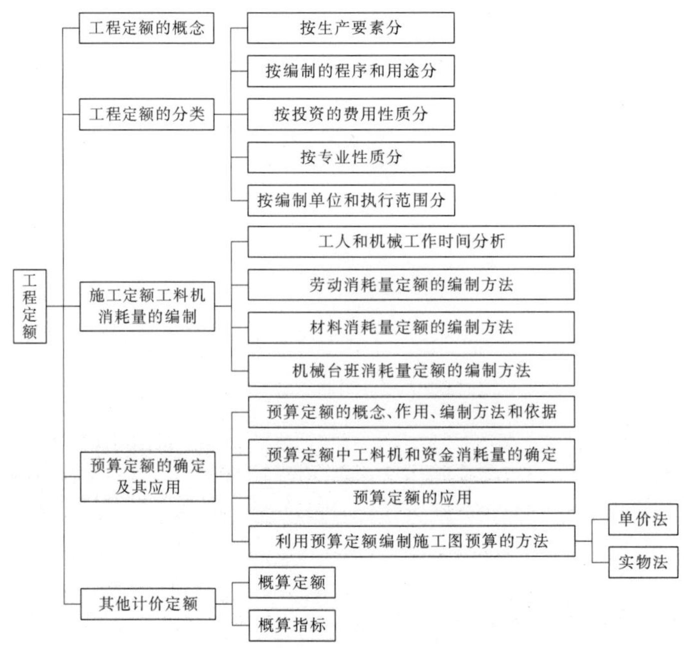

2.1 概 述

2.1.1 工程定额的概念

(1) 工程定额

工程定额是指在合理的劳动组织、合理地使用材料及机械的条件下，完成一定计量单位的合格建筑产品所必须消耗资源的数量标准。应从以下几方面理解工程定额：

① 工程定额是专门为建设生产而制定的一种定额，是生产建设产品消耗资源的限额规定；

② 工程定额的前提条件是劳动组织合理、材料及机械得到合理的使用；

③ 工程定额是一个综合概念，是各类工程定额的总称；

④ 合格是指建筑产品符合施工验收规范和业主的质量要求；

⑤ 建筑产品是个笼统概念，是工程定额的标定对象；

⑥ 消耗的资源包括人工、材料和机械。

(2) 工程定额的用途

实行工程建设定额的目的是力求用最少的资源，生产出更多合格的建设工程产品，取得更加良好的经济效益。

工程定额是工程造价计价的主要依据。在编制设计概算、施工图预算、竣工决算时，无论是划分工程项目、计算工程量，还是计算人工、材料和施工机械台班的消耗量，都是以工程定额为标准依据的。

2.1.2 工程定额的分类

工程定额是一个综合概念，是各类工程定额的总称。因此，在工程造价的计价中，需要根据不同的情况套用不同的定额。工程定额的种类很多，根据不同的分类标准可以划分为不同的定额，下面重点介绍几种主要的分类。

2.1.2.1 按生产要素分类

按生产要素分，主要分为劳动定额、材料消耗定额和机械台班使用定额三种，如图 2-1 所示。

(1) 劳动定额

劳动定额，又称人工定额，是指在正常生产条件下，完成单位合格产品所需要消耗的劳动力的数量标准。劳动定额反映的是活劳动消耗。按照反映活劳动消耗的方式不同，劳动定额表现为两种形式：时间定额和产量定额，如图 2-1 所示。

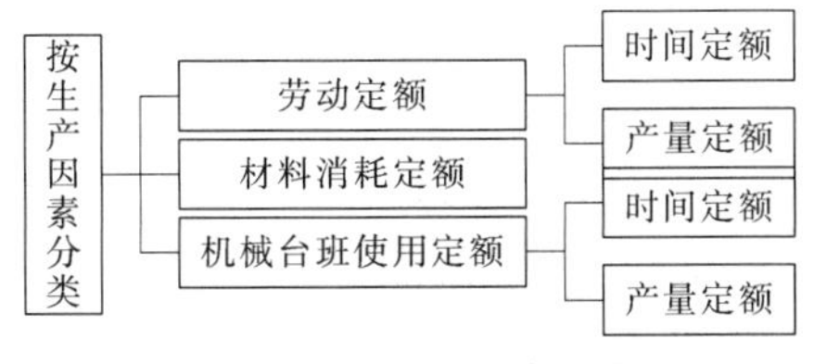

图 2-1 按生产要素分类

① 人工时间定额 人工时间定额是指在一定的生产技术和生产组织条件下，生产单位合格产品所必须消耗的劳动的时间数量标准。其计量单位为：工日。按照我国现行的工作制度，1 工日＝8 工时。

② 人工产量定额 人工产量定额是指在一定的生产技术和生产组织条件下，生产工人在单位时间内生产合格产品的数量标准。其计量单位没有统一的单位，以产品的计量单位为准。

提示： 为了便于综合和核算，劳动定额大多采用时间定额的形式。

（2）材料消耗定额

材料消耗定额是指在节约和合理使用材料的条件下，生产单位合格产品需要消耗的一定品种、一定规格的建筑材料的数量标准。包括原材料、成品、半成品、构配件、燃料及水电等资源。

（3）机械台班使用定额

机械台班使用定额，又称机械使用定额，是指在正常生产条件下，完成单位合格产品所需要消耗的机械的数量标准。按照反映机械消耗的方式不同，机械台班使用定额同样表现为两种形式：时间定额和产量定额，如图 2-1 所示。

① 机械时间定额　机械时间定额是指在一定的生产技术和生产组织条件下，生产单位合格产品所消耗的机械的时间数量标准。其计量单位为：台班。按现行工作制度，1 台班＝1 台机械工作 8 小时。

② 机械产量定额　机械产量定额是指在一定的生产技术和生产组织条件下，机械在单位时间内生产合格产品的数量标准。其计量单位没有统一的单位，以产品的计量单位为准。

提示： 为了便于综合和核算，机械台班使用定额大多采用时间定额的形式。

2.1.2.2 按编制的程序和用途分类

按编制的程序和用途分，分为以下几种，如图 2-2 所示。

（1）施工定额

施工定额是以同一施工过程为标定对象，确定一定计量单位的某种建筑产品所需要消耗的人工、材料和机械台班使用的数量标准。

施工定额是施工单位内部管理的定额，是生产、作业性质的定额，属于企业定额的性质。其用途有两个：一是用于编制施工预算、施工组织设计、施工作业计划，考核劳动生产率和进行成本核算的依据；二是编制预算定额的基础资料。

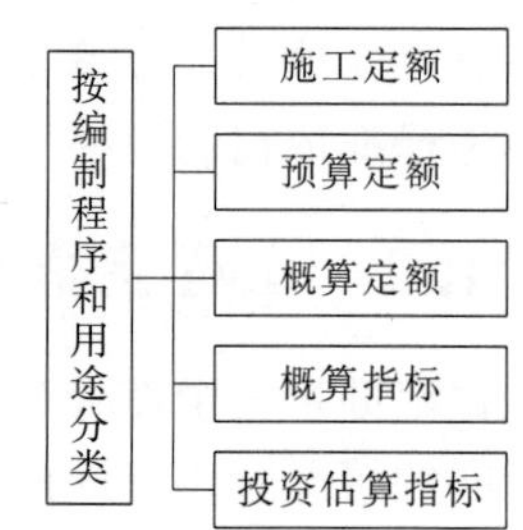

图 2-2　按编制的程序和用途分类

提示： 施工定额是一种计量性定额，即只有工料机消耗的数量标准。

（2）预算定额

预算定额是以分项工程为标定对象，确定一定计量单位的某种建筑产品所必须消耗的人工、材料和机械台班使用的数量及费用标准。

预算定额是以施工定额为基础编制的，它是在施工定额的基础上综合和扩大。其用途有两个：一是用以编制施工图预算，确定建筑安装工程造价，编制施工组织设计和工程竣工决算的依据；二是编制概算定额和概算指标的基础。

（3）概算定额

概算定额是以扩大分项工程为标定对象，确定一定计量单位的某种建筑产品所必须消耗的人工、材料和施工机械台班使用的数量及费用标准。

概算定额是预算定额的扩大与合并，包括的工程内容很综合，非常概略。其用途是方案设计阶段编制设计概算的依据。

（4）概算指标

概算指标是以整个建筑物为标定对象，确定每 100m^2 建筑面积所必须消耗的人工、材料和施工机械台班使用的数量及费用标准。

概算指标比概算定额更加综合和扩大，概算指标中各消耗量的确定，主要来自于各种工程的概预算和决算的统计资料。其用途是编制设计概算的依据。

(5) 投资估算指标

投资估算指标以独立的单项工程或完整的建设项目为对象，确定的人工、材料和施工机械台班使用的数量及费用标准。

投资估算指标是决策阶段编制投资估算的依据，是进行技术经济分析、方案比较的依据，对于项目前期的方案选定和投资计划编制有着重要的作用。

提示： 预算定额、概算定额、概算指标和估算指标都是一种计价性定额。

2.1.2.3 按投资的费用性质分类

按投资的费用性质分，主要分为以下几种定额，如图 2-3 所示。

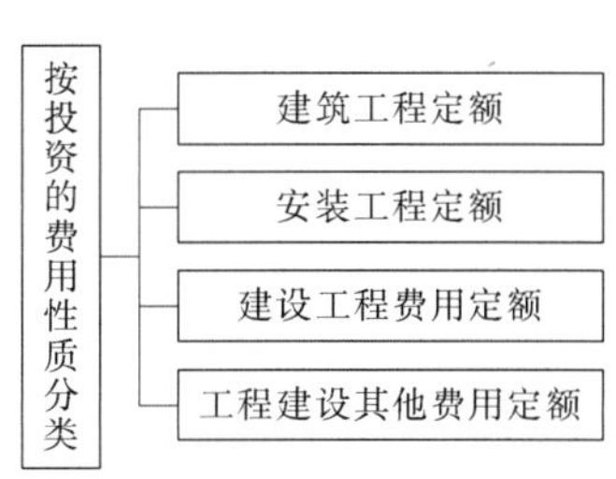

图 2-3 按投资的费用性质分类

(1) 建筑工程定额

建筑工程定额是建筑工程的施工定额、预算定额、概算定额、概算指标的统称。它是计算建筑工程各阶段造价主要的参考依据。

(2) 安装工程定额

安装工程定额是安装工程的施工定额、预算定额、概算定额、概算指标的统称。它是计算安装工程各阶段造价主要的参考依据。

(3) 建设工程费用定额

建设工程费用定额是关于建筑安装工程造价中除了直接工程费外的其他费用的取费标准。它是计算措施费、间接费、利润和税金主要的参考依据。

(4) 工程建设其他费用定额

工程建设其他费用定额是独立于建筑安装工程、设备和工、器具购置之外的其他费用开支的标准，它的发生和整个项目的建设密切相关，其他费用定额按各项费用分别制定。它是计算工程建设其他费用的主要参考依据。

2.1.2.4 按专业性质分类

按专业性质分，可以分为以下几类，如图 2-4 所示。

(1) 建筑工程消耗量定额

建筑工程是指房屋建筑的土建工程。

建筑工程消耗量定额，是指各地区（或企业）编制确定的完成每一建筑分项工程（即每一土建分项工程）所需人工、材料和机械台班消耗量标准的定额。它是业主或建筑施工企业（承包商）计算建筑工程造价主要的参考依据。

(2) 装饰工程消耗量定额

装饰工程是指房屋建筑室内外的装饰装修工程。

装饰工程消耗量定额，是指各地区（或企业）编制确定的完成每一装饰分项工程所需人工、材料和机械台班消

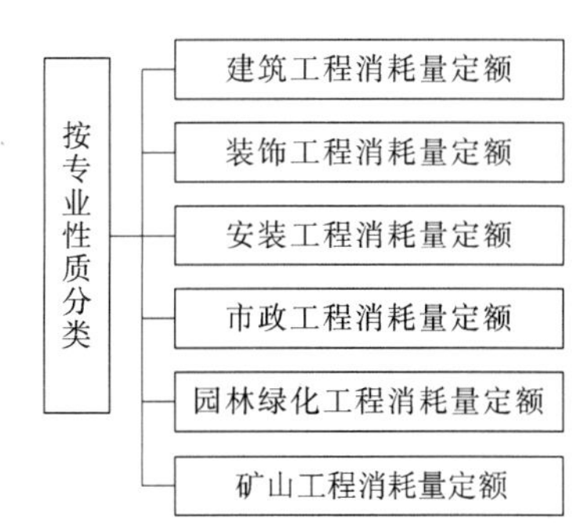

图 2-4 按专业性质分类

耗量标准的定额。它是业主或装饰施工企业（承包商）计算装饰工程造价主要的参考依据。

(3) 安装工程消耗量定额

安装工程是指房屋建筑室内外各种管线、设备的安装工程。

安装工程消耗量定额，是指各地区（或企业）编制确定的完成每一安装分项工程所需人工、材料和机械台班消耗量标准的定额。它是业主或安装施工企业（承包商）计算安装工程造价主要的参考依据。

(4) 市政工程消耗量定额

市政工程是指城市道路、桥梁等公用公共设施的建设工程。

市政工程消耗量定额，是指各地区（或企业）编制确定的完成每一市政分项工程所需人工、材料和机械台班消耗量标准的定额。它是业主或市政施工企业（承包商）计算市政工程造价主要的参考依据。

(5) 园林绿化工程消耗量定额

园林绿化工程是指城市园林、房屋环境等的绿化统称。

园林绿化工程消耗量定额，是指各地区（或企业）编制确定的完成每一园林绿化分项工程所需人工、材料和机械台班消耗量标准的定额。它是业主或园林绿化施工企业（承包商）计算市政工程造价主要的参考依据。

(6) 矿山工程消耗量定额

矿山工程是指自然矿产资源的开采、矿物分选、加工的建设工程。

矿山工程消耗量定额，是指各地区（或企业）编制确定的完成每一矿山分项工程所需人工、材料和机械台班消耗量标准的定额。它是业主或矿山施工企业（承包商）计算矿山工程造价主要的参考依据。

2.1.2.5 按编制单位和执行范围分类

按编制单位和执行范围分，主要分为以下几类，如图 2-5 所示。

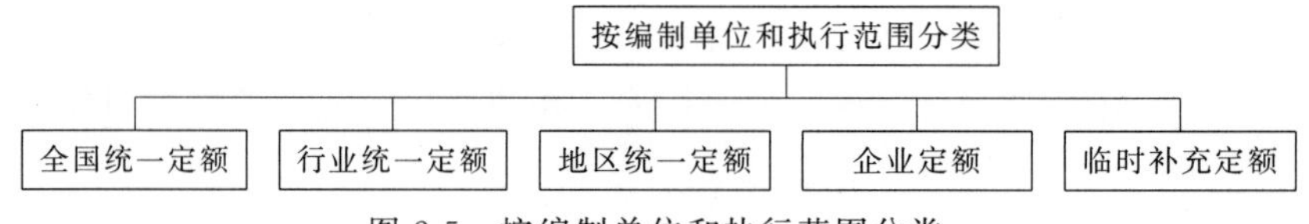

图 2-5 按编制单位和执行范围分类

(1) 全国统一定额

全国统一定额由国家建设行政主管部门制定发布，在全国范围内执行的定额。如全国统一建筑工程基础定额、全国统一安装工程预算定额。

(2) 行业统一定额

行业统一定额由国务院行业行政主管部门制定发布，一般只在本行业和相同专业内部使用的定额。如冶金工程定额、水利工程定额、铁路或公路工程定额。

(3) 地区统一定额

地区统一定额由省、自治区、直辖市建设行政主管部门制定颁布，一般只在规定的地区范围内使用的定额。如××省建筑工程预算定额、××省装饰工程预算定额、××省安装工程预算定额等。

(4) 企业定额

企业定额是由建筑施工企业考虑本企业生产技术和组织管理等具体情况，参照统一部门或地方定额的水平制定的，只在本企业内部使用的定额。

(5) 临时补充定额

临时补充定额是指某工程有统一定额和企业定额中未列入的项目，或在特殊施工条件下无法执行统一的定额，由注册造价师和有经验的工作人员根据本工程的施工特点、工艺要求等直接估算的定额。补充定额制定后必须报上级主管部门批准。

提示： 临时补充定额是一次性的，只适合本工程项目。

2.2 施工定额工料机消耗量的编制

施工定额是按编制程序和用途分类的一种最基础的定额，由劳动定额、材料消耗定额、机械台班使用定额组成，是一种计量性定额。施工定额是按照社会平均先进生产力水平编制的，反映企业的施工水平、装备水平和管理水平，是考核施工企业劳动生产率水平、管理水平的标尺，是施工企业确定工程成本和投标报价的依据。

2.2.1 工人和机械工作时间分析

编制施工定额工料机消耗量的基础是先将工人和机械的工作时间进行分类，哪些时间在确定人工和机械消耗量时需要考虑，哪些时间在确定人工和机械消耗量时不予考虑。

工人工作时间是指工人在工作班内消耗的工作时间，按照我国现行的工作制度，工人在一个工作班内消耗的工作时间是 8 小时。按其性质基本上可以分为定额时间和非定额时间两类，如图 2-6 所示。

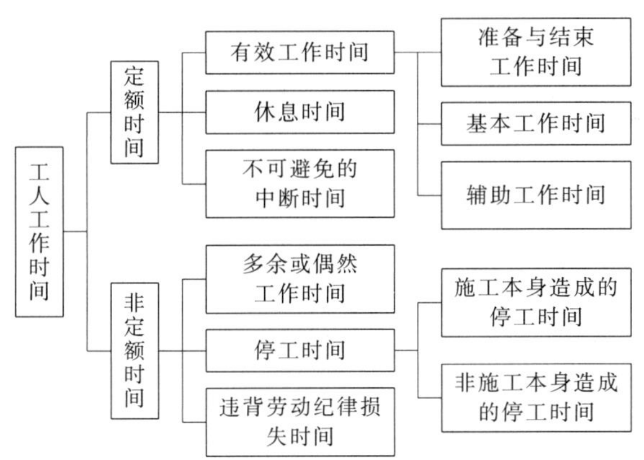

图 2-6 工人工作时间的分类

(1) 定额时间

定额时间是指在正常施工条件下，工人为完成一定产品所必须消耗的工作时间，包括有效工作时间、休息时间和不可避免的中断时间。如图 2-6 所示。

1) 有效工作时间　有效工作时间是指与完成产品直接有关的时间消耗，包括基本工作时间、辅助工作时间、准备与结束工作时间。如图 2-6 所示。

① 基本工作时间　基本工作时间是指直接与施工过程的技术作业发生关系的时间消耗，如在砌砖工作中，从选砖开始直到将砖铺放到砌体上的全部时间消耗即属于基本工作时间。通过基本工作，其最大的特点是使劳动对象直接发生变化。具体表现如下：

a. 改变材料的外形，如钢管煨弯；

b. 改变材料的结构和性质，如混凝土制品的生产；

c. 改变材料的位置，如构件的安装；

d. 改变材料的外部及表面性质，如油漆、粉刷等。

② 辅助工作时间　辅助工作时间是指与施工过程的技术作业没有直接关系的工序，为保证基本工作能顺利完成而做的辅助工作而消耗的时间。其特点是不直接导致产品的形态、性质、结构位置发生变化，如工具磨快、移动人字梯等。

③ 准备与结束工作时间　准备与结束工作时间是指在正式工作前或结束后为准备工作和收拾整理工作所需要花费的时间。一般分为班内的准备与结束工作时间和任务内的准备与结束工作时间两种。班内的准备与结束工作具有经常性的每天的工作时间消耗特性，如每天上班领取料具、交接班等。任务内的准备与结束工作，由工人接受任务的内容决定，如接受任务书、技术交底等。

2）休息时间　休息时间是工人在工作过程中为恢复体力所必需的短暂休息和生理需要的时间消耗（如喝水、上厕所等）。休息时间的长短和劳动条件有关。

3）不可避免的中断时间　不可避免的中断时间是指由于施工过程中技术或组织的原因，以及独有的特性而引起的不可避免的或难以避免的中断时间，如汽车司机在等待装卸货物和交通信号所消耗的时间。

（2）非定额时间

非定额时间是指一个工作班内因停工而损失的时间，或执行非生产性工作所消耗的时间。非定额时间是不必要的时间消耗，包括多余或偶然工作时间、停工时间和违背劳动纪律损失时间。如图 2-6 所示。

1）多余或偶然工作时间　多余或偶然工作时间是指在正常施工条件下不应发生的时间消耗，或由于意外情况而引起的工作所消耗的时间，如质量不符合要求，返工造成的多余的时间消耗。

2）停工时间　停工时间是指工人在工作中因某种原因未能从事生产活动损失的时间。包括施工本身造成的停工时间和非施工本身造成的停工时间两种，如图 2-6 所示。

施工本身造成的停工时间，是由于施工组织和劳动组织不善、材料供应不及时、施工准备工作做得不好而引起的停工。

非施工本身造成的停工时间，如设计图纸不能及时到达，水源、电源临时中断，以及由于气象条件（如大风、风暴、严寒、酷暑等）所引起的停工损失时间，这是由于外部原因的影响，非施工单位的责任而引起的停工。

3）违背劳动纪律损失时间　违背劳动纪律损失时间，是指工人不遵守劳动纪律而造成的时间损失，如上班迟到、早退、擅自离开工作岗位、工作时间内聊天，以及个别人违反劳动纪律而使别的工人无法工作的时间损失。

提示：非定额时间，在确定定额时均不予考虑。

2.2.2　劳动消耗量定额的编制方法

由上述可知，劳动定额根据其表现形式的不同，分为时间定额和产量定额，而且劳动定额一般采用时间定额形式。因此，确定劳动定额时首先根据工人工作时间的划分确定其时间定额，然后再求其产量定额。

(1) 人工时间定额的确定步骤

由上可知，完成一定计量单位的建筑产品所需要的定额时间为完成该产品需要的基本工作时间、辅助工作时间、准备与结束工作时间、休息时间和不可避免的中断时间几项之和，即：

人工时间定额＝基本工作时间＋辅助工作时间＋准备与结束工作时间＋休息时间＋不可避免的中断时间

其确定步骤如图 2-7 所示。

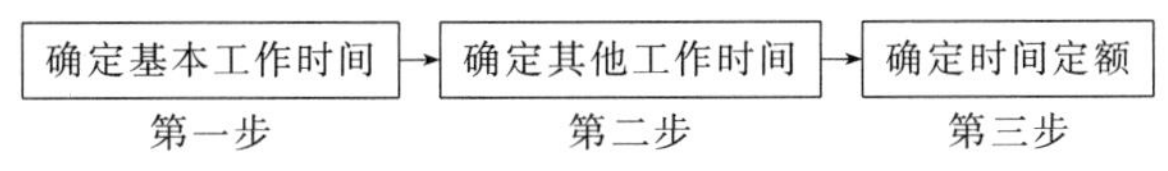

图 2-7 人工时间定额的确定步骤

(2) 确定基本工作时间

基本工作时间在定额时间中占的比重最大。在确定基本工作时间时必须精确、细致。基本工作时间消耗一般根据计时观察资料来确定。其做法是，首先确定工作过程每一组成部分的工时消耗，然后再综合出工作过程的工时消耗。如果组成部分的产品计量单位不符，就需要先求出不同计量单位的换算系数，进行产品计量单位的换算，然后再相加，求得工作过程的工时消耗。

1) 如果各组成部分的计量单位与最终产品单位一致时的基本工作时间计算。

$$T=\sum_{i=1}^{n}t_i$$

式中 T——单位产品基本工作时间；

t_i——各组成部分的基本工作时间；

n——各组成部分的个数。

2) 如果各组成部分的计量单位与最终产品单位不一致时的基本工作时间计算。

$$T=\sum_{i=1}^{n}k_it_i$$

式中 k_i——对应于 t_i 的换算系数。

【例 2-1】 砌砖墙勾缝的计算单位是 m^2，但若将勾缝作为砌砖墙施工过程的一个组成部分对待，即将勾缝时间按砌墙厚度和砌体体积计算，设每平方米墙面所需的勾缝时间为 10min，试求 1 砖墙厚每立方米砌体所需的勾缝时间。

【解】 1 砖墙厚每立方米砌体换算成勾缝面积的换算系数为 1/0.24＝4.17（m^2），则每立方米砌体所需的勾缝时间是

$$4.17\times10=41.7\ (\text{min})$$

(3) 确定辅助工作时间、准备与结束工作时间、休息时间和不可避免的中断时间

这几个时间一般根据经验数据来确定，即根据辅助工作时间、准备与结束工作时间、休息时间和不可避免的中断时间占定额时间的百分比来计算。

(4) 确定定额时间

定额时间＝基本工作时间(J)＋定额时间×辅助工作时间占定额时间的百分比(F)＋定额时间×准备与结束工作时间占定额时间的百分比(ZJ)＋定额时间×休息时间占定额时间的百分比(X)＋定额时间×不可避免的中断时间占定额时间的百分比(B)

$$\text{定额时间}=\frac{J}{1-(F+ZJ+X+B)}$$

【例 2-2】 人工挖二类土，由测时资料可知：挖 $1m^3$ 需要消耗基本工作时间 70min，辅助工作时间占定额时间 2%，准备与结束工作时间占 1%，不可避免的中断时间占 1%，休息时间占 20%，试确定人工挖二类土的劳动定额。

【解】 定额时间＝基本工作时间＋辅助工作时间＋准备与结束时间＋不可避免的中断时间＋休息时间＝基本工作时间＋定额时间(2%＋1%＋1%＋20%)

定额时间＝基本工作时间/[1－(2%＋1%＋1%＋20%)]

＝70/[1－(2%＋1%＋1%＋20%)]≈92 (min)

时间定额＝92/(60×8)＝0.192 (工日/m^3)

产量定额＝1/时间定额＝1/0.192≈5.208 (m^3/工日)

2.2.3 材料消耗量定额的编制方法

2.2.3.1 材料根据其消耗性质的分类

为了合理地确定材料的消耗量定额，必须区分材料在施工过程中的类别，材料根据其消耗性质分为必需消耗的材料和损失的材料两大类，如图 2-8 所示。

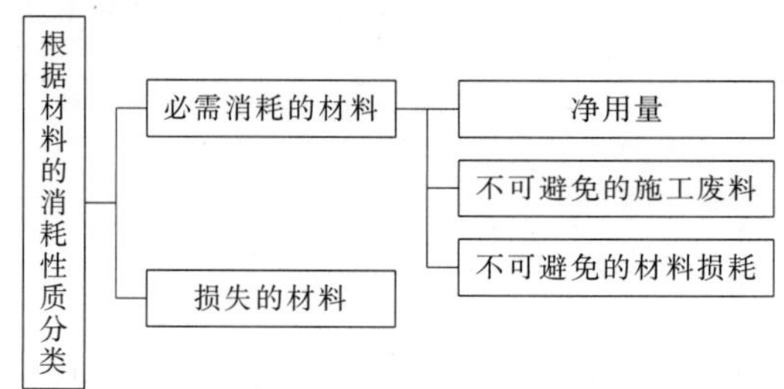

图 2-8 材料按其消耗性质分类

(1) 必需消耗的材料

必需消耗的材料是指在合理用料的条件下生产合格单位产品所需要消耗的材料。包括直接用在建筑和安装工程的材料（净用量）、不可避免的施工废料和不可避免的材料损耗，如图 2-8 所示。必需消耗的材料应计入材料消耗量定额中。因此，

材料消耗量定额＝净用量＋损耗量＝净用量＋材料消耗量定额×材料损耗率

材料消耗量定额＝净用量/(1－材料损耗率)

(2) 损失的材料

损失的材料是指在施工过程中可以避免的材料损耗。

提示： 损失的材料不能计入材料消耗定额。

2.2.3.2 材料根据其消耗与工程实体的关系分类

材料根据其消耗与工程实体的关系可以分为实体材料和非实体材料两类，如图 2-9 所示。

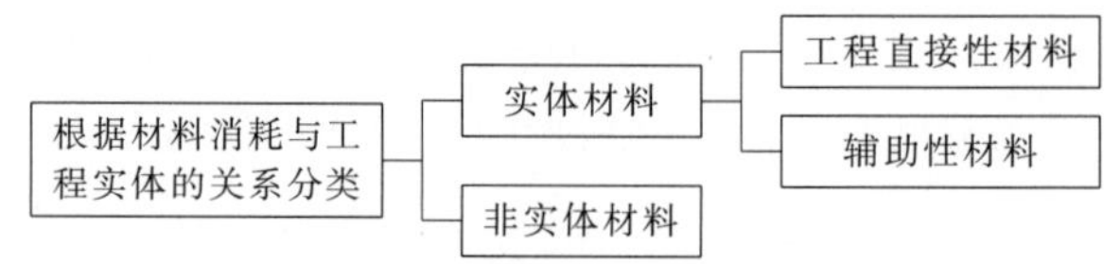

图 2-9 材料按其消耗与工程实体的关系分类图

(1) 实体材料

实体材料是指直接构成工程实体的材料，包括工程直接性材料和辅助性材料，如图 2-9 所示。

1）工程直接性材料　工程直接性材料主要是指一次性消耗、直接用于工程上构成建筑物或结构本体的材料。如钢筋混凝土柱中的钢筋、水泥、砂子、碎石等。

2）辅助性材料　辅助性材料主要是指虽也是施工过程中所必需的，却并不构成建筑物或者结构本体的材料。如土石方爆破工程中所需的炸药、引信、雷管等。

(2) 非实体材料

非实体材料主要是指在施工中必须使用但又不能构成工程实体的施工措施性材料。如模板、脚手架等。

2.2.3.3 材料消耗量的确定方法

确定材料净用量定额和材料损耗量定额的数据，一般是通过以下四种方法获得的，如图 2-10 所示。

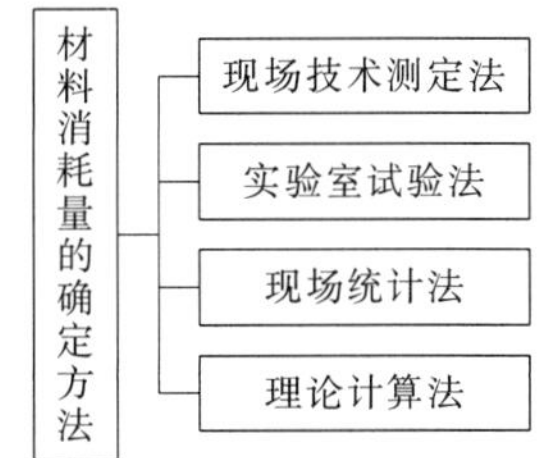

图 2-10　材料消耗量定额的四种确定方法

(1) 现场技术测定法

现场技术测定法也叫观测法，是指根据对材料消耗过程的测定与观察，通过完成产品数量和材料消耗量的计算而确定各种材料消耗定额的一种方法。它主要用于编制材料的损耗定额。采用观测法，首先要选择典型的工程项目。观测中要区分不可避免的材料损耗和可以避免的材料损耗。

(2) 实验室试验法

实验室试验法是指在实验室中进行试验和测定工作，这种方法一般用于确定各种材料的配合比，如测定各种混凝土、砂浆、耐腐蚀胶泥等不同强度等级及性能的配合比和配合比中各种材料的消耗量。利用实验法主要是编制材料净用量定额，不能取得在施工现场实际条件下，由于各种客观因素对材料耗用量影响的实际数据。

(3) 现场统计法

现场统计法是指通过统计现场各分部分项工程的进料数量、用料数量、剩余数量及完成产品数量，并对大量统计资料进行分析计算，获得材料消耗的数据。由于该方法分不清材料消耗的性质，因此不能作为确定净用量和损耗定额的精确依据。

(4) 理论计算法

理论计算法是指根据施工图纸，运用一定的数学公式计算材料的耗用量。该方法只能计算出单位产品的材料净用量，材料的损耗量还要在现场通过实测取得。该方法主要用于板块类材料的计算。

【例 2-3】 计算 $1m^3$ 1 砖墙厚砖和砂浆的净用量和消耗量，已知砖和砂浆的损耗率都为 1%。

【解】 (1) 计算 $1m^3$ 1 砖墙厚砖的净用量

由于标准砖尺寸为：长×宽×厚＝0.24m×0.115m×0.053m，灰缝的厚度为 0.01m。

因此，在 $1m^3$ 1 砖墙厚砌体中取一块标准砖及灰缝为一个计算单元，其体积为：

V＝砖长×(砖宽＋灰缝)×(砖厚＋灰缝)＝0.24×(0.115＋0.01)×(0.053＋0.01)＝0.00189 (m^3)

则 $1m^3$ 1 砖墙厚砌体中砖的净用量为：

$$\text{砖块数}=\frac{1}{\text{砖长}\times(\text{砖宽}+\text{灰缝})\times(\text{砖厚}+\text{灰缝})}=1/0.00189$$

$$=529\ (\text{块})$$

（2）计算 $1m^3$ 1 砖墙厚砂浆的净用量

由于砖的体积与砂浆的体积之和为 $1m^3$，因此，砂浆的净用量为：

砂浆＝1－砖块数的体积＝1－529×0.24×0.115×0.053＝1－0.7738＝0.2262（m^3）

（3）计算 $1m^3$ 1 砖墙厚砖和砂浆的消耗量

$$\text{砖的消耗量}=\frac{\text{砖的净用量}}{1-\text{砖的损耗}}=529/(1-1\%)=534\ (\text{块})$$

$$\text{砂浆的消耗量}=\frac{\text{砂浆的净用量}}{1-\text{砂浆的损耗率}}=0.2262/\ (1-1\%)\ =0.2285\ (m^3)$$

提示：计算 $1m^3$ 1 砖墙厚砖的净用量时需要考虑灰缝所占的体积。

【例 2-4】 使用 1∶2 水泥砂浆铺贴 500mm×500mm×12mm 花岗岩板地面，灰缝宽 1mm，水泥砂浆黏结层厚 5mm，花岗岩板损耗率 2%，水泥砂浆损耗率 1%。问题：

（1）计算每 $100m^2$ 地面贴花岗岩板材的消耗量。

（2）计算每 $100m^2$ 地面贴花岗岩板材的黏结层砂浆和灰缝砂浆消耗量。

【分析要点】

（1）计算地面花岗岩板材消耗量要考虑灰缝所占的面积，其板材净用量计算公式如下。设每 $100m^2$ 地面贴板材净用量为 Q，每 $100m^2$ 地面贴板材消耗量为 K，则

$$Q=\frac{100}{(\text{块料长}+\text{灰缝宽})\times(\text{块料宽}+\text{灰缝宽})}$$

$$K=Q/(1-\text{花岗岩板材损耗率})$$

（2）计算地面铺花岗岩砂浆用量时，要考虑黏结层的用量和灰缝砂浆的用量，计算公式如下。设每 $100m^2$ 地面贴板材砂浆净用量为 q；每 $100m^2$ 地面贴花岗岩砂浆消耗量为 G，则

$$q=100\times\text{黏结层砂浆厚}+(100-\text{块料净用量}\times\text{每块面积})\times\text{块料厚}$$

$$G=q/(1-\text{砂浆损耗率})$$

【解】（1）计算每 $100m^2$ 地面贴花岗岩板材的消耗量

首先根据上式计算每 $100m^2$ 地面贴花岗岩板材的净用量 Q：

$$Q=100/[(0.50+0.001)\times(0.50+0.001)]=398.40\ (\text{块})$$

然后再计算每 $100m^2$ 地面贴花岗岩板材的消耗量 K：

$$K=398.40/(1-2\%)=406.53\ (\text{块})$$

（2）计算每 $100m^2$ 地面贴花岗岩板材的砂浆消耗量

根据上式，每 $100m^2$ 地面贴花岗岩板材的砂浆净用量 q：

$$q=100\times0.005+(100-398.40\times0.5\times0.5)\times0.012=0.505\ (m^3)$$

每 $100m^2$ 地面贴花岗岩板材的砂浆消耗量 G：

$$G=0.505/(1-1\%)=0.510\ (m^3)$$

提示：计算每 $100m^2$ 地面铺花岗岩板材的净用量时需要考虑灰缝所占的面积；计算每 $100m^2$ 地面铺花岗岩板材的砂浆净用量时需要考虑灰缝和粘贴层的砂浆用量。

2.2.4 机械台班消耗量定额的编制方法

由上述可知，机械台班消耗量定额根据其表现形式的不同，分为时间定额和产量定额，而且机械台班消耗量定额一般采用时间定额形式。但是，确定机械台班消耗量定额时首先确定其产量定额，然后再求其时间定额。其确定步骤如图 2-11 所示。

确定机械纯工作 1 小时的正常生产率 → 确定施工机械的正常利用系数 → 确定机械台班产量定额 → 确定机械台班时间定额

图 2-11 机械台班消耗量定额的确定步骤

2.2.4.1 确定机械纯工作 1 小时的正常生产率

机械纯工作 1 小时的正常生产率，就是在正常施工组织条件下，具有必要知识和技能的技术工人操作机械 1 小时的生产率。

根据机械工作的特点不同，机械纯工作 1 小时的正常生产率的确定方法也不同。主要有以下两种。

(1) 循环动作机械

1）确定机械循环一次的正常延续时间　机械循环一次由几部分组成，因此根据现场观察资料和机械说明书确定循环一次各组成部分的延续时间，将各组成部分的延续时间相加，减去各组成部分之间的交叠时间，即可求出机械循环一次的正常延续时间。其计算公式为：

$$\text{机械循环一次的正常延续时间}=\sum\text{循环各组成部分正常延续时间}-\text{交叠时间}$$

2）计算机械纯工作 1 小时的正常循环次数

$$\text{机械纯工作 1 小时的循环次数}=\frac{60\times 60(\text{s})}{\text{循环一次的正常延续时间}(\text{s})}$$

3）计算机械纯工作 1 小时的正常生产率

$$\text{机械纯工作 1 小时的正常生产率}=\text{机械纯工作 1 小时的循环次数}\times\text{循环一次生产的产品数量}$$

(2) 连续动作机械

对于连续动作机械，要根据机械的类型、结构特征及工作过程的特点来确定机械纯工作 1 小时的正常生产率，其确定方法如下：

连续动作机械纯工作 1 小时的正常生产率＝工作延续时间内生产的产品数量/工作延续时间 (h)

工作延续时间内生产的产品数量和工作延续时间的消耗，要通过多次现场观察和机械说明书来取得数据。

2.2.4.2 确定施工机械的正常利用系数

(1) 施工机械的正常利用系数

施工机械的正常利用系数是指机械在工作班内对工作时间的利用率。

(2) 施工机械的正常利用系数的计算

$$\text{机械正常利用系数}=\frac{\text{机械在一个工作班内的纯工作时间}}{\text{一个工作班延续时间}(8\text{h})}$$

2.2.4.3 确定机械台班产量定额

计算施工机械台班产量定额是编制机械使用定额工作的最后一步。其机械产量定额计算公式如下：

机械台班产量定额＝机械纯工作1小时的正常生产率×工作班延续时间×机械正常利用系数

2.2.4.4 确定机械时间定额

$$施工机械时间定额=\frac{1}{机械台班产量定额}$$

【例2-5】 某循环式混凝土搅拌机，其设计容量（即投量容量）为0.4m^3，混凝土出料系数为0.67，混凝土上料、搅拌、出料等时间分别为：60s、120s、60s，搅拌机的时间利用系数为0.85，求该混凝土搅拌机的产量定额和时间定额为多少？

【解】 循环式混凝土搅拌机每循环一次由混凝土上料、搅拌、出料等工序组成，该搅拌机循环一次的正常延续时间＝60＋120＋60＝4min＝0.067（h）

该搅拌机纯工作1小时的循环次数＝1/0.067≈15（次）

该搅拌机循环一次完成的工程量＝0.4×0.67＝0.268（m^3）

该搅拌机纯工作1小时的正常生产率＝15次×0.268＝4.02（m^3）

该搅拌机台班产量定额＝4.02×8×0.85≈27.3（m^3/台班）

该搅拌机台班时间定额＝1/27.3≈0.037（台班/m^3）

2.3 预算定额的确定及其应用

2.3.1 预算定额

(1) 预算定额

预算定额是确定一定计量单位分项工程或结构构件的人工、材料、机械台班和资金消耗的数量标准，由此可见，预算定额是计价性定额。

预算定额是由各省、市有关部门组织编制并颁布的一种指导性指标，反映的是当地完成一定计量单位分项工程或结构构件的人工、材料、机械台班消耗量的平均水平。

(2) 预算定额的用途及编制依据

预算定额是编制施工图预算的主要依据，是确定工程造价和控制工程造价的基础。

预算定额的编制依据是施工定额。

2.3.2 预算定额中工料机和资金消耗量的确定

2.3.2.1 人工消耗量的确定

预算定额中人工消耗量是指完成一定计量单位的分项工程或结构构件所必需的各种用工量，包括基本用工和其他用工。

(1) 基本用工

基本用工指完成分项工程的主要用工量。例如，砌筑各种墙体工程的砌砖、调制砂浆及运输砖和砂浆的用工量。预算定额是一项综合性定额，要按组成分项工程内容各工序综合而成。因此，它包括的工程内容比较多，如墙体砌筑工程中包括门窗洞口、附墙烟窗、垃圾道、墙垛、各种形式的砖碹等，其用工量比砌筑一般墙体的用工量多，需要另外增加的用工也属于基本用工内容。

(2) 其他用工

其他用工是辅助消耗的工日，包括超运距用工、辅助用工和人工幅度差用工三种。如图 2-12 所示。

1）超运距用工　超运距是指预算定额中取定的材料及半成品的场内水平运距超过劳动定额规定的水平距离的部分，即：

超运距＝预算定额取定的运距－劳动定额已包括的运距

超运距用工是指完成材料及半成品的场内水平超运距部分所增加的用工。

2）辅助用工　辅助用工是指技术工种劳动定额内不包括而在预算定额内又必须考虑的用工。如机械土方工程配合、材料加工（包括洗石子、筛沙子、淋石灰膏等）、模板整理等用工。

3）人工幅度差用工　人工幅度差用工是指预算定额与劳动定额的定额水平不同而产生的差异。它是劳动定额作业时间之外，预算定额内应考虑的、在正常施工条件下所发生的各种工时损失。包括的内容如图 2-13 所示。

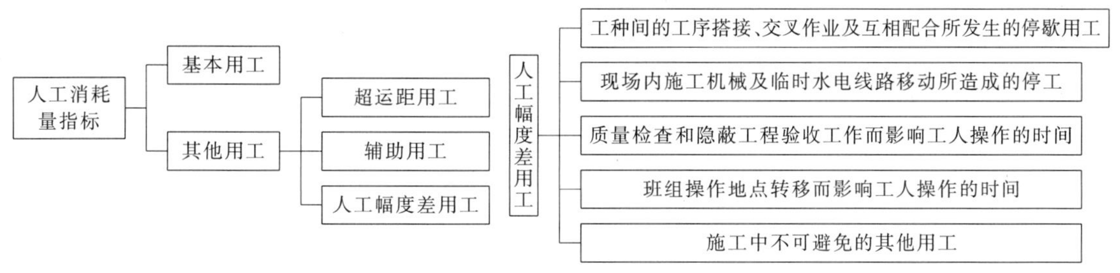

图 2-12　人工消耗指标的构成

图 2-13　人工幅度差用工包括的内容

人工幅度差计算公式如下：

人工幅度差＝(基本用工＋超运距用工＋辅助用工)×人工幅度差系数

人工幅度差系数一般取 10%～15%。

2.3.2.2　材料消耗量的确定

(1) 材料消耗量及其分类

预算定额中的材料消耗量是指为完成单位合格产品所必须消耗的材料数量。

材料按用途分为主要材料、次要材料、零星材料和周转材料，如图 2-14 所示。

预算定额中的材料消耗量指标由材料净用量和材料损耗量构成。如图 2-15 所示。

(2) 主要材料

主要材料是指能够计量的消耗量较多、价值较大的直接构成工程实体的材料。

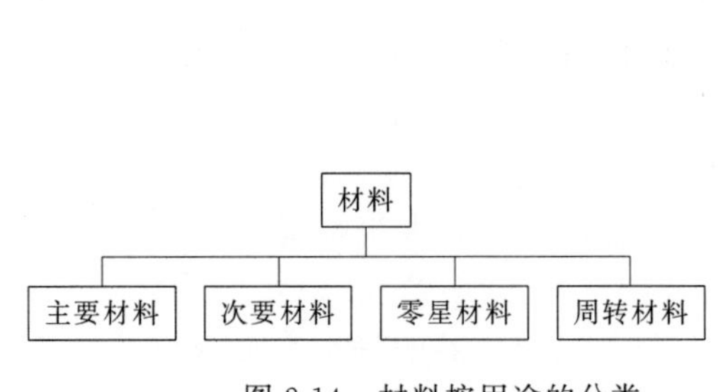

图 2-14　材料按用途的分类

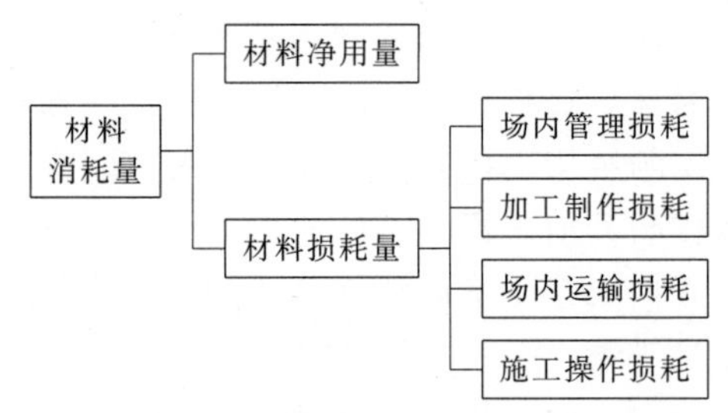

图 2-15　预算定额中材料消耗量的构成

与施工定额的确定方法一样，凡能计量的材料、成品、半成品均按品种、规格逐一列出数量，其主要材料的消耗量为：

$$\text{材料消耗量}=\text{材料净用量}+\text{材料损耗量}\approx\text{材料净用量}\times(1+\text{材料损耗率})$$

提示：预算定额中规定主要材料的损耗量是在计算出主材净用量的基础上乘以损耗率得到的，即主材的损耗量≈材料净用量×材料损耗率。

预算定额中材料损耗率与施工定额中的不同，预算定额中的材料损耗比施工定额中的范围更广，它考虑了整个施工现场范围内材料堆放、运输、制备、制作及施工过程中的损耗。

1）确定主要材料的净用量　主要材料的净用量应结合分项工程的构造做法、综合取定的工程量及有关资料进行计算。例如砌筑1砖墙，经测定计算，每$1m^3$墙体中梁头、板头体积为$0.028m^3$，预留孔洞体积$0.0063m^3$，突出墙面砌体$0.00629m^3$，砖过梁为$0.04m^3$，则每$1m^3$墙体的砖及砂浆净用量计算为：

实砌$1m^3$墙体不考虑任何因素（即不留洞，也没有梁头、板头等），其砖及砂浆的净用量计算与施工定额中一样。

$$\text{标准砖砖数}=\frac{1}{\text{砖长}\times(\text{砖宽}+\text{灰缝})\times(\text{砖厚}+\text{灰缝})}$$

$$\text{砂浆}=1-\text{砖数的体积}$$

如果考虑扣除和增加的体积后，砖及砂浆的净用量为：

$$\text{标准砖}=\text{标准砖砖数}\times(1-2.8\%-0.63\%+0.629\%)$$

$$\text{砂浆}=\text{砂浆}\times(1-2.8\%-0.63\%+0.629\%)$$

其中砌筑砖过梁所用的砂浆强度等级较高，称为附加砂浆，砌筑砖墙的其他部分砂浆为主体砂浆。

$$\text{附加砂浆}=\text{砂浆}\times4\%$$

$$\text{主体砂浆}=\text{砂浆}\times96\%$$

2）主材损耗量的确定　主要材料损耗量由施工操作损耗、场内运输损耗、加工制作损耗和场内管理损耗四部分组成，如图2-15所示。其计算方法与施工定额一样。

（3）次要和零星材料

次要材料是指直接构成工程实体，但其用量很小，不便计算其用量，如砌砖墙中的木砖、混凝土中的外加剂等。

零星材料是指不构成工程实体，但在施工中消耗的辅助材料，如草袋、氧气等。

总的来说，这些次要材料和零星材料用量不多、价值不大，不便在定额中一一列出，采用估算的方法计算其总价值后，以“其他材料费”来表示。

2.3.2.3 机械台班消耗量的编制

(1) 机械台班消耗量

预算定额中机械台班消耗量是指在正常施工条件下，生产单位合格产品必须消耗的施工机械的台班数量。

机械台班消耗量指标一般是在施工定额的基础上，再考虑一定的机械幅度差进行计算。即：

机械台班消耗量=施工定额机械台班消耗量+机械幅度差

(2) 机械幅度差

机械幅度差是指机械台班消耗定额中未包括的，而机械在合理的施工组织条件下不可避免的机械的损失时间。包括的内容如图 2-16 所示。

机械幅度差=施工定额机械台班消耗量×机械幅度差系数

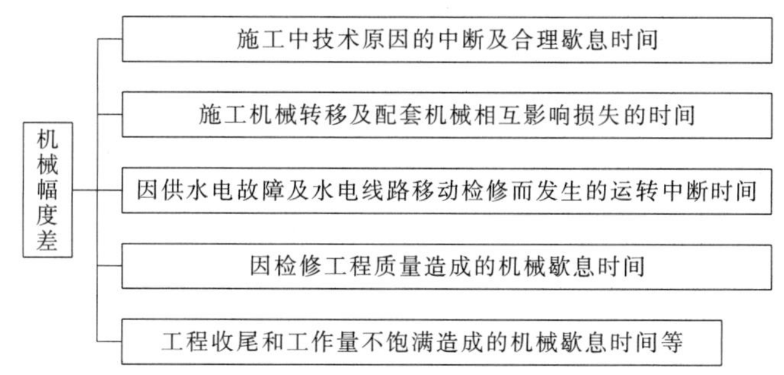

图 2-16　机械幅度差包括的内容

提示：机械台班消耗量指标=施工定额机械台班消耗量×(1+机械幅度差系数)

2.3.2.4 预算定额基价的确定

预算定额基价即“预算价格”，是完成一定计量单位的分项工程或结构构件所需要的人工费、材料费和施工机械使用费之和。如图 2-17 所示。

即：一定计量单位的分项工程的预算价格=人工费+材料费+机械费

其中：人工费=工日消耗量×日工资单价

材料费=$\sum$(材料消耗量×材料单价)

机械费=$\sum$(台班消耗量×台班单价)

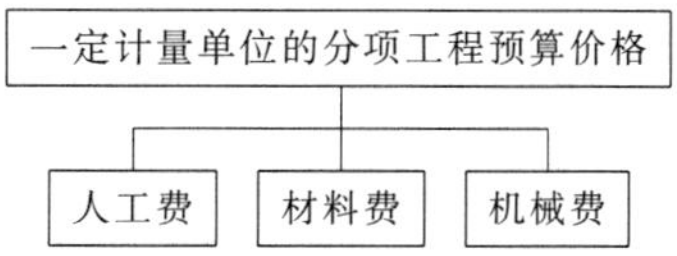

一定计量单位的分项工程预算价格

人工费　材料费　机械费

图 2-17　分项工程预算价格的构成

由此可见，工程造价费用的多少，除取决于预算定额中工料机的消耗量以外，还取决于日工资单价、材料单价和台班单价。

预算定额中工料机的消耗量确定上面已经介绍了，日工资单价、材料单价和台班单价的具体内容和确定方法详见第一章相关内容。

2.3.3 预算定额的应用

2.3.3.1 预算定额一般包括的主要内容

预算定额一般包括以下主要内容，如图 2-18 所示。定额项目表是预算定额的核心内容，某省建筑工程预算定额现浇混凝土柱示例如表 2-1 所示。

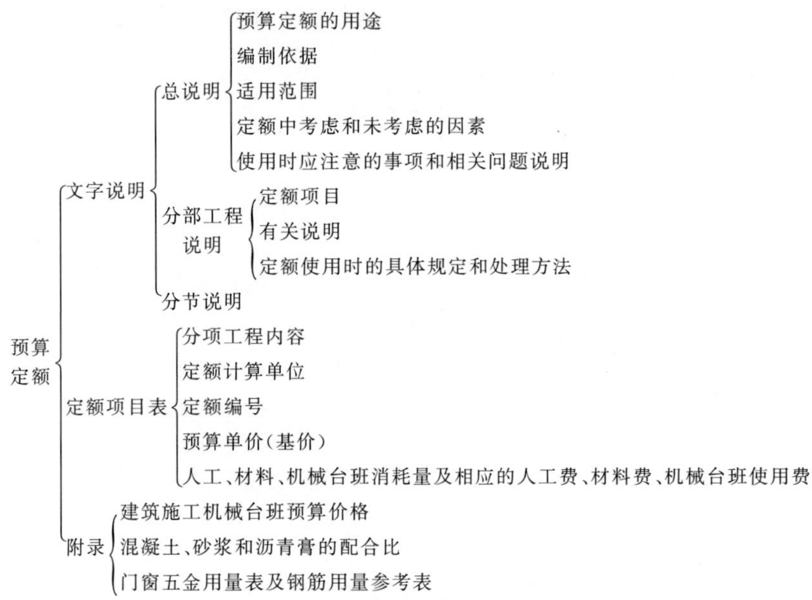

图 2-18　预算定额的组成

表 2-1　某省建筑工程预算定额现浇混凝土柱示例

工作内容：混凝土搅拌、运输、浇捣、养护等。　　　　单位：$10m^3$

定额编号				A4-13	A4-14	A4-15
项目				矩形柱	圆形柱	构造柱
预算价格/元				3553.58	3557.62	3747.73
其中	人工费/元			1130.31	1140.57	1292.76
	材料费/元			2249.82	2243.60	2281.52
	机械费/元			173.45	173.45	173.45
名称		单位	单价/元	数量		
人工	综合工日	工日	57.0	19.83	20.01	22.68
材料	现浇混凝土（40mm）C20	m^3	216.97	9.86	9.86	
	现浇混凝土（20mm）C20	m^3	222.92			9.86
	水泥砂浆 1∶2	m^3	248.99	0.29	0.29	0.29
	工程用水	m^3	5.6	2.1	2.08	1.97
	其他材料费	元		26.53	20.42	0.29
机械	搅拌机 400L	台班	142.32	0.63	0.63	0.63
	翻斗车 1t	台班	132.72	0.52	0.52	0.52
	振捣器	台班	11.82	1.25	1.25	1.25

【例 2-6】 表 2-2 是某省砖基础和砖墙体预算定额项目表，请根据该表计算采用 M5 混合砂浆砌筑砖基础 200m³ 的直接工程费及主要材料消耗量。

表 2-2 某省建筑工程预算定额砖基础、砖墙示例

工作内容：1. 砖基础包括调、运、铺砂浆、运砖、清理基槽坑、砌砖等。

2. 砖墙包括调、运、铺砂浆、运砖、砌砖等。 单位：10m³

定额编号				A3-1	A3-2	A3-3
项目				砖基础	内墙	
					115mm 厚以内	365mm 厚以内
预算价格/元				2287.15	2624.17	2464.70
其中	人工费/元			671.46	986.67	825.36
	材料费/元			1576.32	1605.02	1599.97
	机械费/元			39.37	32.48	39.37
名称		单位	单价/元	数量		
人工	综合工日	工日	57.0	11.78	17.31	14.48
材料	机红砖(240mm×115mm×53mm)	块	0.23	5185.50	5590.62	5321.31
	混合砂浆 M5	m³	153.88	2.42	2.00	2.37
	工程用水	m³	5.6	2.01	2.04	2.03
机械	灰浆搅拌机 200L	台班	98.42	0.40	0.33	0.40

【解】 首先确定该分项工程应该套用哪个定额编号，直接套还是间接套？

根据题意，查表 2-2，砌筑砖基础分项工程应该套 A3-1，又由于该分项工程采用的是 M5 混合砂浆，与预算定额 A3-1 中完全一致，因此可以直接套用。

其次计算完成 200m³ 砌筑砖基础工程的直接工程费=2287.15/10×200=45743（元）

第三计算完成 200m³ 砌筑砖基础工程的主要材料消耗量：

混合砂浆 M5=2.42/10×200=48.4（m³）

标准砖：5185.5/10×200=103.71（千块）

2.3.3.2 预算定额的直接套用

当设计图纸与定额项目的内容相一致时，可以直接套用预算定额中的预算价格和工料机消耗量，并据此计算该分项工程的直接工程费及工料机需用量。

2.3.3.3 预算定额的换算

(1) 预算定额的换算

当设计图纸的要求和定额项目的内容不一致时，为了能计算出设计图纸内容要求项目的工程直接费及工料消耗量，必须对预算定额项目与设计内容要求之间的差异进行调整。这种使预算定额项目内容适应设计内容要求的差异调整就是产生预算定额换算的原因。

(2) 预算定额的换算依据

预算定额的换算实际上是预算定额应用的进一步扩展和延伸，为保持预算定额水平，在定额说明中规定了若干条预算定额换算的具体规定，该规定是预算定额换算的主要依据。

(3) 预算定额的换算类型

预算定额换算包括人工费和材料费的换算。人工费换算主要是由用工量的增减而引起的，而材料费换算则是由材料消耗量的改变及材料代换所引起的，特别是材料费和材料消耗量的换算占预算定额换算相当大的比重。预算定额换算内容的主要规定如下。

1）当设计图纸要求的砂浆、混凝土强度等级和预算定额不同时，可按半成品（即砂浆、混凝土）的配合比进行换算。

2）预算定额对抹灰砂浆的规定。如果设计内容要求的砂浆种类、配合比或抹灰厚度与预算定额不同时可以换算，但定额中的人工、机械消耗量不得调整。

预算定额的换算主要有三种类型：混凝土强度等级的换算、砂浆强度等级的换算和系数换算。

(4) 预算定额换算的主要方法

1）混凝土的换算　混凝土的换算包括构件混凝土和楼地面混凝土的换算两种，但主要是构件混凝土强度的换算。

构件混凝土的换算主要是混凝土强度不同的换算，其特点是：当混凝土用量不发生变化，只换算强度时。其换算公式如下：

换算后的预算价格＝原预算价格＋定额混凝土用量×(换入混凝土单价－换出混凝土单价)

换算步骤如下：

① 第一步，选择换算定额编号及单价，确定混凝土品种、粗骨料粒径及水泥强度等级。

② 第二步，确定混凝土品种（即是塑性混凝土还是低流动性混凝土、石子粒径、混凝土强度），查出换入与换出混凝土的单价。

③ 第三步，换算价格计算。

④ 第四步，确定换入混凝土品种需考虑以下因素：即是塑性混凝土还是低流动性混凝土，以及混凝土强度；可根据规范要求确定混凝土中石子的最大粒径；再按照设计要求确定采用的是砾石混凝土还是碎石混凝土，以及水泥强度等级。

2）砂浆的换算　砂浆换算包括砌筑砂浆的换算和抹灰砂浆的换算两种。

① 砌筑砂浆的换算方法及计算公式　和构件混凝土的换算方法及计算公式基本相同。

② 抹灰砂浆的换算　在某省预算定额装饰分部说明中规定：a. 砂浆种类、配合比与设计不同时可以换算。b. 抹灰厚度按不同的砂浆分别列在定额项目中，同类砂浆列总厚度，不同砂浆分别列出厚度。如定额项目中列出（18＋6）mm，即表示两种不同砂浆的各自厚度。厚度与设计不同时，可按砂浆厚度加装饰定额中相关内容套子目。但定额中的人工、机械消耗量不变。

换算价格＝原预算价格＋∑(换入砂浆单价×换入砂浆用量)－(换出砂浆单价×换出砂浆用量)

式中　　换入砂浆用量＝定额用量/定额厚度×设计厚度

换出砂浆用量=定额中规定的砂浆用量

3）系数换算 系数换算是指按照预算定额说明中所规定的系数乘以相应的定额基价（或定额中工、料之一部分）后，得到一个新单价的换算。

【例 2-7】 表 2-1 是某省建筑工程预算定额现浇混凝土柱项目表，请根据该表计算采用 C30 碎石混凝土现浇截面尺寸为 600mm×600mm 的钢筋混凝土柱子 55m^3 的直接工程费。已知石子最大粒径 40mm 的碎石混凝土 C20 的单价为 216.97 元，C30 的单价为 259.32 元。

【解】 根据题意，该现浇混凝土柱子是矩形的，因此，该分项工程应该套 A4-13，但由于该分项工程采用的是 C30 碎石混凝土，而定额 A4-13 中的混凝土强度等级是 C20 碎石混凝土。因此，根据规定，当设计规定的混凝土强度等级与预算定额不同时需要进行换算。根据换算公式得到：

换算后的预算价格=原预算价格+定额混凝土用量×(C30 碎石混凝土单价－C20 碎石混凝土单价)=3553.58+9.86×(259.32－216.97)

=3971.15（元）

55m^3 的钢筋混凝土柱子分项工程的直接工程费=3971.15/10×55=21841.33（元）

2.3.4 利用预算定额编制施工图预算的方法

（1）施工图预算

施工图预算是施工图设计预算的简称，也叫建筑安装工程造价，是指在施工图设计完成后，根据已批准的施工图纸，考虑实施施工图的施工方案或施工组织设计，按照现行预算定额、费用标准、材料预算价格和建设主管部门规定的费用计算程序及其他取费规定等确定的单位工程、单项工程及建设项目建筑安装工程造价的技术经济文件。

施工图预算包括直接费、间接费、利润和税金四项内容，如图 2-19 所示。

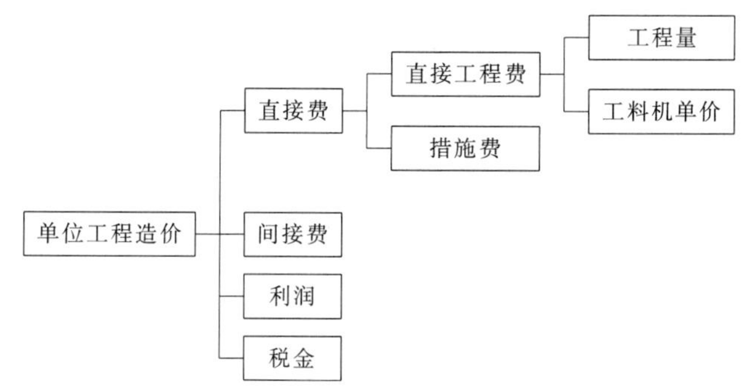

图 2-19 施工图预算费用的构成

（2）施工图预算编制的方法

利用预算定额编制施工图预算主要有单价法和实物法两种。

1）单价法

① 单价法 单价法是根据施工图纸计算出各分项工程的工程量，将各分项工程的工程量分别乘以地区统一预算定额中各分项工程的预算单价，汇总得到单位工程的直接工程费，措施费、间接费、利润和税金按规定的计费基数乘以相应的费率计算，最后汇总即可得到单位工程的施工图预算。

② 用单价法编制施工图预算的主要公式

单位工程施工图预算直接工程费＝∑(分项工程的工程量×分项工程的预算单价)

措施费、间接费、利润和税金＝规定的计费基数×相应费率

含税工程造价＝直接费＋间接费＋利润＋价差＋税金

提示： 利用单价法编制施工图预算，由于分项工程套用的是编制定额时期的价格，因此，最后要根据相关规定进行价差的调整。

③ 利用单价法编制施工图预算的步骤　如图 2-20 所示。

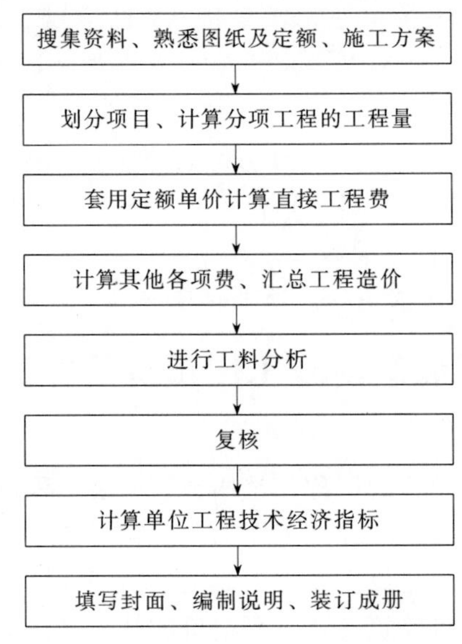

图 2-20　单价法编制施工图预算的步骤

2）实物法

① 实物法　实物法是根据施工图纸计算出各分项工程的工程量，将各分项工程的工程量分别乘以地区统一预算定额中各分项工程一定计量单位的人工、材料、施工机械台班消耗数量，计算出各分项工程的人工、材料、施工机械台班消耗数量，分别乘以当时、当地的市场价格，计算出人工费、材料费、机械费，最后相加得到单位工程的直接工程费。措施费、间接费、利润和税金按规定的计费基数乘以相应的费率计算，最后汇总即可得到单位工程的施工图预算。

② 用实物法编制施工图预算的主要公式

单位工程施工图预算直接工程费＝∑(分项工程的工程量×人工预算定额用量×当时当地人工工资单价)＋∑(分项工程的工程量×材料预算定额用量×当时当地材料价格)＋∑(分项工程的工程量×机械预算定额用量×当时当地机械台班单价)

措施费、间接费、利润和税金＝规定的计费基数×相应费率

含税工程造价＝直接工程费＋措施费＋间接费＋利润＋税金

提示： 利用实物法编制施工图预算，能比较准确地反映编制预算时各种人工、材料和机械台班的市场价格水平，因此，利用实物法不需要进行价差的调整。

③ 利用实物法编制施工图预算的步骤　如图 2-21 所示。

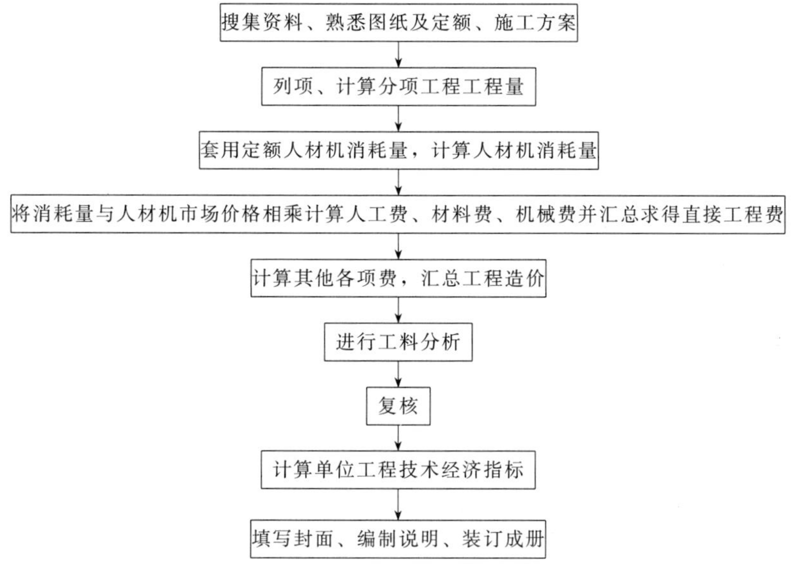

图 2-21　实物法编制施工图预算的步骤

2.4　其他计价定额

2.4.1　概算定额

(1) 概算定额

概算定额是在预算定额的基础上，确定完成合格的单位扩大分项工程或单位扩大结构构件所需消耗的人工、材料、机械台班和资金的数量标准。

概算定额的作用主要是编制设计概算和编制概算指标的依据。

(2) 与预算定额的异同

1) 与预算定额的相同点　都是以建（构）筑物各个结构部分和分部分项工程为单位表示的，内容都包括三个基本部分，并列有基准价。概算定额表达的主要内容、主要方式及基本使用方法都与预算定额相近。

2) 与预算定额的不同点　在于项目划分和综合扩大程度上的差异，预算定额是按照分项工程划分项目的，比较细；而概算定额是预算定额的合并与扩大，是按照扩大的分项工程划分的，比较粗。概算定额是将预算定额中有联系的若干个分项工程项目综合为一个概算定额项目。如砖基础概算定额项目，就是以砖基础为主，综合了平整场地、挖地槽、铺设垫层、砌砖基础、回填土及运土等预算定额中分项工程项目，如图 2-22 所示。因此概算工程量的计算和概算表的编制比施工图预算简化一些。

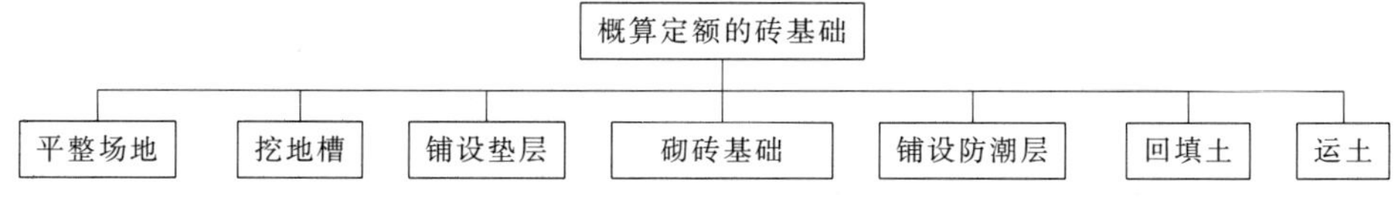

图 2-22　概算定额中砖基础所包含的预算定额中的分项内容

(3) 概算定额的组成内容及应用

概算定额的组成内容及应用与预算定额类似，内容包括文字说明部分和定额项目表，应用有直接套用和间接套用，这里不再赘述。

2.4.2 概算指标

(1) 概算指标

概算指标是以整个建筑物或构筑物为对象，以建筑面积、体积为计量单位所规定的人工、材料、机械台班和资金的消耗量标准。

概算指标主要是用来编制设计概算的依据。

(2) 概算指标与概算定额的区别

概算指标与概算定额的主要区别见表2-3。

表2-3 概算指标与概算定额的主要区别

概算指标、定额	确定各种消耗量指标的对象不同	确定各种消耗量指标的依据不同
概算指标	以整个建筑物或构筑物为标定对象	以各种预算和结算资料为主
概算定额	以单位扩大分项工程或扩大结构构件为标定对象	以现行预算定额为基础

由表2-3可知：概算指标比概算定额更加综合与扩大，概算定额是以现行预算定额为基础，通过计算之后才确定出各种消耗量指标，而概算指标中各种消耗量指标的确定，则主要来自于各种预算和结算资料。

(3) 概算指标的主要表现形式

概算指标的主要表现形式有综合概算指标和单项概算指标两种。

综合概算指标是指按照工业或民用建筑及其结构类型而制定的概算指标。综合概算指标的概括性较大，其准确性、针对性不强。

单项概算指标是指为某种建筑物或构筑物编制的概算指标。其针对性较强，故指标中对工程结构形式要做详细介绍。只有工程项目的结构形式及工程内容与单项指标中的工程概况相吻合，编制出的设计概算才比较准确。因此，概算指标主要以单项概算指标为主。

本章小结

建设工程定额是指在正常的施工条件下，以及在合理的劳动组织、最优化的使用材料和机械的条件下，完成建设工程单位合格产品所必须消耗的各种资源的数量标准。建设工程定额可按照生产要素、编制程序和定额的用途分别分为不同种类。本章重点介绍了施工定额工料机消耗量的编制方法、预算定额工料机和资金消耗量的编制方法以及应用、概算定额和概算指标的基本概念和应用，尤其是概算指标的应用。

思考题

1. 什么是建设工程定额？按生产要素和编制的程序和用途分类分为哪几类？

2. 简述施工定额、预算定额、概算定额、概算指标和投资估算指标分别是以什么为标定对象确定其工料机消耗量的。

3. 什么是劳动定额？什么是机械台班使用定额？按照表现形式分为哪两种？二者的关系如何？

4. 什么是材料消耗量定额？包括哪两部分？

5. 预算定额中人工消耗量包括哪些内容？

6. 简述预算定额中人工单价、材料单价和机械台班单价分别包含哪些内容？

7. 预算定额、概算定额的套用有哪两种形式？分别应该具备什么条件？

8. 概算指标直接套用和间接套用的条件是什么？

9. 利用概算指标进行局部结构差异调整时有哪两种调法？

10. 什么是人工幅度差？主要包括哪些内容？

第3章

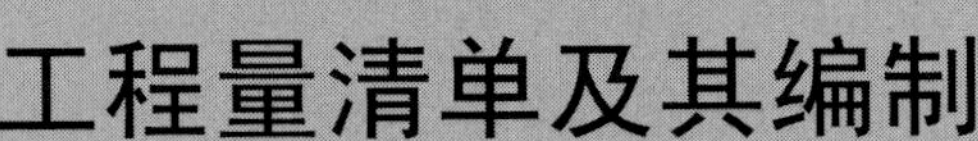

工程量清单及其编制

学习目标

1. 理解建设工程工程量清单、工程量清单计价的概念。
2. 熟悉 2013 版《建设工程工程量清单计价规范》的组织内容。
3. 掌握建设工程工程量清单的编制方法。
4. 掌握建设工程工程量清单的计价方法。

学习要求

1. 熟悉建设工程工程量清单计价的方法。
2. 掌握建设工程工程量清单的编制。
3. 掌握建设工程工程量清单计价的编制。

本章内容框架

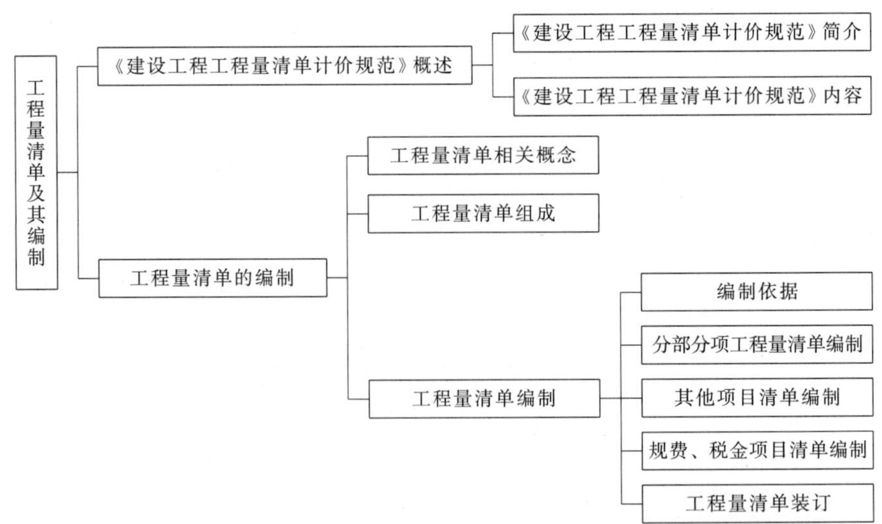

3.1 概 述

3.1.1 2013版《建设工程工程量清单计价规范》及相关专业房屋建筑与装饰工程工程量计算规范的适用范围

2013版《建设工程工程量清单计价规范》（以下简称《清单计价规范》）和相关专业房屋建筑与装饰工程工程量计算规范（以下简称计算规范）适用于建设工程发承包及实施阶段的计价活动，包括招标工程量清单、招标控制价、投标报价的编制、工程合同价款的约定、竣工结算的办理及施工过程中的工程计量、合同价款支付、施工索赔与现场签证、合同价款调整和合同价款争议的解决等。

2013版《清单计价规范》规定：使用国有资金投资的建设工程发承包，必须采用工程量清单计价；非国有资金投资的建设工程，宜采用工程量清单计价。

根据《工程建设项目招标范围和规模标准规定》的规定，国有资金投资的工程建设项目包括使用国有资金投资和国家融资投资的工程建设项目。

使用国有资金投资的项目包括：

① 使用各级财政预算资金的项目；

② 使用纳入财政管理的各种政府性专项建设资金的项目；

③ 使用国有企事业单位自有资金，并且国有资产投资者实际拥有控制权的项目。

使用国家融资资金投资的项目包括：

① 使用国家发行债券所筹资金的项目；

② 使用国家对外借款或者担保所筹资金的项目；

③ 使用国家政策性贷款的项目；

④ 国家授权投资主体融资的项目；

⑤ 国家特许的融资项目。

国有资金（含国家融资资金）为主的工程建设项目是指国有资金占投资总额50%以上，或虽不足50%但国有投资者实质上拥有控股权的工程建设项目。

对于非国有资金投资的工程建设项目，没有强制规定必须采用工程量清单计价，具体到项目是否采用工程量清单方式计价，由项目业主自主确定，但2013版《清单计价规范》鼓励采用工程量清单计价方式。

3.1.2 2013版清单规范的主要内容

(1) 2013版清单规范的主要内容

2013版清单规范是统一工程量清单编制、规范工程量清单计价的国家标准，其主要内容包括两部分：《清单计价规范》和计算规范。《建设工程工程量清单计价规范》（GB 50500—2013）共由16部分内容组成。计算规范共分9个专业，每个专业工程量计算规范基本上由5部分内容组成。如图3-1所示。

本书重点讲解《建设工程工程量清单计价规范》（GB 50500—2013）和《房屋建筑与装饰工程工程量计算规范》（GB 50854—2013）两部分内容。

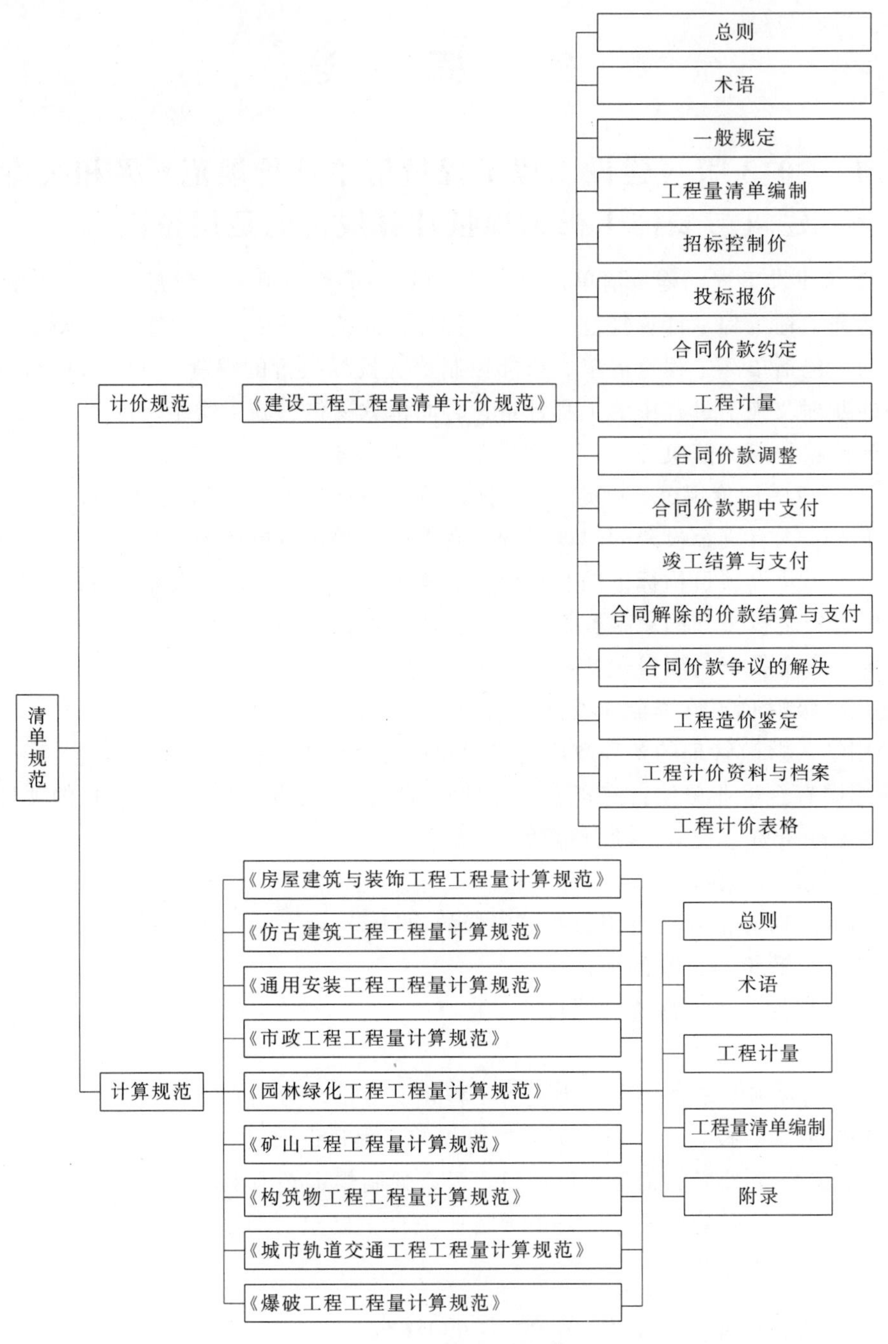

图 3-1　2013 版规范内容

提示：2013 版工程量计算规范将建筑工程与装饰工程合二为一。

（2）2013 版《清单计价规范》中的强制性条款

《建设工程工程量清单计价规范》（GB 50500—2013）为国家标准，共有 15 条强制性条文，必须严格执行。这 15 条强制性条文具体如下。

① 使用国有资金投资的建设工程发承包，必须采用工程量清单计价。

② 工程量清单应采用综合单价计价。

③ 措施项目中的安全文明施工费必须按国家或省级、行业建设主管部门的规定计算，

不得作为竞争性费用。

④ 规费和税金必须按国家或省级、行业建设主管部门的规定计算，不得作为竞争性费用。

⑤ 建设工程发承包，必须在招标文件、合同中明确计价中的风险内容及其范围，不得采用无限风险、所有风险或类似语句规定计价中的风险内容及范围。

⑥ 招标工程量清单必须作为招标文件的组成部分，其准确性和完整性应由招标人负责。

⑦ 分部分项工程项目清单必须载明项目编码、项目名称、项目特征、计量单位和工程量。

⑧ 分部分项工程项目清单必须根据相关工程现行国家计量规范规定的项目编码、项目名称、项目特征、计量单位和工程量计算规则进行编制。

⑨ 措施项目清单必须根据相关工程现行国家计量规范的规定编制。

⑩ 国有资金投资的建设工程招标，招标人必须编制招标控制价。

⑪ 投标报价不得低于工程成本。

⑫ 投标人必须按招标工程量清单填报价格。项目编码、项目名称、项目特征、计量单位、工程量必须与招标工程量一致。

⑬ 工程量必须按照相关工程现行国家计量规范规定的工程量计算规则计算。

⑭ 工程量必须以承包人完成合同工程应予计量的工程量确定。

⑮ 工程完工后，发承包双方必须在合同约定时间内办理工程竣工结算。

3.2 工程量清单

3.2.1 《建设工程工程量清单计价规范》(GB 50500—2013) 中与工程量清单相关的术语

《建设工程工程量清单计价规范》(GB 50500—2013) 中主要有以下与工程量清单相关的术语。

① 工程量清单　是指载明建设工程分部分项工程项目、措施项目、其他项目的名称和相应数量及规费、税金项目等内容的明细清单。

② 招标工程量清单　是指招标人依据国家标准、招标文件、设计文件及施工现场实际情况编制的，随招标文件发布供投标报价的工程量清单，包括其说明和表格。

提示： 招标工程量清单是2013版《清单计价规范》的新增术语，是招标阶段供投标人报价的工程量清单，是对工程量清单的进一步细化。

③ 已标价工程量清单　是指构成合同文件组成部分的投标文件中已标明价格，经算术性错误修正(如有)且承包人已确认的工程量清单，包括其说明和表格。

提示： 已标价工程量清单是2013版《清单计价规范》的新增术语，是投标人对招标工程量清单已标明价格，并被招标人接受，构成合同文件组成部分的工程量清单，是对工程量清单的进一步细化。

④ 分部分项工程　分部工程是单项或单位工程的组成部分，是按结构部位、路段长度及施工特点或施工任务将单项或单位工程划分为若干分部的工程，如房屋建筑与装饰工程分为土石方工程、桩基工程、砌筑工程、混凝土及钢筋混凝土工程、楼地面装饰工程、天棚工

程等分部工程；分项工程是分部工程的组成部分，是按不同施工方法、材料、工序及路段长度等将分部工程划分为若干个分项或项目的工程，如现浇混凝土基础分为带形基础、独立基础、满堂基础、桩承台基础、设备基础等分项工程。

提示： 分部分项工程是2013版《清单计价规范》新增术语。分部分项工程是分部工程和分项工程的总称。

⑤ 措施项目　是指为完成工程项目施工，发生于该工程施工准备和施工过程中的技术、生活、安全、环境保护等方面的项目。

⑥ 项目编码　是指分部分项工程和措施项目清单名称的阿拉伯数字标识。

⑦ 项目特征　是指构成分部分项工程项目、措施项目自身价值的本质特征。

⑧ 暂列金额　是指招标人在工程量清单中暂定并包括在合同价款中的一笔款项。用于工程合同签订时尚未确定或者不可预见的所需材料、工程设备、服务的采购，施工中可能发生的工程变更、合同约定调整因素出现时的合同价款调整，以及发生的索赔、现场签证确认等的费用。

⑨ 暂估价　是指招标人在工程量清单中提供的用于支付必然发生但暂时不能确定价格的材料、工程设备的单价及专业工程的金额。

⑩ 计日工　是指在施工过程中，承包人完成发包人提出的工程合同范围以外的零星项目或工作，按合同中约定的单价计价的一种方式。

⑪ 总承包服务费　是指总承包人为配合协调发包人进行的专业工程发包，对发包人自行采购的材料、工程设备等进行保管以及施工现场管理、竣工资料汇总整理等服务所需的费用。

3.2.2　工程量清单、招标工程量清单和已标价工程量清单的区别

2013版《清单计价规范》提出了三个“工程量清单”概念，即工程量清单、招标工程量清单、已标价工程量清单。这三者之间有何区别？对其三者应如何理解？

①“工程量清单”载明了建设工程分部分项工程项目、措施项目和其他项目的名称和相应数量及规费和税金项目等内容，它是招标工程量清单和已标价工程量清单的基础，招标工程量清单和已标价工程量清单是在工程发承包的不同阶段对工程量清单的进一步具体化。

②“招标工程量清单”必须作为招标文件的组成部分，其准确性和完整性由招标人负责。它是工程量清单计价的基础，应作为编制招标控制价、投标报价、计算或调整工程量、索赔等的依据之一，是招标、投标、签订履行合同、工程价款核算等工作顺利开展的重要依据。它强调其随招标文件发布供投标报价这一作用。因此，无论是招标人还是投标人都应慎重对待。

③“已标价工程量清单”是从工程量清单作用方面细化而来的，强调该清单是为承包人所确认的投标报价所用，是基于招标工程量清单由投标人或受其委托、具有相应资质的工程造价咨询人编制的，其项目编码、项目名称、项目特征、计量单位、工程量必须与招标工程量清单一致。

④“招标工程量清单”应由具有编制能力的招标人或受其委托、具有相应资质的工程造价咨询人或招标代理人编制。但招标工程量清单和已标价工程量清单不能委托同一工程造价咨询人编制。

3.2.3 招标工程量清单的组成

招标工程量清单作为招标文件的组成部分，最基本的功能是信息载体，使得投标人能对工程有全面的认识。那么，招标工程量清单包括哪些内容呢？

2013版《清单计价规范》中，招标工程量清单主要包括工程量清单说明和工程量清单表，如图3-2所示。

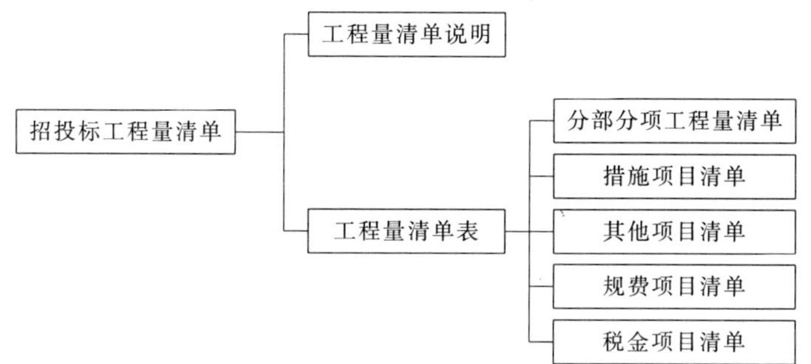

图3-2 招投标工程量清单的组成

① 工程量清单说明包括工程概况、现场条件、编制工程量清单的依据及有关资料，对施工工艺、材料应用的特殊要求。

② 工程量清单是清单项目和工程数量的载体，合理的清单项目设置和准确的工程数量，是清单计价的前提和基础。

3.2.4 招标工程量清单的作用

招标工程量清单具有以下主要作用。

① 招标工程量清单为投标人的投标竞争提供了一个平等和共同的基础。

招标工程量清单是由招标人负责编制，将要求投标人完成的工程项目及其相应工程实体数量全部列出，为投标人提供拟建工程的基础信息。这样，在建设工程的招标投标中，投标人的竞争活动就有了一个共同的基础，其机会是均等的。

② 招标工程量清单是建设工程计价的依据。

在招标投标过程中，招标人根据招标工程量清单编制招标工程的招标控制价；投标人按照招标工程量清单所表述的内容，依据企业定额计算投标价格，自主填报工程量清单所列项目的单价与合价。

③ 招标工程量清单是工程付款和结算的依据。

招标工程量清单是工程量清单计价的基础。在施工阶段，发包人根据承包人完成的工程量清单中规定的内容及合同单价支付工程款。工程结算时，承发包双方按照工程量清单计价表对已实施的分部分项工程或计价项目，按照合同单价和相关合同条款核算结算价款。

④ 招标工程量清单是调整工程价款、处理工程索赔的依据。

在发生工程变更和工程索赔时，可以选用或参照招标工程量清单中的分部分项工程计价及合同单价来确定变更价款和索赔费用。

3.2.5 编制招标工程量清单的依据

采用工程量清单方式招标，招标工程量清单必须作为招标文件的组成部分，由招标人提供，并对其准确性和完整性负责。一经中标签订合同，招标工程量清单即为合同的组成部分。在编制招标工程量清单时，应依据什么？

①《建设工程工程量清单计价规范》(GB 50500—2013) 和相关工程的国家计量规范；

② 国家或省级、行业建设主管部门颁发的计价定额和办法；

③ 建设工程设计文件及相关资料；

④ 与建设工程有关的标准、规范、技术资料；

⑤ 拟定的招标文件；

⑥ 施工现场情况、地勘水文资料、工程特点及常规施工方案；

⑦ 其他相关资料。

3.3 工程量清单的编制

3.3.1 2013版《清单计价规范》对工程量清单编制的一般规定

2013版《清单计价规范》对工程量清单编制的一般规定如下。

① 招标工程量清单应由具有编制能力的招标人或受其委托、具有相应资质的工程造价咨询人编制。

② 招标工程量清单必须作为招标文件的组成部分，其准确性和完整性由招标人负责。

③ 招标工程量清单是工程量清单计价的基础，应作为编制招标控制价、投标报价、计价、计算或调整工程量、索赔等的依据之一。

④ 招标工程量清单应以单位（项）工程为单位编制，应由分部分项工程量清单、措施项目清单、其他项目清单、规费项目清单和税金项目清单组成。

3.3.2 分部分项工程量清单及其编制

(1) 分部分项工程项目清单

分部分项工程项目清单是指构成拟建工程实体的全部分项实体项目名称和相应数量的明细清单。

(2) 分部分项工程项目清单包括的内容

2013版《清单计价规范》规定：分部分项工程项目清单必须载明项目编码、项目名称、项目特征、计量单位和工程量，这是一条强制性条文，规定了一个分部分项工程项目清单由上述五个要件构成，在分部分项工程项目清单的组成中缺一不可。分部分项工程项目清单必须根据相关工程现行国家计量规范附录规定的项目编码、项目名称、项目特征、计量单位和工程量计算规则进行编制。具体见表3-1。

表3-1 分部分项工程项目清单表

序号	项目编码	项目名称	项目特征	计量单位	工程量

(3) 项目编码

分部分项工程工程量清单的项目编码是以 5 级 12 位阿拉伯数字设置的，1～9 位应按相关专业计量规范中附录的规定统一设置，10～12 位应根据拟建工程的工程量清单项目名称和项目特征设置。同一招标工程的项目编码不得有重码，一个项目只有一个编码，对应一个清单项目的综合单价。

项目编码结构及各级编码的含义如图 3-3 所示。

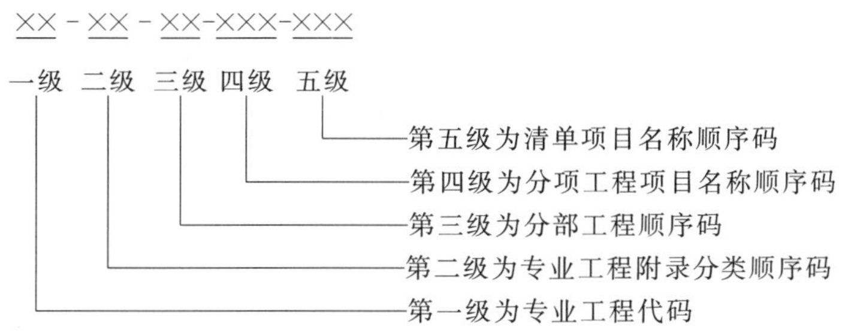

图 3-3　项目编码结构图

第一级为专业工程代码，包括 9 类，分别是：01 为房屋建筑与装饰工程、02 为仿古建筑工程、03 为通用安装工程、04 为市政工程、05 为园林绿化工程、06 为矿山工程、07 为构筑物工程、08 为城市轨道交通工程、09 为爆破工程。

第二级为专业工程附录分类顺序码，例如，0105 表示房屋建筑与装饰工程中之附录 E 混凝土与钢筋混凝土工程，其中三、四位 05 即为专业工程附录分类顺序码。

第三级为分部工程顺序码，例如，010501 表示附录 E 混凝土与钢筋混凝土工程中之 E.1 现浇混凝土基础，其中五、六位 01 即为分部工程顺序码。

第四级为分项工程项目名称顺序码，例如，010501002 表示房屋建筑与装饰工程中之现浇混凝土带形基础，其中七、八、九位即为分项工程项目名称顺序码。

第五级清单项目名称顺序码，由清单编制人编制，并从 001 开始。

例如：一个标段（或合同段）的工程量清单中含有三种规格的泥浆护壁成孔灌注桩，此时工程量清单应分别列项编制，则第一种规格的灌注桩的项目编码为 010302001001，第二种规格的灌注桩的项目编码为 010302001002，第三种规格的灌注桩的项目编码为 010302001003。其中：01 表示该清单项目的专业工程类别为房屋建筑与装饰工程，03 表示该清单项目的专业工程附录顺序码为 C，即桩基工程，02 表示该清单项目的分部工程为灌注桩，001 表示该清单项目的分项工程为泥浆护壁成孔灌注桩，最后三位 001（002、003）表示为区分泥浆护壁成孔灌注桩的不同规格而编制的清单项目顺序码。

(4) 项目名称

清单项目名称是工程量清单中表示各分部分项工程清单项目的名称。它必须体现工程实体，反映工程项目的具体特征；设置时一个最基本的原则是准确。

《房屋建筑与装饰工程工程量计算规范》附录 A 至附录 R 中的“项目名称”为分项工程项目名称，是以“工程实体”命名的。在编制分部分项工程项目清单时，清单项目名称的确定有两种方式，一是完全按照规范的项目名称不变，二是以《房屋建筑与装饰工程工程量计算规范》附录中的项目名称为基础，考虑项目的规格、型号、材质等特征要求，结合拟建工程的实际情况，对附录中的项目名称进行适当的调整或细化，使其能够反映影响工程造价的主要因素。这两种方式都是可行的，主要应针对具体项目而定。

下面举例说明清单项目名称的确定。

① 所谓工程实体是指形成产品的生产与工艺作用的主要实体部分。设置项目时不单独针对附属的次要部分列项。例如，某建筑物装饰装修工程中，根据施工设计图可知：地面为600mm×600mm济南青花岗岩饰面板面层，找平层为40厚C20细石混凝土，结合层为1∶4水泥砂浆，面层酸洗、打蜡。在编制工程量清单时，分项工程清单项目名称应列为“花岗岩石材楼地面”，找平层等不能再列项，只能把找平层、结合层、酸洗、打蜡等特征在项目特征栏中描述出来，供投标人核算工程量及准确报价使用。

② 关于项目名称的理解。在工程量清单中，分部分项工程清单项目不是单纯按项目名称来理解的。应该注意：工程量清单中的项目名称所表示的工程实体，有些是可以用适当的计量单位计算的简单完整的分项工程，如砌筑实心砖墙；还有些项目名称所表示的工程实体是分项工程的组合，如块料楼地面就是由楼地面垫层、找平层、防水层、面层铺设等分项工程组成。

③ 关于项目名称的细化。例如：某框架结构工程中，根据施工图纸可知，框架梁为300mm×500mm C30现浇混凝土矩形梁。那么，在编制清单项目设置名称时，可将《房屋建筑与装饰工程量计算规范》中编号为“010503002”的项目名称“矩形梁”，根据拟建工程的实际情况确定为“C30现浇混凝土矩形梁300×500”。

(5) 项目特征

清单项目特征是确定一个清单项目综合单价不可缺少的重要依据，在编制分部分项工程工程量清单时，必须对项目特征进行准确、全面地描述。但有些项目特征用文字往往又难以准确和全面地描述清楚。因此，为了达到规范、简捷、准确、全面描述项目特征的要求，项目特征应按相关工程国家计量规范规定，结合拟建工程的实际予以描述。

清单项目特征不同的项目应分别列项。清单项目特征主要涉及项目的自身特征（材质、型号、规格、品牌），项目的工艺特征，以及对项目施工方法可能产生影响的特征。

1) 必须描述的内容

① 涉及正确计量的内容必须描述。如门窗工程，2013版清单规范规定既可按“m^2”计量（新增），也可按“樘”计量，无论哪种计量，门窗代号及洞口尺寸都必须描述。

② 涉及结构要求的内容必须描述。如混凝土构件，因混凝土强度等级不同，其价值也不同，故必须描述其等级（如C20、C30等）。

③ 涉及材质要求的内容必须描述。如油漆的品种，是调和漆还是硝基清漆等；管材的材质，是碳钢管还是塑料管、不锈钢管等，还需对管材的规格、型号进行描述。

2) 可不详细描述的内容

① 无法准确描述的可不详细描述。如土壤类别，清单编制人可将其描述为综合，但应由投标人根据地勘资料自行确定土壤类别，决定报价。

② 施工图纸、标准图集标注明确的，可不再详细描述。

对这类项目其项目特征描述可直接采用“详见××图集××页××号及节点大样”的方式。这样，便于发承包双方形成一致的理解，省时省力，因此，该法应尽量采用。

③ 有些项目可不详细描述。如取、弃土运距，清单编制人决定运距是困难的，应由投标人根据工程施工实际情况自主决定运距，体现竞争要求。

④ 有些项目，如清单项目的项目特征与现行定额的规定是一致的，可采用“见××定额项目”的方式予以描述。

总之，清单项目特征的描述应根据附录中有关项目特征的要求，结合技术规范、标准图集、施工图纸，按照工程结构、使用材质及规格等，予以详细而准确地表述和说明。如果附录中未列的项目特征，拟建工程中有的，编制清单时应补充进去；如果实际工程中不存在而附录中列出的，编制清单时要删掉。

例如：装饰工程中的“块料墙面”，《房屋建筑与装饰工程工程量计算规范》附录中对其项目特征的描述要求见表3-2。

表3-2 墙面镶贴块料工程量清单表

项目编码	项目名称	项目特征	计量单位	工程量计算规则	工程内容
011204003	块料墙面	1. 墙体类型 2. 安装方式 3. 面层材料品种、规格、颜色 4. 缝宽、嵌缝材料种类 5. 防护材料种类 6. 磨光、酸洗、打蜡要求	m^2	按镶贴表面积计算	1. 基层清理 2. 砂浆制作、运输 3. 黏结层铺贴 4. 面层安装 5. 嵌缝 6. 刷防护材料 7. 磨光、酸洗、打蜡

关于“块料墙面”项目特征，其自身特征为：面层、底层、黏结层等各种材料种类，厚度、规格、配合比等；工艺特征为：安装方式；对项目施工方法可能产生影响的特征为：墙体类型。这些特征对投标人的报价影响很大。

（6）计量单位

清单项目的计量单位应按规范附录中规定的计量单位确定。当计量单位有两个或两个以上时，应结合拟建工程项目的实际情况，选择最适宜表述项目特征并方便计量的其中一个为计量单位。同一工程项目的计量单位应一致。

除各专业另有特殊规定外，工程计量时每一项目汇总的有效位数应遵守以下规定：

① 以“t”为单位，应保留小数点后三位数字，第四位小数四舍五入；

② 以“m”、“m^2”、“m^3”、“kg”为单位，应保留小数点后两位数字，第三位小数四舍五入；

③ 以“个”、“件”、“根”、“组”、“系统”为单位，应取整数。

（7）工程量计算规则

工程量计算是指建设工程项目以工程设计图纸、施工组织设计或施工方案及有关技术经济文件为依据，按照相关工程国家标准的计算规则、计量单位等规定，进行工程数量的计算活动，在工程建设中简称工程计量。

2013版《清单计价规范》规定，工程量必须按照相关工程现行国家计量规范规定的工程量计算规则计算。除此之外，还应依据以下文件：①经审定通过的施工设计图纸及其说明；②经审定通过的施工组织设计或施工方案；③经审定通过的其他有关技术经济文件。

工程量计算规则是指对清单项目工程量的计算规定。工程项目清单中所列项目的工程量应按相应工程计算规范附录中规定的工程量计算规则计算。除另有说明外，所有清单项目的工程量以实体工程量为准，并以完成后的净值来计算。因此，在计算综合单价时应考虑施工中的各种损耗和需要增加的工程量，或在措施费清单中列入相应的措施费用。

采用工程量清单计算规则，工程实体的工程量是唯一的。统一的清单工程量，为各投标人提供了一个公平竞争的平台，也方便招标人对比各投标报价。

提示：关于分部分项工程清单工程量的计算规则将在工程计量章节中详细讲解。

(8) 编制工程量清单时出现规范附录中未包括项目时的处理

编制工程量清单时，如果出现规范附录中未包括的项目，编制人应进行补充，并报省级或行业工程造价管理机构备案，省级或行业工程造价管理机构应汇总报住房和城乡建设部标准定额研究所。

补充项目的编码由相关专业工程量计算规范的代码（如房屋建筑与装饰工程代码01）与B和三位阿拉伯数字组成，并应从××B001（如房屋建筑与装饰工程补充项目编码应为01B001）起顺序编制，同一招标工程的项目不得重码。

补充的工程量清单需附有补充项目的名称、项目特征、计量单位、工程量计算规则、工作内容。

(9) 编制分部分项工程量清单时应注意的事项

① 分部分项工程量清单是不可调整清单（即闭口清单），投标人不得对招标文件中所列分部分项工程量清单进行调整。

② 分部分项工程量清单是工程量清单的核心，一定要编制准确，它关乎招标人编制控制价和投标人投标报价的准确性；如果分部分项工程量清单编制有误，投标人可在投标报价文件中提出说明，但不能在报价中自行修改。

③ 关于现浇混凝土工程项目，2013版《房屋建筑与装饰工程工程量计算规范》对现浇混凝土模板采用两种方式进行编制。本规范对现浇混凝土工程项目，一方面“工作内容”中包括了模板工程的内容（2008版规范此项工作内容不包括模板工程），以“m^3”计量，与混凝土工程项目一起组成综合单价；另一方面又在措施项目中单列了现浇混凝土模板工程项目，以“m^2”计量，单独组成综合单价。对此，有以下三层含义：

招标人应根据工程的实际情况在同一个标段（或合同段）中在两种方式中选择其一；

招标人若采用单列现浇混凝土模板工程，必须按规范所规定的计量单位、项目编码、项目特征描述列出清单，同时，现浇混凝土项目中不含模板的工程费用；

若招标人在措施项目清单中未编列现浇混凝土模板项目清单，即表示现浇混凝土模板项目不单列，现浇混凝土工程项目的综合单价中应包括模板工程费用。

④ 对于预制混凝土构件，2013版《房屋建筑与装饰工程工程量计算规范》是以现场制作编制项目的，“工作内容”中包括模板工程，模板的措施费用不再单列。若采用成品预制混凝土构件时，成品价（包括模板、混凝土等所有费用）计入综合单价中，即成品的出厂价格及运杂费等计入综合单价。

综上所述，预制混凝土构件，2013版《房屋建筑与装饰工程工程量计算规范》只列不同构件名称的一个项目编码、项目特征描述、计量单位、工程量计算规则及工作内容，其中已综合了模板制作和安装、混凝土制作、构件运输、安装等内容，布置清单项目时，不得将模板、混凝土、构件运输、安装分开列项，组成综合单价时应包含如上内容。

⑤ 对于金属构件，2013版《房屋建筑与装饰工程工程量计算规范》结合目前市场多以工厂成品化生产的实际，是按成品编制项目的，构件成品价应计入综合单价中。若采用现场制作，包括制作的所有费用应计入综合单价，不得再单列金属构件制作的清单项目。

⑥ 关于门窗工程中的门窗（橱窗除外），2013版《房屋建筑与装饰工程工程量计算规范》结合了目前“市场门窗均以工厂化成品生产”的情况，是按成品编制项目的，成品价（成品原价、运杂费等）应计入综合单价。若采用现场制作，包括制作的所有费用应计入综

合单价，不得再单列门窗制作的清单项目。

提示： 2013版《房屋建筑与装饰工程工程量计量规范》中，关于“现浇混凝土模板工程”，进行工程量清单编制时规定了两种编制方式；而“预制混凝土构件”不得将模板、混凝土、构件运输安装分开列项，与“现浇混凝土工程”有区别；对于“门窗工程”中的门窗、“金属构件”，结合市场实际情况做了新的规定，要特别注意以上几方面。

3.3.3 措施项目清单的编制

(1) 措施项目的种类

措施项目包括两类：一类是单价项目，即能列出项目编码、项目名称、项目特征、计量单位、工程量计算规则的项目；另一类是总价项目，即仅能列出项目编码、项目名称，未列出项目特征、计量单位和工程量计算规则的项目。

各专业工程的措施项目可依据附录中规定的项目选择列项。房屋建筑与装饰工程专业措施项目一览表见表3-3，安全文明施工及其他措施项目一览表见表3-4，可依据批准的工程项目施工组织设计（或施工方案）选择列项。

表3-3 房屋建筑与装饰工程专业措施项目一览表

序　号	项目编码	项目名称
1	011701	脚手架工程
2	011702	混凝土模板及支架(撑)(新编项目)
3	011703	垂直运输
4	011704	超高施工增加(新增)
5	011705	大型机械设备进出场及安拆(新增)
6	011706	施工排水、降水(新增)
7	011707	安全文明施工及其他措施项目

表3-4 安全文明施工及其他措施项目一览表

<table>
<tr><th>序　号</th><th>项目编码</th><th>项目名称</th><th>措施项目发生的条件</th></tr>
<tr><td>1</td><td>011707001</td><td>安全文明施工</td><td rowspan="4">正常情况下都要发生</td></tr>
<tr><td>2</td><td>011707002</td><td>夜间施工</td></tr>
<tr><td>3</td><td>011707003</td><td>非夜间施工照明(新增)</td></tr>
<tr><td>4</td><td>011707004</td><td>二次搬运</td></tr>
<tr><td>5</td><td>011707005</td><td>冬雨季施工</td><td>拟建工程工期跨越冬季或雨期时发生</td></tr>
<tr><td>6</td><td>011707006</td><td>地上、地下设施，建筑物的临时保护设施</td><td rowspan="2">正常情况下都要发生</td></tr>
<tr><td>7</td><td>011707007</td><td>已完工程及设备保护</td></tr>
</table>

(2) 编制措施项目清单

1）对于能列出项目编码、项目名称、项目特征、计量单位、工程量计算规则的措施单价项目，编制工程量清单时应执行相应专业工程《工程量计算规范》分部分项工程的规定，按照分部分项工程量清单的编制方式编制。如表3-3所示的房屋建筑与装饰工程专业措施项目的清单，见表3-5。

表 3-5　措施项目清单（一）

序　号	项目编码	项目名称	项目特征	计量单位	工程量

2）对于仅能列出项目编码、项目名称，不能列出项目特征、计量单位和工程量计算规则的措施总价项目，编制工程量清单时，应按相应专业工程《工程量计算规范》相应附录措施项目规定的项目编码、项目名称确定。对于房屋建筑与装饰工程而言，应按照《房屋建筑与装饰工程工程量计算规范》附录 S 措施项目规定的项目编码、项目名称确定。如表 3-4 所示的安全文明施工及其他措施项目的清单，见表 3-6。

表 3-6　措施项目清单（二）

序　号	项目编码	项目名称

由于影响措施项目设置的因素比较多，2013 版相关专业《工程量计算规范》不可能将施工中可能出现的措施项目一一列出。在编制措施项目清单时，因工程情况不同，出现相关专业规范及附录中未列的措施项目，可根据工程的具体情况对措施项目清单做补充，且补充项目的有关规定及编码的设置同分部分项工程的规定。不能计量的措施项目，需附有补充项目的名称、工作内容及包含范围。

（3）编制措施项目清单时应该考虑的因素

措施项目清单的编制应考虑多种因素，除了工程本身的因素外，还要考虑水文、气象、环境、安全和施工企业的实际情况。具体而言，措施项目清单的设置，需要考虑以下几方面：

① 参考拟建工程的常规施工技术方案，以确定大型机械设备进出场及安拆、混凝土模板及支架、脚手架、施工排水、施工降水、垂直运输、组装平台等项目；

② 参考拟建工程的常规施工组织设计，以确定环境保护、文明安全施工、临时设施、材料的二次搬运等项目；

③ 参阅相关的施工规范与工程验收规范，以确定施工方案没有表述的但为实现施工规范与工程验收规范要求而必须发生的技术措施；

④ 确定设计文件中不足以写进施工方案，但要通过一定的技术措施才能实现的内容；

⑤ 确定招标文件中提出的某些需要通过一定的技术措施才能实现的要求。

（4）编制措施项目清单应注意的事项

① 措施项目清单为可调整清单（即开口清单），投标人对招标文件中所列措施项目，可根据企业自身特点和工程实际情况做适当的变更增加。

② 投标人要对拟建工程可能发生的措施项目和措施费用做通盘考虑，清单计价一经报出，即被认为是包括了所有应该发生的措施项目的全部费用。如果报出的清单中没有列项，且施工中又必须发生的项目，业主有权认为其已经综合在分部分项工程量清单的综合单价中，将来措施项目发生时投标人不得以任何借口提出索赔与调整。

3.3.4 其他项目清单的编制

3.3.4.1 其他项目清单

其他项目清单应按照2013版《清单计价规范》提供的4项内容作为列项参考，其不足部分，编制人可根据工程的具体情况进行补充。这4项内容如下：

（1）暂列金额；

（2）暂估价，包括材料暂估价、工程设备暂估价、专业工程暂估价；

（3）计日工；

（4）总承包服务费。

其他项目清单与计价汇总表，见表3-7。

表3-7 其他项目清单与计价汇总表

序号	项目名称	金额/元	结算金额/元	备注
1	暂列金额			详见明细表
2	暂估价			
2.1	材料(工程设备)暂估价/结算价	—		若材料(工程设备)暂估单价计入清单项目综合单价,此处不汇总
2.2	专业工程暂估价/结算价			详见明细表
3	计日工			详见明细表
4	总承包服务费			详见明细表
5	索赔与现场签证	—		详见明细表
合计				—

如果工程项目存在2013版《清单计价规范》未列的项目，应根据工程实际情况补充。

其他项目清单中，暂列金额、暂估价、计日工、总承包服务费4项内容由招标人填写（包括金额），其他内容应由投标人填写；若材料（工程设备）暂估价计入清单项目综合单价，此处不汇总。

3.3.4.2 其他项目清单的编制

（1）暂列金额

1）暂列金额的相关规定

① 暂列金额是在招投标阶段暂且列定的一项费用，它在项目实施过程中有可能发生、也有可能不发生。只有按照合同约定程序实际发生后，才能成为中标人应得金额，纳入合同结算价款中。

② 暂列金额为招标人所有，只有按照合同约定程序实际发生后，才能成为中标人的应得金额，纳入合同结算价款中。扣除实际发生金额后的暂列金额余额属于招标人所有。

③ 设立暂列金额并不能保证合同结算价格就不会出现超过已签约合同价的情况，是否超出已签约合同价完全取决于对暂列金额预测的准确性，以及工程建设过程是否出现了其他事先未预测到的事件。

提示： 暂列金额属于招标人所有。

2）暂列金额的编制　为保证工程施工建设的顺利实施，应针对施工过程中可能出现的各种不确定因素对工程造价的影响，在招标控制价中估算一笔暂列金额。

暂列金额可根据工程的复杂程度、设计深度、工程环境条件（包括地质、水文、气候条件等）进行估算，一般可按分部分项工程费和措施项目费的10%～15%为参考。

暂列金额应依据表3-8编制。暂列金额表应由招标人填写，不能详列时可只列暂定金额总额，投标人应将上述暂列金额计入投标总价中。

表3-8　暂列金额明细表

序　　号	项目名称	计量单位	暂定金额/元	备注
合　　计				—

(2) 暂估价

1) 暂估价的相关规定

① 暂估价是在招投标阶段直至签订合同协议时，招标人在招标文件中提供的用于支付必然要发生但暂时不能确定价格的材料，以及需另行发包的专业工程金额。暂估价类似于FIDIC合同条款中的Prime Cost Items，在招标阶段预见肯定要发生，只是因为标准不明确或需要由专业承包人完成，暂时无法确定其价格或金额。

② 为了便于合同管理和计价，需要纳入工程量清单项目综合单价中的暂估价最好只是材料费，以方便投标人组价。对专业工程暂估价一般应是综合暂估价，包括除规费、税金以外的管理费、利润等。

2) 暂估价的编制　暂估价包括材料暂估单价、工程设备暂估单价和专业工程暂估价；其中材料、工程设备暂估单价应根据工程造价信息或参照市场价格估算，列出明细表；专业工程暂估价应分不同专业，按有关计价规定估算列出明细表。三类暂估价分别依据表3-9、表3-10编制。

表3-9　材料（工程设备）暂估单价及调整表

序号	材料(工程设备)名称、规格、型号	计量单位	数量		暂估/元		确认/元		差额±/元		备注
			暂估	确认	单价	合价	单价	合价	单价	合价	
											说明材料拟用于的清单项目
合　　计											

表3-10　专业工程暂估价表

序号	工程名称	工程内容	暂估金额/元	结算金额/元	差额±/元	备注
	合　　计					—

材料（工程设备）暂估单价表由招标人填写“暂估单价”，并在备注栏说明暂估价的材料、工程设备拟用在哪些清单项目上，投标人应将上述材料、工程设备暂估单价计入工程量清单综合单价报价中。

专业工程暂估价表由招标人填写“暂估金额”，投标人应将上述专业工程暂估金额计入投标总价中，结算时按合同约定结算金额填写。

(3) 计日工

1) 计日工的相关规定

① 计日工是为了解决现场发生的零星工作的计价而设立的。计日工适用的零星工作一般是指合同约定之外的或者因变更而产生的、工程量清单中没有相应项目的额外工作，尤其是那些时间不允许事先商定价格的额外工作。计日工为额外工作和变更的计价提供了一个方便快捷的途径。

② 计日工以完成零星工作所消耗的人工工时、材料数量、机械台班进行计量，并按照计日工表中填报的适用项目的单价进行计价支付。

③ 编制工程量清单时，计日工表中的人工应按工种，材料和机械应按规格、型号详细列项。其中人工、材料、机械数量，应由招标人根据工程的复杂程度、工程设计质量的优劣及设计深度等因素，按照经验来估算一个比较贴近实际的数量，并作为暂定量写到计日工表中，纳入有效投标竞争，以期获得合理的计日工单价。

④ 理论上讲，计日工单价水平一定是高于工程量清单的价格水平的。这是因为，一是计日工往往是用于一些突发性的额外工作，缺少计划性，客观上造成超出常规的额外投入；二是计日工往往忽略给出一个暂定的工程量，无法纳入有效的竞争。

2）计日工的编制　计日工应列出项目名称、计量单位和暂估数量。计日工应依据表3-11编制。

表3-11　计日工表

编　号	项目名称	单　位	暂定数量	实际数量	综合单价/元	合　价	
						暂定	实际
一	人工						
1							
2							
人工小计							
二	材料						
1							
2							
材料小计							
三	施工机械						
1							
2							
施工机械小计							
四、企业管理费和利润							
总　计							

计日工表中项目名称、暂定数量由招标人填写，编制招标控制价时，单价由招标人按有关计价规定确定；投标时，单价由投标人自主报价，按暂定数量计算合价计入投标总价中。结算时，按发承包双方确认的实际数量计算合价。

（4）总承包服务费

1）总承包服务费的相关规定

① 只有当工程采用总承包模式时，才会发生总承包服务费。

② 招标人应当预计该项费用并按投标人的投标报价向投标人支付该项费用。

2）总承包服务费的编制　总承包服务费应列出服务项目及其内容等，应依据表3-12编制。

表 3-12 总承包服务费计价表

序号	项 目 名 称	项目价值/元	服务内容	计算基础	费率/%	金额/元
1	发包人发包专业工程					
2	发包人提供材料					
3						
	合计	—	—		—	

总承包服务费计价表中，项目名称、服务内容由招标人填写，编制招标控制价时，费率及金额由招标人按有关计价规定确定；投标时，费率及金额由投标人自主报价，计入投标总价中。

3.3.4.3 编制其他项目清单需要注意的事项

① 其他项目清单中由招标人填写的项目名称、数量、金额，投标人不得随意改动。

② 投标人必须对招标人提出的项目与数量进行报价；如果不报价，招标人有权认为投标人就未报价内容提供无偿服务。

③ 如果投标人认为招标人编制的其他项目清单列项不全时，可以根据工程实际情况自行增加列项，并确定本项目的工程量及计价。

3.3.5 规费、税金项目清单的编制

(1) 规费、税金的概念

规费是指根据国家法律、法规规定，由省级政府或省级有关权力部门规定施工企业必须缴纳的，应计入建筑安装工程造价的费用。

税金是指国家税法规定的应计入建筑安装工程造价内的营业税、城市维护建设税及教育费附加和地方教育附加。

(2) 规费项目清单的列项

规费项目清单应按照 2013 版《清单计价规范》提供的内容列项，如图 3-4 所示。

如果工程项目存在《清单计价规范》未列的项目，应根据省级政府或省级有关部门的规定列项。

(3) 税金项目清单的列项

税金项目清单依据 2013 版《清单计价规范》提供的内容列项，如图 3-5 所示。

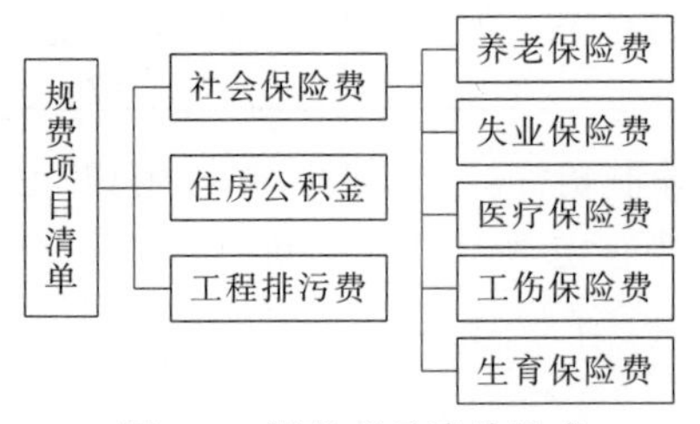

图 3-4 规费项目清单组成

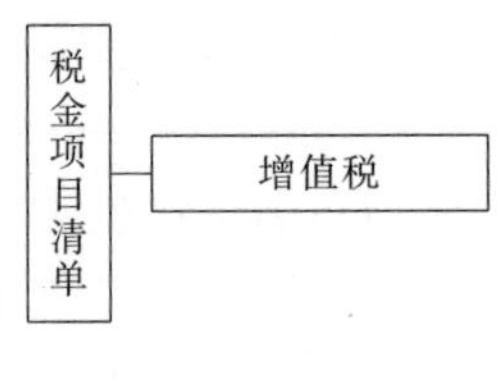

图 3-5 税金项目清单

如果工程项目存在《清单计价规范》未列的项目，应根据税务部门的规定列项。当国家税法发生变化或地方政府及税务部门依据职权对税种进行调整时，应对税金项目清单进行相应调整。

提示： 2013 版规范与 2008 版规范相比，税金增加了一项地方教育附加。

3.3.6 工程量清单的装订

3.3.6.1 工程量清单的装订

工程量清单编制结束后，应依据2013版《清单计价规范》规定采用统一格式，并按如下顺序进行装订：

① 封面；

② 扉页；

③ 总说明；

④ 分部分项工程和单价措施项目清单与计价表；

⑤ 总价措施项目清单与计价表；

⑥ 其他项目清单与计价汇总表；

⑦ 暂列金额明细表；

⑧ 材料（工程设备）暂估单价及调整表；

⑨ 专业工程暂估价及结算价表；

⑩ 计日工表；

⑪ 总承包服务费计价表；

⑫ 规费、税金项目计价表；

⑬ 发包人提供材料和工程设备一览表；

⑭ 承包人提供主要材料和工程设备一览表。

3.3.6.2 填写工程量清单格式应注意的问题

① 工程量计价表宜采用统一格式。各省、自治区、直辖市建设行政主管部门和行业建设主管部门可根据本地区、本行业的实际情况，在2013版“清单计价规范”计价表格的基础上补充完善。但工程计价表格的设置应满足工程计价的需要，方便使用。

② 工程量清单应由招标人填写。

③ 工程量清单编制应按规范使用表格，包括：封-1（招标工程量清单封面）、扉-1（招标工程量清单扉页）、表-01（工程计价总说明）、表-08（分部分项工程和单价措施项目清单与计价表）、表-11（总价措施项目清单与计价表）、表-12［包括其他项目清单与计价汇总表，暂列金额明细表，材料（工程设备）暂估单价及调整表，专业工程暂估价及结算价表，计日工表，总承包服务费计价表］（不含表-12-6～表-12-8）、表-13（规费、税金项目计价表）、表-20（发包人提供材料和工程设备一览表）、表-21（承包人提供主要材料和工程设备一览表——适用于造价信息差额调整法）或表-22（承包人提供主要材料和工程设备一览表——适用于价格指数差额调整法）。

④ 扉页应按规定的内容填写、签字、盖章，由造价员编制的工程量清单应有负责审核的造价工程师签字、盖章。受委托编制的工程量清单，应有造价工程师签字、盖章及工程造价咨询人盖章。

⑤ 总说明应按下列内容填写。

a. 工程概况：建设规模、工程特征、计划工期、施工现场实际情况、自然地理条件、环境保护要求等。

b. 工程招标和专业工程发包范围。

c. 工程量清单编制依据。

d. 工程质量、材料、施工等的特殊要求。

e. 其他需说明的问题。

本章小结

工程量清单计价模式是国际上普遍采用的工程招标方式，而招标工程量清单是工程量清单计价的基础工作。本章重点介绍了工程量清单、招标工程量清单、已标价工程量清单等基本概念、工程量清单的意义、工程量清单的适用情况及工程量清单的组成与编制，在学习的过程中应深刻理解和认识工程量清单的重要意义及其作用，熟练掌握工程量清单的编制。

思考题

1. 什么是工程量清单？
2. 什么是招标工程量清单、已标价工程量清单？有何作用？
3. 工程量清单文件由哪些表格构成？
4. 何谓项目特征？如何正确描述工程量清单项目特征？
5. 2013版“清单计价规范”对工程量清单编制有哪些一般规定？
6. 分部分项工程项目清单由哪些内容构成？
7. 分部分项工程项目清单的项目编码是如何设置的？
8. 措施项目包括哪两类？各如何编制？
9. 其他项目清单包括哪几项？各如何编制？

情境二

建筑工程计量计价实例编制讲解

第4章

建筑面积计算

学习目标

1. 掌握建筑面积的概念、作用、术语。
2. 掌握建筑面积的计算规则，能准确计算不同建筑的不同部位的面积。

学习要求

1. 掌握的基础知识点：建筑面积的概念、作用、术语。
2. 结合实际案例——宿舍楼案例工程，掌握案例工程建筑面积计算。

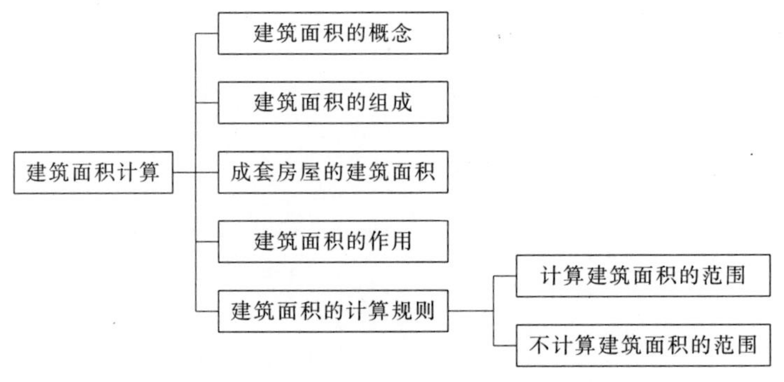

4.1 概　　述

4.1.1 建筑面积的概念及其组成

(1) 建筑面积及其组成

建筑面积亦称建筑展开面积，它是指房屋建筑中各层外围结构水平投影面积的总和。它是表示一个建筑物建筑规模大小的经济指标。

建筑面积由使用面积、辅助面积和结构面积三部分组成。

(2) 使用面积、辅助面积和结构面积

使用面积是指建筑物各层平面中直接为生产或生活使用的净面积的总和，如居住建筑中的卧室、客厅等。

辅助面积是指建筑物各层平面为辅助生产或生活活动所占的净面积的总和，如居住建筑中的走道、厕所、厨房等。

结构面积是指建筑物各层平面中结构构件所占的面积总和，如居住建筑中的墙、柱等结构所占的面积。

4.1.2 成套房屋的建筑面积

(1) 成套房屋的建筑面积及其组成

成套房屋的建筑面积是指房屋权利人所有的总建筑面积，也是房屋在权属登记时的一大要素。其组成为：

成套房屋的建筑面积＝套内建筑面积＋分摊的共有公用建筑面积

(2) 套内建筑面积及其组成

房屋的套内建筑面积是指房屋权利人单独占有使用的建筑面积。其组成为：

套内建筑面积＝套内房屋有效面积＋套内墙体面积＋套内阳台建筑面积

1) 套内房屋有效面积　套内房屋有效面积是指套内直接或辅助为生活服务的净面积之和，包括使用面积和辅助面积两部分。

2) 套内墙体面积　套内墙体面积是指应该计算到套内建筑面积中的墙体所占的面积，包括非共用墙和共用墙两部分。

非共用墙是指套内部各房间之间的隔墙，如客厅与卧室之间、卧室与书房之间、卧室与卫生间之间的隔墙，非共用墙均按其投影面积计算。

共用墙是指各套之间的分隔墙、套与公用建筑空间的分隔墙和外墙，共用墙均按其投影面积的一半计算。

3) 套内阳台建筑面积　套内阳台建筑面积按照阳台建筑面积计算规则计算即可。

(3) 分摊的共有公用建筑面积

分摊的共有公用建筑面积是指房屋权利人应该分摊的各产权业主共同占有或共同使用的那部分建筑面积。包括以下几部分：

第一部分为电梯井、管道井、楼梯间、变电室、设备间、公共门厅、过道、地下室、值班警卫室等，以及为整幢服务的公共用房和管理用房的建筑面积。

第二部分为套与公共建筑之间的分隔墙，以及外墙（包括山墙）公共墙，其建筑面积为水平投影面积的一半。

提示：独立使用的地下室、车棚、车库，为多幢服务的警卫室、管理用房，作为人防工程的地下室通常都不计入共有建筑面积。

1) 共有公用建筑面积的处理原则

① 产权各方有合法权属分割文件或协议的，按文件或协议规定执行。

② 无产权分割文件或协议的，按相关房屋的建筑面积比例进行分摊。

2) 每套应该分摊的共有公用建筑面积　计算每套应该分摊的共有公用建筑面积时，应该按以下三个步骤进行。

① 计算共有公用建筑面积：

共有公用建筑面积＝整栋建筑物的建筑面积－各套套内建筑面积之和－作为独立使用空间出售或出租的地下室、车棚及人防工程等建筑面积。

② 计算共有公用建筑面积分摊系数：

$$共有公用建筑面积分摊系数=\frac{共有公用建筑面积}{套内建筑面积之和}$$

③ 计算每套应该分摊的共有公用建筑面积：

每套应该分摊的共有公用建筑面积＝共有公用建筑面积分摊系数×套内建筑面积

4.1.3 建筑面积的作用

建筑面积主要有以下几个作用：

① 建筑面积是确定建设规划的重要指标；

② 建筑面积是确定各项技术经济指标的基础；

③ 建筑面积是计算有关分项工程量的依据；

④ 建筑面积是选择概算指标和编制概算的主要依据。

4.2 建筑面积计算规则

4.2.1 与计算建筑面积相关的几个基本概念

(1) 相对标高、建筑标高和结构标高

相对标高是指以建筑物室内首层主要地面高度为零作为标高的起点，所计算的标高称为相对标高。

建筑标高是指装修后的相对标高。例如首层地面建筑标高为±0.000。

结构标高是指没有装修前的相对标高，是构件安装或施工的高度。

(2) 单层建筑物的层高

单层建筑物的层高是指室内地面标高（±0.000）至屋面板板面结构最低处标高之间的垂直距离。如图 4-1 所示，平屋顶建筑物的高度为 3.850m。

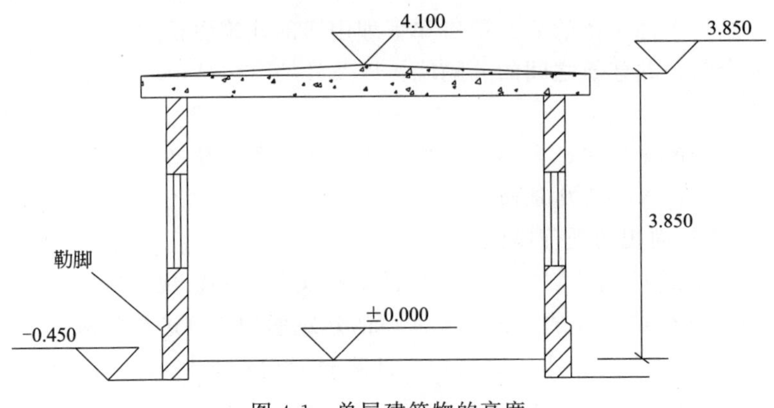

图 4-1 单层建筑物的高度

(3) 多层建筑物的层高

多层建筑物的层高是指上下两层楼面建筑标高或楼面结构标高之间的垂直距离。如图 4-2 所示，多层建筑物的层高为 2.800m。

(4) 多层建筑物的净高

多层建筑物的净高是指楼面或地面至上部楼板底面或吊顶底面之间的垂直距离。如图 4-2 所示，多层建筑物的净高为 2.700m。

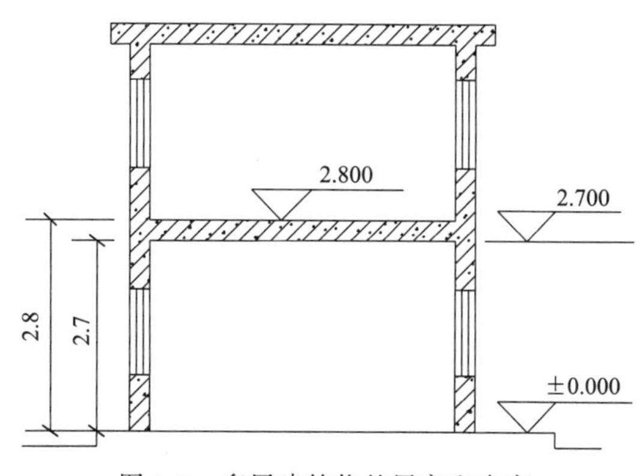

图 4-2 多层建筑物的层高和净高

(5) 屋面板找坡

屋面板找坡是指平屋顶为了排水，把屋面板搭成斜的。高度是指地面至最低点的距离。如图 4-1 所示，屋面板找坡的平屋顶的高度应该从室内地面标高计算到屋面板找坡的最低点，即 3.850m。

(6) 自然层

自然层是指楼房自然状态有几层，一般是按楼板、地板结构分层的楼层。

(7) 跃层和错层

跃层主要用在住宅中，在每一个住户内部以小楼梯上下联系。

错层是指一幢房屋中几部分之间的楼地面，高低错开。

4.2.2 建筑面积计算规则

根据《建筑工程建筑面积计算规范》(GB/T 50353—2013) 规定建筑面积计算规则包括两部分内容，即计算建筑面积的范围和不计算建筑面积的范围。

4.2.2.1 计算建筑面积的范围

(1) 建筑物的建筑面积

建筑物的建筑面积应按自然层外墙结构外围水平面积之和计算。结构层高在 2.20m 及以上的，应计算全面积；结构层高在 2.20m 以下的，应计算 1/2 面积。

(2) 局部楼层的建筑面积

建筑物内设有局部楼层时，对于局部楼层（图 4-3）的二层及以上楼层，有围护结构的应按其围护结构外围水平面积计算，无围护结构的应按其结构底板水平面积计算，且结构层高在 2.2m 及以上的应计算全面积；结构层高在 2.2m 以下的应计算 1/2 面积。

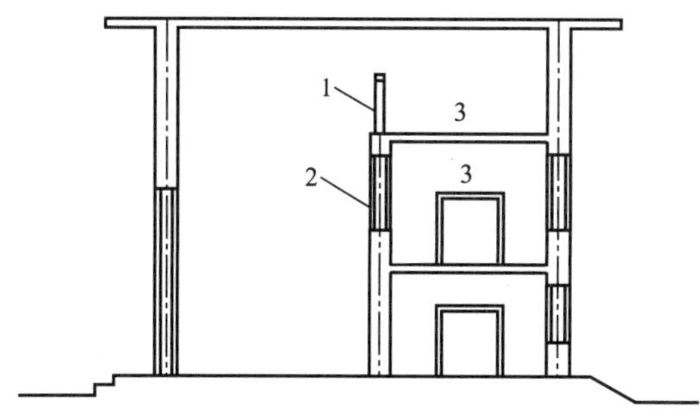

图 4-3 建筑物内的局部楼层

1—围护设施；2—围护结构；3—局部楼层

(3) 形成建筑空间的坡屋顶的建筑面积

对于形成建筑空间的坡屋顶，结构净高在 2.1m 及以上的部位应计算全面积；结构净高在 1.2m 及以上至 2.10m 以下的部位应计算 1/2 面积；结构净高在 1.20m 以下的部位不应计算建筑面积。

提示：计算单层建筑物的建筑面积时，要视平屋顶还是坡屋顶而定。判定平屋顶还是坡屋顶时，要置身于建筑物内抬头看是平顶还是坡顶（坡度>10%为坡顶），而不能从外表看。

【例 4-1】 某局部楼层的坡屋顶建筑物，如图 4-4 所示，其中楼梯下方的空间不具备使用功能，请计算该建筑物的建筑面积。

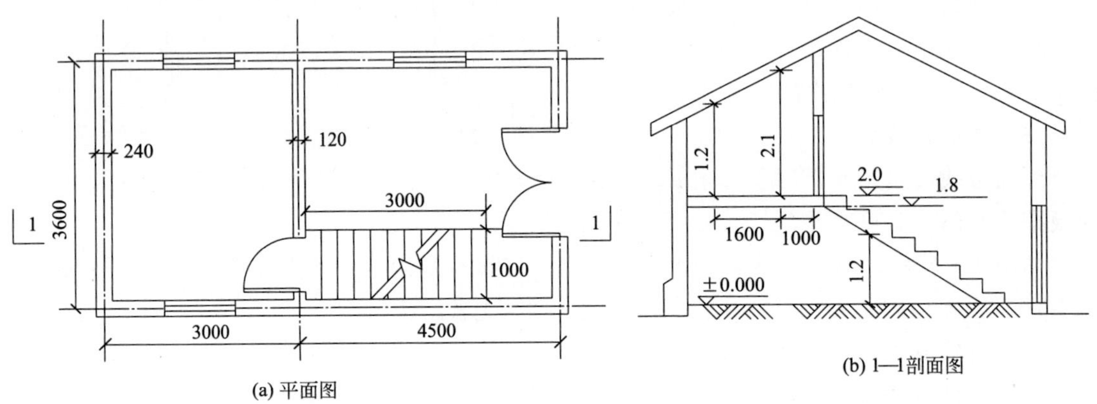

图 4-4　某局部楼层的坡屋顶建筑物

【解】 (1) 计算单层建筑物一层大房间的建筑面积。一层最低层高为 2m<2.2m，因此，局部楼层下方应计算 1/2 面积，$S_1=(3+0.12+0.06)\times(3.6+0.24)\div2=6.11$ (m^2)

(2) 一层其他部分应计算全面积，$S_2=(4.5+0.12-0.06)\times(3.6+0.24)=17.51$ (m^2)

(3) 一层建筑面积为：$S_3=S_1+S_2=6.11+17.51=23.62$ (m^2)

(4) 计算二层小房间的建筑面积。

二层小房间由于是坡屋顶，所以其建筑面积可分为三部分。

第一部分长度为：$(3+0.12-0.06-1.6-1)=0.46$ (m)，因其净高<1.2m，所以不计算该部分的建筑面积

第二部分长度为：1.6m，因其净高介于 1.2m 和 2.1m 之间，所以应计算 1/2 面积，$S_4=1.6\times(3.6+0.24)\div2=3.07$ (m^2)

第三部分长度为：$1+0.12=1.12$m，因其净高≥2.1m，所以应计算全面积。即：

$S_5=1.12\times(3.6+0.24)=4.3$ (m^2)

所以，局部楼层的建筑面积为：$S_6=3.07+4.3=7.37$ (m^2)

(5) 该建筑物的总建筑面积为：$S=S_3+S_6=23.62+7.37=30.99$ (m^2)

(4) 场馆看台的建筑面积

场馆看台下的建筑空间，结构净高在 2.1m 及以上的部位应计算全面积；结构净高在 1.2m 及以上至 2.1m 以下的部位应计算 1/2 面积；结构净高在 1.2m 以下部位不应计算建筑面积。室内单独设置的有围护设施的悬挑看台，应按看台结构底板水平投影面积计算建筑面积。有顶盖无维护结构的场馆看台应按其顶盖水平投影面积的 1/2 计算面积，如图 4-5 所示。

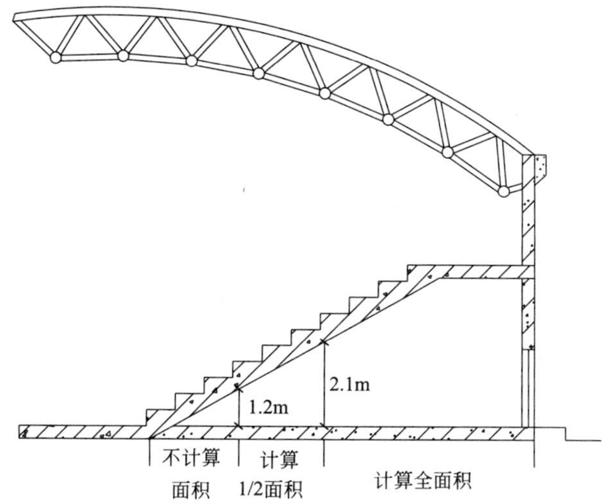

图 4-5 场馆看台下建筑面积计算规则

(5) 半地下室的概念

半地下室是指地下室的地面低于室外地坪的高度，超过该地下室净高 1/3，且不超过 1/2。如图 4-6 所示，h 表示半地下室房间的净高，H 表示半地下室地面低于室外地坪的高度。从图 4-6 中可以看出，$\frac{h}{3}<H<\frac{h}{2}$。

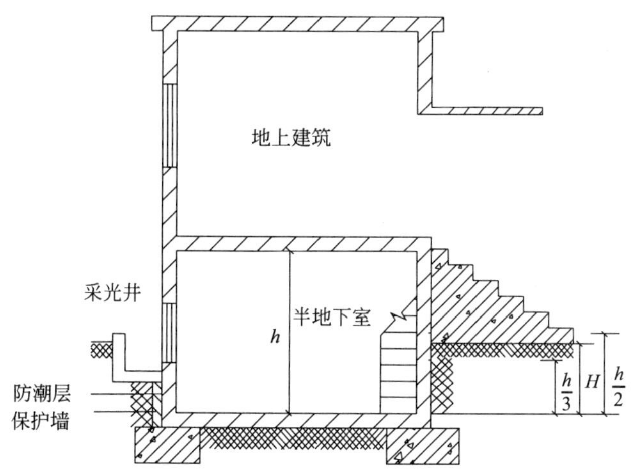

图 4-6 半地下室示意图

(6) 地下室、半地下室的建筑面积

地下室、半地下室应按其结构外围水平面积计算。结构层高在 2.2m 及以上者应计算全面积；结构层高不足 2.2m 者应计算 1/2 面积，如图 4-6所示。出入口外墙外侧坡道有顶盖部位，应按其外墙结构外围水平面积的 1/2 计算面积，如图 4-7 所示。

提示：地下室、半地下室的建筑面积计算规则和单层建筑物的计算规则类似，不同之处在于单层建筑物外墙有保湿隔热层的，应按保湿隔热层的外边线计算，而地下室则按防潮层的外边线计算；地上建筑物的阳台计算 1/2 面积。

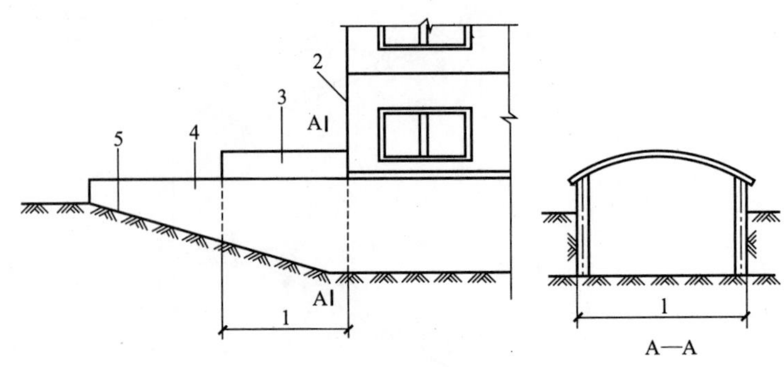

图 4-7　有顶盖的地下室出入口

1—计算 1/2 投影面积；2—主体建筑；3—出入口顶盖；4—封闭出入口侧墙；5—出入口坡道

【例 4-2】 请计算图 4-8 所示地下室的建筑面积。

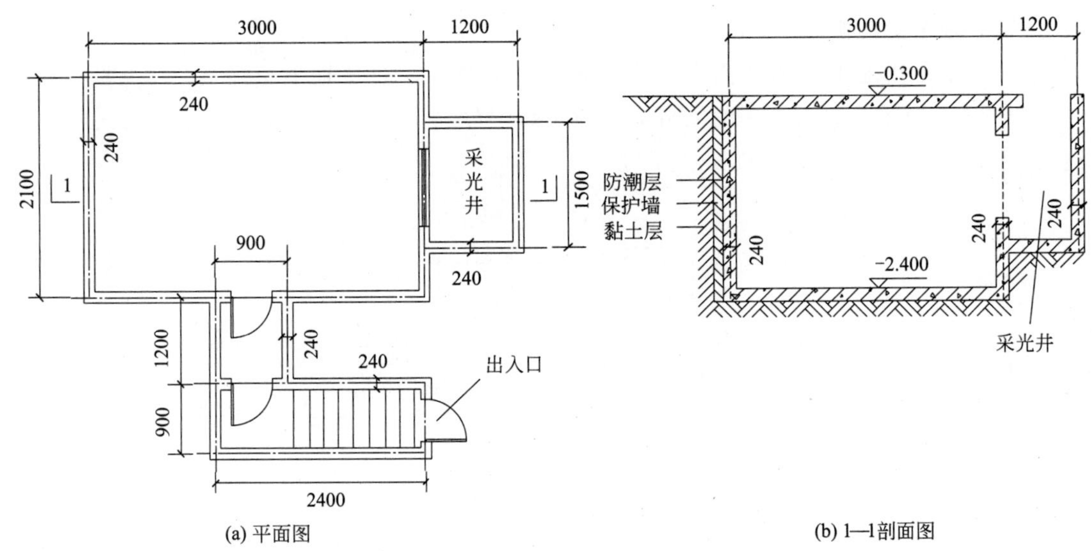

(a) 平面图　　(b) 1—1剖面图

图 4-8　地下室建筑物

【解】 (1) 首先确定地下室的层高是否大于 2.2m。该地下室层高 2.1m＜2.2m，应计算 1/2 面积。

(2) 地下室的建筑面积＝1/2×(地下室外墙上口外边线所围水平面积＋相应的有永久性顶盖的出入口外墙上口外边线所围水平面积)

$$=1/2\times[(2.1+0.24)\times(3+0.24)+(0.9+0.24)\times(1.2-0.24)+(2.4+0.24)\times(0.9+0.24)]=5.84\ (m^2)$$

(7) 建筑物架空层及坡地建筑物吊脚架空层的建筑面积

建筑物架空层及坡地建筑物吊脚架空层，应按其顶板水平投影计算建筑面积。结构层高在 2.2m 以上的，应计算全面积；结构层高不足 2.2m 及以上的，应计算 1/2 面积。建筑物吊脚架空层如图 4-9 所示。坡地的建筑物吊脚架空层如图 4-10 所示。

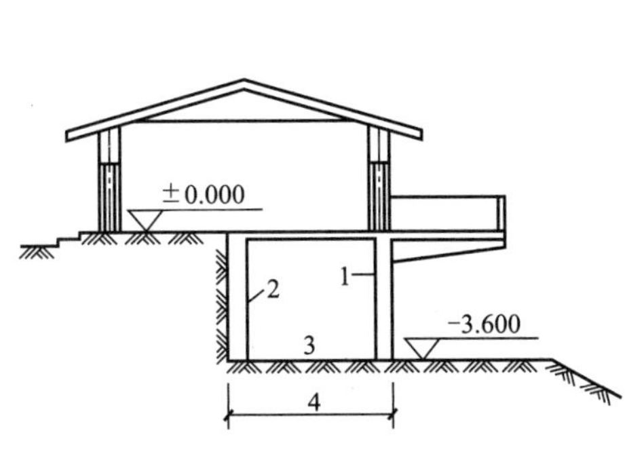

图 4-9 建筑物吊脚架空层

1—柱；2—墙；3—吊脚架空层；4—计算建筑面积部位

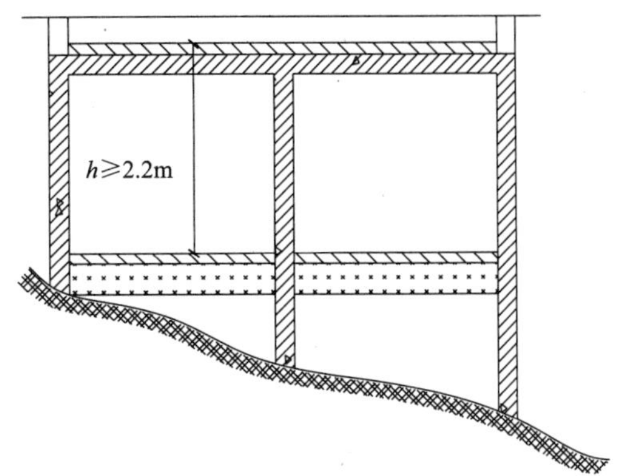

图 4-10 坡地的建筑物吊脚架空层

(8) 建筑物的门厅、大厅及门厅、大厅内设置的走廊的建筑面积

建筑物的门厅、大厅，按一层计算建筑面积。门厅、大厅内设置的走廊应按走廊结构底板水平投影面积计算建筑面积。结构层高在 2.2m 及以上的，应计算全面积；结构层高在 2.2m 以下的，应计算 1/2 面积。

【例 4-3】 计算图 4-11 所示三层建筑物的建筑面积。其中，一层设有门厅并带回廊，建筑物外墙轴线尺寸为 21600mm×10200mm，墙厚 240mm。

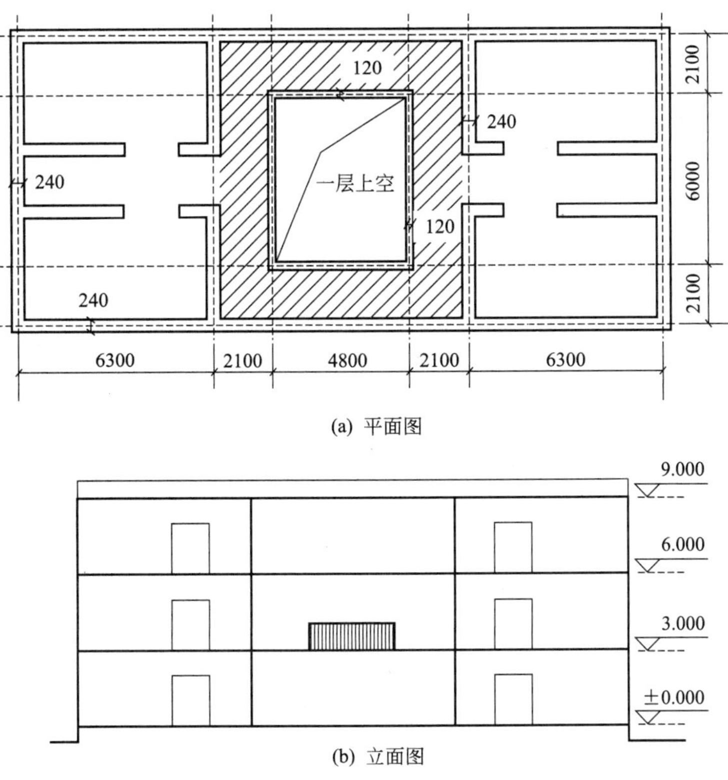

(a) 平面图

(b) 立面图

图 4-11 回廊示意图

【解】 (1) 三层建筑面积之和=[4.8+(6.3+2.1)×2+0.24]×(6+2.1×2+0.24)×3=684.03 (m^2)

(2) 应扣减的部分=(4.8−0.12)×(6−0.12)=27.52 (m^2)

(3) 该建筑物的建筑面积=684.03−27.52=656.51 (m^2)

(9) 建筑物间的架空走廊的建筑面积

建筑物间的架空走廊有顶盖和围护结构的，应按其围护结构外围水平面积计算全面积；无围护结构有围护设施的，应按其结构底板水平面积计算 1/2 面积，如图 4-12 所示。

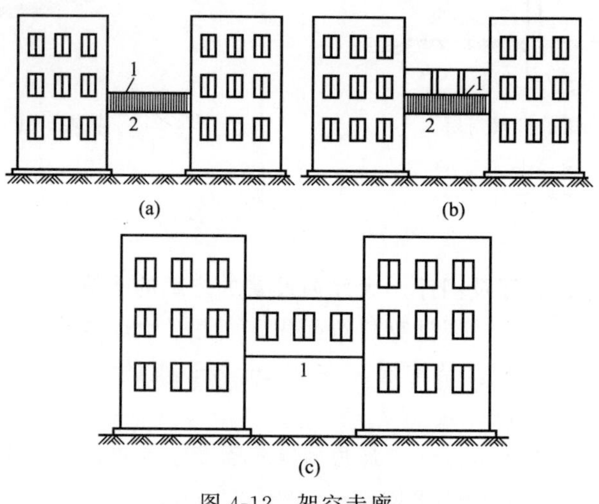

图 4-12 架空走廊

(a)，(b) 无围护结构；(c) 有围护结构

1—栏杆；2—架空走廊

提示：架空走廊是建筑物之间的水平交通空间，在医院的门诊大楼和住院部之间常见架空走廊。如果建筑物之间的架空走廊没有永久性顶盖，则不计算其建筑面积。

(10) 立体书库、立体仓库、立体车库的建筑面积

立体书库、立体仓库、立体车库，有围护结构的，应按其围护结构外围水平面积计算建筑面积；无围护结构的、有围护设施的，应按其结构底板水平投影面积计算建筑面积。无结构层的应按一层计算，有结构层的应按其结构层面积分别计算。结构层高在 2.2m 及以上的，应计算全面积；结构层高在 2.2m 以下的，应计算 1/2 面积。

【例 4-4】 试计算如图 4-13 所示立体仓库的建筑面积。

【解】 (1) 货台的层高为 1m<2.2m，所以应计算 1/2 面积。

货台的建筑面积为：$S_{货台}=3\times1\times0.5\times6\times5=45$ (m^2)

(2) 除货台外其余部分应按一层计算其建筑面积，其建筑面积为：

$$S_{余}=(8.1+0.24)\times(4.2+0.24)-3\times1\times5=22.03\ (m^2)$$

(3) 立体仓库的建筑面积为：$S=S_{货台}+S_{余}=45+22.03=67.03$ (m^2)

(11) 舞台灯光控制室的建筑面积

有围护结构的舞台灯光控制室，应按其围护结构外围水平面积计算。结构层高在 2.20m 及以上的，应计算全面积，结构层高在 2.20m 以下的，应计算 1/2 面积。

(12) 落地橱窗的建筑面积

附属在建筑物外墙的落地橱窗，应按其围护结构外围水平面积计算。结构层高在 2.2m 及以上的，应计算全面积；结构层高在 2.2m 以下的，应计算 1/2 面积。

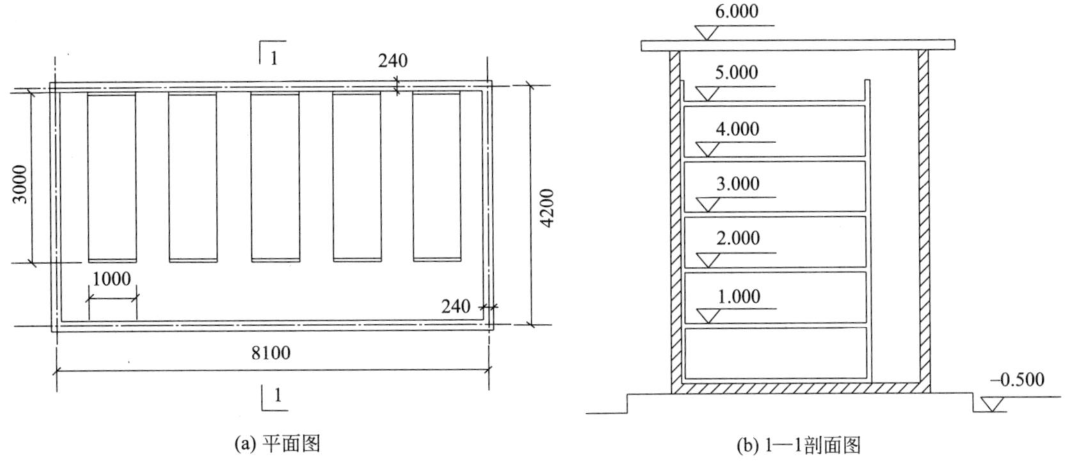

图 4-13 立体仓库的建筑面积

(13) 飘窗的建筑面积

窗台与室内楼面高差在 0.45m 以下且结构净高在 2.1m 及以上的凸（飘）窗，应按其围护结构外围水平面积计算 1/2 面积。

(14) 挑廊、檐廊的建筑面积

有围护设施的室外走廊（挑廊），应按其结构底板水平投影面积计算 1/2 面积；有围护设施（或柱）的檐廊，应按其围护设施（或柱）外围水平面积计算 1/2 面积，如图 4-14 所示。

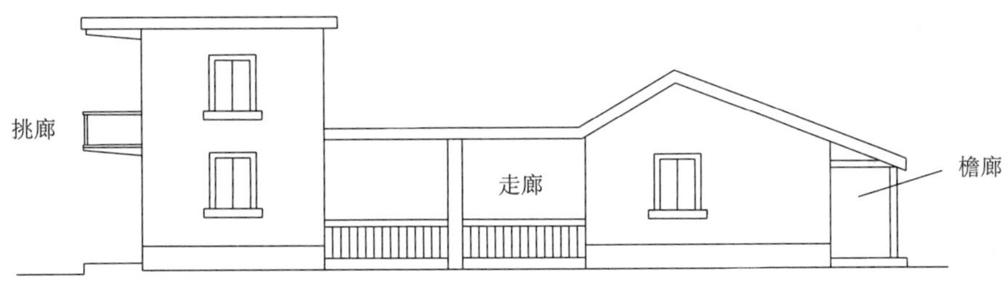

图 4-14 走廊、檐廊、挑廊示意图

(15) 门斗的建筑面积

门斗应按其围护结构外围水平面积计算建筑面积。结构层高在 2.2m 及以上的，应计算全面积，结构层高在 2.2m 以下的，应计算 1/2 面积。如图 4-15 所示。

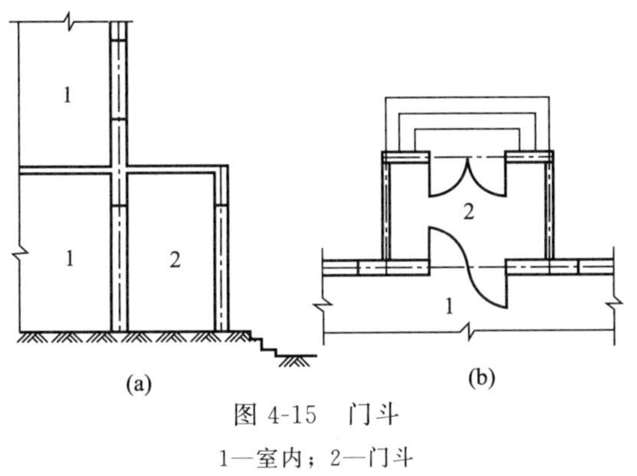

图 4-15 门斗

1—室内；2—门斗

(16) 门廊及雨篷的建筑面积

门廊应按其顶板水平投影面积的 1/2 计算建筑面积；有柱雨篷应按其结构板水平投影面积的 1/2 计算建筑面积；无柱雨篷外边线至外墙结构外边线的宽度在 2.1m 及以上的，应按雨篷结构板的水平投影面积的 1/2 计算建筑面积。

【例 4-5】 求图 4-16 所示有柱雨篷的建筑面积。

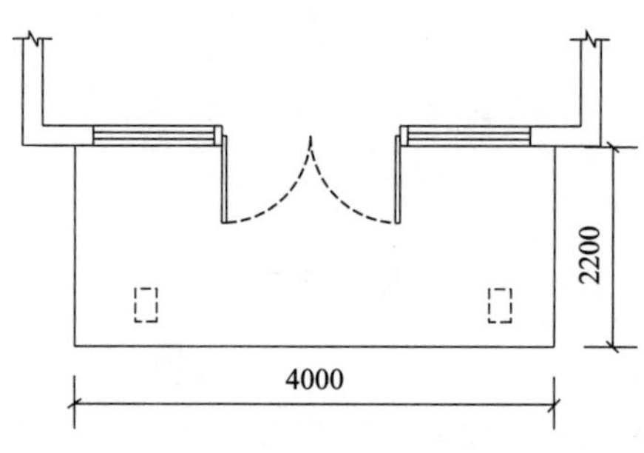

图 4-16 有柱雨篷

【解】 (1) 雨篷结构外边线至外墙结构外边线的宽度 2.2m＞2.1m，应计算 1/2 面积。

(2) $S=4\times2.2\times0.5=4.4$ (m^2)

(17) 建筑物顶部的、有围护结构的楼梯间、水箱间、电梯机房等的建筑面积

设在建筑物顶部的、有围护结构的楼梯间、水箱间、电梯机房等，结构层高在 2.2m 及以上的应计算全面积；结构层高在 2.2m 以下的，应计算 1/2 面积。

提示： 建筑物顶部的楼梯间、水箱间、电梯房等，如果没有围护结构，不应计算面积，而不是计算 1/2 面积。不过，这些建筑物通常都设有围护结构。

(18) 围护结构不垂直于水平面的楼层的建筑面积

围护结构不垂直于水平面的楼层，应按其地板面的外墙外围水平面积计算。结构净高在 2.1m 及以上的部位，应计算全面积；结构净高在 1.2m 及以上至 2.1m 以下的部位应计算 1/2 面积；结构净高在 1.2m 以下部位，不应计算建筑面积，如图 4-17、图 4-18 所示。

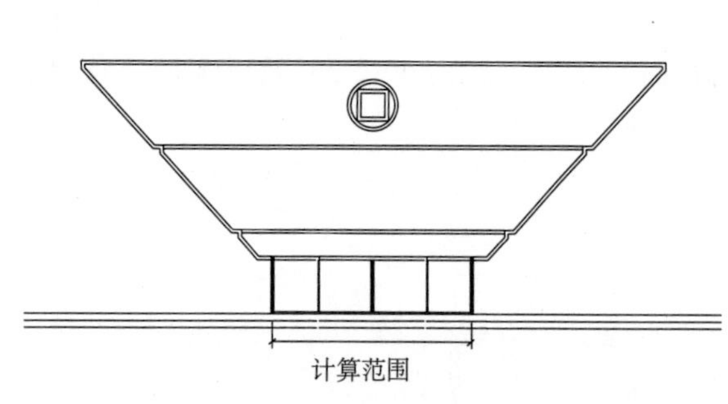

图 4-17 围护结构不垂直于水平面而超出底板外沿的建筑物

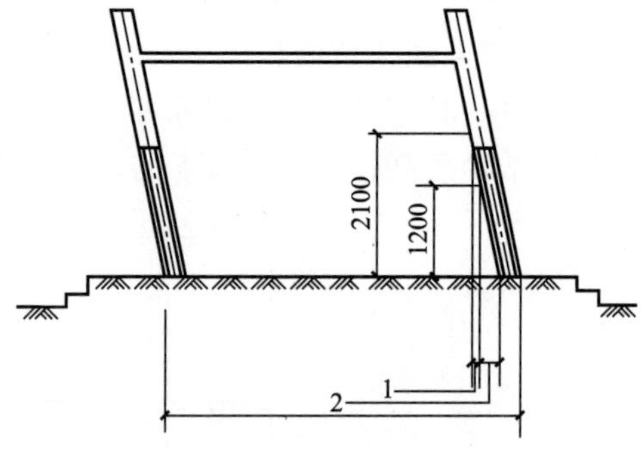

图 4-18 斜围护结构

1—计算 1/2 建筑面积；2—不计算建筑面积

(19) 建筑物内的电梯井、垃圾道等的建筑面积

建筑物的室内楼梯、电梯井、提物井、管道井、通风排气竖井、烟道，应并入建筑物的自然层计算建筑面积，如图 4-19 所示。有顶盖的采光井应按一层计算建筑面积，结构净高在 2.1m 及以上的，应计算全面积；结构净高在 2.1m 以下的，应计算 1/2 面积。

(20) 室外楼梯的建筑面积

室外楼梯应并入所依附的建筑物自然层，并按其水平投影面积的 1/2 计算建筑面积，如图 4-20 所示。

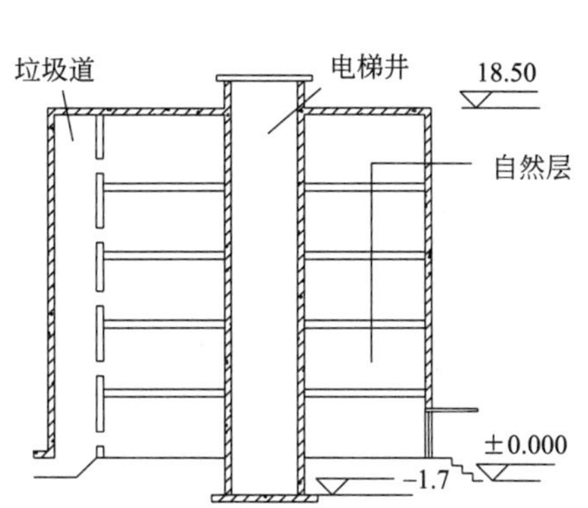

图 4-19 室内电梯井、垃圾道剖面示意图

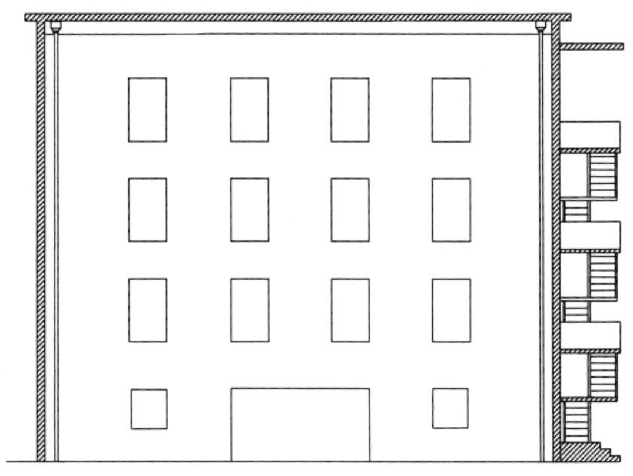

图 4-20 室外楼梯

(21) 阳台的建筑面积

在主体结构内的阳台，应按其结构外围水平面积计算全面积；在主体结构外的阳台，应按其结构底板水平投影面积计算 1/2 面积，如图 4-21 所示。

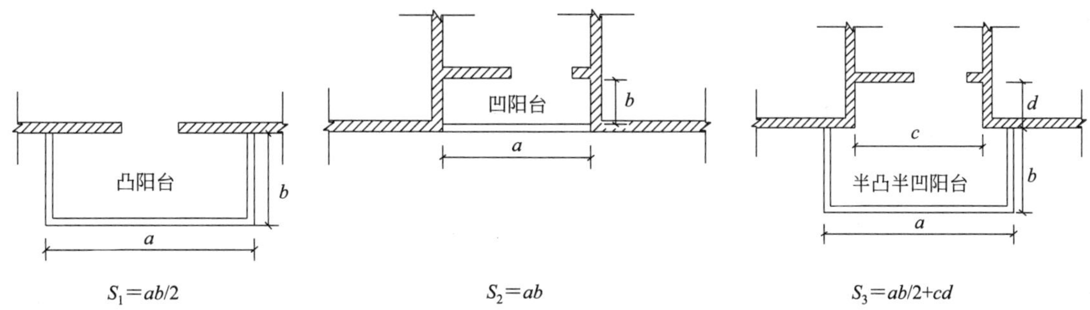

图 4-21 阳台建筑面积计算示意图

提示： 建筑物的阳台，不论其形式如何，均以建筑物主体结构为界分别计算建筑面积。

(22) 车棚、货棚、站台、加油站、收费站的建筑面积

有顶盖无围护结构的车棚、货棚、站台、加油站、收费站等，应按其顶盖水平投影面积的 1/2 计算建筑面积。

【例 4-6】 求图 4-22 所示火车站台的建筑面积。

【解】 $S=12.5\times6.5\times0.5=40.625$ (m^2)

(23) 以幕墙作为围护结构的建筑物的建筑面积

以幕墙作为围护结构的建筑物，应按幕墙外边线计算建筑面积。

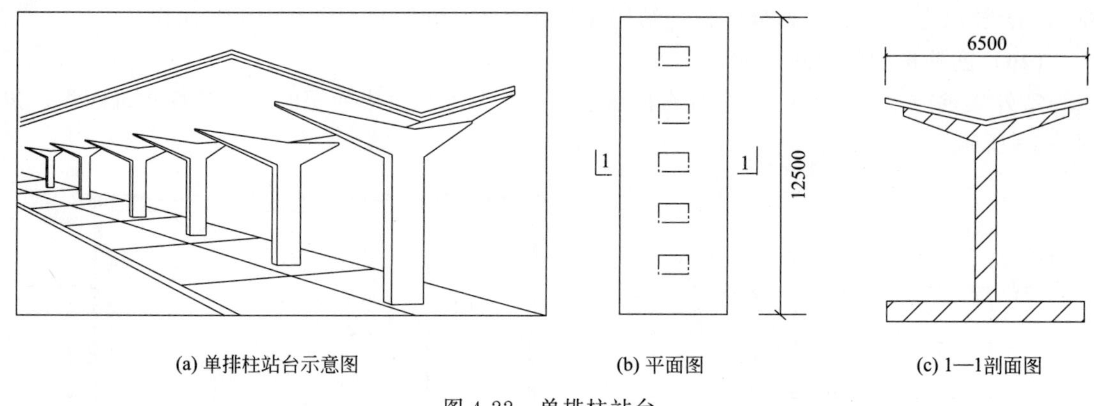

(a) 单排柱站台示意图　(b) 平面图　(c) 1—1剖面图

图 4-22　单排柱站台

(24) 外墙外保温层的建筑面积

建筑物的外墙外保温层，应按其保温材料的水平截面积计算，并计入自然建筑面积，如图 4-23 所示。

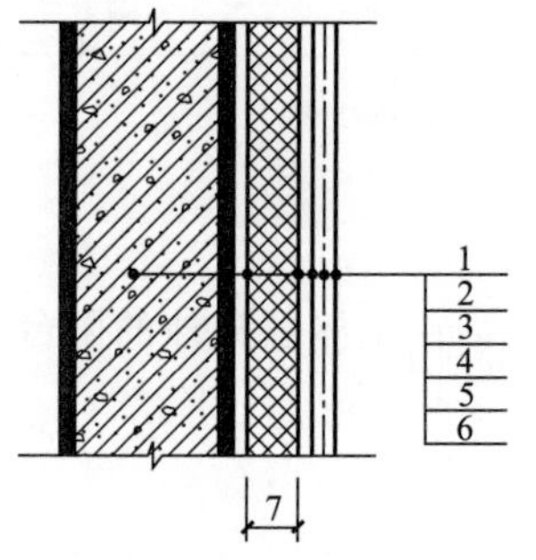

图 4-23　建筑外墙外保温

1—墙体；2—黏结胶浆；3—保温材料；4—标准网；5—加强网；6—抹胶面浆；7—计算建筑面积部位

(25) 变形缝的建筑面积

与室内相通的变形缝，应按其自然层合并在建筑物建筑面积内计算。对于高低联跨的建筑物，当高低跨内部连通时，其变形缝应计算在低跨面积内。

提示： 变形缝是伸缩缝（温度缝）、沉降缝和抗震缝的总称。伸缩缝是将基础以上的建筑构件全部分开，并在两个部分之间留出适当缝隙，以保证伸缩缝两侧的建筑构件能在水平方向自由伸缩。沉降缝主要应满足建筑物各部分之垂直方向的自由沉降变形，故应将建筑物从基础到屋顶全部断开。抗震缝一般从基础顶面开始，沿房屋全高设置。

【例 4-7】 计算图 4-24 所示高低联跨建筑物的建筑面积。

【解】 (1) 低跨的高度 3.9m＞2.2m；高跨的高度 6.9m＞2.2m。所以应计算全面积。

(2) $S_{高跨}$＝(18＋0.24)×(6＋0.12＋0.3)＝117.1 (m^2)

(3) $S_{低跨}$＝(18＋0.24)×(2.1＋0.12－0.3)＝35.02 (m^2)

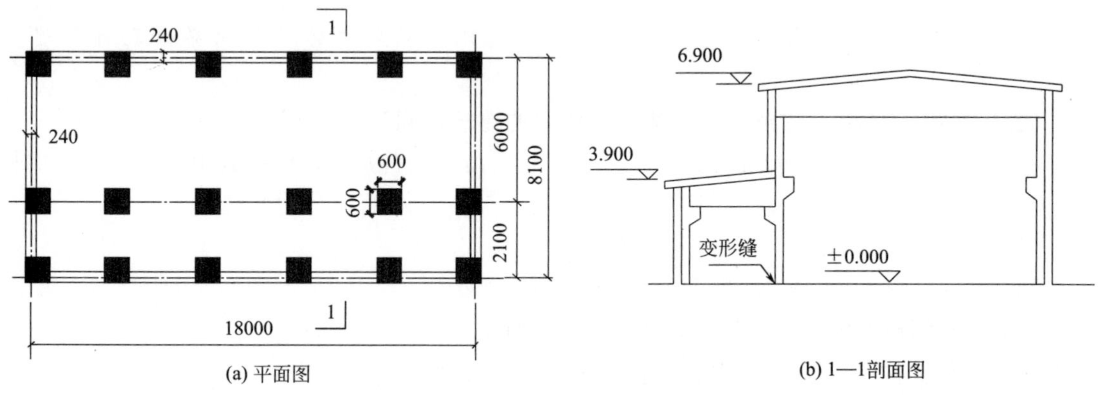

(a) 平面图　(b) 1—1剖面图

图 4-24　高低联跨的建筑物

(4) 高低联跨建筑物的建筑面积：$S=S_{高跨}+S_{低跨}=152.12$ (m^2)

(26) 设备层、管道层、避难层等的建筑面积

对于建筑物内的设备层、管道层、避难层等有结构层的楼层，结构层高在 2.2m 及以上的，应计算全面积；结构层高在 2.2m 以下的，应计算 1/2 面积。

4.2.2.2　不计算建筑面积的范围

(1) 与建筑物内不相连通的建筑部件；

(2) 骑楼、过街楼底层的开放公共空间和建筑物通道，如图 4-25 所示；

图 4-25　过街楼、骑楼示意图

(3) 舞台及后台悬挂幕布和布景的天桥、挑台等；

(4) 露台、露天游泳池、花架、屋顶的水箱及装饰性结构构件；

(5) 建筑物内的操作平台、上料平台、安装箱和罐体的平台；

(6) 勒脚、附墙柱、垛、台阶、墙体抹灰、装饰面、镶贴块料面层、装饰性幕墙，主体结构外的空调室外机隔板（箱）、构件、配件，挑出宽度在 2.1m 以下的无柱雨篷和顶盖高度达到或超过两个楼层的无柱雨篷，如图 4-26 所示；

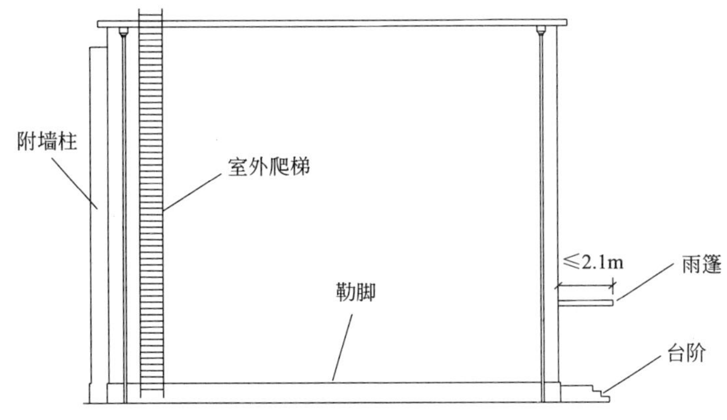

图 4-26　不计算建筑面积的构件

(7) 窗台与室内地面高差在 0.45m 以下且结构净高在 2.1m 以下的凸（飘）窗，窗台与室内地面高差在 0.45m 及以上的凸（飘）窗；

(8) 室外爬梯、室外专用消防钢楼梯；

(9) 无围护结构的观光电梯；

(10) 建筑物以外的地下人防通道，独立的烟囱、烟道、地沟、油（水）罐、气柜、水塔、贮油（水）池、贮仓、栈桥等构筑物。

4.3 建筑面积计算工程实例

4.3.1 阶段任务

按照《BIM算量一图一练》中专用宿舍楼图纸的内容，根据《建筑工程建筑面积计算规范》（GB/T 50353—2013）的规定，完成建筑面积的计算。

4.3.2 任务分析

建筑面积的计算应从以下几个方面着手：

(1) 不同楼层分别进行；

(2) 注意计算规则中针对建筑面积计算时的特殊情况的处理。

经过识图《BIM算量一图一练》，得出表4-1的结论。

表4-1 案例工程建筑面积计算规则分析

序号	项目	本工程情况		识图	计算规则分析	
1	层数、层高及使用功能	首层（宿舍）	层高3.6m	平面图、立面图、剖面图等	—	《建筑工程建筑面积计算规范》(GB/T 50353—2013)：3.0.1 建筑物的建筑面积应按自然层外墙结构外围水平面积之和计算。结构层高在2.20m及以上的，应计算全面积；结构层高在2.20m以下的，应计算1/2面积
		二层（宿舍）	层高3.6m			
		三层（楼梯间）	层高3.6m			
2	外墙保温及厚度	本工程无外墙保温		—	—	《建筑工程建筑面积计算规范》(GB/T 50353—2013)：3.0.24 建筑物的外墙外保温层，应按其保温材料的水平截面积计算，并计入自然层建筑面积
3	阳台	封闭式阳台		立面图、建施10	—	《建筑工程建筑面积计算规范》(GB/T 50353—2013)：3.0.21 在主体结构内的阳台，应按其结构外围水平面积计算全面积；在主体结构外的阳台，应按其结构底板水平投影面积计算1/2面积
4	雨篷	首层门厅入口处		首层、二层平面图	—	《建筑工程建筑面积计算规范》(GB/T 50353—2013)：3.0.16 有柱雨篷应按其结构板水平投影面积的1/2计算建筑面积；无柱雨篷的结构外边线至外墙结构外边线的宽度在2.10m及以上的，应按雨篷结构板的水平投影面积的1/2计算建筑面积
		屋顶楼梯间处		屋项层建筑平面图		

4.3.3　任务实施

专用宿舍楼建筑面积计算见表 4-2。

表 4-2　案例工程建筑面积计算

构件名称	算量类别	清单编码	项目特征	算量名称		计算公式	工程量	单位	备注
首层									
建筑面积	清单	—		面积		首层建筑面积 (46.8+0.2)×(16.8+0.2+0.7)−0.25×2.2×2−3.6×2.4×2−32.2×0.5+(1.9×3.6+0.5×0.25+0.25×0.2)×2×0.5+[0.5×0.3×10+(0.5×0.5−0.25×0.3)×2]	806.29	m²	1. 外墙按净长线计算 2. 首层有柱雨篷按底板面积的 1/2 计算 3. 突出外墙的框架柱计算建筑面积
	定额	—		面积		同上	806.29	m²	
二层(请练习以下建筑面积的计算)									
建筑面积	清单	—		面积		二层建筑面积		m²	
	定额	—		面积				m²	
屋顶层									
建筑面积	清单	—		面积		屋面层建筑面积		m²	
	定额	—		面积				m²	

4.3.4　任务总结

通过本章节学习，在建筑面积计算方面，应掌握如下几个方面内容。

(1) 认真分析并掌握建筑面积计算规范。

(2) 在拿到实际图纸时，面对建筑面积的计算，应区分一般情况与对应图纸的特殊情况，分别分析计算。

(3) 为便于分析、检查与工程量应用，建筑面积建议区分不同楼层、不同的特殊部位(如阳台、雨篷) 计算。

(4) 手工计算建筑面积时，注意数学几何计算方式的巧妙运用。

(5) 建筑面积可以作为建筑指标分析、分部分项工程量、措施等使用，因此应引起造价工作者的高度重视。建筑面积工程量计算汇总表见表 4-3。

表 4-3 建筑面积工程量计算汇总表

序号	部位	单位	汇总工程量	注意事项
1	首层	m^2	806.29	1）台阶不计算建筑面积； 2）凸出外墙皮的柱需计算建筑面积； 3）在主体结构内的阳台，按全面积计算建筑面积 4）有柱的雨篷按底板面积的一半计算建筑面积； 5）门廊按其水平投影面积的 1/2 计算建筑面积
2	二层	m^2	813.3	
3	屋顶层	m^2	60.8	设在屋顶处，层高在 2.2m 以上的楼梯间应按全面积计算建筑面积
合计		m^2	1680.39	—

注：计算规则详见《建筑工程建筑面积计算规范》（GB/T 50353—2013），详细计算过程见本书。

本章小结

1. 凡有围护结构的建筑物，均以围护结构外围水平面积计算。

2. 虽无围护结构，但有顶盖的建筑物，均按顶盖水平投影面积的 1/2 计算。

3. 凡无顶盖（露天）或设计不利用的建筑物（采光井）均不计算建筑面积。

4. 外墙外侧有保温隔热层的，应以保温隔热层的外边线计算建筑面积。

5. 建筑面积的计算基本分为三种情况：计算全面积、计算 1/2 面积以及不计算面积，下表从建筑类型、层高、有无围护结构和有无顶盖四个方面进行了简单的归纳：

建筑类型	层高或净高	围护结构	顶盖	面积计算规则
单层平屋顶建筑、地下室、半地下室、坡地建筑吊脚架空层、门厅内回廊、橱窗、门斗、檐廊、挑廊、（架空）走廊、屋顶楼梯间、屋顶电梯机房、屋顶水箱间	层高≥2.2m	有	有	计算全面积
	层高<2.2m			计算 1/2 面积
坡地建筑吊脚架空层	层高≥2.2m	无		
橱窗、门斗、檐廊、挑廊、（架空）走廊、车棚、站台、加油站、收费站、场馆看台、室外楼梯				
阳台、挑出宽度>2.1m 的雨篷				
坡屋顶内空间	1.2m≤净高≤2.1m	有	有	
	净高>2.1m			全面积
	净高<1.2m			不计算面积
室外楼梯（爬梯）、架空走廊			无	
建筑物通道、装饰性阳台和挑廊、挑出宽度≤2.1m 的雨篷、台阶、屋顶水箱				

思考题

1. 什么是建筑面积？有什么作用？

2. 计算建筑面积的主要规则有哪些？

3. 试总结哪些无围护结构的建筑物或构筑物，应该计算其全面积；哪些应该计算一半；哪些不计算建筑面积。

习 题

1. 如图 4-27 所示，计算独立柱雨篷的建筑面积。

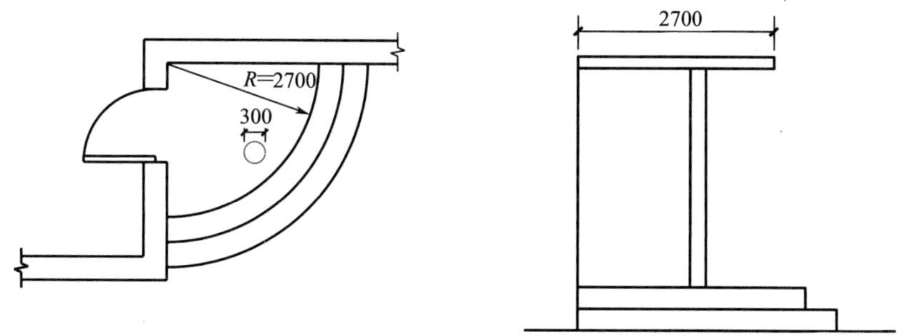

图 4-27　习题 1 图

2. 如图 4-28 所示为某 5 层砖混结构办公楼的首层平面图，2～5 层除无台阶以外，其余均与首层相同，无地下室，内外墙厚均为 240mm，层高均为 3m，试计算该办公楼的建筑面积。

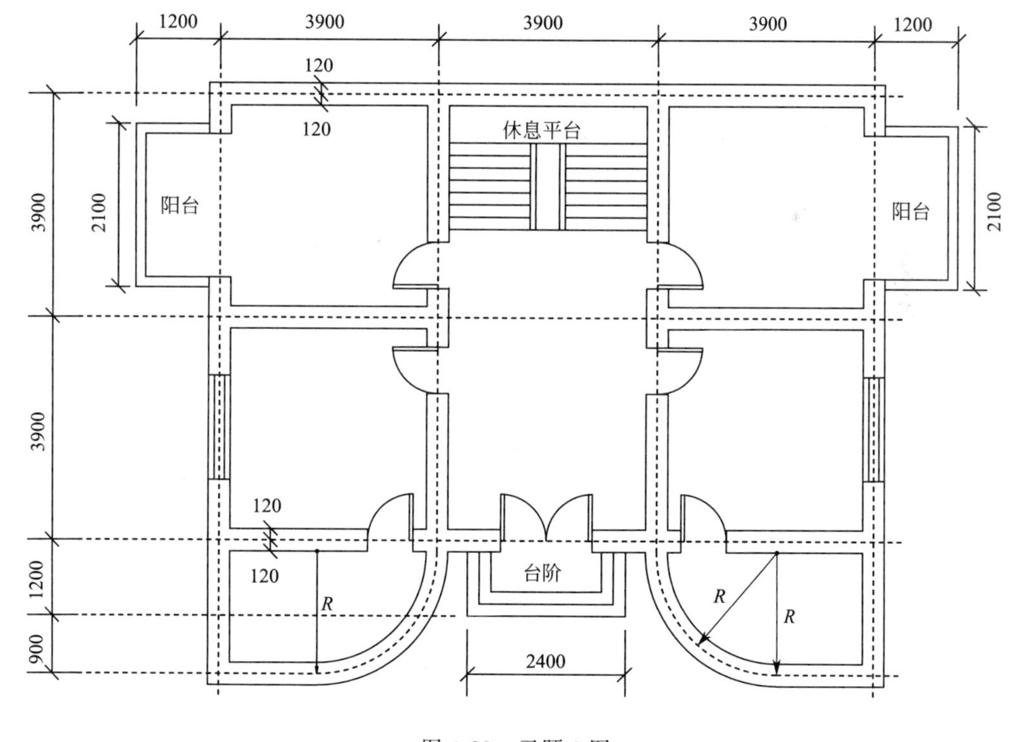

图 4-28　习题 2 图

第5章

建筑工程工程量计算

学习目标

1. 了解建筑工程工程量的计算方法。
2. 掌握建筑工程各分部分项工程量计算规则。
3. 掌握建筑工程工程量的计算。

学习要求

1. 掌握工程量的基本概念及其列项的基本步骤。
2. 掌握土石方工程、桩基工程、砌筑工程、混凝土及钢筋混凝土工程、门窗工程、屋面及防水工程、保温隔热工程各分部分项工程量的计算。
3. 结合实际案例——宿舍楼案例工程，掌握案例工程各分部分项工程量的计算。

本章内容框架

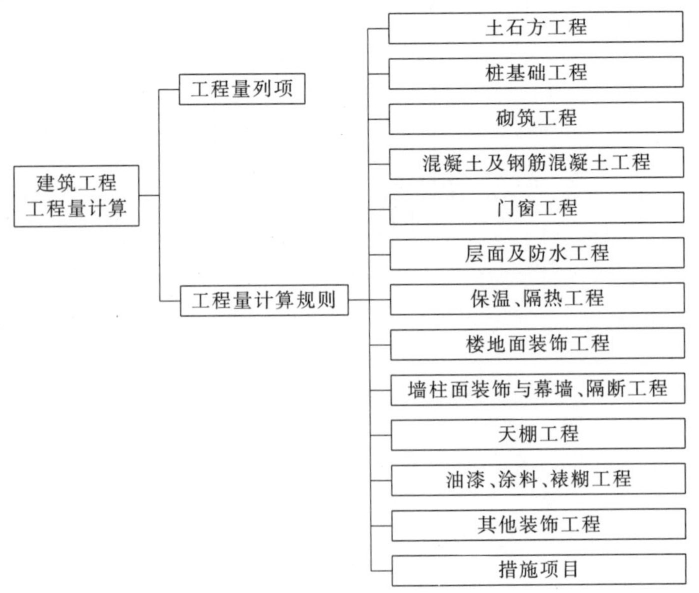

5.1 工程计量概述

5.1.1 工程计量计价业务操作过程

工程计量计价业务操作过程主要包括以下七个步骤，如图 5-1 所示。

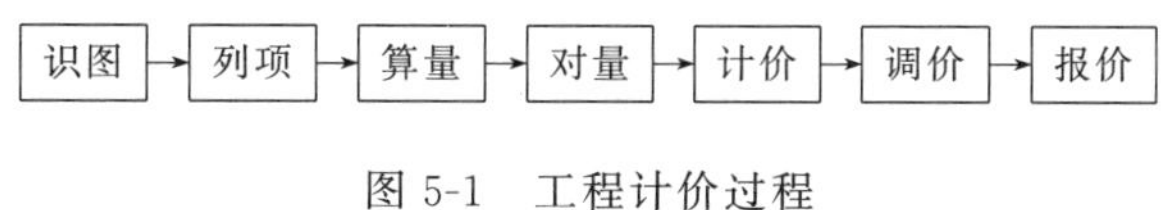

图 5-1 工程计价过程

① 识图 识图是工程计价的第一步，如果连工程图纸都看不懂，就无从进行工程量的计算和计价。虽然识图是在前期课程工程制图或工程识图中就应该解决的问题，但是在工程计价时大多数同学拿到图纸仍然是“眼前一抹黑，搞不懂”。因此，我们从实践中总结出来的观点是：在工程量计算的过程中学会识图。

② 列项 在计算工程量时遇到的第一个问题不是怎么计算的问题，而是计算什么的问题，计算什么的问题在这里就叫做列项。列项不准确会直接影响后面工程量的计算结果。因此，计算工程量时不要拿起图纸就计算，这样很容易漏算或者重算，在计算工程量之前首先要学会列项，即弄明白整个工程要计算哪些工程量，然后再根据不同的工程量计算规则计算全部列项的工程量。

③ 算量 算量又称工程量计算，是指建设工程项目以工程设计图纸、施工组织设计或施工方案及有关技术经济文件为依据，按照相关标准的计算规则、计量单位等规定，进行工程数量的计算活动，在工程建设中简称工程计量。工程计量是进行工程造价计算的基础。工程计量准确与否，直接影响着工程造价的准确性和合理性，也直接影响其他与工程造价相关工作的准确性。因此工程量的计算非常重要。

④ 对量 对量是工程计价过程中最重要的一个环节，包括自己和自己对，自己和别人对。建议初学者算量时根据相关计算规则先手工算量做出一个标准答案来，再和用软件算出来的工程量对照，如果能对上就说明软件做对了，对不上的要找出原因，便于今后在做工程中想办法避免或者修正。通过这个过程，用软件做工程才能做到心里有数。

⑤ 计价 把前面的工程量算对了，接下来的工作就是计价，计价要求熟悉现行国家标准［如《建设工程工程量清单计价规范》（GB 50500—2013）、《房屋建筑与装饰工程工程量计算规范》（GB 50854—2013）］、地方定额［以《河南省房屋建筑与装饰工程预算定额》（2016 版）为例］，施工企业还需要熟悉本企业的企业定额。

⑥ 调价 在工程报价阶段，有时候并不是算出来多少就报多少，往往根据具体的施工方案、报价技巧及当时的具体环境对计价做相应的调整，这也需要有经验的造价师和单位领导协商来做，新手要积极向老造价师学习，多问几个为什么，“手熟为能”，做的工程多了，就能报出一个有竞争力的价格。

⑦ 报价 前面一切都做好了，报价实际上就是一个按规范要求的格式打印相应表格并装订的问题了。

5.1.2 工程量列项

5.1.2.1 工程量

工程量是在建筑安装工程中以物理计量单位或自然计量单位表示的建筑安装各分部分项工程、结构构件的数量标准。它既反映各构成部分的规模数量，也反映工程构造和装修等方面的具体特征。

物理计量单位是指经过度量的具有物理属性为计量单位，如长度、面积、体积和质量等。自然计量单位是无须度量的以客观存在的自然实体为单位的计量单位，如个、根、套、组、樘、台、座等。

(1) 清单工程量

清单工程量是工程量清单计价模式下分部分项工程和单价措施项目清单工程量的简称，是指工程计量时按照现行国家标准《建设工程工程量清单计价规范》(GB 50500—2013)、《房屋建筑与装饰工程工程量计算规范》(GB 50854—2013) 的相关规定计算出的工程量。在房屋建筑与装饰工程的招投标阶段，清单工程量由招标人或受其委托、具有相应资质的工程造价咨询人计算；在工程的实施及竣工结算阶段，清单工程量由承包人或受其委托、具有相应资质的工程造价咨询人计算并应由发包人或受其委托、具有相应资质的工程造价咨询人核对。

(2) 定额工程量

定额工程量是在定额计价模式下工程计量时按照工程所在地现行地方定额或所属行业定额的相关规定计算出的工程量。如河南省现行地方定额《河南省房屋建筑与装饰工程预算定额》(2016 版)。

工程量清单计价的本质特征是由市场竞争形成工程造价。现行国家标准《建设工程工程量清单计价规范》(GB 50500—2013) 规定：使用国有资金投资的建设工程发承包，必须采用工程量清单计价。非国有资金投资的建设工程，宜采用工程量清单计价。工程量清单计价方式已经成为招投标阶段的主流计价方式。但是，在工程造价控制的其他阶段，甚至是建设工程的发承包以及实施阶段，由于工程特别复杂、时间特别紧迫、图纸设计和工程进度不同步等因素的存在，作为计价方式的另一种补充，定额计价方式还将在一定的时间内存在并发挥作用。因此，做好定额工程量计算也很重要。

(3) 组价工程量

组价工程量是在工程量清单计价模式下计算工程量清单综合单价的重要基础。在工程量清单计价模式中，分部分项工程清单和单价措施项目清单中的每一个清单工程量都是一个综合的数量，综合的意思是指一个分项工程或单价措施清单列项中，相对应的地方定额或企业定额综合了若干项内容，这些内容的工程量可能是相同的，也可能是不相同的。当这些不同工程内容的工程量不相同时，除了应该算出该项目实体（主项）工程量外，还要分别算出相关内容（附项）的工程量，这些计算出的用以满足各个工程量清单列项下工程量组价的主项和附项工程的工程量，就叫做组价工程量。也就是说，清单工程量是在定额分项的基础上进行了相关项的合并与结合，使工程计价具有更强的综合性和灵活性。

提示：在工程量清单计价模式下，招标人在编制招标控制价时应使用工程所在地现行地方定额或行业定额进行组价工程量的计算；投标人在投标报价时应使用本企业的企业定额进行组价工程量的计算，也可以使用或参考工程所在地现行地方定额或行业定额进行组价工程量的计算。为便于学习，本章中凡是涉及组价工程量计算时，均使用河南省现行地方定额《河南省房屋建筑与装饰工程预算定额》(2016 版）的相关规定计算工程量。

5.1.2.2 列项的目的

列项的目的就是为了避免计算工程量时发生漏算或重复计算的现象，学会自查或核查别人。一套完整的施工图纸往往内容繁多，就如人们常说的“麻雀虽小，五脏俱全”一样。如果没有一个系统、全面的计算思路，计算工程量时将无从下手并且容易发生漏算和重复重计算问题。为此，需要在熟识图纸后，结合招标文件及工程量计算规则的要求，对需要计算的工程量进行列项。

5.1.2.3 建筑物的列项步骤

列项是一个从粗到细，从宏观到微观的过程。通过以下四个步骤对建筑物进行工程量列项，可以达到不重不漏的目的，如图 5-2 所示。

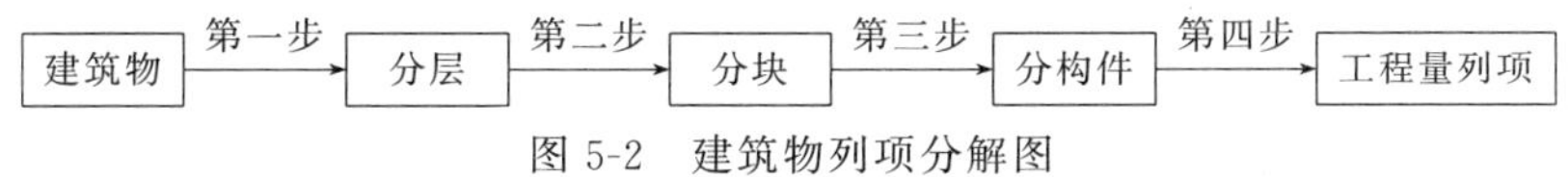

图 5-2 建筑物列项分解图

(1) 分层

针对建筑物的工程量计算而言，列项的第一步就是先把建筑物分层，建筑物从下往上一般分为七个基本层，分别是：基础层、$-n$～-2 层、-1 层、首层、2～n 层、顶层和屋面层，如图 5-3 所示。

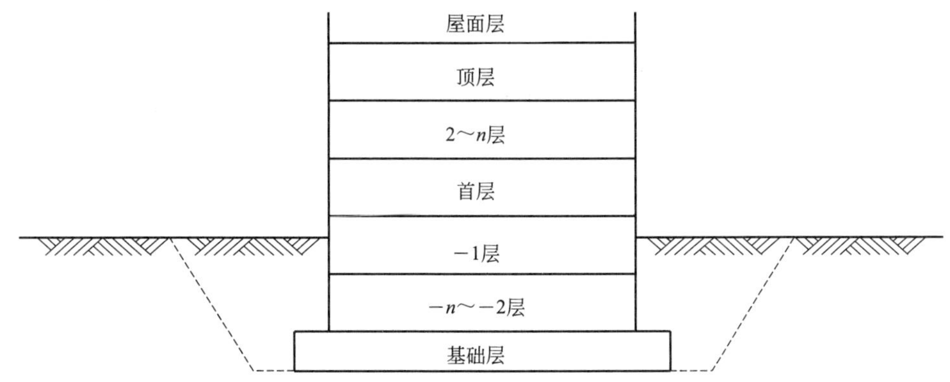

图 5-3 分层示意图

这七个基本层每层都有其不同的特点。具体如下。

1）基础层与房间（无论是地下房间还是地上房间）列项完全不同，因此，单独作为一层。

2）$-n$～-2 层与首层相比，全部埋在地下，外墙不是装修，而是防潮、防水，而且没有室外构件，由于$-n$～-2 层列项方法相同，因此将$-n$～-2 层看作是一层。

3）-1 层与首层相比部分在地上，部分在地下。因此，外墙既有外墙装修又有外墙防水。

4）首层与其他层相比有台阶、雨篷、散水等室外构件。

5）2～n 层不管是不是标准层，与首层相比没有台阶、雨篷、散水等室外构件，由于 2～n 层其列项方法相同，因此将 2～n 层看作是一层。

6）顶层与 2～n 的区别是有挑檐。

7）屋面层与其他层相比，没有顶部构件、室内构件和室外构件。

分层以后还不能计算每一层的工程量，需要进行第二步：分块。

（2）分块

对于建筑物分解的每一层建筑，一般分解为六大块：围护结构、顶部结构、室内结构、室外结构、室内装修及室外装修，如图 5-4～图 5-7 所示。

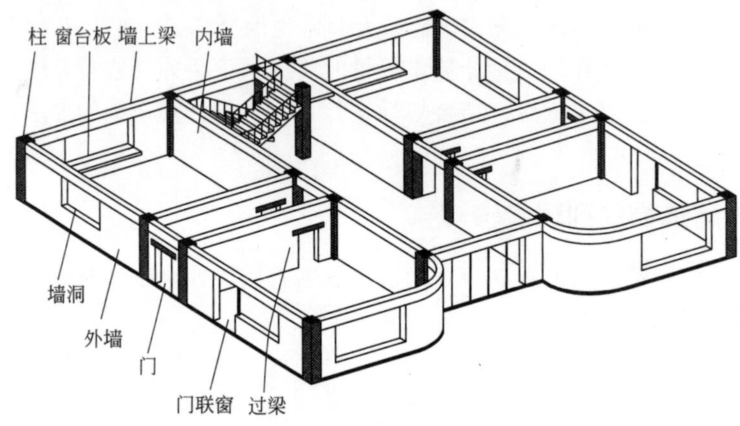

图 5-4　围护结构

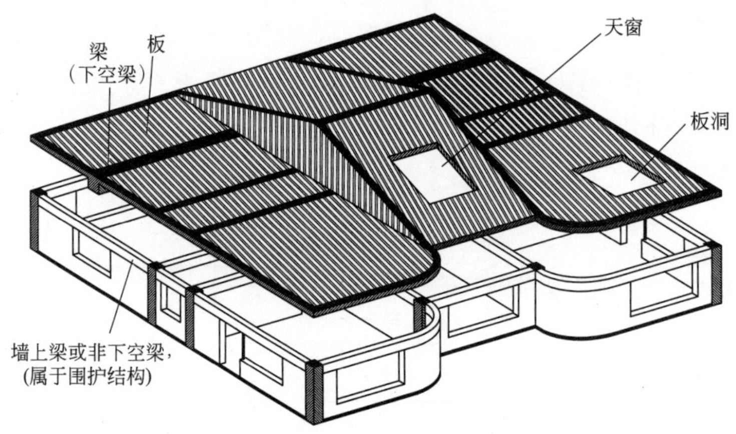

图 5-5　顶部结构

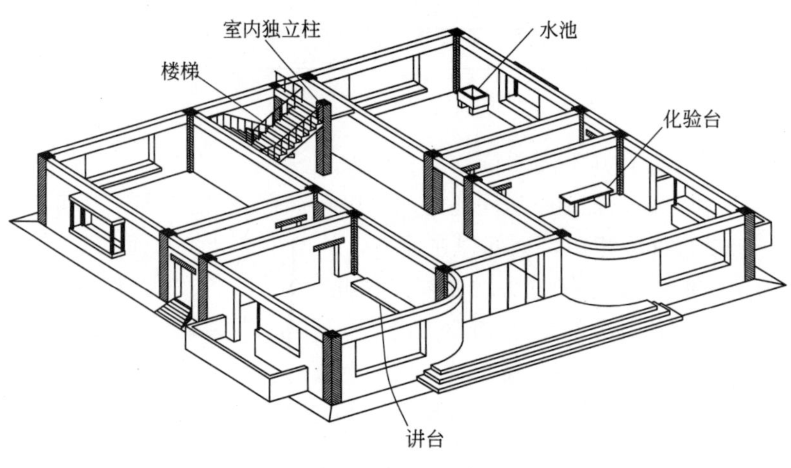

图 5-6　室内结构

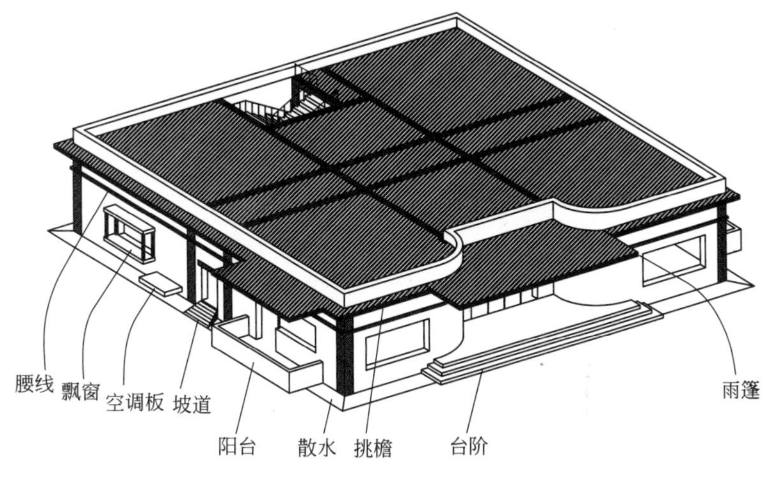

图 5-7 室外结构

分块之后，仍不能计算每一块的工程量，这时需要进行第三步：分构件。

(3) 分构件

1）围护结构包含的构件 柱子、梁（墙上梁或非下空梁）、墙（内外）、门、窗、门联窗、墙洞、过梁、窗台板及护窗、栏杆等，如图 5-4 所示。

2）顶部结构包含的构件 梁（下空梁）、板（含斜）、板洞及天窗，如图 5-5 所示。

3）室内结构包含的构件 楼梯、独立柱、水池、化验台及讲台，如图 5-6 所示。其中楼梯、水池、化验台属于复合构件，需要再往下进行分解。

例如：楼梯再往下分解为休息平台、楼梯斜跑、楼梯梁、楼梯栏杆、楼梯扶手及楼层平台。水池再往下分解为水池和水池腿。化验台再往下分解为化验台板和化验台腿。

4）室外结构包含的构件 腰线、飘窗、门窗套、散水、坡道、台阶、阳台、雨篷、挑檐、遮阳板及空调板等，如图 5-7 所示。

其中飘窗、坡道、台阶、阳台、雨篷和挑檐属于复合构件，需要再进行往下分解。例如，飘窗再往下分解，如图 5-8 所示。台阶再往下分解，如图 5-9 所示。雨篷再往下分解，如图 5-10 所示。

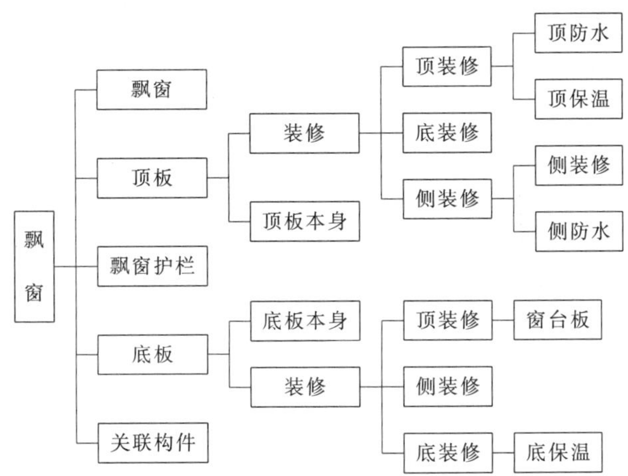

图 5-8 飘窗分解

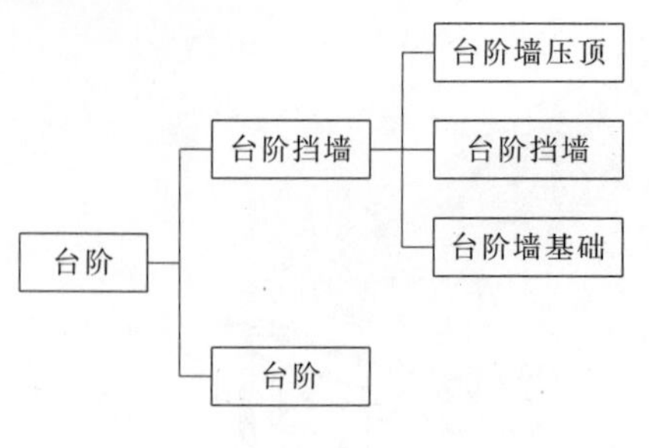

图 5-9　台阶分解

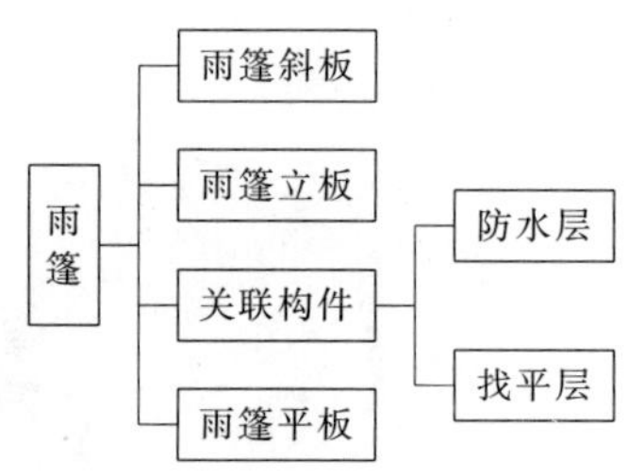

图 5-10　雨篷分解

5）室内装修包含的构件　室内装修包括以下几种构件：地面、踢脚、墙裙、墙面、天棚、天棚保温及吊顶。

6）室外装修包含的构件　室外装修包括以下几种构件：外墙裙、外墙面、外保温、装饰线和玻璃幕墙。

分构件之后，仍不能根据《房屋建筑与装饰工程工程量计算规范》和《河南省房屋建筑与装饰工程预算定额》计算每一类构件的工程量，这时需要进行第四步：工程量列项。

(4) 每一类构件的列项

对以上分解的每一类构件，根据《房屋建筑与装饰工程工程量计算规范》和《河南省房屋建筑与装饰工程预算定额》同时思考以下五个问题来进行工程量列项：

1）查看图纸中每一类构件包含哪些具体构件？

2）这些具体构件有什么属性？

3）这些具体构件应该套什么清单分项或定额分项？

4）清单或者定额分项的工程量计量单位是什么？

5）计算规则是什么？

5.1.3　工程量清单计算的原则和方法

5.1.3.1　工程量计算的一般原则

工程量计算应遵循以下原则。

(1) 工程量计算的列项必须与设计图纸相一致。

(2) 工程量计算的列项应与分部分项或结构构件计算规则的项目划分统一。

(3) 必须按工程量计算规则计算工程量。

(4) 工程量的计量单位应与相应计算规则的计量单位一致。

(5) 工程量计算每一项目汇总的有效位数应满足规范要求。

(6) 工程量的计算应以施工现场、地勘水文资料、施工组织设计或施工方案及有关技术经济文件为依据。

5.1.3.2　工程量计算的一般方法

工程量计算的一般方法实际上就是工程量计算的顺序问题，正确的工程量计算方法既可以节省看图时间，加快计算进度，又可以避免漏算或重复计算的现象。

工程量的计算顺序一般有以下几种。

（1）先用统筹法计算工程量　统筹法计算工程量的实质就是先计算出的数据即计算基数。这些计算基数能在以后的工程量计算中反复使用，从而减少后期工程量计算过程中的重复性，提高计算效率。比如“三线一面”的计算，具体如下。

① 外墙外边线：建筑物外墙外边线长度之和。主要用来计算外墙装饰、外墙外保温、外墙散水等工程量时使用；

② 外墙中心线：建筑物外墙中心线长度之和。主要用来计算基槽挖土、条形基础体积、外墙砌筑体积等工程量时使用；

③ 内墙净长线：建筑物所有内墙的净长度之和。内墙净长线一般分层计算，主要用来计算内墙砌筑体积、内墙装饰（如踢脚线、墙面抹灰及涂料）等工程量时使用；

④ 建筑面积：建筑物的各层建筑面积之和。主要是计算单价措施项目如综合脚手架、垂直运输费、建筑物的超高施工增加费等工程量时使用；另外，底层建筑面积即建筑物底层的建筑面积还可以在计算场地平整、地面装饰面积等工程量时使用。

（2）单位工程计算顺序　可以按先地下后地上，先结构后建筑，先主体后装饰，先室内后室外的顺序进行计算。

（3）单个分项工程的计算顺序　对于同一层中同一个清单编号或定额编号的分项工程其计算顺序一般遵循以下四种顺序中的某一种。

① 按照顺时针方向计算；

② 按照先横后竖、先上后下、先左后右的顺序计算；

③ 按轴线编号顺序计算；

④ 按图纸构配件编号分类依次进行计算。

5.2 土石方工程计量

5.2.1 清单计量规则及解析

《房屋建筑与装饰工程工程量计算规范》（GB 50854—2013）对附录A土石方工程主要有以下相关解释说明。

（1）挖土方平均厚度应按自然地面测量标高至设计地坪标高间的平均厚度确定。基础土方开挖深度应按基础垫层底表面标高至交付施工场地标高确定，无交付施工场地标高时，应按自然地面标高确定。

（2）建筑物场地厚度≤±300mm的挖、填、运、找平，应按计算规范中平整场地项目编码列项。厚度＞±300mm的竖向布置挖土或山坡切土应按计算规范中挖一般土方项目编码列项。

（3）沟槽、基坑、一般土方的划分：底宽≤7m且底长＞3倍底宽为沟槽；底长≤3倍底宽且底面积≤150m^{2}为基坑；超出上述范围则为一般土方。

（4）挖土方如需截桩头时，应按桩基工程相关项目列项。

（5）桩间挖土不扣除桩的体积，并在项目特征中加以描述。

（6）弃、取土运距可以不描述，但应注明由投标人根据施工现场实际情况自行考虑，决定报价。

(7) 土壤的分类应按表 5-1 确定，如土壤类别不能准确划分时，招标人可注明为综合，由投标人根据地勘报告决定报价。

表 5-1　土壤分类表

土壤分类	土壤名称	开挖方法
一、二类土	粉土、砂土(粉砂、细砂、中砂、粗砂、砾砂)、粉质黏土、弱中盐渍土、软土(淤泥质土、泥炭、泥炭质土)、软塑红黏土、冲填土	用锹、少许用镐、条锄开挖。机械能全部直接铲挖满载者
三类土	黏土、碎石土(圆砾、角砾)混合土、可塑红黏土、硬塑红黏土、强盐渍土、素填土、压实填土	主要用镐、条锄、少许用锹开挖。机械需部分刨松方能铲挖满载者或可直接铲挖但不能满载者
四类土	碎石土(卵石、碎石、漂石、块石)、坚硬红黏土、超盐渍土、杂填土	全部用镐、条锄挖掘、少许用撬棍挖掘。机械须普遍刨松方能铲挖满载者

注：本表土的名称及其含义按国家标准《岩土工程勘察规范》(2009 年版)(GB 50021—2001) 定义。

(8) 土方体积应按挖掘前的天然密实体积计算。非天然密实土方应按表 5-2 折算。

表 5-2　土方体积折算系数表

天然密实度体积	虚方体积	夯实后体积	松填体积
0.77	1.00	0.67	0.83
1.00	1.30	0.87	1.08
1.15	1.50	1.00	1.25
0.92	1.20	0.80	1.00

注：1. 虚方指未经碾压，堆积时间≤1 年的土壤。

2. 本表按《全国统一建筑工程预算工程量计算规则》(GJDGZ 101—1995) 整理。

3. 设计密实度超过规定的，填方体积按工程设计要求执行；无设计要求按各省、自治区、直辖市或行业建设行政主管部门规定的系数执行。

(9) 挖沟槽、基坑、一般土方因工作面和放坡增加的工程量（管沟工作面增加的工程量），是否并入各土方工程量中，应按各省、自治区、直辖市或行业建设主管部门的规定实施，如并入各土方工程量中，办理工程结算时，按经发包人认可的施工组织设计规定计算，编制工程量清单时，可按表 5-3～表 5-5 规定计算。

表 5-3　放坡系数表

土类别	放坡起点/m	人工挖土	机械挖土		
			在坑内作业	在坑上作业	顺沟槽在坑上作业
一、二类土	1.20	1∶0.5	1∶0.33	1∶0.75	1∶0.5
三类土	1.50	1∶0.33	1∶0.25	1∶0.67	1∶0.33
四类土	2.00	1∶0.25	1∶0.10	1∶0.33	1∶0.25

注：1. 沟槽、基坑中土类别不同时，分别按其放坡起点、放坡系数，依不同土类别厚度加权平均计算。

2. 计算放坡时，在交接处的重复工程量不予扣除，原槽、坑作基础垫层时，放坡自垫层上表面开始计算。

表 5-4 基础施工所需工作面宽度计算表

基础材料	每边各增加工作面宽度/mm	基础材料	每边各增加工作面宽度/mm
砖基础	200	混凝土基础支模板	300
浆砌毛石、条石基础	150	基础垂直面做防水层	1000(防水层面)
混凝土基础垫层支模板	300		

注：本表按《全国统一建筑工程预算工程量计算规则》(GJDGZ 101—1995)整理。

表 5-5 管沟施工每侧所需工作面宽度计算表

管沟材料 \ 管道结构宽/mm	≤500	≤1000	≤2500	>2500
混凝土及钢筋混凝土管道/mm	400	500	600	700
其他材质管道/mm	300	400	500	600

注：1. 本表按《全国统一建筑工程预算工程量计算规则》(GJDGZ 101—1995)整理。
2. 管道结构宽：有管座的按基础外缘，无管座的按管道外径。

1）放坡 土方工程施工时，为了防止土壁坍塌，保证施工安全，要求土壁稳定。当土方开挖深度超过一定限度时，上口开挖宽度必须增大，将土壁做成具有一定坡度的边坡，在土方工程中称为放坡。

2）放坡起点深度 放坡起点深度是指某类别土壤边壁直立不加支撑开挖的最大临界深度。当开挖深度达到放坡起点深度时，必须采用放坡开挖。放坡起点深度，应根据土质具体情况确定。

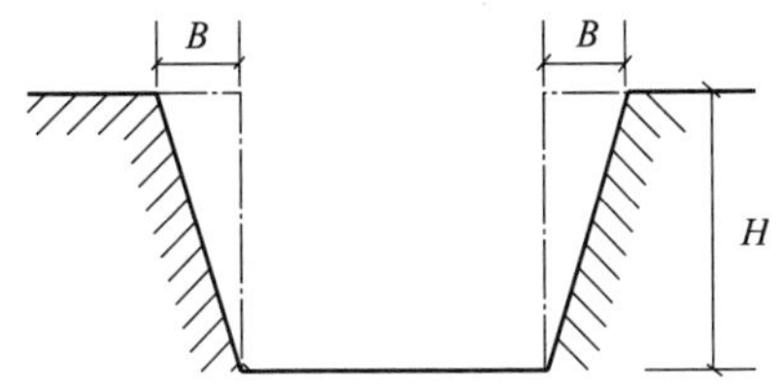

图 5-11 放坡系数计算示意图

3）放坡坡度系数 根据土质情况，当采用放坡开挖施工时，应将其边壁做成具有一定坡度的边坡。土方边坡的坡度，以其高度 H 与边坡宽度 B 之比来表示。如图 5-11 所示。即

$$\text{土方坡度}=H/B=1/(B/H)=1:K$$

式中，$K=B/H$，K 称为坡度系数。

土方边坡坡度系数的大小与土质、挖土深度、开挖方法、边坡留置时间的长短、排水情况、附近有无堆土等有关。

【例 5-1】 已知某基坑开挖深度 $H=10\text{m}$。其中表层土为一、二类土，厚 $h_1=2\text{m}$，中层土为三类土，厚 $h_2=5\text{m}$；下层土为四类土，厚 $h_3=3\text{m}$。采用机械坑内作业放坡开挖。试确定其坡度系数。

【解】 由题意，查表 5-3 可知：表层土的放坡系数为 $K_1=0.33$；中层土的放坡系数 $K_2=0.25$；下层土的放坡系数 $K_3=0.10$。

根据不同土壤厚度加权平均计算其坡度系数：

$$K=[h_1\times K_1+h_2\times K_2+h_3\times K_3]/H=[2\times0.33+5\times0.25+3\times0.10]/10=0.221$$

4）工作面 根据基础施工的需要，挖土时按基础垫层的双向尺寸向周边放出一定范围的操作面积，作为工人施工时的操作空间，这个单边放出的宽度，就称为工作面。

基础施工所需要的工作面，和基础的材料有关。

(10) 挖方出现流沙、淤泥时，如果设计未明确，在编制工程量清单时，其工程数量可为暂估量，结算时应根据实际情况由发包人与承包人双方现场签证确认工程量。

(11) 管沟土方项目适用于管道（给排水、工业、电力、通信）、光（电）缆沟［包括人（手）孔、接口坑］及连接井（检查井）等。

《房屋建筑与装饰工程工程量计算规范》(GB 50854—2013) 附录A（土石方工程）中，对土方工程工程量清单的项目设置、项目特征描述的内容、计量单位及工程量计算规则等做出了详细的规定。表5-6、表5-7列出了部分常用项目的相关内容。

表5-6 土方工程（编号：010101）

<table>
<tr><th>项目编码</th><th>项目名称</th><th>项目特征</th><th>计量单位</th><th>工程量计算规则</th><th>工作内容</th></tr>
<tr><td>010101001</td><td>平整场地</td><td>1. 土壤类别
2. 弃土运距
3. 取土运距</td><td>m²</td><td>按设计图示尺寸以建筑物首层建筑面积计算</td><td>1. 土方挖填
2. 场地找平
3. 运输</td></tr>
<tr><td>010101002</td><td>挖一般土方</td><td rowspan="3">1. 土壤类别
2. 挖土深度
3. 弃土运距</td><td rowspan="3">m³</td><td>按设计图示尺寸以体积计算</td><td rowspan="3">1. 排地表水
2. 土方开挖
3. 围护(挡土板)及拆除
4. 基底钎探
5. 运输</td></tr>
<tr><td>010101003</td><td>挖沟槽土方</td><td rowspan="2">按设计图示尺寸以基础垫层底面积乘以挖土深度计算</td></tr>
<tr><td>010101004</td><td>挖基坑土方</td></tr>
<tr><td>010101007</td><td>管沟土方</td><td>1. 土壤类别
2. 管外径
3. 挖沟深度
4. 回填要求</td><td>1. m
2. m³</td><td>1. 以“m”计量，按设计图示以管道中心线长度计算
2. 以“m³”计量，按设计图示管底垫层面积乘以挖土深度计算；无管底垫层按管外径的水平投影面积乘以挖土深度计算。不扣除各类井的长度，井的土方并入</td><td>1. 排地表水
2. 土方开挖
3. 围护(挡土板)、支撑
4. 运输
5. 回填</td></tr>
</table>

表5-7 回填（编号：010103）

项目编码	项目名称	项目特征	计量单位	工程量计算规则	工作内容
010103001	回填方	1. 密实度要求 2. 填方材料品种 3. 填方粒径要求 4. 填方来源、运距	m³	按设计图示尺寸以体积计算 1. 场地回填：回填面积乘平均回填厚度 2. 室内回填：主墙间面积乘回填厚度，不扣除间隔墙 3. 基础回填：按挖方清单项目工程量减去自然地坪以下埋设的基础体积（包括基础垫层及其他构筑物）	1. 运输 2. 回填 3. 压实

注：1. 填方密实度要求，在无特殊要求情况下，项目特征可描述为满足设计及规范要求。

2. 填方材料品种可以不描述，但应注明由投标人根据设计要求验方后方可填入，并符合相关工程的质量规范要求。

3. 填方粒径要求，在无特殊要求情况下，项目特征可以不描述。

4. 如需买土回填应在项目特征填方来源中描述，并注明买土方数量。

5.2.2 工程量计算规则

5.2.2.1 平整场地

(1) 平整场地

平整场地适用于所有建筑物的测量、放线、定位和打龙门桩前的一次性场地平整工作。系指建筑物所在现场厚度在≤±300mm的就地挖、填及平整。如图5-12所示。

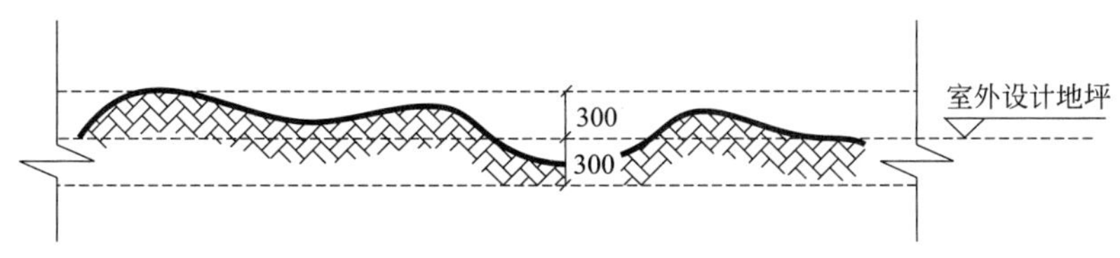

图5-12 平整场地范围示意图

(2) 平整场地的清单工程量计算规则

《房屋建筑与装饰工程工程量计算规范》(GB 50854—2013)规定:平整场地的工作内容包括土方挖填、场地找平和运输。

其清单工程量计算规则为:按设计图示尺寸以建筑物首层建筑面积以"m^2"计算。

(3) 平整场地的定额工程量计算规则

《河南省房屋建筑与装饰工程预算定额》(2016版)关于平整场地的工程量计算规则为:按设计图示尺寸,以建筑物首层建筑面积计算。建筑物地下室结构外边线突出首层结构外边线时,其突出部分的建筑面积与首层建筑面积合并计算。

提示:平整场地定额子目,综合了建筑物周边外扩尺寸的人工或机械消耗。另外,考虑到地下室(地下车库)的建设越来越普遍且建筑面积远大于首层建筑面积的情况,定额同时规定,建筑物地下室结构外边线突出首层结构外边线时,其突出部分的建筑面积与首层建筑面积合并计算。

【例5-2】 某单层建筑物平面图如图5-13所示,已知图中墙厚均为240mm,轴线居中。试计算其平整场地的清单工程量和定额工程量。

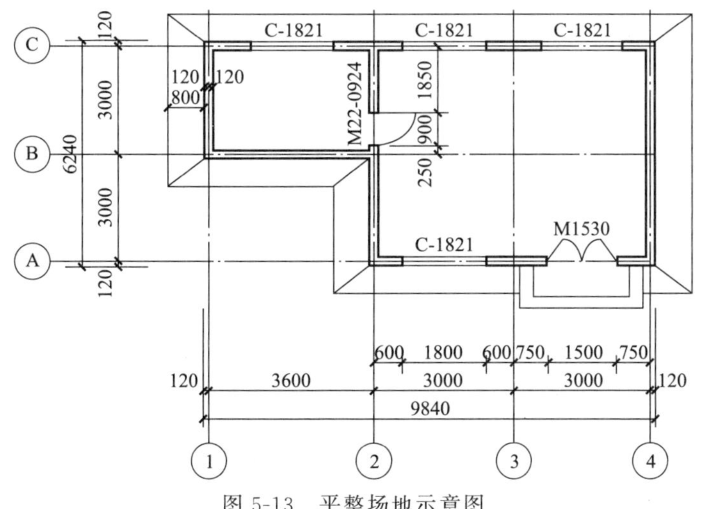

图5-13 平整场地示意图

【解】 (1) 清单工程量

平整场地清单工程量＝9.84×6.24－3×3.6＝50.60（m^2）

(2) 定额工程量

平整场地定额工程量＝50.60（m^2）

5.2.2.2 沟槽、基坑土方

(1) 沟槽和基坑土方的清单工程量计算规则

《房屋建筑与装饰工程工程量计算规范》(GB 50854—2013) 规定，挖沟槽和基坑的工作内容包括排地表水、土方开挖、围护（挡土板及拆除）、基底钎探和运输。

其计算规则为：按设计图示尺寸以基础垫层底面积乘以挖土深度计算。

(2) 沟槽和基坑土方的定额工程量计算规则

《河南省房屋建筑与装饰工程预算定额》(2016 版) 关于挖沟槽、基坑的工程量计算规则分别如下。

1) 沟槽土方　按设计图示沟槽长度乘以沟槽断面面积，以体积计算。

① 条形基础的沟槽长度，按设计规定计算；设计无规定时，按下列规定计算。

a. 外墙沟槽，按外墙中心线长度计算。突出墙面的墙垛，按墙垛突出墙面的中心线长度，并入相应工程量内计算。

b. 内墙沟槽、框架间墙沟槽，按基础垫层底面净长线计算，突出墙面的墙垛部分体积并入沟槽土方工程量。

② 沟槽的断面面积，应包括工作面宽度、放坡宽度的面积。

a. 沟槽断面积　其大小与土方开挖方式有关。如图 5-14 所示。

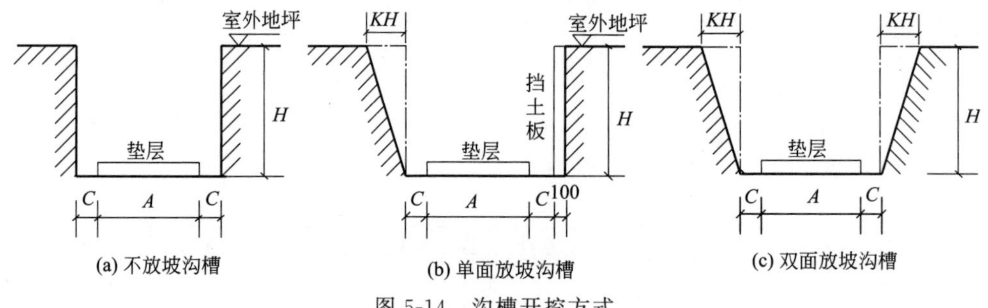

图 5-14　沟槽开挖方式

$$不放坡沟槽断面面积 = (A + 2C)H$$

$$单面放坡沟槽断面面积 = (A + 2C + 100 + 0.5KH)H$$

$$双面放坡沟槽断面面积 = (A + 2C + KH)H$$

式中　A——垫层宽度；

C——工作面宽度；

K——坡度系数；

H——挖土深度。

提示： 1. 支挡土板和放坡都是为了防止土壁坍塌，因此，基础土方支挡土板时，土方放坡不另行计算。

2. 计算基础土方放坡时，不扣除放坡交叉处的重复工程量，如图 5-15 所示。

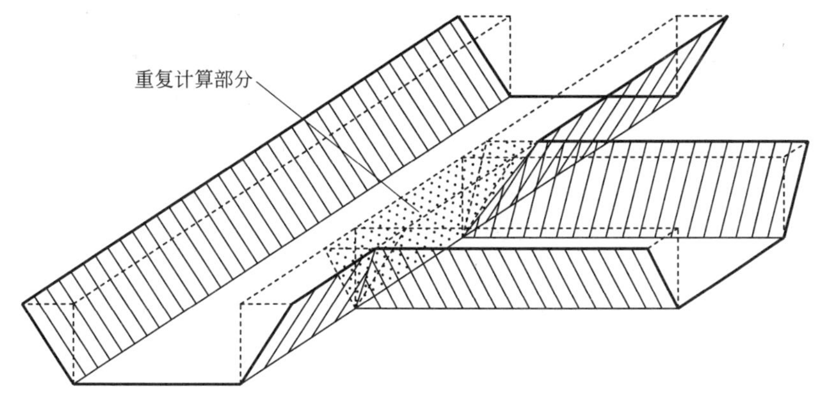

图 5-15　交接处重复计算部分示意图

注意：《河南省房屋建筑与装饰工程预算定额》(2016 版) 对沟槽、基坑、一般土方工作面的计算规定与《房屋建筑与装饰工程工程量计算规范》(GB 50854—2013) 规定有不同，具体为：基础施工的工作面宽度，按施工组织设计 (经过批准，下同) 计算；施工组织设计无规定时，按下列规定计算。

① 当组成基础的材料不同或施工方式不同时，基础施工的工作面宽度按表 5-8 计算。

表 5-8　基础施工单面工作面宽度计算表

基础材料	每面增加工作面宽度/mm
砖基础	200
毛石、方整石基础	250
混凝土基础(支模板)	400
混凝土基础垫层(支模板)	150
基础垂直面做砂浆防潮层	400(自防潮层面)
基础垂直面做防水层或防腐层	1000(自防水层或防腐层面)
支挡土板	100(另加)

② 基础施工需要搭设脚手架时，基础施工的工作面宽度，条形基础按 1.5m 计算 (只计算一面)；独立基础按 0.45m 计算 (四面均计算)。

③ 基坑土方大开挖需做边坡支护时，基础施工的工作面宽度按 2.00m 计算。

④ 基坑内施工各种桩时，基础施工的工作面宽度按 2.00m 计算。

2) 基坑土方　按设计图示基础 (含垫层) 尺寸，另加工作面宽度，土方放坡宽度乘以开挖深度，以体积计算。

挖地坑主要分为以下几种形式。

① 方形不放坡基坑的工程量为：

$$V=\text{坑底面积}(ab)\times\text{基坑深度}(H)$$

式中　a——基坑长度；

b——基坑宽度；

H——挖土深度。

② 圆形不放坡基坑的工程量为：

$$V=坑底面积(\pi R^2)\times 基坑深度(H)$$

式中　R——圆形基坑的半径。

③ 方形放坡基坑［如图 5-16(a) 所示］的工程量为：

$$V=\frac{1}{3}K^2H^3+(A+2C+KH)(B+2C+KH)\times H$$

或

$$V=\frac{H}{6}[ab+(a+a_1)(b+b_1)+a_1b_1]$$

式中　A、B——垫层的长度、宽度，m；

C——工作面宽度，m；

H——基坑深度，m；

K——放坡系数；

a、b——基坑下底的长度、宽度，m；

a_1、b_1——基坑上底的长度、宽度，m。

④ 圆形放坡基坑［如图 5-16(b) 所示］的工程量计算公式为：

$$V=\frac{1}{3}\pi H(r^2+R^2+rR)$$

式中　r——基坑底的半径；

R——基坑口的半径。

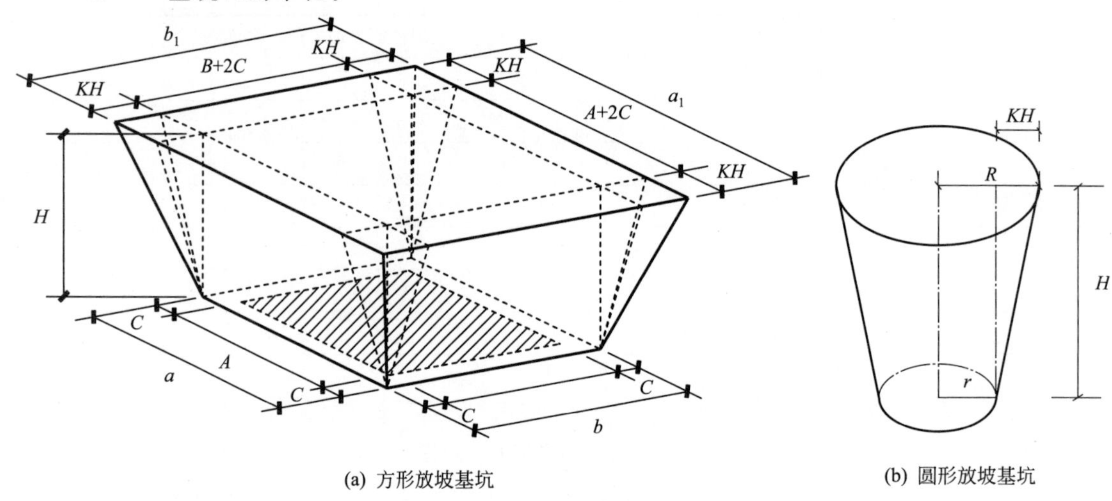

(a) 方形放坡基坑　　(b) 圆形放坡基坑

图 5-16　放坡基坑工程量计算示意图

3）基底钎探　基底钎探是指在基础土方开挖完成后，按规定对基础底面以下的土层进行钎探的操作方法，即将钢钎打入基槽底的土层中，根据每打入一定深度（一般为 300mm）的锤击数，间接地判断地基的土质变化和分布情况，以及是否有空穴和软土层等。

其工程量计算规则是：以垫层（或基础）底面积计算。

4）土方运输　土方运输按施工现场范围内编制；土方运距，按挖土区重心至填方区（或堆放区）重心间的最短距离计算。其计算规则为：土方运输以天然密实体积计算。挖土总体积减去回填土（折合天然密实体积），总体积为正，则为余土外运；总体积为负，则为取土回运。

【例 5-3】 某工程有现浇混凝土独立基础 6 个，平面图和剖面图如图 5-17 所示。已知土质为三类土，设计室外地坪标高−0.3m，混凝土基础垫层及独立基础施工时均需要支模板，采用人工挖土，试分别计算该工程挖土分项清单工程量和定额工程量。

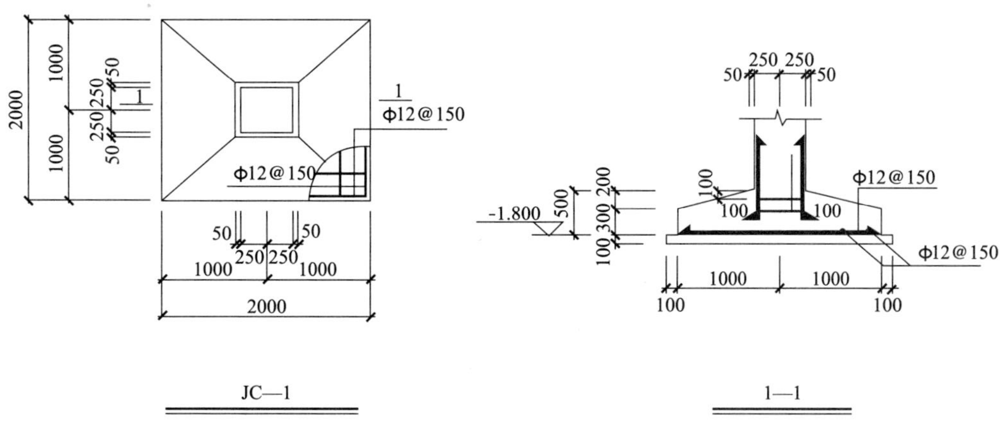

图 5-17 独立基础示意图

【解】 分析：① 单个基础垫层底面积 $2.2\times2.2=4.84\text{m}^2<150\text{m}^2$，为挖基坑土方；

② 挖土深度 $H=1.8+0.1-0.3=1.6\text{m}>1.5\text{m}$，需要放坡，坡度系数 0.33；

③ 混凝土垫层支模板，清单计算规则工作面垫层及独基均为 300mm，取 300mm；定额计算规则工作面垫层 150mm，独基 400mm，取独基向外 400mm（即自独基向外 400mm，则垫层向外 400−100=300mm）。

(1) 清单工程量

1) 工作面及放坡挖土不计入清单综合单价：

$$清单工程量=垫层底面积\times挖土深度=2.2\times2.2\times1.6\times6=46.46\ (\text{m}^3)$$

2) 工作面及放坡挖土计入清单综合单价：

$$\begin{aligned}清单工程量&=垫层底面积\times挖土深度+工作面挖土工程量+放坡挖土工程量\\&=[(2.2+2\times0.3+0.33\times1.6)^2\times1.6+1/3\times0.33^2\times1.6^3]\times6\\&=107.22(\text{m}^3)\end{aligned}$$

(2) 定额工程量

定额工程量计算过程同清单工程量中第 2 种情况，即工作面及放坡挖土计入清单工程量。

$$定额工程量=107.22\ (\text{m}^3)$$

【例 5-4】 某建筑物基础平面及剖面如图 5-18 所示，已知土质为二类土，设计室外地坪标高−0.15m，混凝土基础垫层及条形基础施工时均需要支模板，垫层厚 100mm，采用人工挖土，试：①计算挖土分项的清单工程量并进行该分项工程量清单的列项，工作面及放坡计入清单综合单价；②挖土分项的定额工程量。

【解】 分析：① 基础垫层宽度 $1.2\text{m}<3\text{m}$，且槽长均大于 3 倍槽宽，为挖沟槽土方；

② 挖土深度 $1.3+0.1-0.15=1.25\text{m}>1.2\text{m}$，需要放坡，坡度系数 0.5；

③ 混凝土垫层支模板，定额计算规则工作面垫层 150mm，条基 400mm，取 400mm（即自条基向外 400mm，则垫层向外 400−100=300mm）。

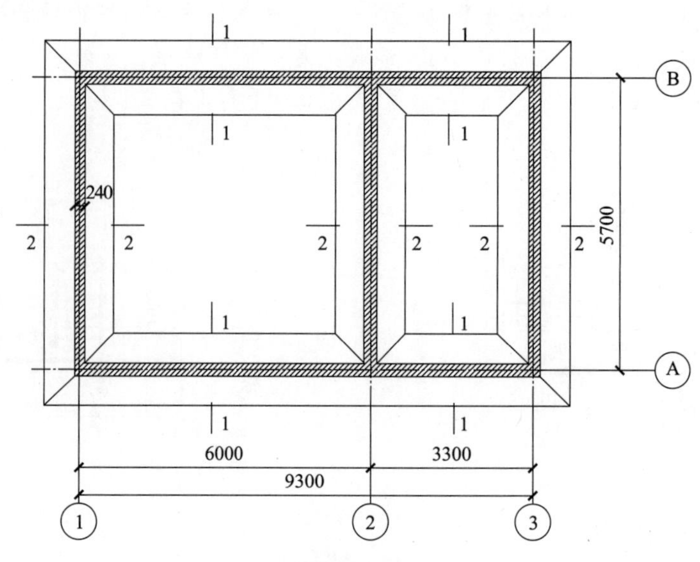

基础平面图

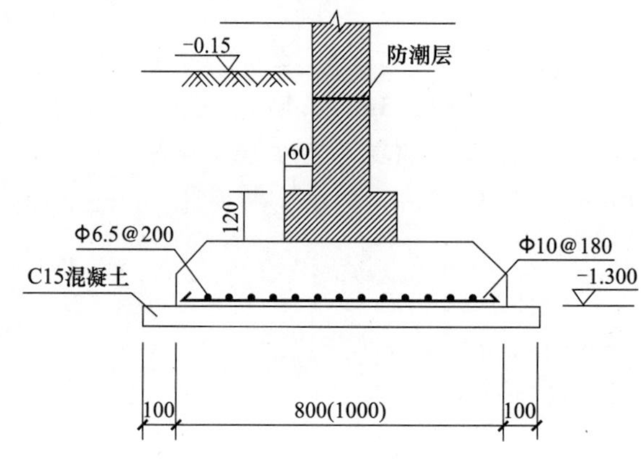

1—1(2—2)剖面图

图 5-18 建筑物的基础平面及剖面示意图

(1) 清单工程量

1) 工作面及放坡挖土不计入清单综合单价：

1—1 剖面基槽长度＝(6＋3.3)×2＝18.6 (m)

2—2 剖面基槽长度＝5.7×3－(0.8＋0.1×2)＝16.1 (m)

清单工程量＝槽长×截面面积＝18.6×1×1.25＋16.1×1.2×1.25＝47.4 (m^3)

2) 挖土分项的清单工程量列项见表 5-9。

表 5-9 分部分项工程和单价措施项目清单与计价表

序号	项目编码	项目名称	项目特征	计量单位	工程量	金额/元		
						综合单价	合价	其中暂估价
1	010101003001	挖沟槽土方	1. 土壤类别：二类土 2. 挖土深度：1.25m 3. 弃土运距：投标人根据现场情况自行考虑	m^3	47.4			

(2) 定额工程量

1—1 剖面基槽长度=(6+3.3)×2=18.6 (m)

2—2 剖面基槽长度=5.7×3−(1.0+0.3×2)=15.5 (m)

定额工程量=1—1 剖面槽长×1—1 剖面截面面积+2—2 剖面槽长×2—2 剖面截面面积

=18.6×(1+0.3×2+0.5×1.25)×1.25+15.5×

(1.2+0.3×2+0.5×1.25)×1.25=98.72(m^3)

5.2.2.3 一般土方

(1) 土方的清单工程量计算规则

《房屋建筑与装饰工程工程量计算规范》(GB 50854—2013) 规定，挖一般土方的工作内容包括：排地表水、土方开挖、围护 (挡土板)、支撑、基底钎探和运输。

其清单工程量计算规则为：按设计图示尺寸以体积计算。

(2) 土方的定额工程量计算规则

《河南省房屋建筑与装饰工程预算定额》(2016 版) 关于一般土方的工程量计算规则是：按设计图示基础 (含垫层) 尺寸，另加工作面宽度，土方放坡宽度乘以开挖深度，以体积计算。机械施工坡道的土方工程量，并入相应工程量内计算。

提示：在《河南省房屋建筑与装饰工程预算定额》(2016 版) 中，挖掘机 (含小型挖掘机) 挖土方项目，已综合了挖掘机挖土方和挖掘机挖土后，基底和边坡遗留厚度≤0.3m 的人工清理和修整。使用时不得调整，人工基底清理和边坡修整不另行计算。

5.2.2.4 管沟土方

(1) 管沟土方的清单工程量计算规则

其清单工程量计算规则有两种：

1) 以“m”计量，按设计图示以管道中心线长度计算；

2) 以“m^3”计量，按设计图示管底垫层面积乘以挖土深度计算；无管底垫层按管外径的水平投影面积乘以挖土深度计算。不扣除各类井的长度，井的土方并入。

提示：清单规范中管沟土方与挖基槽、基坑和一般土方的工作内容相比最大的区别是没有基底钎探附项工程，但增加了回填附项工程。

(2) 管沟土方的定额工程量计算规则

1) 管沟土方　按设计图示沟槽长度乘以沟槽断面面积，以体积计算。

① 管道的沟槽长度，按设计规定计算；设计无规定时，以设计图示管道中心线长度 (不扣除下口直径或边长≤1.5m 的井池) 计算。下口直径或边长>1.5m 的井池的土石方，另按基坑的相应规定计算。

② 沟槽的断面面积，应包括工作面宽度、放坡宽度的面积。

2) 管沟回填土　管道沟槽回填，按挖方体积减去管道基础和管道折合回填体积 (表 5-10) 计算。

表 5-10　管道折合回填体积表　　单位：m^3/m

管道	公称直径(mm 以内)					
	500	600	800	1000	1200	1500
混凝土管及钢筋混凝土管	—	0.33	0.60	0.92	1.15	1.45
其他材质管道	—	0.22	0.46	0.74	—	—

5.2.2.5 回填土

(1) 回填土的清单工程量计算规则

《房屋建筑与装饰工程工程量计算规范》(GB 50854—2013) 规定，回填土的工作内容包括运输、回填和压实。

其清单工程量按设计图示尺寸以体积计算，具体分为以下三种。

1) 场地回填　回填面积乘以平均回填厚度。

2) 室内回填　主墙间面积乘以回填厚度，不扣除间隔墙。

3) 基础回填　按挖方清单项目工程量减去自然地坪以下埋设的基础体积（包括基础垫层及其他构筑物）

其中，回填厚度是指设计室外地坪标高至室内地面垫层底标高之间的距离。

提示：间壁墙指墙厚≤120mm 的墙。

(2) 回填土的定额工程量计算规则

《河南省房屋建筑与装饰工程预算定额》(2016 版) 关于回填土的工程量计算规则是：回填，按下列规定以体积计算。

1) 沟槽、基坑回填，按挖方体积减去设计室外地坪以下建筑物、基础（含垫层）的体积计算。

2) 房心（含地下室内）回填　按主墙间（扣除连续底面积 $2m^2$ 以上设备基础等面积）乘以回填厚度以体积计算。

3) 场区（含地下室顶板以上）回填，按回填面积乘以平均回填厚度以体积计算。

土方回填土的示意如图 5-19 所示，即：

定额回填土体积＝沟槽、基坑回填土体积＋房心回填土体积

沟槽、基坑（室外）回填土体积＝挖土体积－设计室外地坪以下埋设基础体积

房心（室内）回填土体积＝主墙间净面积×回填土厚度

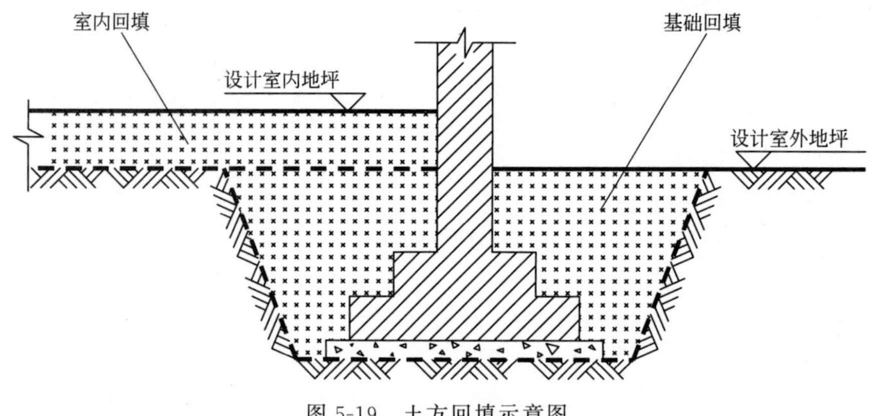

图 5-19　土方回填示意图

5.3 土石方工程计量工程实例

5.3.1 阶段任务

根据《BIM 算量一图一练》专用宿舍楼图纸内容，根据 2013 版清单规范规定，完成土石方分部中关于平整场地、基底钎探、挖土方、回填土方的工程量计算。

5.3.2 任务分析

针对民用建筑，土石方分部的工程量计算需要对施工技术及现场条件、土方施工机械应用、识图及术语、工程量计算规则、定额子目使用等几个方面加以分析。对于本工程，需要先分析以下几个问题，见表 5-11。

表 5-11 土石方工程问题分析

序号	项目	本工程情况		识图	计算规则分析	
1	平整场地	—		首层平面图	2016 定额 P23：按设计图示尺寸以建筑物首层建筑面积计算，建筑物地下室结构外边线突出首层结构外边线时，其突出部分的建筑面积与首层建筑面积合并计算	清单计算规则同定额
2	基底钎探	—		基础平面图	2016 定额 P23：以垫层（或基础）底面积计算	—
3	挖土方	挖土形式	独立基础部分：挖基坑土方	基础平面图、−0.05 标高处梁平面图	2016 定额 P20 第四条：沟槽、基坑、一般土石方的划分原则；P22 第六条、第七条、第八条关于挖土工程量的计算规则	清单计算规则同定额
		挖土深度	2.1m	基础平面图、室外地坪标高	—	—
		土壤类别	一般土	结构总说明	—	—
		工作面	400mm	—	定额计算规则同清单（基础边增加 400mm 工作面，在本工程中等同地垫层边增加 300mm 工作面）	2013 版清单计算规范 P8 表 A.1-4：混凝土基础垫层支模板——每边各增加工作面 300mm
		是否需放坡，放坡系数	需要放坡，放坡系数为 0.75	—	2016 定额 P22：放坡系数取 0.75	2013 版清单计算规范 P8 表 A.1-3：放坡系数取 0.75
4	回填土方	基础回填土	独立基础回填	—	2016 定额 P23：基础回填体积即挖方体积减去设计室外地坪以下埋设的基础体积（包括基础垫层及以下构筑物）	2013 版清单计算规范 P10：按挖方清单项目工程量减去自然地坪以下埋设的基础体积（包括基础垫层及以下构筑物）
		房心回填土	首层房心回填	—	2016 定额 P23：主墙间净面积（扣除连续底面积 $2m^2$ 以上的设备基础等面积）乘以回填厚度以体积计算	2013 版清单计算规范 P10：主墙间面积乘以回填厚度，不扣除间隔墙
5	余土弃置	余土弃置		—	2016 定额 P23： 余土外运体积＝挖土总体积－回填土总体积（折合天然密实体积），总体积为正，则为余土外运；总体积为负，则为取土内运	2013 版清单计算规范 P10：按挖方清单项目工程量减去回填方体积（正数）计算

5.3.3 任务实施

独立基础土方工程量计算见表 5-12。

坡道挖沟槽土方工程量计算见表 5-13。

回填土工程量计算见表 5-14。

表 5-12　独立基础土方工程量计算表

构件名称	算量类别	清单编码	项目名称	项目特征	算量名称	计算公式	工程量	单位
DJj01	清单	010101004	挖基坑土方	1. 土壤类别：一般土 2. 挖土深度：2.1m 以内 3. 弃土运距：坑边堆放 4. 部位：独立基础	挖基坑土方	$[(A+KH)\times(B+KH)\times H+1/3K^2H^3]\times$数量 $[(2.9+0.6+0.75\times2.1)^2\times2.1+1/3\times0.75^2\times2.1^3]\times5$	279.12	m^3
	定额	1-49	挖掘机挖槽坑土方 一、二类土			同清单量	27.91	$10m^3$
DJj02	清单	010101004	挖基坑土方	1. 土壤类别：一般土 2. 挖土深度：2.1m 以内 3. 弃土运距：坑边堆放 4. 部位：独立基础	挖基坑土方	$[(A+KH)\times(B+KH)\times H+1/3K^2H^3]\times$数量 $[(3.4+0.6+0.75\times2.1)^2\times2.1+1/3\times0.75^2\times2.1^3]\times1$	67.01	m^3
	定额	1-49	挖掘机挖槽坑土方 一、二类土			同清单量	6.70	$10m^3$
DJj03	清单	010101004	挖基坑土方	1. 土壤类别：一般土 2. 挖土深度：2.1m 以内 3. 弃土运距：坑边堆放 4. 部位：独立基础	挖基坑土方	$[(A+KH)\times(B+KH)\times H+1/3K^2H^3]\times$数量 $[(3.0+0.6+0.75\times2.1)\times(4.1+0.6+0.75\times2.1)\times2.1+1/3\times0.75^2\times2.1^3]\times2$	139.86	m^3
	定额	1-49	挖掘机挖槽坑土方 一、二类土			同清单量	13.99	$10m^3$

请在下表中练习计算 DJj04、DJj05、DJj06、DJj07、DJj08 挖基坑土方基础部分工程量：(下列表格可根据工程实际扩展)

分项					部位	计算公式	工程量	单位
DJj04	清单	010101004	挖基坑土方	1. 土壤类别：一般土 2. 挖土深度：2.1m 以内 3. 弃土运距：坑边堆放 4. 部位：独立基础	挖基坑土方			m^3
	定额	1-49	挖掘机挖槽坑土方 一、二类土			同清单量		$10m^3$
DJj05	清单	010101004	挖基坑土方	1. 土壤类别：一般土 2. 挖土深度：2.1m 以内 3. 弃土运距：坑边堆放 4. 部位：独立基础	挖基坑土方			m^3
	定额	1-49	挖掘机挖槽坑土方 一、二类土			同清单量		$10m^3$

注：土方考虑坑边堆放

表 5-13　坡道挖沟槽土方工程量计算表

沟槽土方	清单	010101003	挖沟槽土方	1. 土壤类别：一般土 2. 挖土深度：1m 以内 3. 弃土运距：坑边堆放 4. 部位：坡道处	挖沟槽土方	长×(宽＋工作面)×高 $(0.36+0.2\times2)\times0.55\times(7.37+1.22+0.3+5.74)$	6.12	m^3
	定额	1-9	人工挖沟槽土方(槽深) 一、二类土 ≤2m			6.12/10	0.61	$10m^3$

表 5-14 回填土工程量计算表（参考结施-07）

构件名称	算量类别	清单编码	项目名称	项目特征	算量名称	部位	计算公式	工程量	单位
独立基础回填土(以 DJ2 处为例)	清单	010103001	回填方	1.密实度要求:夯填 2.填方材料品种:一般土 3.部位:独立基础处	回填土体积		挖方体积－独立基础垫层体积－独立基础体积 －扣柱－梁	60.42	m^3
							67.0058－5.032－1.156－3.575×0.25×0.2－3.575×0.3×0.2		
	定额	1-133	夯填土　机械　槽坑		回填土体积		同上	6.04	$10m^3$
坡道基础回填土	清单	010103001	回填方	1.密实度要求:夯填 2.填方材料品种:一般土 3.部位:坡道处	回填土体积		挖方体积－碎石基础垫层体积－砖基础体积	3.84	m^3
							6.12－(0.36×0.55－0.12×0.35)×(7.37＋1.22＋0.3＋5.74)		
	定额	1-133	夯填土　机械　槽坑		回填土体积		同上	0.38	$10m^3$
房心回填土	清单	010103001	回填方	1.密实度要求:夯填 2.填方材料品种:一般土 3.部位:房心回填	回填土体积		房间净面积×回填土厚度×个数		(230.77) m^3
						B-C/1-2、B-C/13-14	管理室净面积×回填土厚度×数量		
							(3.6－0.2)×(5.4－0.2)×0.34×2	12.02	
						B-C/2-13	宿舍净面积×回填土厚度×数量		
						D-E/3-7、D-E/10-12	宿舍净面积×板厚×数量		
						D-E/7-8、D-E/9-10	宿舍净面积×回填土厚度×数量		
						D-E/1-2、D-E/13-14	门厅处净面积×回填土厚度×数量		
						D-E/8-9	盥洗室净面积×回填土厚度×数量		
						C-D/1-14	走道净面积×回填土厚度×数量		
						D-F/2-3、D-F/12-13	楼梯间净面积×回填土厚度×数量		
						A-B/1-13/、E-F/3-8、E-F/9-12	阳台净面积×回填土厚度×数量		
	定额	1-132	夯填土　机械　地坪		回填土体积		同上	同上	$10m^3$
平整场地	清单	010101001	平整场地	1.土壤类别:一般土 2.工作内容:±30cm 挖填找平	面积	首层	首层建筑面积	806.29	m^2
						首层	(46.8＋0.2)×(16.8＋0.2＋0.7)－0.25×2.2×2－3.6×2.4×2－32.2×0.5＋(1.9×3.6＋0.5×0.25＋0.25×0.2)×2×0.5＋0.5×0.3×10＋(0.5×0.5－0.25×0.3)×2		
	定额	1-124	机械场地平整		面积		同上	8.06	$100m^2$

注：请在上表中练习计算宿舍、门厅、盥洗室、走道、楼梯间、阳台的室内回填土工程量。

5.3.4 任务总结

通过本章节学习，应着重注意如下几点。

（1）平整场地工程量为建筑物首层建筑面积，因此，此项工程量不再详细赘述，可详见本书“建筑面积”相关章节。

（2）基底钎探工程量，按设计图示垫层（或基础）底部面积计算。为提高计算效率，应在计算基础垫层的同时计算钎探工程量。

（3）定额中对于挖土工程量的计算，注意计算放坡时交接处的重复工程量不予扣除，单位工程中如内墙过多、交接处重复计算量过大，已超出大开口所挖土方量时，应按大开口规定计算土方工程量。

（4）掌握土方计算四棱台公式。

（5）基础挖土深度按垫层底标高与室外地坪标高之间的差值计算。

（6）坡度系数的选择：一、二类土放坡起点为1.2m。

（7）基础施工工作面选择

① 定额规定：混凝土基础支模板工作面为400mm，即以基础边外放400mm，如垫层出基础边为100mm，则从垫层扩宽300mm作为工作面。

② 2013版清单规定：混凝土垫层支模板工作面为300mm。

（8）房心回填土厚度应扣减首层地面装饰层厚度。房心回填土面积与首层室内地面积相同，在进行工程量计算时应注意工程量的重复应用，以便提高工作效率。

（9）基础回填土体积计算方法为“挖方体积减去自然地坪以下埋设的基础体积”，因此在进行基础回填土工程量计算前，应先计算室外地坪以下埋设的构件工程量，再进行回填土工程量的计算，从而避免工作重复。

（10）根据造价的编制要求及现场情况，决定是否计算土方运输。本造价暂按不计算土方运输考虑。土石方工程工程量计算汇总表见表5-15。

表5-15 土石方工程工程量计算汇总表

序号	算量类别	清单/定额编号	项目名称	项目特征	单位	工程量
1	清单	010101001001	平整场地	1.土壤类别：一般土 2.工作内容：±30cm挖填找平	m^2	806.29
	定额	1-124	机械场地平整		$100m^2$	8.0629
2	清单	010101004001	挖基坑土方	1.土壤类别：一、二类土 2.挖土深度：2.1m 3.弃土运距：坑边堆放 4.工作内容：包含基底钎探 5.部位：独基处	m^3	2359.93
	定额	1-49	挖掘机挖槽坑土方 一、二类土		$10m^3$	235.9928
3	清单	010103001001	回填方	1.密实度要求：夯填 2.填方材料品种：素土 3.填方来源、运距：坑边堆放 4.部位：独立基础回填	m^3	2016.09
	定额	1-133	夯填土 机械 槽坑		$10m^3$	201.6093

续表

序号	算量类别	清单/定额编号	项目名称	项目特征	单位	工程量
4	清单	010103001002	回填方	1.密实度要求：夯填 2.填方材料品种：素土 3.部位：房心回填	m^3	230.77
	定额	1-132	夯填土　机械　地坪		$10m^3$	23.0768
5	补充清单	01B001	基底钎探	基底钎探	m^2	463.95
	定额	1-125	基底钎探		$100m^2$	4.6395
6	清单	010101003001	挖沟槽土方	1.土壤类别：一般土 2.挖土深度：1m以内 3.弃土运距：坑边堆放 4.部位：坡道处	m^3	6.12
	定额	1-9	人工挖沟槽土方(槽深）一、二类土 ≤2m		$10m^3$	0.612
7	清单	010103001003	回填方	1.密实度要求：夯填 2.填方材料品种：一般土 3.部位：坡道处	m^3	3.84
	定额	1-133	夯填土 机械 槽坑		$10m^3$	0.384

5.4 桩基工程

5.4.1 清单计量规则及解析

《房屋建筑与装饰工程工程量计算规范》(GB 50854—2013)（以下简称“本规范”）附录C桩基工程包括打桩和灌注桩两部分，主要有以下相关解释说明。

(1) 打桩

1）地层情况按本规范表A.1-1（本教材指表5-1）和表A.2-1岩石分类表的规定，并根据岩土工程勘察报告按单位工程各地层所占比例（包括范围值）进行描述。对无法准确描述的地层情况，可注明由投标人根据岩土工程勘察报告自行决定报价。

2）项目特征中的桩截面、混凝土强度等级、桩类型等可直接用标准图代号或设计桩型进行描述。

3）预制钢筋混凝土方桩、预制钢筋混凝土管桩项目以成品桩编制，应包括成品桩购置费，如果用现场预制，应包括现场预制桩的所有费用。

4）打试验桩和打斜桩应按相应项目单独列项，并应在项目特征中注明试验桩或斜桩（斜率）。

5）截（凿）桩头项目适用于本规范附录B、附录C所列桩的桩头截（凿）。

6）预制钢筋混凝土管桩桩顶与承台的连接构造按本规范附录E列项。

提示： 1. “本规范表A.2-1”指《房屋建筑与装饰工程工程量计算规范》(GB 50854—2013）附录A土石方工程中表A.2-1岩石分类表。

2. “本规范附录B、附录E”指《房屋建筑与装饰工程工程量计算规范》(GB 50854—

2013）中“地基处理与边坡支护工程”和“混凝土及钢筋混凝土工程”。

（2）灌注桩

1）地层情况按本规范表A.1-1（本教材指表5-1）和表A.2-1的规定，并根据岩土工程勘察报告按单位工程各地层所占比例（包括范围值）进行描述。对无法准确描述的地层情况，可注明由投标人根据岩土工程勘察报告自行决定报价。

2）项目特征中的桩长应包括桩尖，空桩长度＝孔深－桩长，孔深为自然地面至设计桩底的深度。

3）项目特征中的桩截面（桩径）、混凝土强度等级、桩类型等可直接用标准图代号或设计桩型进行描述。

4）泥浆护壁成孔灌注桩是指在泥浆护壁条件下成孔，采用水下灌注混凝土的桩。其成孔方法包括冲击钻成孔、冲抓锥成孔、回旋钻成孔、潜水钻成孔、泥浆护壁的旋挖成孔等。

5）沉管灌注桩的沉管方法包括锤击沉管法、震动沉管法、震动冲击沉管法、内夯沉管法等。

6）干作业成孔灌注桩是指不用泥浆护壁和套管护壁的情况下，用钻机成孔后，下钢筋笼，灌注混凝土的桩，适用于地下水位以上的土层使用。其成孔方法包括螺旋钻成孔、螺旋钻成孔扩底、干作业的旋挖成孔等。

7）混凝土种类：指清水混凝土、彩色混凝土、水下混凝土等，如在同一地区既使用预拌（商品）混凝土，又允许现场搅拌混凝土时，也应注明（下同）。

8）混凝土灌注桩的钢筋笼制作、安装，按本规范附录E中相关项目编码列项。

本规范附录C中，对打桩和灌注桩工程量清单的项目设置、项目特征描述的内容、计量单位及工程量计算规则等做出了详细的规定。表5-16、表5-17列出了部分常用项目的相关内容。

表5-16　打桩（编号：010301）

项目编码	项目名称	项目特征	计量单位	工程量计算规则	工作内容
010301001	预制钢筋混凝土方桩	1. 地层情况 2. 送桩深度、桩长 3. 桩截面 4. 桩倾斜度 5. 沉桩方法 6. 接桩方式 7. 混凝土强度等级	1. m 2. m^3 3. 根	1. 以“m”计量，按设计图示尺寸以桩长（包括桩尖）计算 2. 以“m^3”计量，按设计图示截面积乘以桩长（包括桩尖）以实体积计算 3. 以根计量，按设计图示数量计算	1. 工作平台搭拆 2. 桩机竖拆、移位 3. 沉桩 4. 接桩 5. 送桩
010301002	预制钢筋混凝土管桩	1. 地层情况 2. 送桩深度、桩长 3. 桩外径、壁厚 4. 桩倾斜度 5. 沉桩方法 6. 桩尖类型 7. 混凝土强度等级 8. 填充材料种类 9. 防护材料种类			1. 工作平台搭拆 2. 桩机竖拆、移位 3. 沉桩 4. 接桩 5. 送桩 6. 桩尖制作安装 7. 填充材料、刷防护材料
010301003	钢管桩	1. 地层情况 2. 送桩深度、桩长 3. 材质 4. 管径、壁厚 5. 桩倾斜度 6. 沉桩方法 7. 填充材料种类 8. 防护材料种类	1. t 2. 根	1. 以“t”计量，按设计图示尺寸以质量计算 2. 以根计量，按设计图示数量计算	1. 工作平台搭拆 2. 桩机竖拆、移位 3. 沉桩 4. 接桩 5. 送桩 6. 切割钢管、精割盖帽 7. 管内取土 8. 填充材料、刷防护材料

续表

项目编码	项目名称	项目特征	计量单位	工程量计算规则	工作内容
010301004	截(凿)桩头	1. 桩类型 2. 桩头截面、高度 3. 混凝土强度等级 4. 有无钢筋	1. m^3 2. 根	1. 以"m^3"计量，按设计桩截面乘以桩头长度以体积计算 2. 以根计量，按设计图示数量计算	1. 截(切割)桩头 2. 凿平 3. 废料外运

表 5-17　灌注桩（编号：010302）

项目编码	项目名称	项目特征	计量单位	工程量计算规则	工作内容
010302002	沉管灌注桩	1. 地层情况 2. 空桩长度、桩长 3. 复打长度 4. 桩径 5. 沉管方法 6. 桩尖类型 7. 混凝土类别、强度等级	1. m 2. m^3 3. 根	1. 以"m"计量，按设计图示尺寸以桩长（包括桩尖）计算 2. 以"m^3"计量，按不同截面在桩上范围内以体积计算 3. 以根计量，按设计图示数量计算	1. 打(沉)拔钢管 2. 桩尖制作、安装 3. 混凝土制作、运输、灌注、养护

5.4.2　工程量计算规则

桩基工程在《房屋建筑与装饰工程工程量计算规范》（GB 50854—2013）中包括打桩和灌注桩。打桩包括预制钢筋混凝土方桩、预制钢筋混凝土管桩、钢管桩和截（凿）桩头。灌注桩主要包括泥浆护壁成孔灌注桩、沉管灌注桩和干作业成孔灌注桩等。

5.4.2.1　预制钢筋混凝土方桩

(1) 预制钢筋混凝土方桩的清单工程量计算规则

1）以"m"计量，按设计图示尺寸以桩长（包括桩尖）计算，如图 5-20 所示；

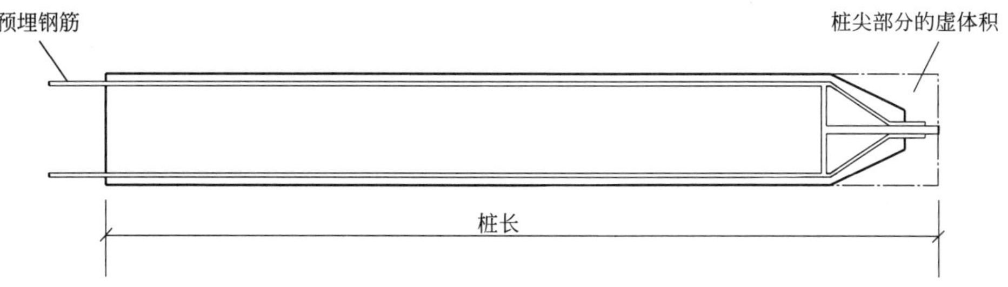

图 5-20　预制钢筋混凝土桩示意图

2）以"m^3"计量，按图示截面积乘以桩长（包括桩尖）以实体积计算；

3）以根计量，按设计图示数量计算。

(2) 预制钢筋混凝土方桩的定额工程量计算规则

《河南省房屋建筑与装饰工程预算定额》（2016 版）桩基工程中预制钢筋混凝土桩的工程量计算规则主要有以下几点。

1）打桩　打、压预制钢筋混凝土桩按设计桩长（包括桩尖）乘以桩截面面积，以体积计算。

提示： 此处打桩工程量计算，不仅适用于预制钢筋混凝土方桩，而且适用于其他类型的预制钢筋混凝土桩。

2）接桩　预制混凝土桩、钢管桩电焊接桩按设计要求接桩头的数量计算。

提示： 1. 有些桩基设计很深，而预制桩因吊装、运输、就位等原因，不能将桩预制很长，从而需要接头，这种连接的过程就叫做接桩，如图 5-21 所示。

2.《河南省房屋建筑与装饰工程预算定额》(2016 版) 定额设置了包角钢、包钢板两种预制钢筋混凝土桩接桩子目。

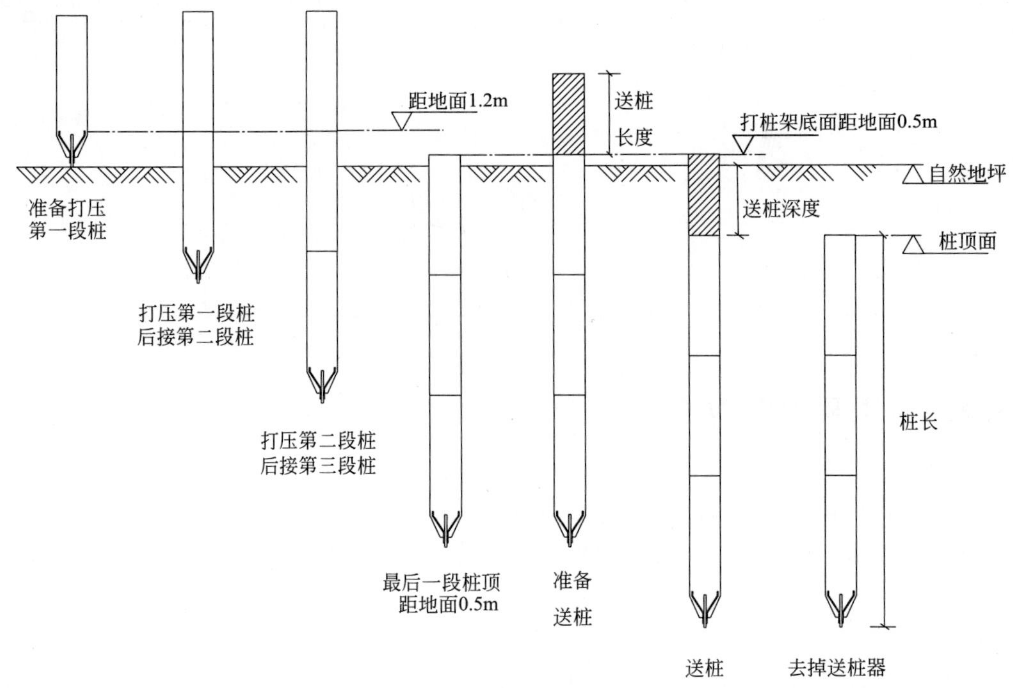

图 5-21　接桩、送桩示意图

3）送桩　均按设计桩顶标高至打桩前的自然地坪标高另加 0.5m 计算相应的送桩工程量。

提示： 打桩有时要求将桩顶面送到自然地面以下，这时桩锤就不可能直接触击到桩头，因而需要另一根“冲桩”(也叫送桩)，接到该桩顶上以传递桩锤的力量，使桩锤将桩打到要求的位置，最后再去掉“冲桩”，这一过程即为送桩，如图 5-21 所示。

定额未单独设置送桩子目，打桩工程如遇送桩时，可按打桩相应项目人工、机械乘以表 5-18 中相应系数。

表 5-18　送桩深度系数表

送桩深度	系数
≤2m	1.25
≤4m	1.43
>4m	1.67

4）桩头钢筋整理　按所整理的桩的数量计算。

提示：《房屋建筑与装饰工程工程量计算规范》(GB 50854—2013) 中未设置桩头钢筋整理的项目设置。

5.4.2.2 预制钢筋混凝土管桩

(1) 预制钢筋混凝土管桩的清单工程量计算规则

预制钢筋混凝土管桩清单工程量计算规则和预制钢筋混凝土方桩的清单计算规则相同。其清单工作内容与预制钢筋混凝土方桩清单的不同之处在于：预制钢筋混凝土管桩多了桩尖制作安装和填充材料、刷防护材料的工作内容。

(2) 预制钢筋混凝土管桩的定额工程量计算规则

《河南省房屋建筑与装饰工程预算定额》(2016版) 桩基工程中预应力钢筋混凝土管桩的工程量计算规则主要有以下几点。

1) 打、压预应力钢筋混凝土管桩按设计桩长（不包括桩尖）以长度计算。

2) 预应力钢筋混凝土管桩钢桩尖按设计图示尺寸，以质量计算。

3) 预应力钢筋混凝土管桩，如设计要求加注填充材料时，填充部分另按本章钢管桩填芯相应项目执行。

4) 桩头灌芯按设计尺寸以灌注体积计算。

提示：预应力钢筋混凝土管桩接桩、送桩定额工程量计算规则与预制钢筋混凝土方桩的计算规则相同。

5.4.2.3 钢管桩

(1) 钢管桩的清单工程量计算规则

1) 以“t”计量，按设计图示尺寸以质量计算。

2) 以根计量，按设计图示数量计算。

(2) 钢管桩的定额工程量计算规则

《河南省房屋建筑与装饰工程预算定额》(2016版) 桩基工程中钢管桩的工程量计算规则主要有以下几点。

1) 钢管桩按设计要求的桩体质量计算。

2) 钢管桩内切割、精割盖帽按设计要求的数量计算。

3) 钢管桩管内钻孔取土、填芯，按设计桩长（包括桩尖）乘以填芯截面积，以体积计算。

提示：钢管桩接桩、送桩定额工程量计算规则与预制钢筋混凝土桩的计算规则相同。

5.4.2.4 截（凿）桩头

(1) 截（凿）桩头的清单工程量计算规则

1) 以“m^3”计量，按设计桩截面乘以桩头长度以体积计算。

2) 以根计量，按设计图示数量计算。

(2) 截（凿）桩头的定额工程量计算规则

1) 预制混凝土桩截桩按设计要求截桩的数量计算。截桩长度≤1m时，不扣减相应桩的打桩工程量；截桩长度＞1m时，其超过部分按实扣减打桩工程量，但桩体的价格不扣除。

2) 预制混凝土桩凿桩头按设计图示桩截面面积乘以凿桩头长度，以体积计算。凿桩头长度设计无规定时，桩头长度按桩体高 $40d$（d 为桩体主筋直径，主筋直径不同时取大者）计算；灌注混凝土桩凿桩头按设计超灌高度（设计有规定的按设计要求，设计无规定的按 0.5m）乘以桩身设计截面积，以体积计算。

提示：《河南省房屋建筑与装饰工程预算定额》(2016 版) 桩基工程中截桩和凿桩头分属不同的定额子目设置，因此在工程量清单项目列项中需要对该项目名称精确描述。

【例 5-5】 某工程设计采用 400mm×400mm×24000mm 的预制钢筋混凝土方桩，共计 300 根。预制桩的每节长度为 8m，送桩深度为 5m，桩的接头采用包角钢焊接接头。试：(1) 计算预制钢筋混凝土方桩的清单工程量；(2) 使用《河南省房屋建筑与装饰工程预算定额》(2016 版) 相应规定计算预制钢筋混凝土方桩清单工程量下的组价工程量。

【解】 (1) 清单工程量

预制钢筋混凝土方桩清单工程量 $=0.4^2\times24\times300=1152$ (m^3)

提示：按河南省关于《房屋建筑与装饰工程工程量计算规范》(GB 50854—2013) 的实施意见一般原则：除另有规定外，计算规范附录中有两个或两个以上计量单位的，应选择和河南省现行计价依据一致的计量单位，并执行相应的工程量计算规则。故本题中预制混凝土方桩清单工程量在"m、m^3、根"三个计量单位中选择以"m^3"为计量单位。

(2) 组价工程量

① 预制方桩打桩工程量 $=0.4\times0.4\times24\times300=1152$ (m^3)

② 预制方桩接桩工程量 $=2\times300=600$ (个)

③ 预制方桩送桩工程量 $=(0.4\times0.4)\times(5+0.5)\times300=264$ (m^3)

5.4.2.5 沉管灌注桩

沉管灌注桩是将带有活瓣的桩尖（打时合拢，拔时张开）的钢管打入土中到设计深度，然后将拌好的混凝土浇灌到钢管内，灌到需要量时立即拔出钢管。这种在现场灌注的混凝土桩叫沉管灌注桩，常见的是砂石桩和混凝土桩。如图 5-22 所示。

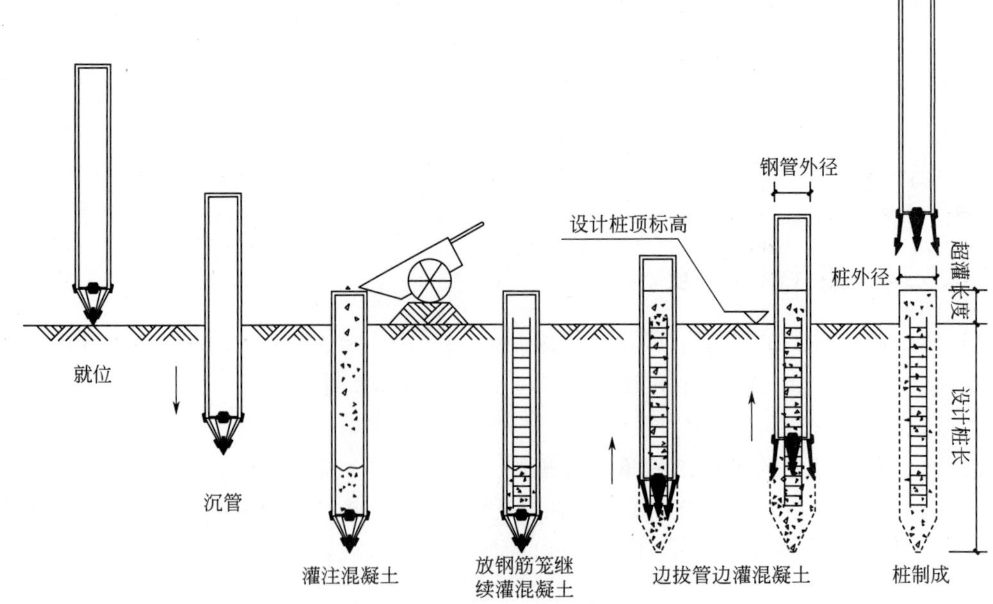

图 5-22 沉管灌注桩施工示意图

(1) 沉管灌注桩的清单工程量计算规则

1）以“m”计量，按设计图示尺寸以桩长（包括桩尖）计算。

2）以“m^3”计量，按不同截面在桩上范围内以体积计算。

3）以根计量，按设计图示数量计算。

(2) 沉管灌注桩的定额工程量计算规则

《河南省房屋建筑与装饰工程预算定额》（2016版）以下简称“本定额”桩基工程中沉管灌注桩的工程量计算规则主要如下。

1）沉管成孔工程量按打桩前自然地坪标高至设计桩底标高（不包括预制桩尖）的成孔长度乘以钢管外径截面积，以体积计算。

2）沉管桩灌注混凝土工程量钢管外径截面积乘以设计桩长（不包括预制桩尖）另加加灌长度，以体积计算。加灌长度设计有规定者，按设计要求计算，无规定者，按0.5m计算。

提示：1. 桩基工程分部定额内未包括钢筋笼、铁件制作安装项目，实际发生时按本定额“第五章 混凝土及钢筋混凝土工程”中相应项目执行。

2. 桩基工程分部定额内未包括沉管灌注的预制桩尖制作安装项目，实际发生时按本定额“第五章 混凝土及钢筋混凝土工程”中的小型构件项目执行。

【例5-6】 某工程设计采用60根沉管混凝土灌注桩。钢管内径为350mm，管壁厚度为50mm，设计桩身长度为8000mm，采用预制混凝土桩尖，长600mm。设计超灌长度为0.5m。已知设计室外地坪至有效桩顶高度为3m，单个预制混凝土桩尖体积为0.03m^3。试计算沉管混凝土灌注桩的清单工程量和定额工程量。

【解】（1）清单工程量

灌注桩清单工程量＝$\pi\times[(0.35+0.05\times2)\div2]^2\times(8+0.6)\times60=82.02$（$m^3$）

（2）定额工程量

沉管成孔工程量＝$\pi\times[(0.35+0.05\times2)\div2]^2\times(8+3)\times60=104.97$（$m^3$）

混凝土灌注桩工程量＝80.11（m^3）

预制桩尖制作安装＝$0.03\times60=1.8$（m^3）

5.5 砌筑工程

5.5.1 《房屋建筑与装饰工程工程量计算规范》相关解释说明

《房屋建筑与装饰工程工程量计算规范》（GB 50854—2013）（以下简称“本规范”）附录D砌筑工程中包括砖砌体、砌块砌体、石砌体、垫层、相关问题及说明共五部分内容。附录D对砌筑工程工程量清单的项目设置、项目特征描述的内容、计量单位及工程量计算规则等做出了详细的规定。表5-19列出了砖砌体部分常用项目的相关内容。

提示：附录D.4垫层项目适用范围规定：除混凝土垫层应按本规范附录E中相关项目编码列项外，没有包括垫层要求的清单项目应按D.4垫层项目编码列项。

表 5-19　砖砌体（编号：010401）

项目编码	项目名称	项目特征	计量单位	工程量计算规则	工作内容
010401001	砖基础	1. 砖品种、规格、强度等级 2. 基础类型 3. 砂浆强度等级 4. 防潮层材料种类	m^3	按设计图示尺寸以体积计算。 包括附墙垛基础宽出部分体积，扣除地梁（圈梁）、构造柱所占体积，不扣除基础大放脚T形接头处的重叠部分及嵌入基础内的钢筋、铁件、管道、基础砂浆防潮层和单个面积≤0.3m^2的孔洞所占体积，靠墙暖气沟的挑檐不增加。 基础长度：外墙按外墙中心线，内墙按内墙净长线计算	1. 砂浆制作、运输 2. 砌砖 3. 防潮层铺设 4. 材料运输
010401003	实心砖墙	1. 砖品种、规格、强度等级 2. 墙体类型 3. 砂浆强度等级、配合比	m^3	按设计图示尺寸以体积计算。 扣除门窗、洞口、嵌入墙内的钢筋混凝土柱、梁、圈梁、挑梁、过梁及凹进墙内的壁龛、管槽、暖气槽、消火栓箱所占体积，不扣除梁头、板头、檩头、垫木、木楞头、沿缘木、木砖、门窗走头、砖墙内加固钢筋、木筋、铁件、钢管及单个面积≤0.3m^2的孔洞所占体积。凸出墙面的腰线、挑檐、压顶、窗台线、虎头砖、门窗套的体积亦不增加。凸出墙面的砖垛并入墙体体积内计算。 1. 墙长度：外墙按中心线、内墙按净长计算。 2. 墙高度 （1）外墙：斜（坡）屋面无檐口天棚者算至屋面板底；有屋架且室内外均有天棚者算至屋架下弦底另加200mm；无天棚者算至屋架下弦底另加300mm，出檐宽度超过600mm时按实砌高度计算；有钢筋混凝土楼板隔层者算至板顶。平屋顶算至钢筋混凝土板底。 （2）内墙：位于屋架下弦者，算至屋架下弦底；无屋架者算至天棚底另加100mm；有钢筋混凝土楼板隔层者算至楼板顶；有框架梁时算至梁底。 （3）女儿墙：从屋面板上表面算至女儿墙顶面（如有混凝土压顶时算至压顶下表面）。 （4）内、外山墙：按其平均高度计算。 3. 框架间墙：不分内外墙按墙体净尺寸以体积计算。 4. 围墙：高度算至压顶上表面（如有混凝土压顶时算至压顶下表面），围墙柱并入围墙体积内	1. 砂浆制作、运输 2. 砌砖 3. 刮缝 4. 砖压顶砌筑 5. 材料运输
010401012	零星砌砖	1. 零星砌砖名称、部位 2. 砖品种、规格、强度等级 3. 砂浆强度等级、配合比	1. m^3 2. m^2 3. m 4. 个	1. 以“m^3”计量，按设计图示尺寸截面积乘以长度计算。 2. 以“m^2”计量，按设计图示尺寸水平投影面积计算。 3. 以“m”计量，按设计图示尺寸长度计算。 4. 以个计量，按设计图示数量计算	1. 砂浆制作、运输 2. 砌砖 3. 刮缝 4. 材料运输

5.5.2 工程量计算规则

5.5.2.1 砖基础

(1) 基础与墙（柱）身的划分

1）基础与墙（柱）身使用同一种材料时，以设计室内地面为界（有地下室者，以地下室室内设计地面为界），以下为基础，以上为墙（柱）身。基础与墙身使用不同材料时，位于设计室内地面高度≤±300mm时，以不同材料为分界线；高度>±300mm时，以设计室内地面为分界线。如图5-23所示。

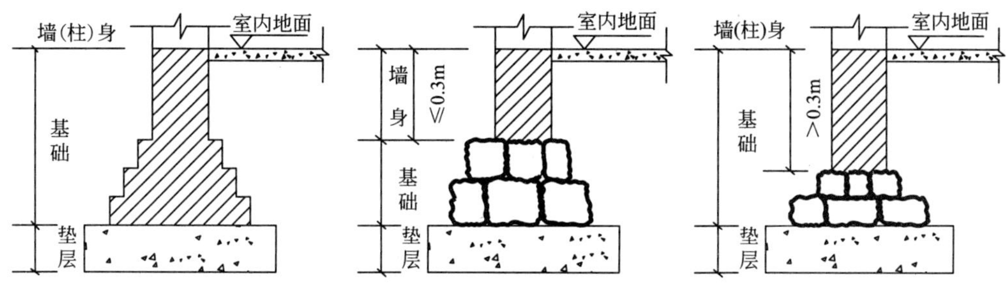

图5-23 基础与墙（柱）身划分示意图

提示：砖基础项目适用于各种类型砖基础：柱基础、墙基础、管道基础等。

2）砖围墙以设计室外地坪为界，以下为基础，以上为墙身。

(2) 砖基础的清单工程量计算规则

工作内容包括：砂浆制作、运输、砌砖、防潮层铺设、材料运输。

砖基础的清单工程量是按图示尺寸以体积计算，包括附墙垛基础宽出部分体积，扣除地梁（圈梁）、构造柱所占体积，不扣除基础大放脚T形接头处的重叠部分及嵌入基础内的钢筋、铁件、管道、基础砂浆防潮层和单个面积≤0.3m²的孔洞所占体积，靠墙暖气沟的挑檐不增加。其中：基础大放脚T形接头处的重叠部分如图5-24所示，基础防潮层示意图如图5-25所示。计算公式为：

砖基础的清单工程量＝砖基础的断面面积×砖基础长度－应扣除部分体积＋应增加部分体积

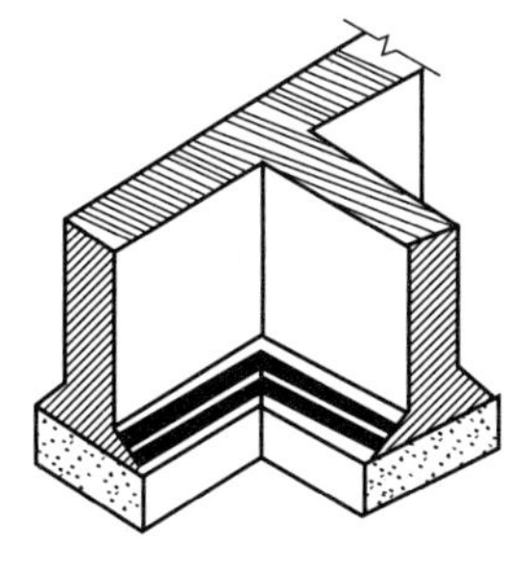

图5-24 基础大放脚T形接头处的重叠部分示意图

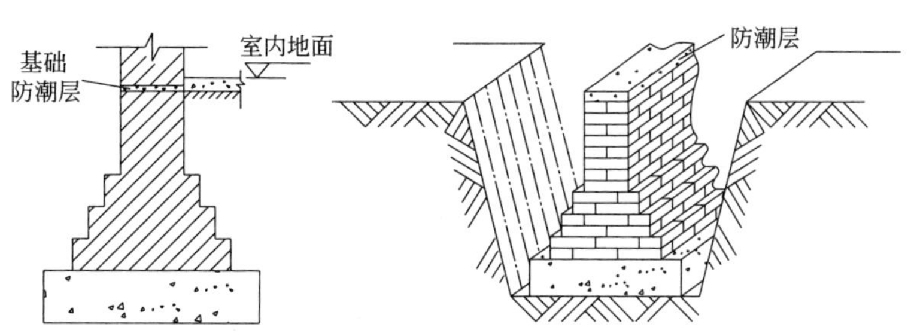

图5-25 基础防潮层示意图

1）标准砖墙的厚度 标准砖尺寸应为240mm×115mm×53mm。标准砖墙厚度应按表5-20计算。

表 5-20　标准砖墙计算厚度表

砖数（厚度）	1/4	1/2	3/4	1	1.5	2	2.5	3
计算厚度/mm	53	115	180	240	365	490	615	740

2）砖基础的断面面积　砖基础多为大放脚形式，大放脚有等高式与间隔式两种，如图 5-26 所示。

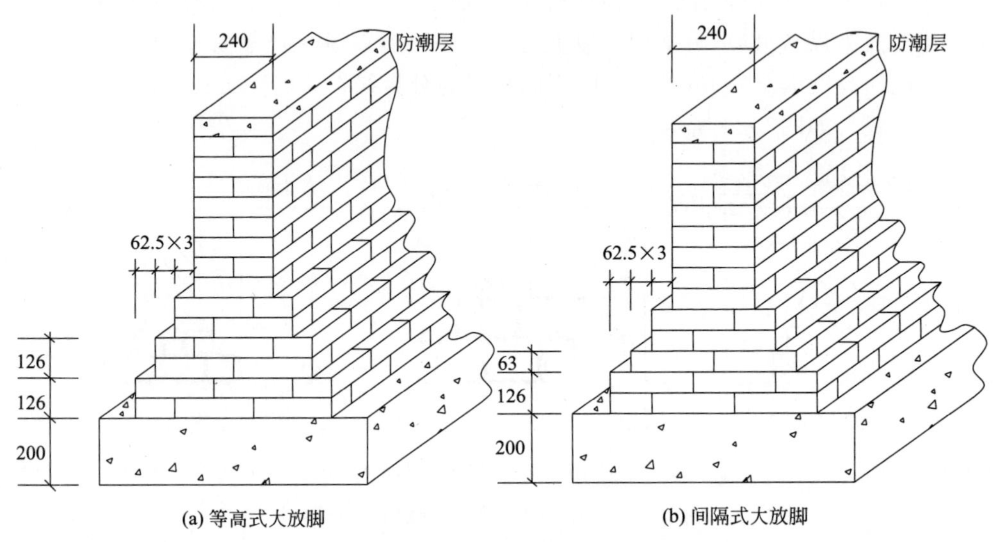

图 5-26　砖基础大放脚的两种形式

由于砖基础的大放脚具有一定的规律性，所以可将各种标准砖墙厚度的大放脚增加断面面积按墙厚折成高度。预先把砖基础大放脚的折算高度及大放脚增加的断面积编制成表格，计算基础工程量时，就可直接查折加高度和大放脚增加的断面面积表，见表 5-21、表 5-22。

表 5-21　等高式黏土标准砖墙基大放脚折为墙高和断面积表

大放脚层数	折算为高度(m)						折算为面积/m²
	1/2 砖 (0.115)	1 砖 (0.240)	1.5 砖 (0.365)	2 砖 (0.490)	2.5 砖 (0.615)	3 砖 (0.740)	
一	0.137	0.066	0.043	0.032	0.026	0.021	0.01575
二	0.411	0.197	0.129	0.096	0.077	0.064	0.04725
三	0.822	0.394	0.256	0.193	0.154	0.128	0.09450
四	1.369	0.656	0.432	0.321	0.256	0.213	0.15750
五	2.054	0.984	0.647	0.432	0.384	0.319	0.23630
六	2.876	1.378	0.906	0.675	0.538	0.447	0.33080

注：1. 本表折算墙基高度均以标准砖双面放脚为准。每层大放脚高为两皮砖，每层放出 1/4 砖（单面）。
2. 折算高度（m）＝大放脚断面积/墙厚（m）。

表 5-22　不等高式黏土标准砖墙基大放脚折为墙高和断面积表

大放脚层数	折算为高度						折算为面积/m²
	1/2 砖 (0.115)	1 砖 (0.240)	1.5 砖 (0.365)	2 砖 (0.490)	2.5 砖 (0.615)	3 砖 (0.740)	
一(一低)	0.069	0.033	0.022	0.016	0.013	0.011	0.00788
二(一高一低)	0.342	0.164	0.108	0.080	0.064	0.053	0.03938
三(二高一低)	0.685	0.328	0.216	0.161	0.128	0.106	0.07875
四(二高二低)	1.096	0.525	0.345	0.257	0.205	0.170	0.12600

续表

大放脚层数	折算为高度						折算为面积/m²
	1/2 砖 (0.115)	1 砖 (0.240)	1.5 砖 (0.365)	2 砖 (0.490)	2.5 砖 (0.615)	3 砖 (0.740)	
五(三高二低)	1.643	0.788	0.518	0.386	0.307	0.255	0.18900
六(三高三低)	2.260	1.083	0.712	0.530	0.423	0.351	0.25990

注：上表层数中“高”是两皮砖，“低”是一皮砖，每层放出 1/4 砖（单面）。

折加高度计算方法示意图如图 5-27 所示。

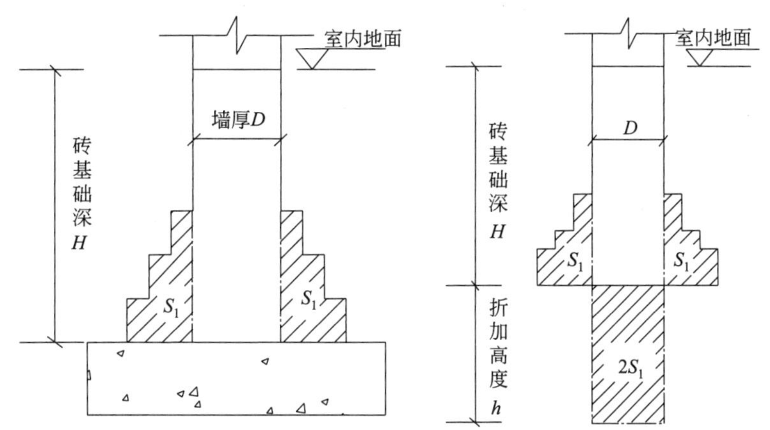

图 5-27 折加高度计算方法示意图

① 等高式大放脚：按标准砖双面放脚每层等高 12.6cm，砌出 6.25cm 计算。

② 间隔式大放脚：按标准砖双面放脚，最底下一层放脚高度为 12.6cm，往上为 6.3cm 和 12.6cm 间隔放脚。

③ 砖基础断面面积的计算公式如下：

砖基础的断面面积(S)＝标准墙厚面积＋大放脚增加的面积

＝标准墙厚×(设计基础高度＋大放脚折加高度)

3）砖基础的长度 砖基础的外墙墙基按外墙中心线的长度计算；内墙墙基按内墙基的净长度计算。

提示：外墙长度按外墙中心线计算，当外墙定位轴线为偏轴线时，要将其移为中心线。如图 5-28 所示，按中心线长度计算时，图中外角阴影部分未计算，而内角的阴影部分计算了两次。由于是中心线，这两部分相等，用内角来弥补外角正好余缺平衡。若为偏轴线时，这样计算，显然余缺是不平衡的。

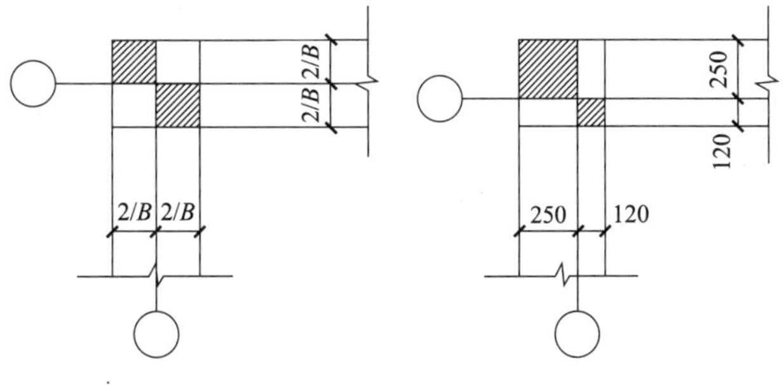

图 5-28 折加高度计算方法示意图

(3) 砖基础的定额工程量计算规则

《河南省房屋建筑与装饰工程预算定额》(2016 版) 中砖基础的定额工程量与清单工程量的计算方法基本相同。所不同的是清单中砖基础的工程内容包括防潮层的铺设，而定额中防潮层的工程量要单独列项计算。

【例 5-7】 某工程基础平面及剖面如图 5-29 所示，已知该工程砖基础采用 M10 水泥砂浆砌筑，砂浆防潮层采用 20mm 厚 1∶3 水泥砂浆（掺 3%防水粉）。试：(1) 计算该工程砖基础分项的清单工程量并进行工程量清单的列项；(2) 计算该砖基础分项工程量清单列项下的组价工程量。

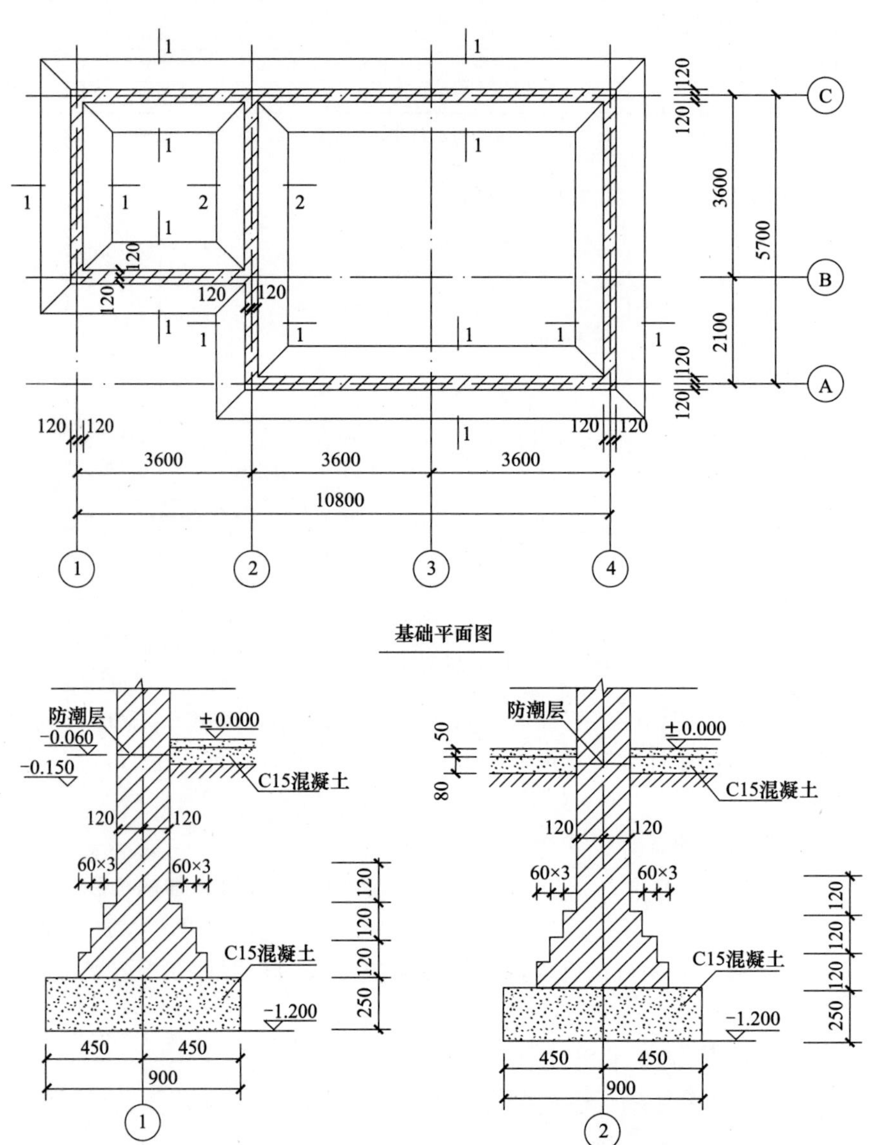

图 5-29　某工程基础平面及剖面示意图

【解】(1) 清单工程量计算

砖基础长度：1—1 剖面长度＝(10.8＋5.7)×2＝33 (m)

2—2 剖面长度＝3.6－0.24＝3.36 (m)

砖基础清单工程量＝(33＋3.36)×(0.24×0.95＋0.09450)＝11.73 (m^3)

(2) 组价工程量计算

砖基础组价工程量＝11.73 (m^3)

防潮层组价工程量＝(33＋3.36)×0.24＝8.73 (m^2)

(3) 砖基础分项工程量清单列项见表 5-23。

表 5-23 分部分项工程和措施项目清单和计价表

序号	项目编码	项目名称	项目特征	计量单位	工程量	金额/元		
						综合单价	合价	其中暂估价
1	010401001001	砖基础	M10 水泥砂浆砌砖基础，条形基础；MU7.5 黏土标准砖，砖规格 240mm×115mm×53mm；20mm 厚 1∶2 水泥砂浆掺 3%防水粉防潮层	m^3	11.73			

5.5.2.2 实心砖墙

(1) 实心砖墙的清单工程量计算规则

砖墙的清单工程量=(墙长×墙高-∑嵌入墙身的门窗洞孔的面积)×墙厚-∑嵌入墙身的构件体积+∑并入墙身的体积

其中：

1）外墙墙身高度　斜（坡）屋面无檐口天棚者算至屋面板底；有屋架且室内外均有天棚者算至屋架下弦底另加 200mm；无天棚者算至屋架下弦底另加 300mm，出檐宽度超过 600mm 时按实砌高度计算；平屋面算至钢筋混凝土板底。

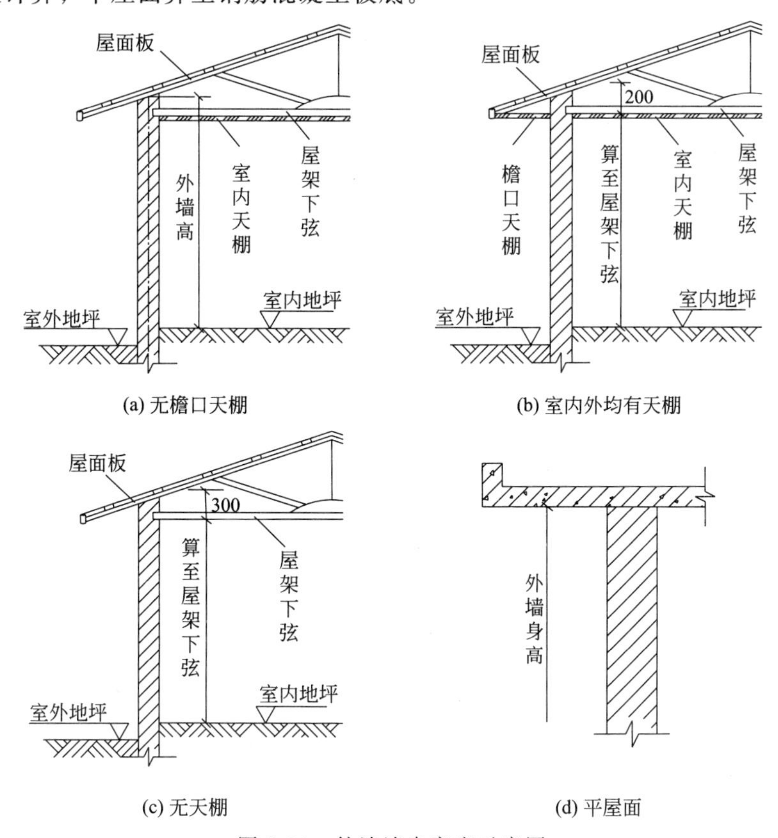

图 5-30 外墙墙身高度示意图

提示： 檐口是指建筑物结构外墙体和屋面结构板交界处的屋面结构板的部位。建筑物的檐口高度就是指设计室外地坪至檐口滴水的高度（平屋顶系指屋面板底高度）。

檐口天棚是从坡屋面檐挑出的为保证檩木、屋架端部不受雨水的侵蚀而做的较大的天棚，有平、斜之分。

2）内墙墙身高度　位于屋架下弦者，算至屋架下弦底；无屋架者算至天棚底另加100mm；有钢筋混凝土楼板隔层者算至楼板顶；有框架梁时算至梁底面。如图5-31所示。

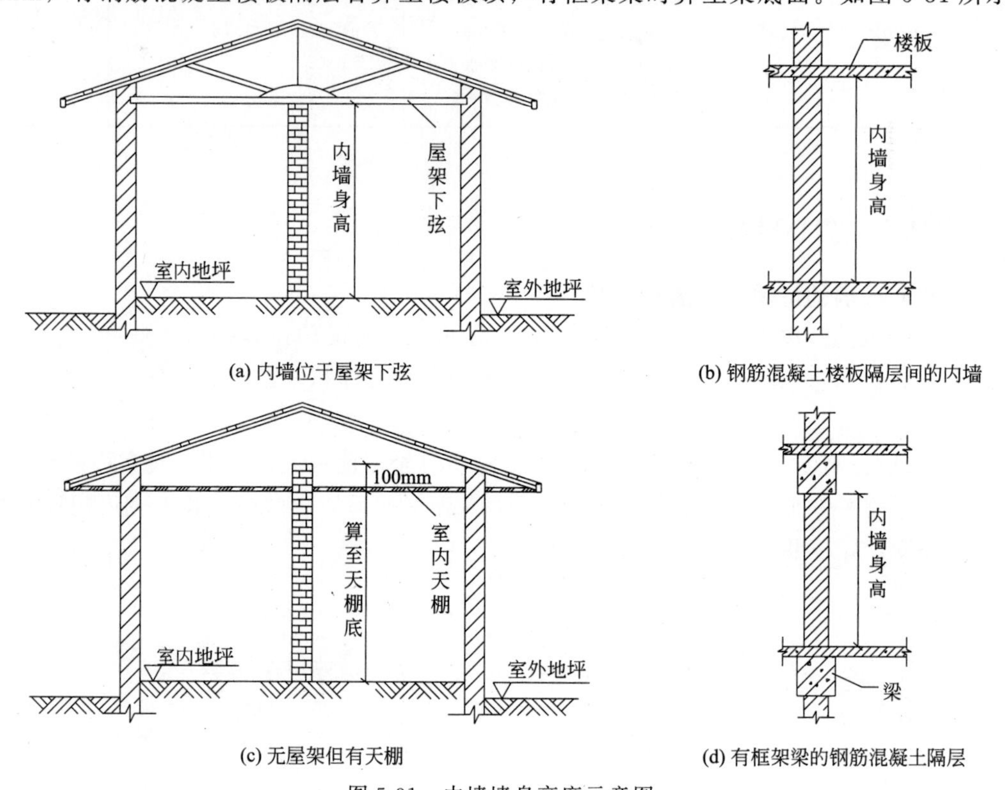

(a) 内墙位于屋架下弦　(b) 钢筋混凝土楼板隔层间的内墙

(c) 无屋架但有天棚　(d) 有框架梁的钢筋混凝土隔层

图5-31　内墙墙身高度示意图

3）女儿墙的高度　从屋面板上表面算至图示女儿墙顶面（如有混凝土压顶时算至压顶下表面）。如图5-32所示。

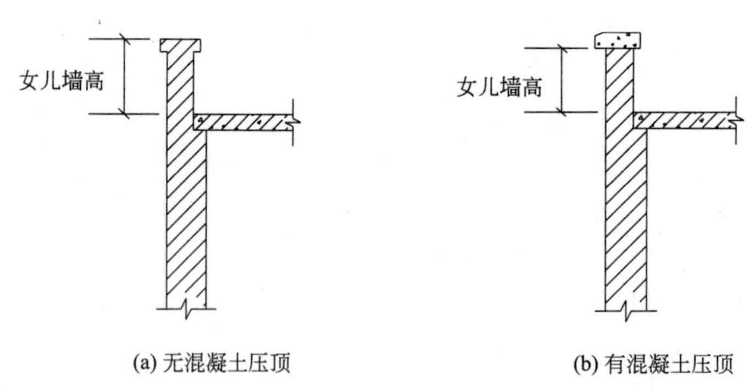

(a) 无混凝土压顶　(b) 有混凝土压顶

图5-32　女儿墙高度示意图

4）内、外山墙的高度　按其平均高度计算，如图5-33所示外山墙的高度：

$$H = 0.5H_1 + H_2$$

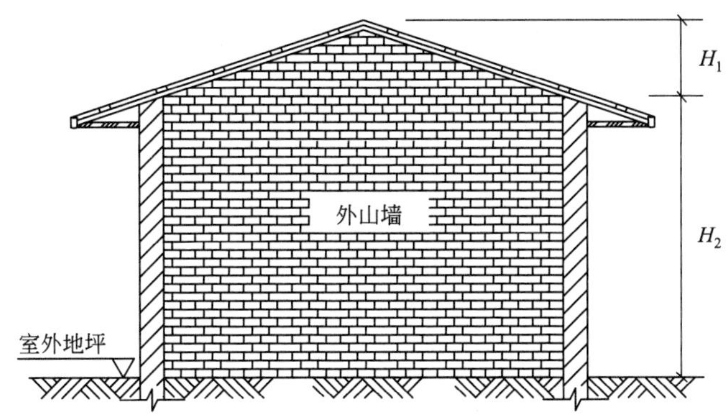

图 5-33　外山墙高度示意图

5）围墙的高度　高度算至压顶上表面（如有混凝土压顶时算至压顶下表面），围墙柱并入围墙体积内。

（2）实心砖墙的定额工程量计算规则

《河南省房屋建筑与装饰工程预算定额》（2016 版）中实心砖墙定额工程量的计算规则与清单计算规则相同。

【例 5-8】 某单层建筑物平面及剖面如图 5-34 所示，砌体采用 MU10 机制标准灰砂砖，室内地坪以上采用 M5.0 水泥砂浆，墙体厚度均为 240mm，轴线居中。已知嵌入墙身的混凝土构件体积共 1.820m³，试：(1) 计算砖墙的清单工程量并进行该分项的工程量清单列项；(2) 砖墙的定额工程量。

【解】 (1) 清单工程量计算及该分项的工程量清单列项

① 清单工程量计算

墙长＝(9.6＋6)×2＋(6＋3.6－0.24×2)＝40.32 (m)

扣除门窗占墙体体积＝(1.5×3×2＋0.9×2.4＋1.8×2.1×4)×0.24＝6.307 (m^3)

砖墙清单工程量＝40.32×4.2×0.24－6.307－1.82＝32.52 (m^3)

② 砖墙分项清单工程量列项见表 5-24。

(2) 定额工程量计算

计算规则及计算过程同清单工程量，砖墙定额工程量＝32.52 (m^3)

表 5-24　分部分项工程和措施项目清单和计价表

序号	项目编码	项目名称	项目特征	计量单位	工程量	金额/元		
						综合单价	合价	其中暂估价
1	010401003001	实心砖墙	1. 砖品种、规格、强度等级：MU10 标准灰砂砖，砖规格 240mm×115mm×53mm 2. 墙体类型：直行墙，墙厚 240mm 3. 砂浆强度等级、配合比：M5.0 混合砂浆，预拌砂浆	m^3	32.52			

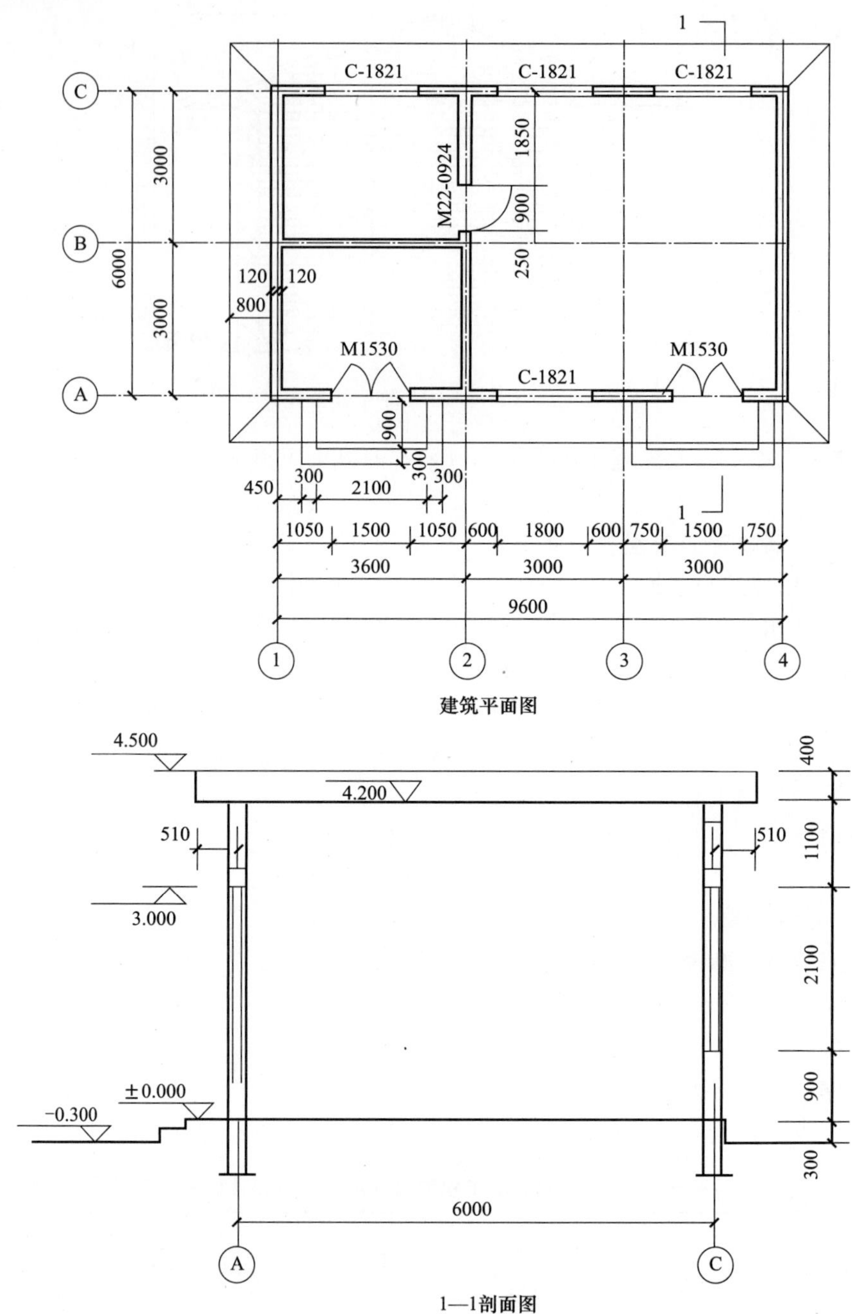

图 5-34 某单层建筑物平面及剖面示意图

5.5.3 零星砌砖与砌块砌体

(1) 零星砌砖的清单工程量计算规则

零星砌砖的清单工程量计算有四种计算方法。

① 以 m^3 计量，按设计图示尺寸截面乘以长度计算。

② 以 m^2 计算，按设计图示尺寸水平投影面积计算。

③ 以 m 计算，按设计图示尺寸长度计算。

④ 以个计算，按设计图示数量计算。

台阶、台阶挡墙、梯带、锅台、炉灶、蹲台、池槽、池槽腿、花台、花池、楼梯栏板、阳台栏板、地垄墙、屋面隔热板下的砖墩、≤0.3m^2的孔洞填塞等可按零星项目列项。

砖砌锅台与炉灶可按外形尺寸以个计算，砖砌台阶可按水平投影面积以 m^2 计算，小便槽、地垄墙可按长度计算，其他工程量按 m^3 计算。

(2) 零星砌体的定额工程量计算规则

零星砌体包括台阶、台阶挡墙、厕所蹲台、小便池槽、水池槽腿、花台、花池、地垄墙、屋面隔热板下的砖墩等，其工程量均按实砌体积以 m^3 计算。

砖砌炉灶不分大小，均按图示外形尺寸以 m^3 计算，不扣除各种空洞的体积，套用炉灶定额。

(3) 砌块砌体的清单工程量和定额工程量计算规则

砌块砌体的清单、定额工程量与实心砖墙的计算规则相同。

5.6 砌筑工程计量工程实例

5.6.1 阶段任务

根据《BIM 算量一图一练》专用宿舍楼图纸内容，根据 2013 版清单规范的规定，完成加气混凝土砌块墙的工程量计算。

5.6.2 任务分析

在计算工程量之前，应先进行识图及列项，见表 5-25。

表 5-25 列项

序号	楼层	项目	具体位置	识图	计算规则分析	
1	首层、二层	1.砌块品种、规格、强度等级:200mm 厚加气混凝土砌块 2.砂浆强度等级:干混砌筑砂浆 DM M10	见图纸	首层、二层及屋面层建筑平面图	2016 定额 P129，砖墙、砌块墙按设计图示尺寸以体积计算。扣除门窗、洞口、嵌入墙内的钢筋混凝土柱、梁、圈梁、挑梁、过梁及凹进墙内的壁龛、管槽、暖气槽、消火栓箱所占的体积，不扣除梁头、板头、檩头、垫木、木楞头、沿缘木、木砖、门窗走头、砖墙内加固钢筋、木筋、铁件、钢管及单个面积≤0.3m^2的孔洞所占的体积。凸出墙面的腰线、挑檐、压顶、窗台线、虎头砖、门窗套的体积亦不增加。凸出墙面的砖垛并入墙体体积计算	清单计算规则同定额
		1.砌块品种、规格、强度等级:300mm 厚加气混凝土砌块 2.砂浆强度等级:干混砌筑砂浆 DM M10	卫生间四周			
		1.砌块品种、规格、强度等级:100mm 厚加气混凝土砌块 2.砂浆强度等级:干混砌筑砂浆 DM M10	卫生间四周			
2	屋顶	1.砌块品种、规格、强度等级:200mm 厚加气混凝土砌块 2.砂浆强度等级:干混砌筑砂浆 DM M10	女儿墙、机房四周			
3	首层室外	坡道挡墙基础	室外坡道处	首层建施平面图、节点详图		

5.6.3 任务实施

首层、屋面砌体墙工程量计算表见表 5-26、表 5-27。

表 5-26　首层砌体墙工程量计算表（参考结施-04）

构件名称	算量类别	清单编码	项目特征	算量名称	墙位置	计算公式	工程量	单位	备注
砌块墙200	清单	010402001	砌块墙	体积	1轴	(外墙中心线长×墙高×墙厚)－梁所占体积－柱所占体积－圈梁所占体积－构造柱所占体积－马牙槎所占体积 [(1.85<长度>×3.6<墙高>×0.2<墙厚>)－(0.03×3.6)<扣柱>－(1.7×0.2×0.6)<扣梁>－(0.1×0.2×3)<扣构造柱>－(0.03×0.2×3)<扣马牙槎>－(1.57×0.2×0.2)<扣圈梁>]×2	1.76	m^3	1)1轴与14轴相同、外墙按中心线计算(工程量×2) 2)具体位置:1轴A－B之间
	定额	4-45	蒸压加气混凝土砌块墙 墙厚≤200mm 砂浆	体积		同上	0.18	$10m^3$	
	清单	010402001	砌块墙	体积	1轴	(外墙中心线长×墙高×墙厚)－梁所占体积－柱所占体积－构造柱所占体积－马牙槎所占体积 [(5.4<长度>×3.6<墙高>×0.2<墙厚>)－(0.08×3.6)<扣柱>－(5×0.2×0.6)<扣梁>－(0.1×0.2×3)<扣构造柱>－(0.03×0.2×3)<扣马牙槎>]×2	5.84	m^3	1)1轴与14轴相同、外墙按中心线计算(工程量×2) 2)具体位置:1轴B－C之间
	定额	4-45	蒸压加气混凝土砌块墙 墙厚≤200mm 砂浆	体积		同上	0.58	$10m^3$	

请在下表中练习计算本工程其他部位加气混凝土砌块墙的工程量，注意区分不同厚度、区分不同砂浆分别计算。（下列表格可根据工程实际扩展）

分项					部位	计算公式	工程量	单位	备注
砌块墙200	清单	010402001	砌块墙	体积	1轴	(外墙中心线长×墙高×墙厚)－窗洞口×墙厚－梁所占体积－柱所占体积－圈梁所占体积		m^3	1)1轴与14轴相同、外墙按中心线计算(工程量×2) 2)具体位置:1轴C－D之间
	定额	4-45	蒸压加气混凝土砌块墙 墙厚≤200mm 砂浆	体积		同上		$10m^3$	

续表

分项					部位	计算公式	工程量	单位	备注
砌块墙200	清单	010402001	砌块墙	体积	1轴	(外墙中心线长×墙高×墙厚)－梁所占体积－柱所占体积－构造柱所占体积－马牙槎所占体积		m^3	1)1轴与14轴相同、外墙按中心线计算(工程量×2) 2)具体位置:1轴D－E之间
	定额	4-45	蒸压加气混凝土砌块墙 墙厚≤200mm 砂浆	体积		同上		$10m^3$	
	清单	010402001	砌块墙	体积	2轴	(内墙净长×墙高×墙厚)－梁所占体积－柱所占体积－马牙槎所占体积－圈梁所占体积		m^3	2轴、内墙按净长线计算
	定额	4-45	蒸压加气混凝土砌块墙 墙厚≤200mm 砂浆	体积		同上		$10m^3$	

表 5-27　屋面砌体墙工程量计算表（参考结施-04）

构件名称	算量类别	清单编码	项目特征	算量名称	墙位置	计算公式	工程量	单位	备注
砌块墙200	清单	010402001	砌块墙	体积	女儿墙	(外墙长×墙高×墙厚)－扣构造柱－扣马牙槎－扣压顶 (123×1.5×0.2)－1.9093－0.5758－4.5873	29.83	m^3	大屋面外墙女儿墙
	定额	4-45	蒸压加气混凝土砌块墙 墙厚≤200mm 砂浆	体积	所有外墙	同上	2.98	$10m^3$	
砌块墙200	清单	010402001	砌块墙	体积	楼梯间女儿墙	(外墙长×墙高×墙厚)－扣构造柱－扣马牙槎－扣圈梁 (45.6×0.9×0.2)－(0.2×0.2×0.7×12)－(0.03×0.2×0.7×24)－(0.2×0.2×45.6)	5.95	m^3	楼梯间女儿墙
	定额	4-45	蒸压加气混凝土砌块墙 墙厚≤200mm 砂浆	体积	所有外墙	同上	0.60	$10m^3$	

续表

构件名称	算量类别	清单编码	项目特征	算量名称	墙位置	计算公式	工程量	单位	备注
砌块墙 200	清单	010402001	砌块墙	体积	2 轴	[(墙净长×墙高×墙厚)－梁所占体积]×2 (6.7×0.2×3.6－6.7×0.2×0.65)×2	7.91	m^3	2 轴与 13 轴墙体相同（工程量×2）
	定额	4-45	蒸压加气混凝土砌块墙 墙厚≤200mm 砂浆	体积		同上	0.79	$10m^3$	
砌块墙 200	清单	010402001	砌块墙	体积	3 轴	[(墙净长×墙高×墙厚)－梁所占体积]×2 [(6.6×0.2×3.6－0.2×0.65×6.6)＋(6.7×0.2×3.6－0.2×0.65×6.7)]×2	7.85	m^3	3 轴墙体＋12 轴墙体
	定额	4-45	蒸压加气混凝土砌块墙 墙厚≤200mm 砂浆	体积		同上	0.79	$10m^3$	
砌块墙 200	清单	010402001	砌块墙	体积	D 轴	(墙净长×墙高×墙厚) －门洞口×数量－梁所占体积－过梁所占体积 (2.75×0.2×3.6－1.5×2.2×0.2－2.75×0.2×0.65－2×0.2×0.12)＋(2.8×0.2×3.6－1.5×2.2×0.2－2.8×0.2×0.65－2×0.2×0.12)	1.86	m^3	D 轴
	定额	4-45	蒸压加气混凝土砌块墙 墙厚≤200mm 砂浆	体积		同上	0.19	$10m^3$	
砌块墙 200	清单	010402001	砌块墙	体积	F 轴	(墙净长×墙高×墙厚)－窗洞口×数量－梁所占体积－过梁所占体积 (2.8×0.2×3.6－1.2×1.35×0.2－2.8×0.2×0.65－1.7×0.2×0.12)×2	2.57	m^3	F 轴
	定额	4-45	蒸压加气混凝土砌块墙 墙厚≤200mm 砂浆	体积		同上	0.26	$10m^3$	

5.6.4 任务总结

① 砌体墙工程量计算规则中，需扣除墙体中大于0.3m^{2}的孔洞、嵌在墙体中的混凝土构件等，因此，为避免重复工作，砌块墙工程量的计算应在洞口及混凝土构件计算完毕后进行，以便数据重复运用。关于门窗洞口面积、混凝土构件体积已在其他章节中计算，因此在进行砌体墙工程量计算用到时，可从相应章节中摘取。

② 加气混凝土墙体工程量计算虽很烦琐，但难度不大，重点在于结合组价规定，综合考虑墙体材质、厚度、砌筑砂浆类型及强度等级等列项，因此在本章节应从以上“任务分析”中找到列项的工作方法。砌筑工程工程量计算汇总表见表5-28。

表5-28 砌筑工程工程量计算汇总表

序号	算量类别	清单/定额编码	项目名称	项目特征	单位	工程量
1	清单	010401001001	砖基础	1. 砖品种、规格、强度等级：标准粘土砖240×115×53 2. 砂浆强度等级：干混砌筑砂浆DM M5 3. 垫层种类：80厚碎石垫层 4. 部位：坡道基础	m^3	3.00
	定额	4-1	砖基础		10m^3	0.30
	定额	4-81	垫层 碎石 干铺		10m^3	0.04
2	清单	010402001001	砌块墙	1. 砌块品种、规格、强度等级：加气混凝土砌块 2. 墙体厚度：200mm 3. 砂浆强度等级：干混砌筑砂浆DM M10	m^3	412.94
	定额	4-45	蒸压加气混凝土砌块墙 墙厚≤200mm 砂浆		10m^3	41.29
3	清单	010402001003	砌块墙	1. 砌块品种、规格、强度等级：加气混凝土砌块 2. 墙体厚度：100mm 3. 砂浆强度等级：现拌水泥砂浆M5.0 4. 部位：卫生间	m^3	18.98
	定额	4-43	蒸压加气混凝土砌块墙 墙厚≤150mm 砂浆		10m^3	190
4	清单	010402001004	砌块墙	1. 砌块品种、规格、强度等级：加气混凝土砌块 2. 墙体厚度：300mm 3. 砂浆强度等级：:干混砌筑砂浆DM M10	m^3	15.56
	定额	4-47	蒸压加气混凝土砌块墙 墙厚≤300mm 砂浆		10m^3	1.56

5.7 混凝土及钢筋混凝土工程

5.7.1 现浇混凝土基础

(1)《房屋建筑与装饰工程工程量计算规范》中现浇混凝土基础的解释说明

在《房屋建筑与装饰工程工程量计算规范》(GB 50854—2013) 附录E (混凝土及钢筋

混凝土工程）中，对现浇混凝土基础工程量清单的项目设置、项目特征描述的内容、计量单位及工程量计算规则等做出了详细的规定。表 5-29 列出了部分常用项目的相关内容。

表 5-29 现浇混凝土基础（编号：010501）

项目编码	项目名称	项目特征	计量单位	工程量计算规则	工作内容
010501001	垫层	1. 混凝土类别 2. 混凝土强度等级	m^3	按设计图示尺寸以体积计算。不扣除伸入承台基础的桩头所占体积	1. 模板及支撑制作、安装、拆除、堆放、运输及清理模内杂物、刷隔离剂等 2. 混凝土制作、运输、浇筑、振捣、养护
010501002	带形基础				
010501003	独立基础				
010501004	满堂基础				

（2）混凝土基础和墙、柱的分界线

混凝土基础和墙、柱的分界线：以混凝土基础的扩大顶面为界，以下为基础，以上为柱或墙。如图 5-35 所示。

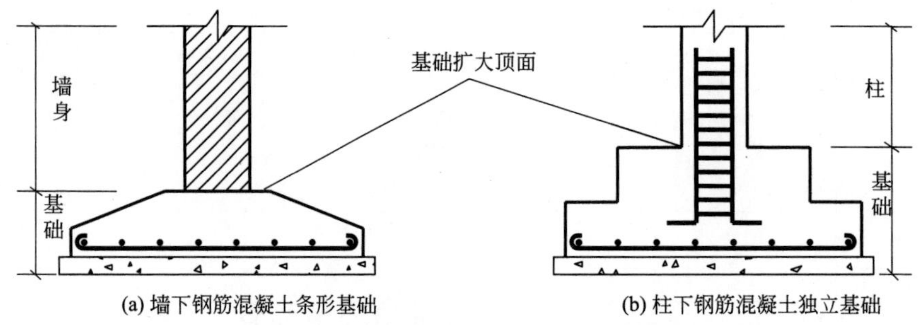

图 5-35 混凝土基础和墙、柱划分示意图

提示：在 GB 50854—2013 的附录 E 中，现浇混凝土及钢筋混凝土实体工程项目“工作内容”中增加了模板及支架的内容，同时又在措施项目中单列了现浇混凝土模板及支架工程项目。对此，招标人应根据工程实际情况选用。若招标人在措施项目清单中未编列模板项目清单，即模板及支架不再单列，按混凝土及钢筋混凝土实体项目执行，综合单价应包含模板及支架。

（3）钢筋混凝土带形基础的清单工程量与定额工程量计算规则

钢筋混凝土带形基础的清单工程量和定额工程量的计算规则相同，均按设计图示尺寸以体积计算。不扣除构件内钢筋、预埋铁件和伸入承台基础的桩头所占体积。

1）带形基础的形式 带形基础按其形式不同可分为无梁式（板式）混凝土基础和有梁式（带肋）混凝土基础两种。当有梁式（带肋）混凝土带形基础的肋高与肋宽之比在 4∶1 以内时，才能视作有梁式带形基础；超过 4∶1 时，起肋部分视作墙身，肋以下部分视作无梁式带形基础，如图5-36所示。

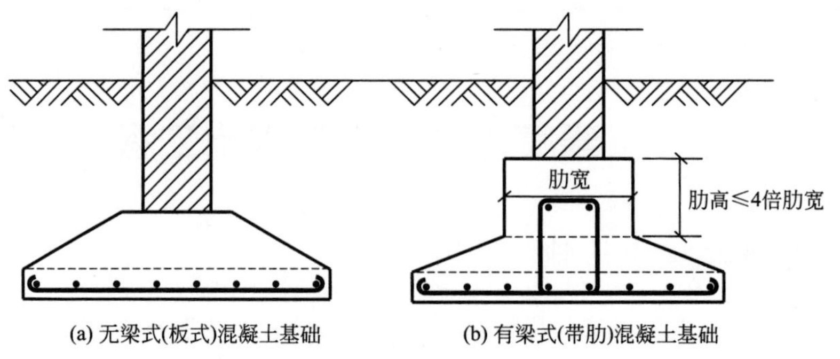

图 5-36 带形混凝土基础

提示：《河南省房屋建筑与装饰工程预算定额》（2016 版）中对带形基础规定如下：

带形基础不分有肋式与无肋式均按带形基础项目计算，有肋式带形基础，肋高（指基础扩大顶面至梁顶面的高）小于等于 1.2m 时，合并计算；大于 1.2m 时，扩大顶面以下的基础部分，按无肋带形基础项目计算，扩大顶面以上部分，按墙项目计算。此处与 GB 50854—2013 的附录 E 中带形基础规定有所不同，但是河南定额目前还没有详细的解释出台，如届时有了详细的解释，应当以解释为准。

2）带形混凝土基础的工程量计算

带形混凝土基础的工程量＝基础断面积($S_{断}$)×基础长度(L)＋T 形搭接部分体积($V_{搭接}$)

基础长度：外墙为其中心线长度（$L_{中}$）；内墙为基础间净长度（$L_{内}$）。如图 5-37 所示。

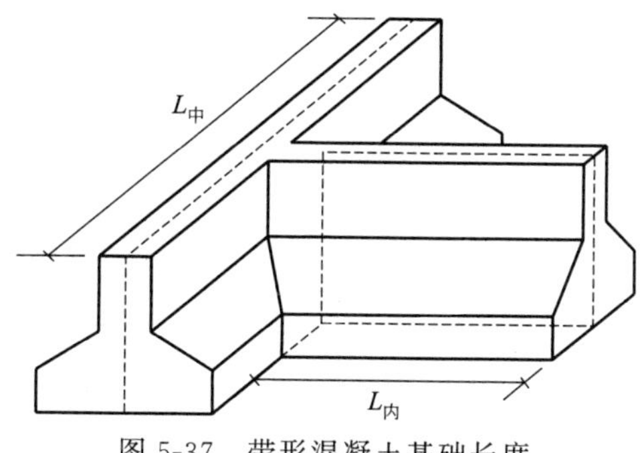

图 5-37　带形混凝土基础长度

① 无梁式（板式）混凝土带形基础的工程量

$$S_{基础}=Bh_2+\frac{B+b}{2}\times h_1$$

$$L=L_{中}+L_{内}$$

$$V_{无梁式基础}=S_{基础}L+nV_{搭接}=\left(Bh_2+\frac{B+b}{2}\times h_1\right)(L_{中}+L_{内})+nV_{搭接}$$

其中，$V_{搭接}=\dfrac{bch_1}{2}+\dfrac{(B-b)ch_1}{6}=\dfrac{B+2b}{6}ch_1$；$n$ 为 T 形接头的个数。

无梁式带形基础 T 形搭接部分的体积计算示意图，如图 5-38 所示。

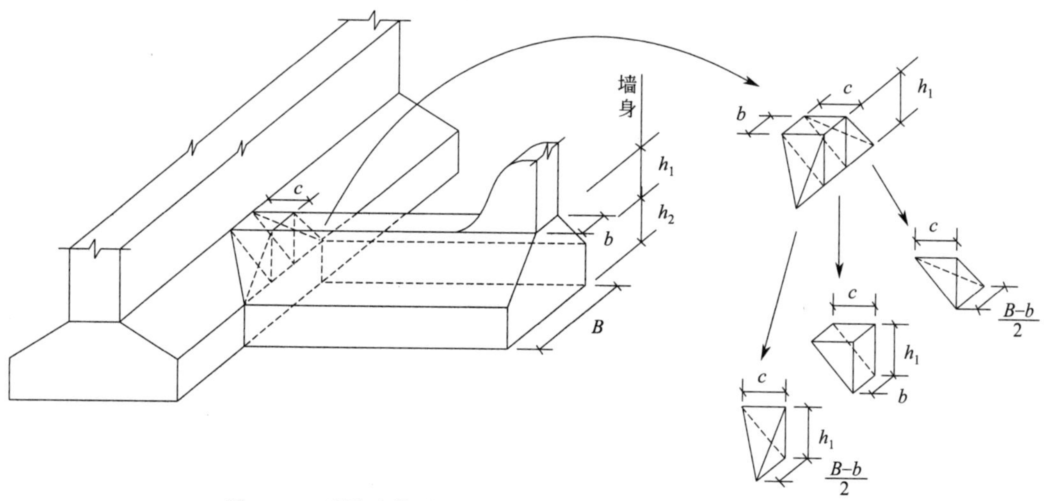

图 5-38　无梁式带形基础 T 形搭接部分的体积计算示意图

提示：当对工程量计算精度要求不高时，可用以下方法简便计算无梁式内墙下混凝土带形基础的工程量。无梁式带形基础T形搭接部分简便计算示意图，如图5-39所示。

$$V_{无梁}=S_{梯形}L_{斜中}+S_{矩形}L_{基净}$$

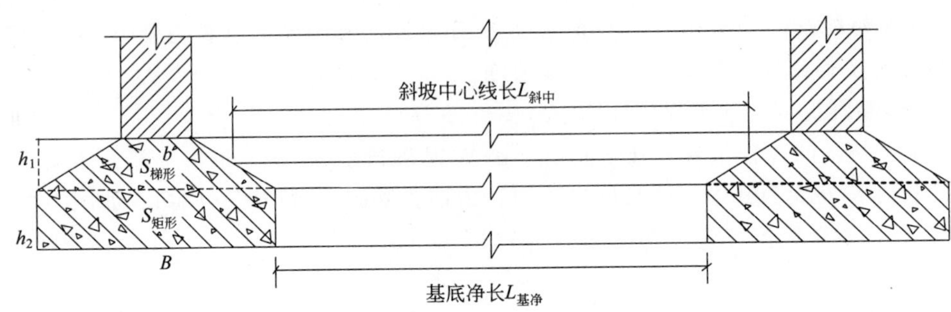

图5-39 无梁式带形基础T形搭接部分简便计算示意图

【例5-9】 某现浇钢筋混凝土无梁式（板式）带形基础，如图5-40所示，混凝土强度等级为C20，试计算该带形基础混凝土的工程量。

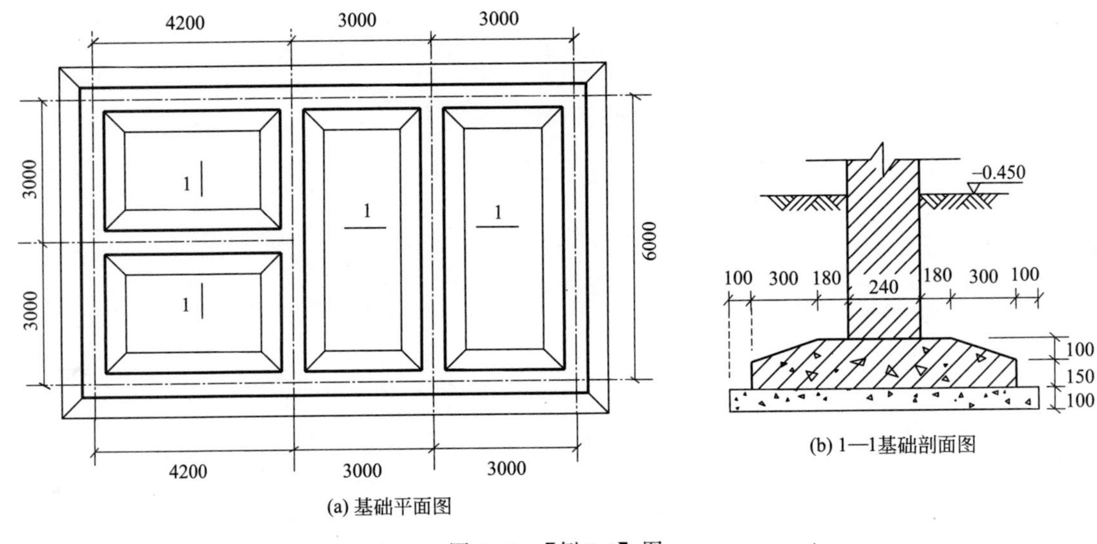

图5-40 【例5-9】图

【解】 无梁式（板式）混凝土带形基础的断面积：

$$S_{基础}=Bh_2+\frac{B+b}{2}\times h_1=1.2\times0.15+0.5\times(1.2+0.6)\times0.1=0.27\ (m^2)$$

外墙中心线长度：$L_中=(10.2+6)\times2=32.4$（m）

内墙基间净长度：$L_内=(6-0.6\times2)\times2+4.2-0.6\times2=12.6$（m）

基础长度：$L=L_中+L_内=32.4+12.6=45$（m）

T形搭接部分体积：

$$V_{搭接}=\frac{B+2b}{6}ch_1=\frac{1.2+2\times0.6}{6}\times\frac{1.2-0.6}{2}\times0.1=0.012\ (m^3)$$

T 形接头的个数：$n=6$

$S_{基础}L=0.27\times 45=12.15$（m³）

$V_{无梁式基础}=S_{基础}L+nV_{搭接}=[Bh_2+\frac{B+b}{2}\times h_1](L_中+L_内)+nV_{搭接}=12.22$（m³）

② 有梁式（带肋）混凝土带形基础的工程量

计算有梁式（带肋）混凝土带形基础的工程量时，其肋高与肋宽之比在 4∶1 以内的按有梁式带形基础计算。超过 4∶1 时，起肋部分按墙计算，肋以下按无梁式带形基础计算。

$$S_{基础}=Bh_3+bh_1+\frac{B+b}{2}\times h_2$$

$$L=L_中+L_内$$

$$V_{有梁式基础}=S_{基础}L+nV_{搭接}=[Bh_3+bh_1+\frac{B+b}{2}\times h_2](L_中+L_内)+nV_{搭接}$$

式中，$V_{搭接}=\left[bh_1+\frac{(B+2b)h_2}{6}\right]\times c=\left[bh_1+\frac{(B+2b)h_2}{6}\right]\times\frac{B-b}{2}$；$c=\frac{B-b}{2}$；$n$ 为 T 形接头的个数。

有梁式带形基础 T 形搭接部分的体积计算示意图，如图 5-41 所示。

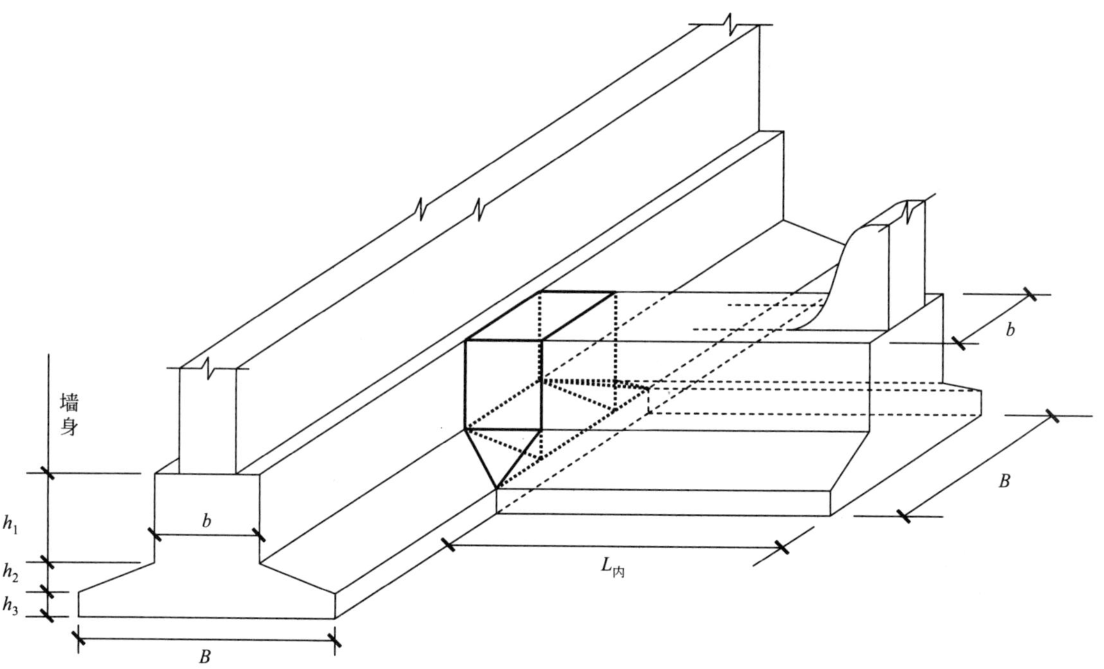

图 5-41　有梁式带形基础 T 形搭接部分的体积计算示意图

提示：当对工程量计算精度要求不高时，可用以下方法简便计算有梁式内墙下混凝土带形基础的工程量。有梁式带形基础 T 形搭接部分简便计算示意图，如图 5-42 所示。

$$V_{有梁}=S_{矩形1}L_{梁净}+S_{梯形}L_{斜中}+S_{矩形2}L_{基净}$$

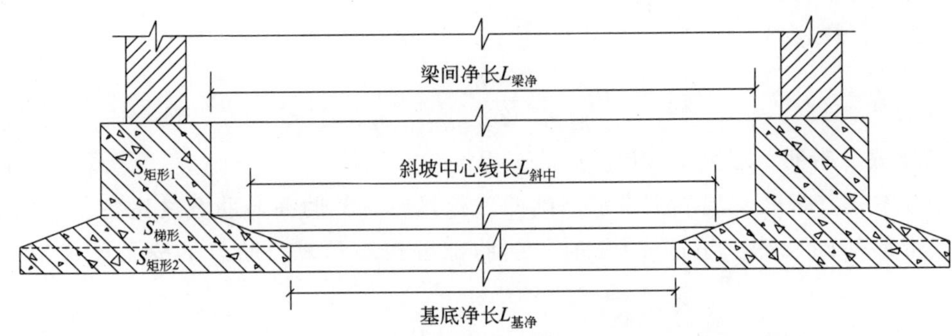

图 5-42　有梁式带形基础 T 形搭接部分简便计算示意图

【例 5-10】 如图 5-43 所示为某现浇钢筋混凝土房屋的有梁式（带肋）带形基础平面及剖面图，基础混凝土强度等级 C25，垫层混凝土强度等级为 C15，试计算该带形基础混凝土的工程量。

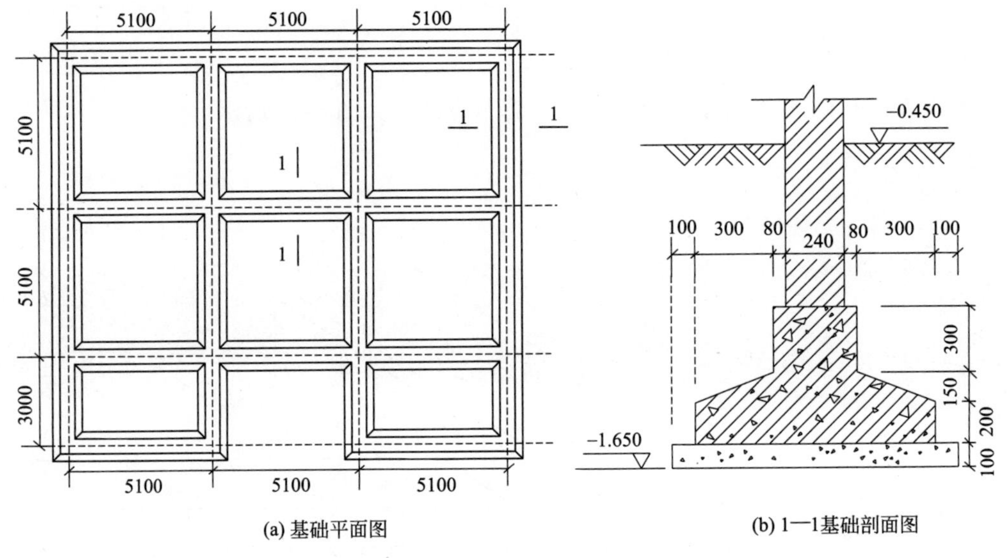

图 5-43 【例 5-10】图

【解】 ① 有梁式（带肋）混凝土带形基础的断面积：

$$S_{基础}=Bh_3+bh_1+\frac{B+b}{2}\times h_2=1\times0.2+0.4\times0.3+0.5\times(1+0.4)\times0.15=0.425\ (\mathrm{m}^2)$$

② 外墙中心线长度：$L_{中}=(5.1\times3+5.1\times2+3)\times2+3\times2=63$ (m)

③ 内墙基间净长度：$L_{内}=(5.1\times3-0.5\times2)+(5.1-0.5\times2)\times6=38.9$ (m)

④ 基础长度：$L=L_{中}+L_{内}=63+38.9=101.9$ (m)

⑤ T 形搭接部分体积：

$$V_{搭接}=\left[bh_1+\frac{(B+2b)h_2}{6}\right]\times\frac{B-b}{2}=\left(0.4\times0.3+\frac{1+2\times0.4}{6}\times0.15\right)\times0.3=0.0495\ (\mathrm{m}^3)$$

⑥ T 形接头的个数：$n=14$

⑦ $S_{基础}L=0.425\times101.9=43.3075$ (m^3)

⑧ $V_{有梁式基础}=S_{基础}L+nV_{搭接}=\left(Bh_3+bh_1+\frac{B+b}{2}\times h_2\right)(L_{中}+L_{内})+nV_{搭接}=44.00$ (m^3)

(4) 钢筋混凝土柱下独立基础的清单工程量和定额工程量计算

常见的钢筋混凝土独立基础按其断面形状可分为四棱锥台形、阶形（踏步形）和杯形独立基础等，其清单工程量的计算规则与定额工程量的计算规则相同，均按设计图示尺寸以体积计算，不扣除构件内钢筋、预埋铁件和伸入承台基础的桩头所占体积。

1）四棱锥台形独立基础的工程量计算

$$V_{锥台形基础}=abh_1+\frac{h_2}{6}[ab+(a+a_1)(b+b_1)+a_1b_1]$$

$$或：V_{锥台形基础}=abh_1+\frac{h_2}{3}\left(ab+\sqrt{aa_1bb_1}+a_1b_1\right)$$

钢筋混凝土柱下独立基础如图 5-44 所示。

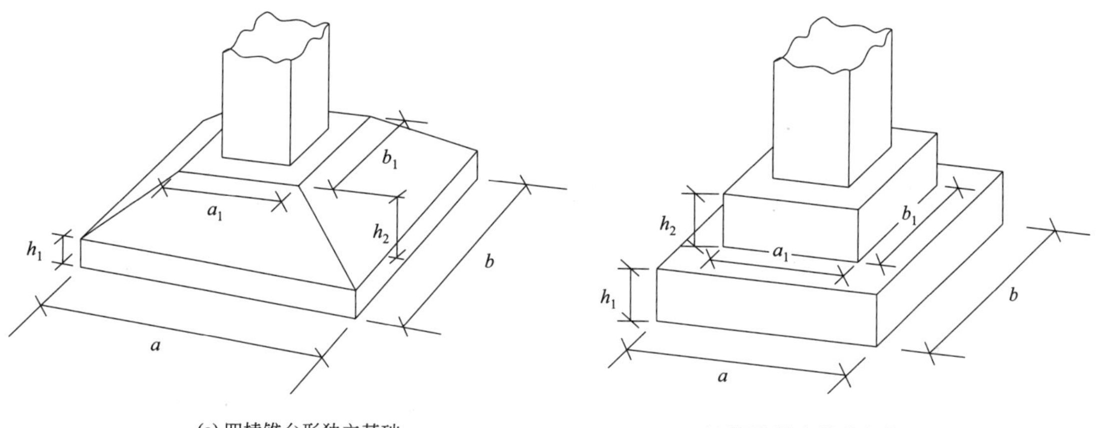

(a) 四棱锥台形独立基础

(b) 阶形(踏步形)独立基础

图 5-44 钢筋混凝土柱下独立基础

2）阶形（踏步形）独立基础的工程量计算

$$V_{阶形基础}=abh_1+a_1b_1h_2$$

3）杯形独立基础的工程量计算

杯形基础属于柱下独立基础，但需留有连接装配式柱的孔洞，计算工程量时应扣除孔洞的体积，如图 5-45 所示。

$$V_{杯形基础}=a_4b_4h_3+a_3b_3h_2-\frac{h_1}{6}[a_1b_1+a_2b_2+(a_1+a_2)(b_1+b_2)]$$

(5) 满堂基础的清单工程量和定额工程量计算

1）满堂基础　满堂基础是指用梁、基础板、柱组合浇注而成的基础。简单来讲，满堂基础就是把柱下独立基础或条形基础用梁联系起来，然后在下面整体浇筑地板，使得底板和梁成为整体。

满堂基础包括板式（无梁式）、梁板式（片筏式）和箱形满堂基础三种主要形式。

2）满堂基础的清单工程量计算规则　满堂基础的工程量应按不同构造形式分别计算。

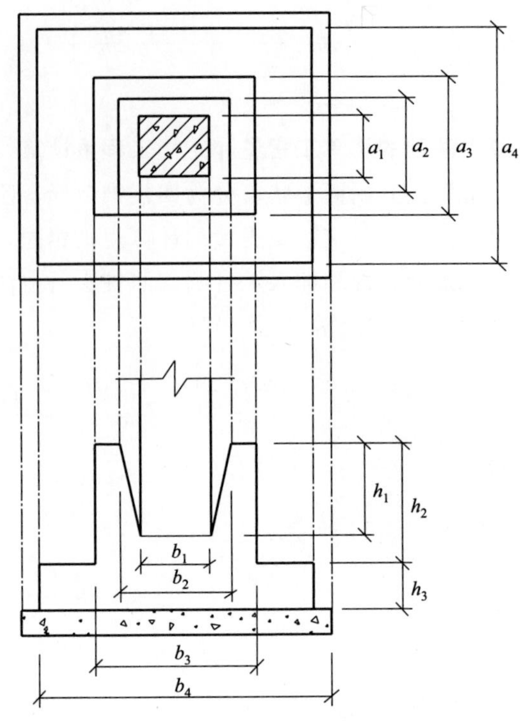

图 5-45　杯形独立基础示意图

① 板式（无梁式）满堂基础如图 5-46 所示。板式（无梁式）满堂基础的工程量：

$$V=V_{\text{基础底板}}+V_{\text{柱墩}}$$

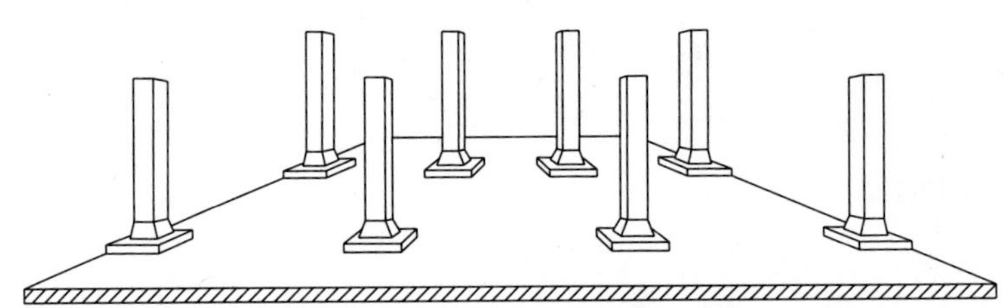

图 5-46　板式（无梁式）满堂基础

② 梁板式（片筏式）满堂基础，如图 5-47 所示。梁板式（片筏式）满堂基础的工程量：

$$V=V_{\text{基础底板}}+V_{\text{梁}}$$

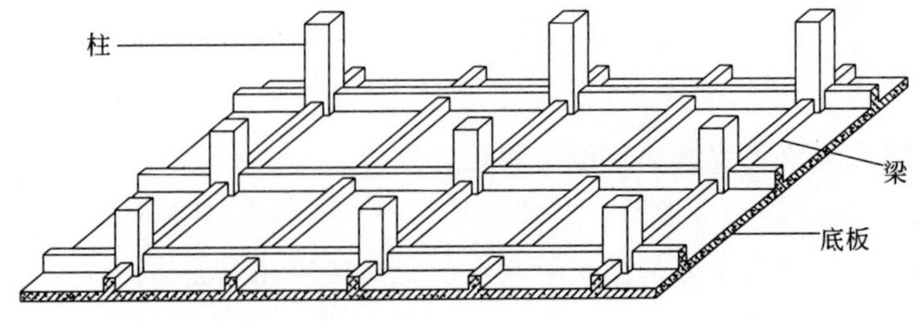

图 5-47　梁板式（片筏式）满堂基础

③ 箱形满堂基础，如图 5-48 所示。

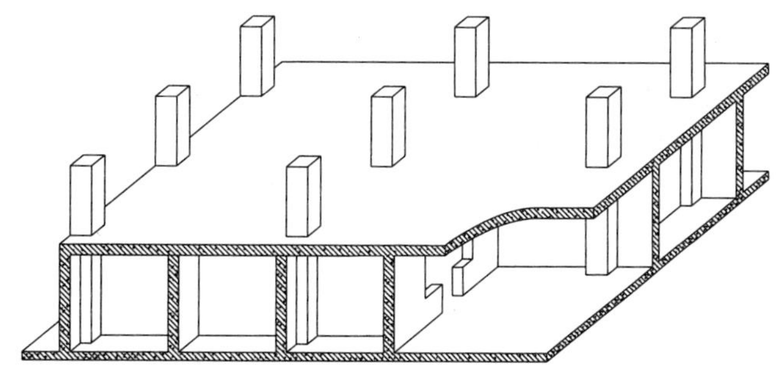

图 5-48 箱形满堂基础

箱形满堂基础是用板、梁、墙、柱组合浇筑而成的基础。箱形满堂基础的清单工程量，应分别按板式（无梁式）满堂基础、柱、墙、梁、板有关规定计算。关于满堂基础的列项，满堂基础中柱、梁、墙、板按清单附录 E.2、E.3、E.4、E.5 中相关项目分别编码列项；满堂基础底板按 E1 的满堂基础项目列项。

(6) 垫层的清单工程量和定额工程量计算规则

垫层的清单工程量计算规则与定额工程量的计算规则相同，均按照图示尺寸以体积计算。

$$V_{垫层}=S_{垫层断面}\times L_{垫层}$$

$$L_{垫层}=L_{中}+L_{内}$$

式中，垫层长度：外墙为其中心线长度（$L_{中}$）；内墙基础垫层为基础垫层间净长度（$L_{内}$）。

【例 5-11】 分别计算【例 5-10】内、外墙下混凝土垫层的工程量。

【解】 ① 垫层的断面积：$S_{垫}=0.1\times1.2=0.12$（m²）

② 外墙基础垫层中心线长度：$L_{中}=(5.1\times3+5.1\times2+3)\times2+3\times2=63$（m）

③ 内墙基础垫层间的净长度：$L_{内}=(5.1\times3-0.6\times2)+(5.1-0.6\times2)\times6=37.5$（m）

④ 外墙基础垫层的工程量：$S_{垫}\ L_{中}=0.12\times63=7.56$（m³）

⑤ 内墙基础垫层的工程量：$S_{垫}\ L_{内}=0.12\times37.5=4.5$（m³）

5.7.2 现浇混凝土柱

(1)《房屋建筑与装饰工程工程量计算规范》中关于现浇混凝土柱的解释说明

在《房屋建筑与装饰工程工程量计算规范》(GB 50854—2013) 附录 E（混凝土及钢筋混凝土工程）中，对现浇混凝土柱工程量清单的项目设置、项目特征描述的内容、计量单位及工程量计算规则等做出了详细的规定。表 5-30 列出了现浇混凝土柱部分常用项目的相关内容。

表 5-30 现浇混凝土柱（编号：010502）

项目编码	项目名称	项目特征	计量单位	工程量计算规则	工作内容
010502001	矩形柱	1. 混凝土类别 2. 混凝土强度等级	m³	按设计图示尺寸以体积计算 柱高： 1. 有梁板的柱高，应自柱基上表面（或楼板上表面）至上一层楼板上表面之间的高度计算 2. 无梁板的柱高，应自柱基上表面（或楼板上表面）至柱帽下表面之间的高度计算 3. 框架柱的柱高：应自柱基上表面至柱顶高度计算 4. 构造柱按全高计算，嵌接墙体部分（马牙槎）并入柱身体积 5. 依附柱上的牛腿和升板的柱帽，并入柱身体积计算	1. 模板及支架（撑）制作、安装、拆除、堆放、运输及清理模内杂物、刷隔离剂等 2. 混凝土制作、运输、浇筑、振捣、养护
010502002	构造柱				
010502003	异形柱	1. 柱形状 2. 混凝土类别 3. 混凝土强度等级			

(2) 现浇混凝土柱的清单工程量和定额工程量计算规则

现浇混凝土柱的清单工程量的计算规则和定额工程量的计算规则相同，均按图示断面尺寸乘以柱高以体积计算。其中，柱高按下列规定确定，如图 5-49 所示。

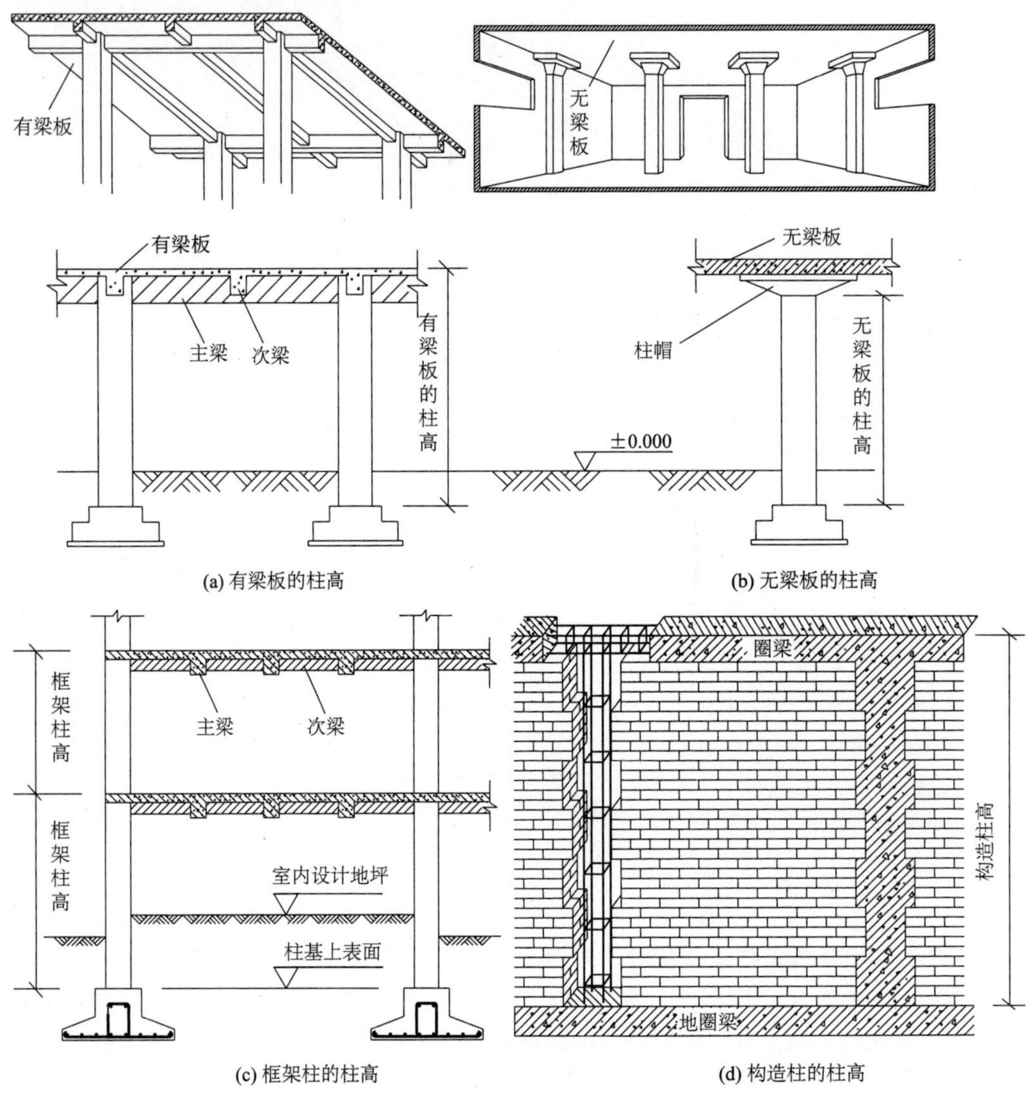

图 5-49　各种现浇混凝土柱高的确定

1）有梁板的柱高，应自柱基上表面（或楼板上表面）至上一层楼板上表面之间的高度计算，如图 5-49（a）所示。

2）无梁板的柱高，应自柱基上表面（或楼板上表面）至柱帽下表面之间的高度计算，如图 5-49（b）所示。

3）框架柱的柱高应自柱基上表面至柱顶的高度计算，如图 5-49（c）所示。

4）构造柱按全高计算，嵌接墙体部分（马牙槎）并入柱身体积，如图 5-49（d）所示。

5）依附柱上的牛腿和升板的柱帽，并入柱身体积计算。

【例 5-12】 某工程使用带牛腿的钢筋混凝土柱 15 根，如图 5-50 所示，下柱高 $H_{下柱}=6m$，断面尺寸为 600mm×500mm；上柱高 $H_{上柱}=2.3m$，断面尺寸为 400mm×500mm；牛腿

参数：$h=700\text{mm}$，$c=200\text{mm}$，$\alpha=45°$。试计算该柱的清单工程量。

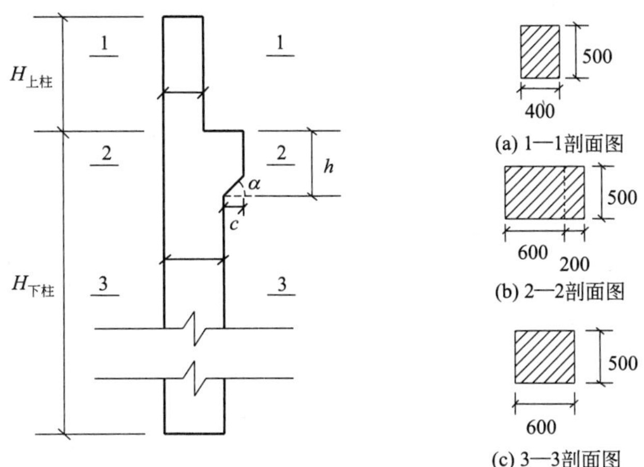

图5-50 带牛腿的钢筋混凝土柱

【解】 ① 上柱的工程量：$V_{上柱}=H_{上柱}S_{上柱}=2.3\times0.4\times0.5=0.46\ (\text{m}^3)$

② 下柱的工程量：$V_{下柱}=H_{下柱}S_{下柱}=6\times0.6\times0.5=1.8\ (\text{m}^3)$

③ 牛腿的工程量：$V_{牛腿}=\left[\dfrac{(0.7-0.2\tan45°)+0.7}{2}\times0.2\right]\times0.5=0.06\ (\text{m}^3)$

④ 15根柱总的工程量：$V_{柱}=15\times(V_{上柱}+V_{下柱}+V_{牛腿})=34.8\ (\text{m}^3)$

(3) 构造柱的清单工程量和定额工程量计算规则

构造柱的清单工程量计算规则和定额工程量的计算规则相同，均按设计图示尺寸以体积计算。不扣除构件内钢筋，预埋铁件所占体积。型钢混凝土构造柱扣除构件内型钢所占体积。构造柱按全高计算，嵌接墙体部分（马牙槎）并入柱身体积内。

1）构造柱高　由于构造柱根部一般锚固在地圈梁内，因此，柱高应自地圈梁的顶部至柱顶部的高度计算。

2）构造柱横截面积　构造柱一般是先砌砖后浇混凝土。在砌砖时一般每隔五皮砖（约300mm）两边各留一马牙槎。如果是砖砌体，槎口宽度一般为60mm，如果是砌块，槎口宽度一般为100mm。计算构造柱体积时，与墙体嵌接部分的体积应并入到柱身的体积内计算。因此，以砖砌体基本截面宽度两边各加30mm为例计算构造柱横截面积。构造柱的四种断面示意图如图5-51所示，横截面积的具体计算方法如下。

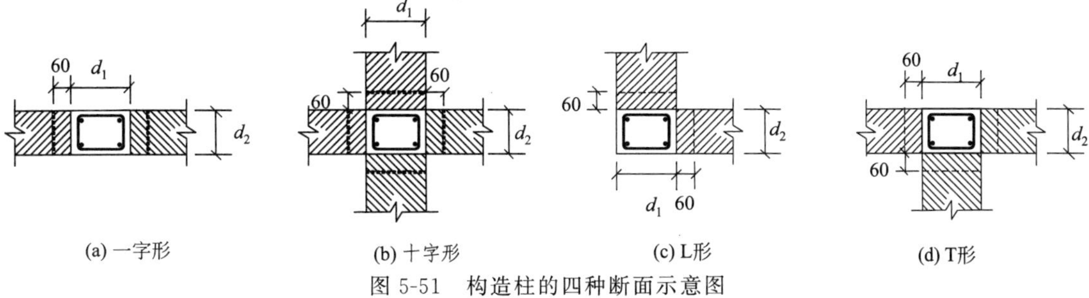

图5-51 构造柱的四种断面示意图

① 一字形构造柱的横截面积：

$$S=d_1d_2+2\times0.03d_2=(d_1+0.06)\times d_2$$

② 十字形构造柱的横截面积：

$$S=d_1d_2+2\times0.03d_1+2\times0.03d_2=(d_1+0.06)\times d_2+0.06\times d_1$$

③ L形构造柱的横截面积：

$$S=d_1d_2+0.03d_1+0.03d_2=(d_1+0.03)\times d_2+0.03\times d_1$$

④ T形构造柱的横截面积：

$$S=d_1d_2+0.03d_1+2\times0.03d_2=(d_1+0.06)\times d_2+0.03\times d_1$$

3）构造柱的工程量

$$V_{构造柱}=S_{折算横截面积}\times h_{柱全高}$$

5.7.3 现浇混凝土梁

(1) 现浇混凝土梁的种类

现浇混凝土梁可分为基础梁、矩形梁、异形梁、圈梁和过梁等。

1）基础梁：独立基础间承受墙体荷载的梁，多用于工业厂房中，如图5-52所示。

2）矩形梁：断面为矩形的梁。

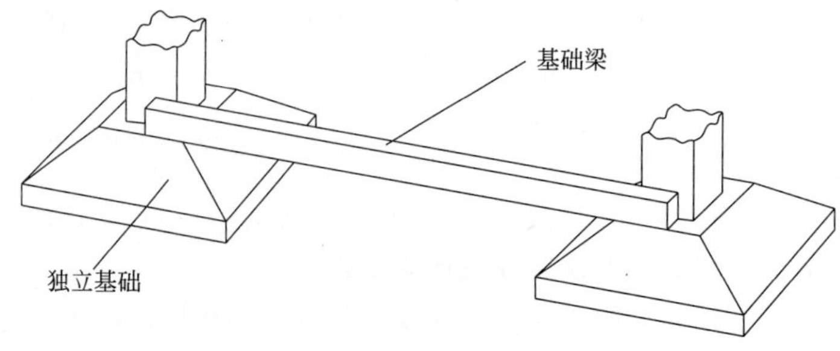

图5-52 基础梁示意图

3）异形梁：断面为梯形或其他变截面的梁。

4）圈梁：砌体结构中加强房屋刚度的水平封闭梁。

5）过梁：门、窗、孔洞上设置的横梁。

(2)《房屋建筑与装饰工程工程量计算规范》中关于现浇混凝土梁的解释说明

在《房屋建筑与装饰工程工程量计算规范》（GB 50854—2013）附录E（混凝土及钢筋混凝土工程）中，对现浇混凝土梁工程量清单的项目设置、项目特征描述的内容、计量单位及工程量计算规则等做出了详细的规定。表5-31列出了现浇混凝土梁部分常用项目的相关内容。

表5-31 现浇混凝土梁（编号：010503）

项目编码	项目名称	项目特征	计量单位	工程量计算规则	工作内容
010503001	基础梁	1. 混凝土种类 2. 混凝土强度等级	m^3	按设计图示尺寸以体积计算。伸入墙内的梁头、梁垫并入梁体积内 梁长： 1. 梁与柱连接时，梁长算至柱侧面 2. 主梁与次梁连接时，次梁长算至主梁侧面	1. 模板及支架（撑）制作、安装、拆除、堆放、运输及清理模内杂物、刷隔离剂等 2. 混凝土制作、运输、浇筑、振捣、养护
010503002	矩形梁				
010503003	异形梁				
010503004	圈梁				
010503005	过梁				

(3) 现浇混凝土梁的清单工程量和定额工程量计算规则

现浇混凝土梁的清单工程量计算规则和定额工程量计算规则一样，均按设计图示尺寸以体积计算。不扣除构件内钢筋、预埋铁件所占体积，伸入墙内的梁头、梁垫并入梁体积内。

型钢混凝土梁扣除构件内型钢所占体积。即：

$$V_{梁}=S_{梁的截面面积}\times L_{梁长}$$

式中，梁的长度，应由以下规定确定。

1）梁与柱连接时，梁长算至柱侧面，如图 5-53 所示。

2）主梁与次梁连接时，次梁长算至主梁侧面，如图 5-53 所示。

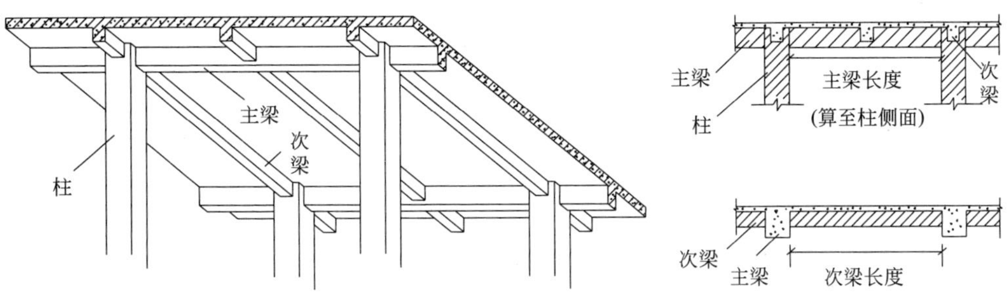

图 5-53 主梁、次梁长度计算示意图

3）圈梁与过梁连接时，分别套用圈梁、过梁清单项目，圈梁与过梁不易划分时，其过梁长度按门窗洞口外围两端共加 500mm 计算，其他按圈梁计算，如图 5-54 所示。

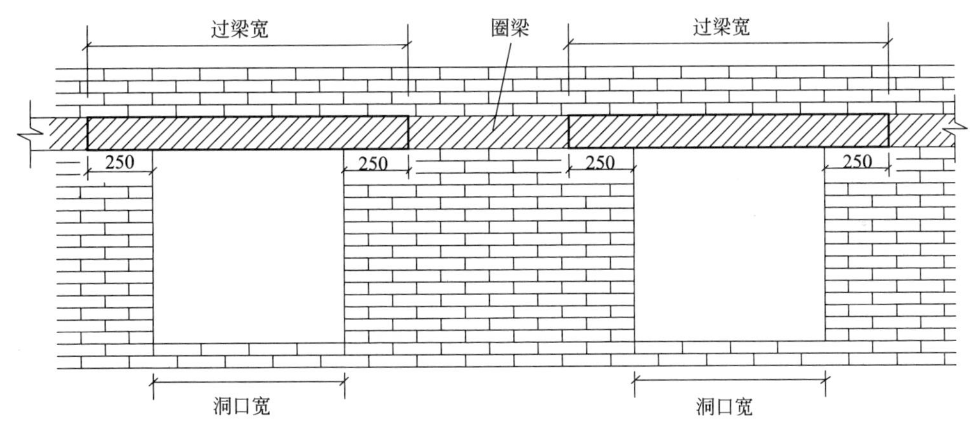

图 5-54 圈梁、过梁划分示意图

4）当梁与混凝土墙连接时，梁长算到混凝土墙的侧面。

5）对于圈梁的长度，外墙上按外墙中心线计算，内墙按净长线计算。

提示：圈梁和过梁连接时应该分开列项，工程量分别为：

① 圈梁 $V_{圈梁}$＝（圈梁长度－过梁长度）×截面面积

② 过梁 $V_{过梁}$＝(门窗洞口宽＋0.5)×截面面积

5.7.4 现浇混凝土墙

(1)《房屋建筑与装饰工程工程量计算规范》中关于现浇混凝土墙的解释说明

在《房屋建筑与装饰工程工程量计算规范》(GB 50854—2013) 附录 E（混凝土及钢筋混凝土工程）中，对现浇混凝土墙工程量清单的项目设置、项目特征描述的内容、计量单位及工程量计算规则等做出了详细的规定。表 5-32 列出了现浇混凝土墙部分常用项目的相关内容。

表 5-32 现浇混凝土墙（编号：010504）

项目编码	项目名称	项目特征	计量单位	工程量计算规则	工作内容
010504001	直形墙	1. 混凝土类别 2. 混凝土强度等级	m^3	按设计图示尺寸以体积计算 扣除门窗洞口及单个面积＞0.3m^2的孔洞所占体积，墙垛及突出墙面部分并入墙体体积内计算	1. 模板及支架（撑）制作、安装、拆除、堆放、运输及清理模内杂物、刷隔离剂等 2. 混凝土制作、运输、浇筑、振捣、养护
010504002	弧形墙				
010504003	短肢剪力墙				
010504004	挡土墙				

注：表中，短肢剪力墙是指截面厚度不大于300mm、各肢截面高度与厚度之比的最大值大于4但不大于8的剪力墙；各肢截面高度与厚度之比的最大值不大于4的剪力墙按柱项目编码列项。

（2）现浇混凝土墙的清单工程量和定额工程量计算规则

现浇混凝土墙的清单工程量计算规则和定额工程量计算规则完全一样，均是按设计图示长度（外墙按中心线，内墙按净长线计算）乘以墙高及厚度以“m^3”计算，《河南省房屋建筑与装饰工程预算定额》（2016 版）还规定应扣除门窗洞口及 0.3m^2 以外孔洞的所占体积，墙垛及凸出部分并入墙体积内计算，直行墙中门窗洞口上的梁并入墙体积，短肢剪力墙结构砌体内门窗洞口上的梁并入梁体积。

5.7.5 现浇混凝土板

（1）《房屋建筑与装饰工程工程量计算规范》中关于现浇混凝土板的解释说明

现浇混凝土板包括：有梁板、无梁板、平板、拱板、薄壳板、栏板、天沟（檐沟）、挑檐板、雨篷、悬挑板、阳台板和其他板等。在《房屋建筑与装饰工程工程量计算规范》（GB 50854—2013）附录 E（混凝土及钢筋混凝土工程）中，对现浇混凝土板工程量清单的项目设置、项目特征描述的内容、计量单位及工程量计算规则等做出了详细的规定。表 5-33 列出了现浇混凝土板部分常用项目的相关内容。

表 5-33 现浇混凝土板（编号：010505）

项目编码	项目名称	项目特征	计量单位	工程量计算规则	工作内容
010505001	有梁板	1. 混凝土种类 2. 混凝土强度等级	m^3	按设计图示尺寸以体积计算，不扣除单个面积≤0.3m^2的柱、垛以及孔洞所占体积 压形钢板混凝土楼板扣除构件内压形钢板所占体积 有梁板（包括主、次梁与板）按梁、板体积之和计算，无梁板按板和柱帽体积之和计算，各类板伸入墙内的板头并入板体积内，薄壳板的肋、基梁并入薄壳体积内计算	1. 模板及支架（撑）制作、安装、拆除、堆放、运输及清理模内杂物、刷隔离剂等 2. 混凝土制作、运输、浇筑、振捣、养护
010505002	无梁板				
010505003	平板				
010505008	雨篷、悬挑板、阳台板			按设计图示尺寸以墙外部分体积计算。包括伸出墙外的牛腿和雨篷反挑檐的体积	
010505009	空心板			按设计图示尺寸以体积计算。空心板（GBF 高强薄壁蜂巢芯板等）应扣除空心部分体积	
010505010	其他板			按设计图示尺寸以体积计算	

（2）现浇混凝土板的清单工程量和定额工程量计算规则

现浇混凝土板的清单工程量和定额工程量计算规则完全一样，均是按设计图示尺寸以体积计算，不扣除构件内钢筋、预埋铁件及单个面积≤0.3m^2 的柱、垛以及孔洞所占体积，压形钢板混凝土楼板扣除构件内压形钢板所占体积。具体又分为以下几种情况。

1）有梁板（包括主、次梁与板）　其工程量按梁、板体积之和计算，如图5-55(a)所示。

2）无梁板　是指不带梁，直接用柱头支撑的板，其工程量按板和柱帽体积之和计算，如图5-55(b)所示。

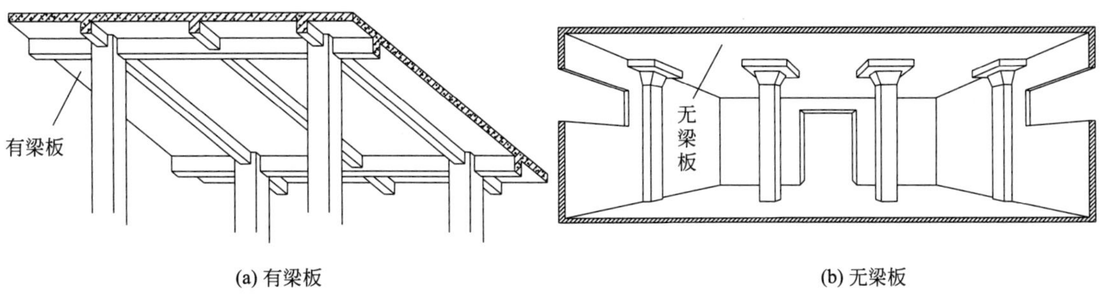

图5-55　有梁板、无梁板示意图

3）平板　是指无梁无柱，四边直接搁在圈梁或承重墙上的板，其工程量按板实体体积计算。有多种板连接时，应以墙中心线划分。

提示：《河南省房屋建筑与装饰工程预算定额》(2016版）对有梁板和平板的定义有所不同。此定额中有梁板及平板的区分。如图5-56所示。

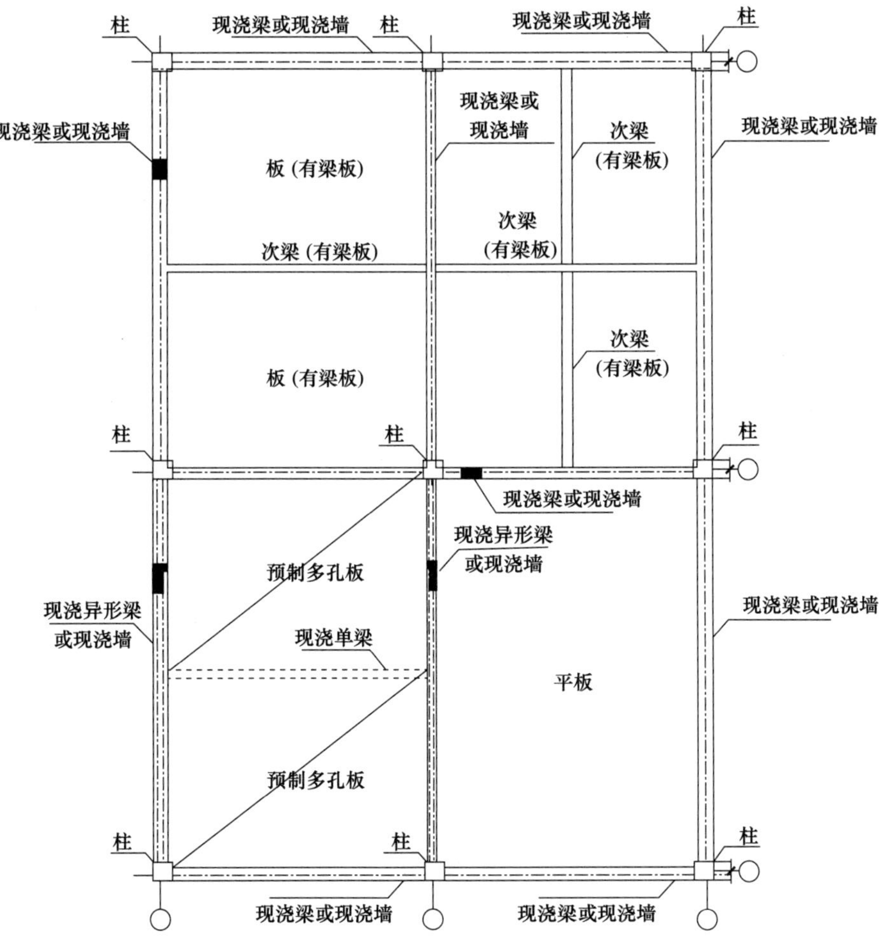

图5-56　现浇梁、板区分示意图

4）雨篷、悬挑板和阳台板　按设计图示尺寸以墙外部分体积计算，包括伸出墙外的牛腿和雨篷反挑檐的体积。

现浇挑檐、天沟板、雨篷、阳台与板（包括屋面板、楼板）连接时，以外墙外边线为分界线；与圈梁（包括其他梁）连接时，以梁外边线为分界线。外边线以外为挑檐、天沟、雨篷或阳台。如图 5-57 所示。

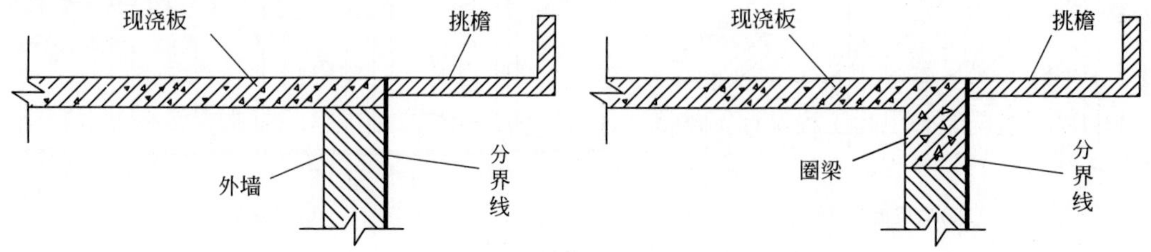

图 5-57　挑檐与现浇混凝土板及梁的分界线

5）各类板伸入墙内的板头并入板体积内，薄壳板的肋、基梁并入薄壳体积内计算。

【例 5-13】　如图 5-58 所示，若屋面设计为挑檐排水，挑檐混凝土强度等级为 C25，试计算挑檐混凝土的工程量。

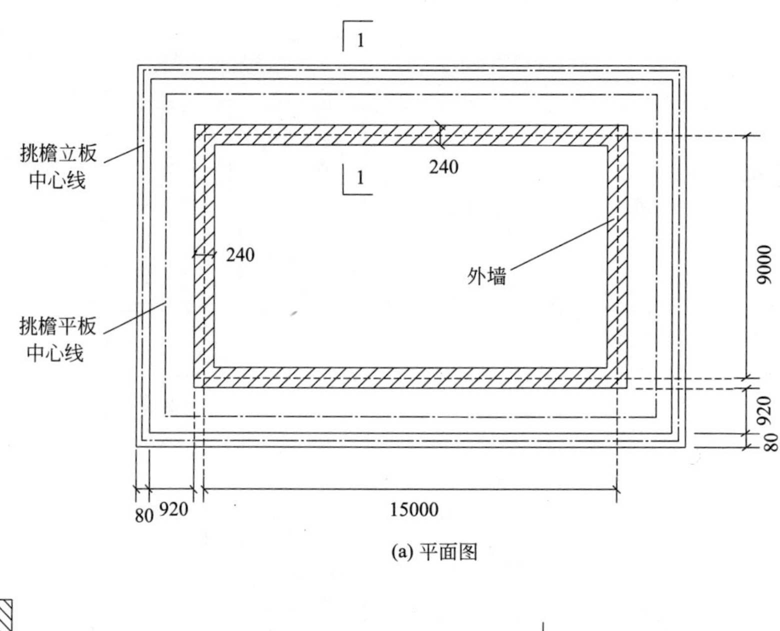

(a) 平面图

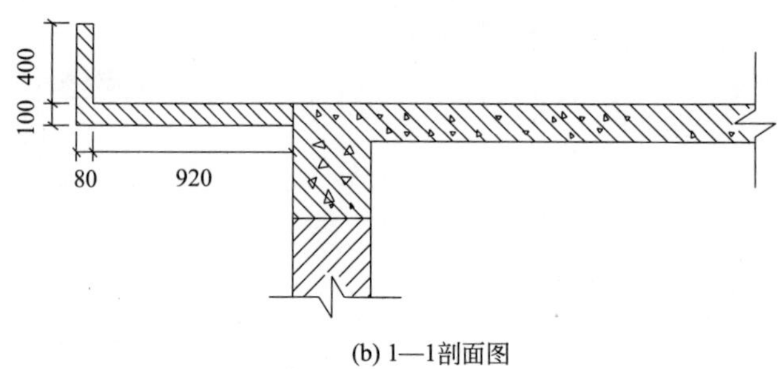

(b) 1—1剖面图

图 5-58　【例 5-13】图

【解】　① 挑檐平板中心线长：$L_{平板}=[(15+0.24+1)+(9+0.24+1)]\times2=52.96$（m）

② 挑檐立板中心线长：$L_{立板}=[15+0.24+(1-0.08\div2)\times2+9+0.24+(1-0.08\div2)$

×2]×2=56.64（m）

③ 挑檐平板断面积：$S_{平板}=0.1\times1=0.1$（m^2）

④ 挑檐立板断面积：$S_{立板}=0.4\times0.08=0.032$（$m^2$）

⑤ 挑檐的工程量：$V=S_{平板}L_{平板}+S_{立板}L_{立板}=0.1\times52.96+0.032\times56.64=7.11$（$m^3$）

5.7.6 整体楼梯

(1)《房屋建筑与装饰工程工程量计算规范》中关于现浇混凝土楼梯的解释说明

在《房屋建筑与装饰工程工程量计算规范》(GB 50854—2013) 附录E（混凝土及钢筋混凝土工程）中，对现浇混凝土楼梯工程量清单的项目设置、项目特征描述的内容、计量单位及工程量计算规则等做出了详细的规定。表5-34列出了现浇混凝土楼梯部分常用项目的相关内容。

表5-34 现浇混凝土楼梯（编号：010506）

项目编码	项目名称	项目特征	计量单位	工程量计算规则	工作内容
010506001	直形楼梯	1. 混凝土种类 2. 混凝土强度等级	1. m^2 2. m^3	1. 以“m^2”计量，按设计图示尺寸以水平投影面积计算。不扣除宽≤500mm的楼梯井，伸入墙内部分不计算 2. 以“m^3”计量，按设计图示尺寸以体积计算	1. 模板及支架（撑）制作、安装、拆除、堆放、运输及清理模内杂物、刷隔离剂等 2. 混凝土制作、运输、浇筑、振捣、养护
010506002	弧形楼梯				

(2) 现浇混凝土楼梯的清单工程量计算规则

现浇混凝土楼梯的清单工程量有两种计量方法。

1) 以“m^2”计量，按设计图示尺寸以水平投影面积计算。不扣除宽度（c）≤500mm的楼梯井，伸入墙内部分不计算。如图5-59所示，整体楼梯的工程量为：

① 当$c\leqslant500$mm时，整体楼梯的工程量 $S=BL$

② 当$c>500$mm时，整体楼梯的工程量 $S=BL-cx$

式中 B——楼梯间的净宽；

L——楼梯间的净长；

c——楼梯井的宽度；

x——楼梯井的水平投影长度。

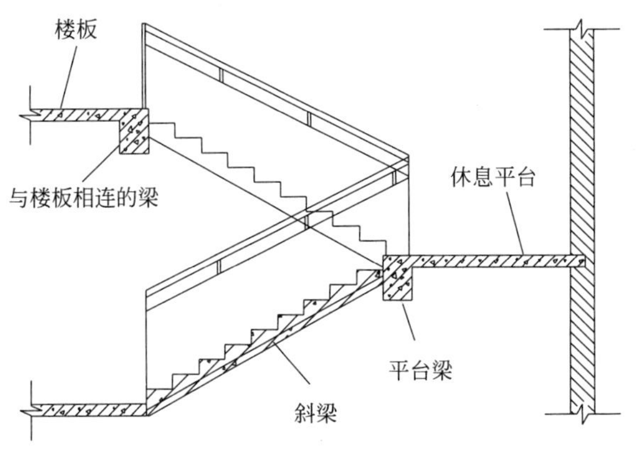

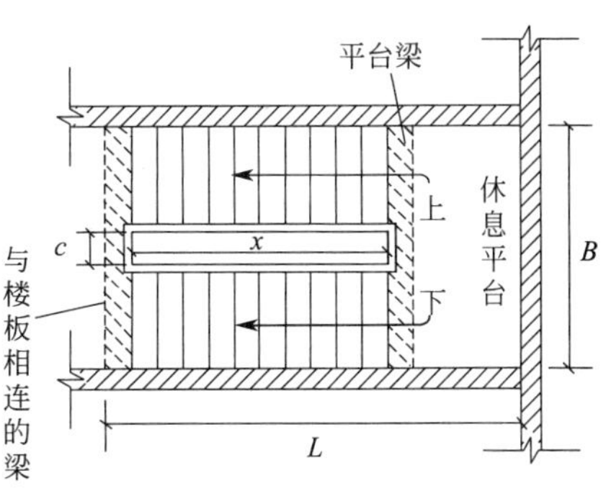

图5-59 有楼梯-楼板相连梁的整体楼梯

提示：整体楼梯（包括直形楼梯、弧形楼梯）的水平投影面积包括休息平台、平台梁、斜梁和楼梯的连接梁。当整体楼梯与现浇楼板无梯梁连接时，以楼梯的最后一个踏步边缘加300mm为界，如图5-60所示。

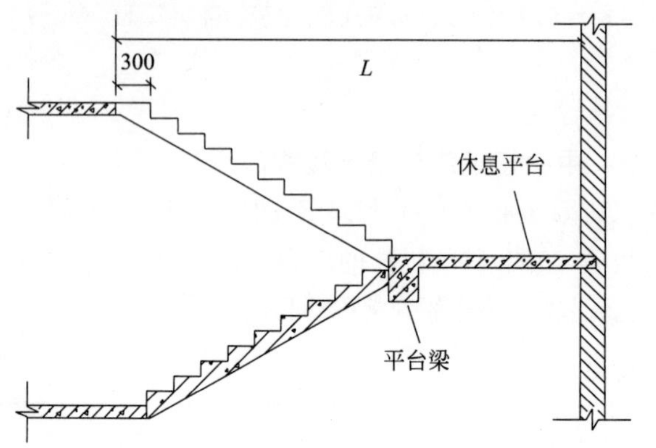

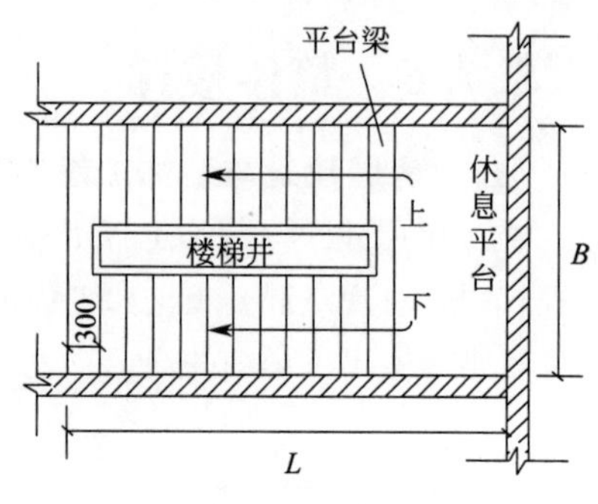

图5-60　无楼梯-楼板相连梁的整体楼梯

2）以“m^3”计量，按设计图示尺寸以体积计算。

(3) 现浇混凝土楼梯的定额工程量计算规则

楼梯按设计图示尺寸以水平投影面积计算。不扣除宽度小于500mm的楼梯井，伸入墙内部分不计算。当整体楼梯与现浇楼板无梯梁连接时，以楼梯的最后一个踏步边缘加300mm为界。但楼梯基础、栏杆、扶手，应另列项目套用相应定额计算。楼梯水平投影面积包括休息平台、平台梁、斜梁和楼梯的连接梁。

5.7.7　现浇混凝土其他构件

(1)《房屋建筑与装饰工程工程量计算规范》中关于现浇混凝土其他构件的解释说明

在《房屋建筑与装饰工程工程量计算规范》（GB 50854—2013）附录E（混凝土及钢筋混凝土工程）中，对现浇混凝土其他构件工程量清单的项目设置、项目特征描述的内容、计量单位及工程量计算规则等做出了详细的规定。表5-35列出了现浇混凝土其他构件部分常用项目的相关内容。

表5-35　现浇混凝土其他构件（编号：010507）

项目编码	项目名称	项目特征	计量单位	工程量计算规则	工作内容
010507001	散水、坡道	1. 垫层材料种类、厚度 2. 面层厚度 3. 混凝土类别 4. 混凝土强度等级 5. 变形缝填塞材料种类	m^2	按设计图示尺寸以水平投影面积计算。不扣除单个面积≤0.3m^2的孔洞所占面积	1. 地基夯实 2. 铺设垫层 3. 模板及支撑制作、安装、拆除、堆放、运输及清理模内杂物、刷隔离剂等 4. 混凝土制作、运输、浇筑、振捣、养护 5. 变形缝填塞
010507002	室外地坪	1. 地坪厚度 2. 混凝土强度等级			
010507004	台阶	1. 踏步高、宽 2. 混凝土种类 3. 混凝土强度等级	1. m^2 2. m^3	1. 以“m^2”计量，按设计图示尺寸以水平投影面积计算 2. 以“m^3”计量，按设计图示尺寸以体积计算	1. 模板及支撑制作、安装、拆除、堆放、运输及清理模内杂物、刷隔离剂等 2. 混凝土制作、运输、浇筑、振捣、养护

续表

项目编码	项目名称	项目特征	计量单位	工程量计算规则	工作内容
010507005	扶手、压顶	1. 断面尺寸 2. 混凝土种类 3. 混凝土强度等级	1. m 2. m^3	1. 以"m"计量，按设计图示的中心线延长米计算 2. 以"m^3"计量，按设计图示尺寸以体积计算	1. 模板及支架（撑）制作、安装、拆除、堆放、运输及清理模内杂物、刷隔离剂等 2. 混凝土制作、运输、浇筑、振捣、养护

(2) 现浇混凝土其他构件的清单工程量计算规则

1）散水、坡道、室外地坪的清单工程量　按设计图示尺寸以水平投影面积计算，不扣除单个面积在 $0.3m^2$ 以下孔洞所占面积。

2）台阶的清单工程量　台阶的清单工程量计算规则以下两种。

① 以"m^2"计量，按设计图示尺寸以水平投影面积计算。

② 以"m^3"计量，按设计图示尺寸以体积计算。

提示： 1. 台阶与平台连接时，其分界线以最上层踏步外沿加 300mm 计算。

2. 架空式混凝土台阶，按现浇楼梯计算。

3）扶手、压顶的清单工程量计算规则

① 以"m"计量，按设计图示尺寸的中心线延长米计算。

② 以"m^3"计量，按设计图示尺寸以体积计算。

(3) 现浇混凝土其他构件的定额工程量计算规则

1）散水、台阶的计价工程量　按设计图示尺寸以水平投影面积计算。台阶和平台连接时其投影面积应以最上层踏步外沿加 300mm 计算。

2）扶手、压顶的计价工程量　按设计图示尺寸以体积计算，伸入砖墙内的扶手应并入扶手体积计算。

5.7.8 预制混凝土

(1)《房屋建筑与装饰工程工程量计算规范》中关于预制混凝土的解释说明

在《房屋建筑与装饰工程工程量计算规范》(GB 50854—2013) 附录 E（混凝土及钢筋混凝土工程）中，对预制混凝土工程量清单的项目设置、项目特征描述的内容、计量单位及工程量计算规则等做出了详细的规定。表 5-36～表 5-40 列出了预制混凝土部分常用项目的相关内容。

表 5-36　预制混凝土柱（编号：010509）

项目编码	项目名称	项目特征	计量单位	工程量计算规则	工作内容
010509001	矩形柱	1. 图代号 2. 单件体积 3. 安装高度 4. 混凝土强度等级 5. 砂浆（细石混凝土）强度等级、配合比	1. m^3 2. 根	1. 以"m^3"计量，按设计图示尺寸以体积计算 2. 以根计量，按设计图示尺寸以数量计算	1. 模板制作、安装、拆除、堆放、运输及清理模内杂物、刷隔离剂等 2. 混凝土制作、运输、浇筑、振捣、养护 3. 构件运输、安装 4. 砂浆制作、运输 5. 接头灌缝、养护

表 5-37　预制混凝土梁（编号：010510）

项目编码	项目名称	项目特征	计量单位	工程量计算规则	工作内容
010510001	矩形梁	1. 图代号 2. 单件体积 3. 安装高度 4. 混凝土强度等级 5. 砂浆（细石混凝土）强度等级、配合比	1. m^3 2. 根	1. 以“m^3”计量，按设计图示尺寸以体积计算 2. 以根计量，按设计图示尺寸以数量计算	1. 模板制作、安装、拆除、堆放、运输及清理模内杂物、刷隔离剂等 2. 混凝土制作、运输、浇筑、振捣、养护 3. 构件运输、安装 4. 砂浆制作、运输 5. 接头灌缝、养护
010510002	异形梁				
010510003	过梁				

表 5-38　预制混凝土板（编号：010512）

项目编码	项目名称	项目特征	计量单位	工程量计算规则	工作内容
010512001	平板	1. 图代号 2. 单件体积 3. 安装高度 4. 混凝土强度等级 5. 砂浆（细石混凝土）强度等级、配合比	1. m^3 2. 块	1. 以“m^3”计量，按设计图示尺寸以体积计算。不扣除单个面积≤300mm×300mm的孔洞所占体积，扣除空心板空洞体积 2. 以块计量，按设计图示尺寸以数量计算	1. 模板制作、安装、拆除、堆放、运输及清理模内杂物、刷隔离剂等 2. 混凝土制作、运输、浇筑、振捣、养护 3. 构件运输、安装 4. 砂浆制作、运输 5. 接头灌缝、养护
010512002	空心板				

表 5-39　预制混凝土楼梯（编号：010513）

项目编码	项目名称	项目特征	计量单位	工程量计算规则	工作内容
010513001	楼梯	1. 楼梯类型 2. 单件体积 3. 混凝土强度等级 4. 砂浆（细石混凝土）强度等级、配合比	1. m^3 2. 段	1. 以“m^3”计量，按设计图示尺寸以体积计算。扣除空心踏步板空洞体积 2. 以段计量，按设计图示数量计算	1. 模板制作、安装、拆除、堆放、运输及清理模内杂物、刷隔离剂等 2. 混凝土制作、运输、浇筑、振捣、养护 3. 构件运输、安装 4. 砂浆制作、运输 5. 接头灌缝、养护

表 5-40　其他预制构件（编号：010514）

项目编码	项目名称	项目特征	计量单位	工程量计算规则	工作内容
010514001	垃圾道、通风道、烟道	1. 单件体积 2. 混凝土强度等级 3. 砂浆强度等级	1. m^3 2. m^2 3. 根（块、套）	1. 以“m^3”计量，按设计图示尺寸以体积计算。不扣除单个面积≤300mm×300mm的孔洞所占体积，扣除烟道、垃圾道、通风道的孔洞所占体积 2. 以“m^2”计量，按设计图示尺寸以面积计算。不扣除单个面积≤300mm×300mm的孔洞所占面积 3. 以根计量，按设计图示尺寸以数量计算	1. 模板制作、安装、拆除、堆放、运输及清理模内杂物、刷隔离剂等 2. 混凝土制作、运输、浇筑、振捣、养护 3. 构件运输、安装 4. 砂浆制作、运输 5. 接头灌缝、养护
010514002	其他构件	1. 单件体积 2. 构件的类型 3. 混凝土强度等级 4. 砂浆强度等级			

注：1. 以块、根计量，必须描述单件体积。

2. 预制钢筋混凝土小型池槽、压顶、扶手、垫块、隔热板、花格等，应按本表中其他构件项目编码列项。

(2) 预制混凝土的定额工程量计算规则

预制混凝土的定额工程量按图示尺寸以体积计算，不扣除构件内钢筋、铁件及小于0.3m^2以内孔洞的所占体积。

预制混凝土构件接头灌缝，均按预制混凝土构件体积计算。

5.7.9 钢筋工程

(1) 钢筋及其种类

钢筋是配置在钢筋混凝土及预应力钢筋混凝土构件中的钢条或钢丝的总称，其横截面为圆形，有时为带有圆角的方形。

钢筋种类很多，按轧制外形可分为光圆钢筋、带肋钢筋和扭转钢筋；按在结构中的用途可分为现浇混凝土钢筋、预制构件钢筋、钢筋网片和钢筋笼等。

(2)《房屋建筑与装饰工程工程量计算规范》中关于钢筋工程的解释说明

钢筋在混凝土中主要承受拉应力，变形钢筋由于肋的作用，和混凝土有较大的黏结能力，因而能更好地承受外力的作用。在《房屋建筑与装饰工程工程量计算规范》(GB 50854—2013) 附录E（混凝土及钢筋混凝土工程）中，对钢筋工程工程量清单的项目设置、项目特征描述的内容、计量单位及工程量计算规则等做出了详细的规定。表5-41列出了部分常用项目的相关内容。

表5-41 钢筋工程（编号：010515）

项目编码	项目名称	项目特征	计量单位	工程量计算规则	工作内容
010515001	现浇构件钢筋	钢筋种类、规格	t	按设计图示钢筋（网）长度（面积）乘单位理论质量计算	1. 钢筋制作、运输 2. 钢筋安装 3. 焊接（绑扎）
010515002	预制构件钢筋				
010515003	钢筋网片				1. 钢筋网制作、运输 2. 钢筋网安装 3. 焊接（绑扎）
010515004	钢筋笼				1. 钢筋笼制作、运输 2. 钢筋笼安装 3. 焊接（绑扎）

(3) 钢筋的清单工程量计算规则

现浇构件钢筋、预制构件钢筋、钢筋网片和钢筋笼的清单工程量应区别不同种类和规格，按设计图示钢筋（网）长度（面积）乘以单位理论质量以“t”计算。

$$Q_{钢筋}=L_{钢筋长度}\times 钢筋单位理论质量$$

或

$$Q_{钢筋}=S_{钢筋网面积}\times 钢筋网单位理论质量$$

提示：1. 现浇构件中伸出构件的锚固钢筋应并入钢筋工程量内。除设计（包括规范规定）标明的搭接外，其他施工搭接不计算工程量，在综合单价中综合考虑。

2. 现浇构件中固定位置的支撑钢筋、双层钢筋用的“铁马”在编制工程量清单时，如果设计未明确，其工程数量可为暂估量，结算时按现场签证数量计算。

其中，钢筋单位理论质量，见表5-42。

表 5-42　钢筋理论质量表

品种	圆钢筋		螺纹钢筋	
直径/mm	截面/100mm²	理论质量/(kg/m)	截面/100mm²	理论质量/(kg/m)
4	0.126	0.099	—	—
5	0.196	0.154	—	—
6	0.283	0.222	—	—
6.5	0.332	0.260	—	—
8	0.503	0.395	—	—
10	0.785	0.617	0.785	0.062
12	1.131	0.888	1.131	0.089
14	1.539	1.21	1.54	1.21
16	2.011	1.58	2.0	1.58
18	2.545	2.00	2.54	2.00
20	3.142	2.47	3.14	2.47
22	3.801	2.98	3.80	2.98
25	4.909	3.85	4.91	3.85
28	6.158	4.83	6.16	4.83
30	7.069	5.55	—	—
32	8.042	6.31	8.04	6.31
40	12.561	9.865	—	—

(4) 钢筋长度的确定

1) 影响钢筋长度的主要因素

① 混凝土的保护层

为了使钢筋在构件中不被锈蚀，加强钢筋与混凝土的黏结力，在各种构件中的钢筋外面，必须要有一定厚度的混凝土，这层混凝土就被称为保护层。保护层的厚度因混凝土构件种类和所处环境类别不同而取不同数值。

根据《混凝土结构施工图平面整体表示方法制图规则和构造详图》(16G101-1)（以下简称16G101-1平法制图规则），混凝土结构的环境类别见表5-43，混凝土保护层的最小厚度，见表5-44。

表 5-43　混凝土结构的环境类别

环境类别	条件
一	室内干燥环境；无侵蚀性静水浸没环境
二 a	室内潮湿环境；非严寒和非寒冷地区的露天环境；非严寒和非寒冷地区与无侵蚀性的水或土壤接触的环境；严寒和寒冷地区的冰冻线以下与无侵蚀的水或土壤直接接触的环境
二 b	干湿交替环境；水位频繁变动环境；严寒和寒冷地区的露天环境；严寒和寒冷地区直接冰冻线以上与无侵蚀性的水或土壤直接接触的环境
三 a	严寒和寒冷地区冬季水位变动区环境；受除冰盐影响环境；海风环境
三 b	盐渍土环境；受除冰盐作用环境；海岸环境
四	海水环境
五	受人为或自然的侵蚀性物质影响的环境

注：1. 室内潮湿环境是指构件表面经常处于结露或湿润状态的环境。

2. 严寒和寒冷地区的划分应符合现行国家标准《民用建筑热工设计规范》(GB 50176—2016) 的有关规定。

3. 海岸环境和海风环境宜根据当地情况，考虑主导风向及机构所处迎风、背风部位等因素的影响，由调查研究和工作经验确定。

4. 受除冰盐影响环境为受除冰盐盐雾影响的环境；受除冰盐作用环境指被除冰盐溶液溅射的环境以及使用除冰盐地区的洗车房、停车楼等建筑。

5. 暴露的环境是指混凝土结构表面所处的环境。

表 5-44 混凝土保护层的最小厚度 单位：mm

环境类别	板、墙	梁、柱
一	15	20
二 a	20	25
二 b	25	35
三 a	30	40
三 b	40	50

注：1. 表中混凝土保护层厚度指最外层钢筋外边缘至混凝土表面的距离，适用于设计使用年限为 50 年的混凝土结构。

2. 构件中受力钢筋的保护层厚度不应小于钢筋公称直径。

3. 一类环境中，设计使用年限为 100 年的结构最外层钢筋的保护层厚度不应小于表中数值的 1.4 倍；二、三类环境中，设计使用年限为 100 年的结构应采取专门的有效措施。

4. 混凝土强度等级不大于 C25 时，表中保护层厚度应增加 5mm。

5. 基础底面钢筋的保护层厚度，有混凝土垫层时应从垫层顶面算起，且不应小于 40mm。

② 钢筋的锚固长度

对受拉钢筋的锚固长度来说，16G101-1 平法制图规则给出了具体的规定。受拉钢筋的锚固长度见表 5-45，受拉钢筋抗震锚固长度见表 5-46。

提示： *关于受拉钢筋基本锚固长度 l_{ab} 及抗震设计时受拉钢筋基本锚固长度 l_{abE} 可以参照 16G101-1 平法制图规则第 57 页。*

③ 钢筋的末端弯钩增加长度

弯钩增加的长度与钢筋弯钩的形式有关，对于Ⅰ级钢筋而言，钢筋弯心直径为 2.5d，平直部分为 3d。一个直弯钩增加长度的理论计算值为 3.5d，一个斜弯钩增加长度的理论计算值为 4.9d，一个半圆弯钩增加长度的理论计算值为 6.25d，如图 5-61 所示。

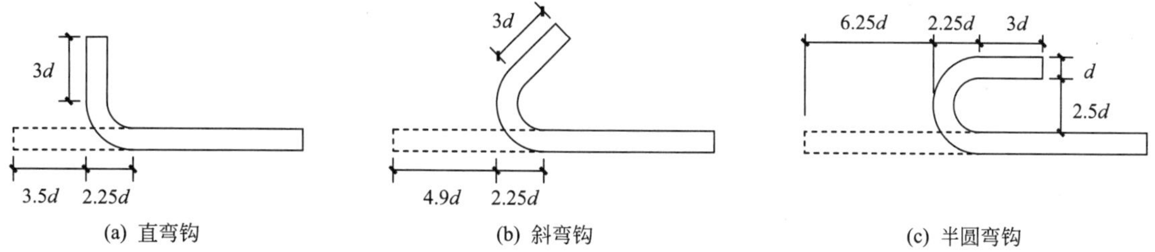

图 5-61 （Ⅰ级）钢筋弯钩增加长度示意图

④ 钢筋的中间弯起增加长度

中间弯起钢筋的弯起角度一般有 30°、45°、60°三种，由于钢筋带有弯起，造成钢筋弯起段长度大于平直段长度，如图 5-62 所示。钢筋弯起段增加的长度可按表 5-47 计算。

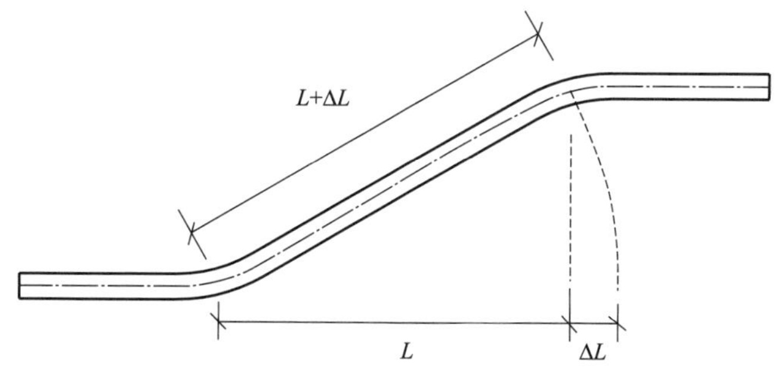

图 5-62 弯起钢筋增加长度示意图

表 5-45　受拉钢筋锚固长度 l_a

单位：mm

钢筋种类	混凝土强度等级																
	C20	C25		C30		C35		C40		C45		C50		C55		≥C60	
	$d\leqslant25$	$d\leqslant25$	$d>25$	$d\leqslant25$	$d>25$	$d\leqslant25$	$d>25$	$d\leqslant25$	$d>25$	$d\leqslant25$	$d>25$	$d\leqslant25$	$d>25$	$d\leqslant25$	$d>25$	$d\leqslant25$	$d>25$
HPB300	39*d*	34*d*	—	30*d*	—	28*d*	—	25*d*	—	24*d*	—	23*d*	—	22*d*	—	21*d*	—
HRB335、HRBF335	38*d*	33*d*	—	29*d*	—	27*d*	—	25*d*	—	23*d*	—	22*d*	—	21*d*	—	21*d*	—
HRB400、HRBF400、RRB400	—	40*d*	44*d*	35*d*	39*d*	32*d*	35*d*	29*d*	32*d*	28*d*	31*d*	27*d*	30*d*	26*d*	29*d*	25*d*	28*d*
HRB500、HRBF500	—	48*d*	53*d*	43*d*	47*d*	39*d*	43*d*	36*d*	40*d*	34*d*	37*d*	32*d*	35*d*	31*d*	34*d*	30*d*	33*d*

表 5-46　受拉钢筋抗震锚固长度 l_{aE}

单位：mm

钢筋种类及抗震等级		混凝土强度等级																
		C20	C25		C30		C35		C40		C45		C50		C55		≥C60	
		$d\leqslant25$	$d\leqslant25$	$d>25$	$d\leqslant25$	$d>25$	$d\leqslant25$	$d>25$	$d\leqslant25$	$d>25$	$d\leqslant25$	$d>25$	$d\leqslant25$	$d>25$	$d\leqslant25$	$d>25$	$d\leqslant25$	$d>25$
HPB300	一、二级	45*d*	39*d*	—	35*d*	—	32*d*	—	29*d*	—	28*d*	—	26*d*	—	25*d*	—	24*d*	—
	三级	41*d*	36*d*	—	32*d*	—	29*d*	—	26*d*	—	25*d*	—	24*d*	—	23*d*	—	22*d*	—
HRB335、HRBF335	一、二级	44*d*	38*d*	—	33*d*	—	31*d*	—	29*d*	—	26*d*	—	25*d*	—	24*d*	—	24*d*	—
	三级	40*d*	35*d*	—	30*d*	—	28*d*	—	26*d*	—	24*d*	—	23*d*	—	22*d*	—	22*d*	—
HRB400、HRBF400	一、二级	—	46*d*	51*d*	40*d*	45*d*	37*d*	40*d*	33*d*	37*d*	32*d*	36*d*	31*d*	35*d*	30*d*	33*d*	29*d*	32*d*
	三级	—	42*d*	46*d*	37*d*	41*d*	34*d*	37*d*	30*d*	34*d*	29*d*	33*d*	28*d*	32*d*	27*d*	30*d*	26*d*	29*d*
HRB500、HRBF500	一、二级	—	55*d*	61*d*	49*d*	54*d*	45*d*	49*d*	41*d*	46*d*	39*d*	43*d*	37*d*	40*d*	36*d*	39*d*	35*d*	38*d*
	三级	—	50*d*	56*d*	45*d*	49*d*	41*d*	45*d*	38*d*	42*d*	36*d*	39*d*	34*d*	37*d*	33*d*	36*d*	32*d*	35*d*

注：1. 当为环氧树脂涂层带肋钢筋时，表中数据尚应乘以 1.25。

2. 当纵向受拉钢筋在施工过程中易受扰动时，表中数据尚应乘以 1.1。

3. 当锚固长度范围内纵向受力钢筋周边保护层厚度为 3*d*、5*d*（*d* 为锚固钢筋的直径）时，表中数据可分别乘以 0.8、0.7；中间时按内插值。

4. 当纵向受拉普通钢筋锚固长度修正系数（注 1～注 3）多于一项时，可按连乘计算。

5. 受拉钢筋的锚固长度 l_a、l_{aE} 计算值不应小于 200mm。

6. 四级抗震时，$l_{aE}=l_a$。

7. 当锚固钢筋的保护层厚度不大于 5*d* 时，锚固钢筋长度范围内应设置横向构造钢筋，其直径不应小于 *d*/4（*d* 为锚固钢筋的最大直径）；对梁、柱等构件间距不应大于 5*d*，对板、墙等构件间距不应大于 10*d*，且均不应大于 100mm（*d* 为锚固钢筋的最小直径）。

表 5-47 弯起钢筋增加长度

弯起角度	$\theta=30°$	$\theta=45°$	$\theta=60°$
示意图	$\theta=30°$ h L	$\theta=45°$ h L	$\theta=60°$ h L
弯起增加长度	$\Delta L=0.268h$	$\Delta L=0.414h$	$\Delta L=0.577h$

⑤ 钢筋的接头

钢筋接头有三种连接方法，即：绑扎搭接接头、焊接接头、机械连接接头。

绑扎搭接接头使用条件有一定的限制，即搭接处接头可靠、必须有足够的搭接长度，其纵向受拉钢筋搭接长度在16G101-1平法制图规则给出了具体的规定，见表5-48。

提示： 纵向受拉钢筋抗震搭接长度 l_{lE} 详见16G1010-1平法制图规则第61页。

在计算钢筋工程量时，设计已规定钢筋搭接长度的，按规定搭接长度计算。除设计（包括规范规定）标明的搭接外，其他施工搭接不计算工程量，在综合单价中综合考虑。钢筋焊接、机械连接按接头个数计算。

2）钢筋的长度

钢筋长度的计算分为以下几种情况。

①两端无弯钩的直钢筋

钢筋长度＝构件长度－两端保护层的厚度

②有弯钩的直钢筋

钢筋长度＝构件长度－两端保护层的厚度＋两端弯钩的长度

③有弯起的钢筋

钢筋长度＝构件长度－两端保护层厚度＋弯起钢筋增加的长度＋两端弯钩的长度

④箍筋

a. 箍筋的长度

箍筋长度＝每一构件箍筋根数×每箍长度

其中，箍筋根数取决于箍筋间距和箍筋配置的范围，而配置范围为构件长度减去两端保护层厚度。此外，考虑到实际施工时柱和梁的两头都需要放置钢筋，因此，对于直构件：

箍筋个数＝（构件长－2×保护层）/间距＋1

对于环形构件：

箍筋个数＝（构件长－2×保护层）/间距

b. 每箍长度计算

每箍长度＝每根箍筋的外皮尺寸周长＋箍筋两端弯钩的增加长度
＝构件断面周长－8×混凝土保护层厚度
＋箍筋两端弯钩的增加长度

表 5-48　纵向受拉钢筋搭接长度 l_l

钢筋种类及同一区段内搭接钢筋面积百分率		混凝土强度等级																
		C20	C25		C30		C35		C40		C45		C50		C55		≥C60	
		$d \leqslant 25$	$d \leqslant 25$	$d > 25$	$d \leqslant 25$	$d > 25$	$d \leqslant 25$	$d > 25$	$d \leqslant 25$	$d > 25$	$d \leqslant 25$	$d > 25$	$d \leqslant 25$	$d > 25$	$d \leqslant 25$	$d > 25$	$d \leqslant 25$	$d > 25$
HPB300	≤25%	47*d*	41*d*	—	36*d*	—	34*d*	—	30*d*	—	29*d*	—	28*d*	—	26*d*	—	25*d*	—
	50%	55*d*	48*d*	—	42*d*	—	39*d*	—	35*d*	—	34*d*	—	32*d*	—	31*d*	—	29*d*	—
	100%	62*d*	54*d*	—	48*d*	—	45*d*	—	40*d*	—	38*d*	—	37*d*	—	35*d*	—	34*d*	—
HRB335、HRBF335	≤25%	46*d*	40*d*	—	35*d*	—	32*d*	—	30*d*	—	28*d*	—	26*d*	—	25*d*	—	25*d*	—
	50%	53*d*	46*d*	—	41*d*	—	38*d*	—	35*d*	—	32*d*	—	31*d*	—	29*d*	—	29*d*	—
	100%	61*d*	53*d*	—	46*d*	—	43*d*	—	40*d*	—	37*d*	—	35*d*	—	34*d*	—	34*d*	—
HRB400、HRBF400、RRB400	≤25%	—	48*d*	53*d*	42*d*	47*d*	38*d*	42*d*	35*d*	38*d*	34*d*	37*d*	32*d*	36*d*	31*d*	35*d*	30*d*	34*d*
	50%	—	56*d*	62*d*	49*d*	55*d*	45*d*	49*d*	41*d*	45*d*	39*d*	43*d*	38*d*	42*d*	36*d*	41*d*	35*d*	39*d*
	100%	—	64*d*	70*d*	56*d*	62*d*	51*d*	56*d*	46*d*	51*d*	45*d*	50*d*	43*d*	48*d*	42*d*	46*d*	40*d*	45*d*
HRB500、HRBF500	≤25%	—	58*d*	64*d*	52*d*	56*d*	47*d*	52*d*	43*d*	48*d*	42*d*	44*d*	38*d*	42*d*	37*d*	41*d*	36*d*	40*d*
	50%	—	67*d*	74*d*	60*d*	66*d*	55*d*	60*d*	50*d*	56*d*	48*d*	52*d*	45*d*	49*d*	43*d*	48*d*	42*d*	46*d*
	100%	—	77*d*	85*d*	69*d*	75*d*	62*d*	69*d*	58*d*	64*d*	54*d*	59*d*	51*d*	56*d*	50*d*	54*d*	48*d*	53*d*

按照设计要求，箍筋的两端均有弯钩，箍筋末端每个弯钩增加的长度按表5-49取定。

表5-49　箍筋弯钩增加长度

弯钩形式		90°	135°	180°
弯钩增加值	一般结构	5.5*d*	6.87*d*	8.25*d*
	抗震结构	10.5*d*	11.87*d*	13.25*d*

提示：为简便计算，每箍长度也可以近似地按梁柱的外围周长计算。

【例5-14】 如图5-63所示为某现浇C25混凝土矩形梁的配筋图，各号钢筋均为Ⅰ级圆钢筋。①、②、③、④号钢筋两端均有半圆弯钩，箍筋弯钩为抗震结构的斜弯钩。③、④号钢筋的弯起角度为45°。混凝土保护层厚度为25mm。矩形梁的两端均设箍筋。试求该矩形梁的钢筋清单工程量。

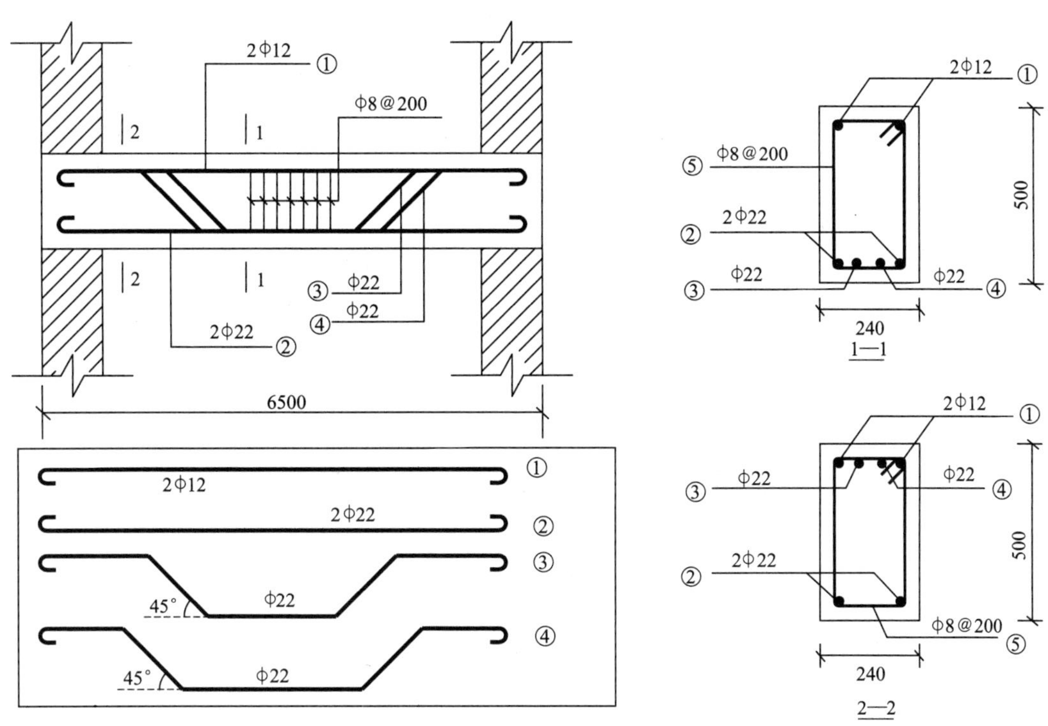

图5-63　现浇C25混凝土矩形梁的配筋图

【解】 ① ϕ12:(6.5－0.025×2＋8.25×0.012×2)×2×0.888＝11.81 (kg)

② ϕ22:(6.5－0.025×2＋8.25×0.022×2)×2×2.98＝40.61 (kg)

③ ϕ22:[6.5－0.025×2＋8.25×0.022×2＋0.41×(0.5－0.025×2)×2]×2.98＝21.40 (kg)

④ ϕ22:[6.5－0.025×2＋8.25×0.022×2＋0.41×(0.5－0.025×2)×2]×2.98＝21.14 (kg)

⑤ ϕ8:[(0.24＋0.5)×2－0.025×8＋11.87×0.008×2]×[(6.5－0.025×2)÷0.2＋1]×0.395＝20.99 (kg)

清单工程量计算表见表5-50。

表 5-50　清单工程量计算表

序号	项目编码	项目名称	项目特征描述	计量单位	工程量
1	010515001001	现浇构件钢筋	ϕ12	t	0.012
2	010515001002	现浇构件钢筋	ϕ22	t	0.041
3	010515001003	现浇构件钢筋	ϕ22	t	0.021
4	010515001004	现浇构件钢筋	ϕ22	t	0.021
5	010515001005	现浇构件钢筋	ϕ8	t	0.021

提示：在计算清单工程量时，关于最后结果的保留位数有以下三点规定。

① 以“t”为单位，应保留三位小数，第四位小数四舍五入；

② 以“m^3、m^2、m、kg”为单位，应保留两位小数，第三位小数四舍五入；

③ 以个、件、根、项、组、系统等为单位，应取整数。

(5) 钢筋的定额工程量计算规则

钢筋的定额工程量计算规则与清单工程量计算规则的主要区别如下。

① 清单规则中施工搭接（除设计表明的搭接外）不计算工程量，在综合单价中综合考虑。而预算定额计算钢筋工程量时，其搭接长度应按设计图示及规范要求计算；设计图示及规范要求未标明搭接长度的，也不另外计算搭接长度。

② 现浇构件中固定位置的支撑钢筋、双层钢筋用的“铁马”在编制工程量清单时，如果设计未明确，其工程数量可为暂估量，结算时按现场签证数量计算。预算定额则按施工组织设计的规定计算。

(6) 平法钢筋工程量计算

建筑结构施工图平面整体表示设计方法（简称平法）是把结构构件的尺寸和配筋等，按照平面整体表示法制图规则，整体直接表达在各类构件的结构平面布置图上，再与标准构造详图相配合，即构成一套新型完整的结构设计。目前的平法图集主要为 16G 平面系列。

1）框架梁钢筋工程量的计算　框架梁中钢筋主要包括：纵向受力筋、弯起筋、架立筋、箍筋、吊筋（当主梁上有次梁时，在次梁下的主梁中布置吊筋，承担次梁集中荷载产生的剪力）和腰筋（指受扭钢筋和构造钢筋，需用拉筋来固定）等。下面结合例题来学习框架梁钢筋的计算。

【例 5-15】 计算如图 5-64 所示现浇框架梁钢筋工程量。已知，混凝土强度等级为 C30，抗震类型为三级，保护层厚度为 25mm，采用焊接连接，钢筋选用规范 16G101-1。

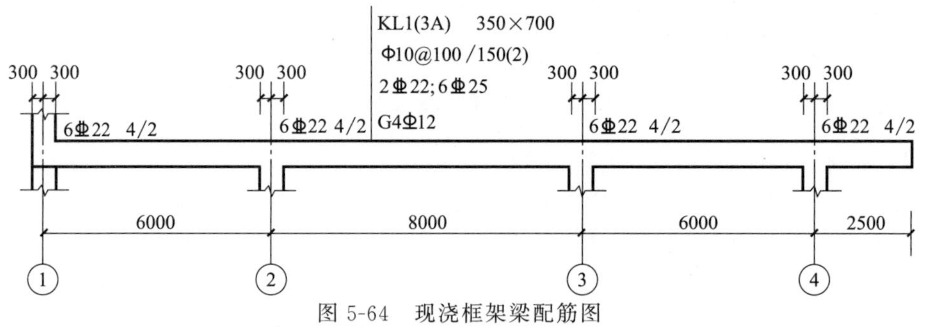

图 5-64　现浇框架梁配筋图

为使初学者进一步了解平法框架梁的计算原理，以 16G101-1 中楼层框架梁 KL 纵向钢筋构造为例，如图 5-65 所示。

① 上部通长钢筋的计算

上部通长筋长度＝通跨净跨长＋首尾端支座锚固值

支座锚固长度的取值判断如下（图 5-65）。

当钢筋的端支座宽（h_c—保护层）$\geqslant l_{aE}$且$\geqslant 0.5h_c+5d$，为直锚，取$\max\{l_{aE}, 0.5h_c+5d\}$。

当钢筋的端支座宽（h_c—保护层）$< l_{aE}$或$< 0.5h_c+5d$，必须弯锚，取h_c—保护层$+15d$。

中间支座锚固长度取值为$\max\{l_{aE}, 0.5h_c+5d\}$。

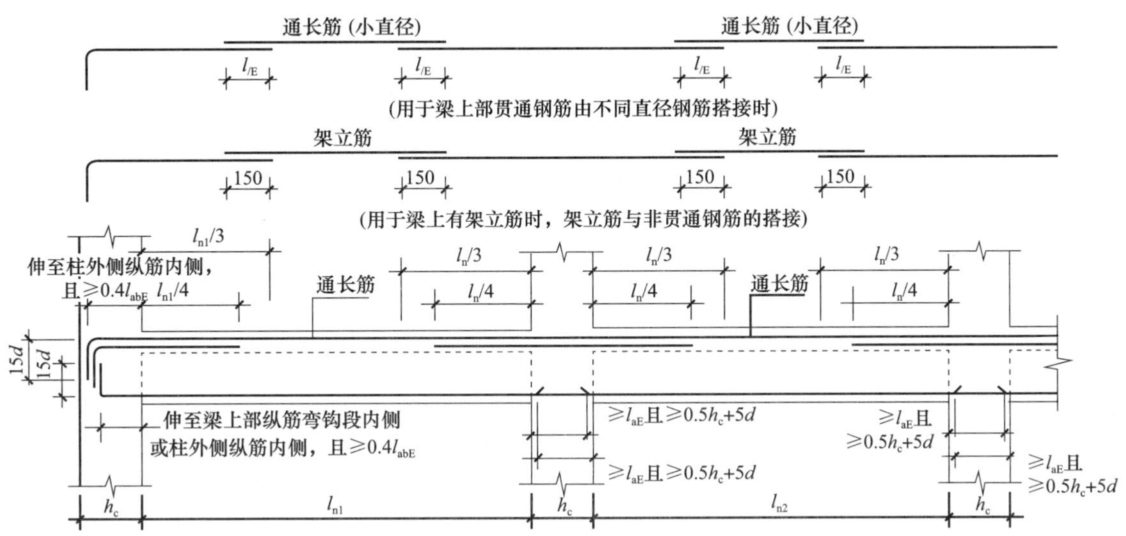

图5-65 楼层框架梁KL纵向钢筋构造

② 下部通长钢筋的计算

下部通长钢筋长度＝净跨长＋左右支座锚固值

式中，支座锚固值的取值同上部通长筋。

③ 支座负筋的计算（图5-65）

端支座负筋长度：第一排钢筋长度＝本跨净跨长/3＋端支座锚固值

第二排钢筋长度＝本跨净跨长/4＋端支座锚固值

中间支座负筋长度：第一排钢筋长度＝$2\times l_n/3$＋支座宽度

第二排钢筋长度＝$2\times l_n/4$＋支座宽度

式中，l_n为相邻梁跨大跨的净跨长；端支座锚固值的取值同上部通长筋。

注：当梁的支座负筋有三排时，第三排钢筋的长度计算同第二排。

④ 腰筋的计算 当梁的腹板高度$h_w\geqslant 450$mm时，需要在梁的两个侧面沿高度配置纵向构造钢筋（如图5-66所示），间距$a\leqslant 200$；梁侧面构造筋的搭接与锚固长度可取为$15d$，侧面受扭筋的搭接长度为l_l或l_{lE}，其锚固长度与方式同框架梁下部纵筋。

侧面构造钢筋长度＝净跨长＋$2\times 15d$

侧面纵向抗扭钢筋长度＝净跨长度＋2×锚固长度

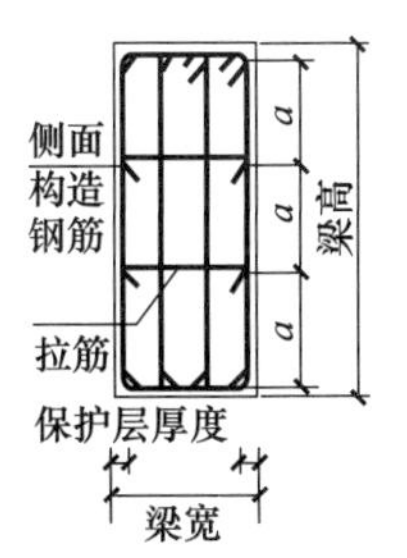

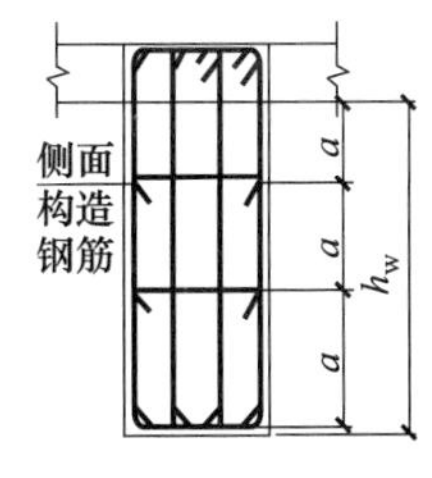

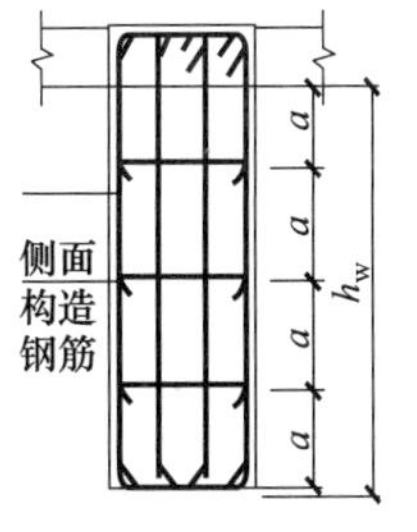

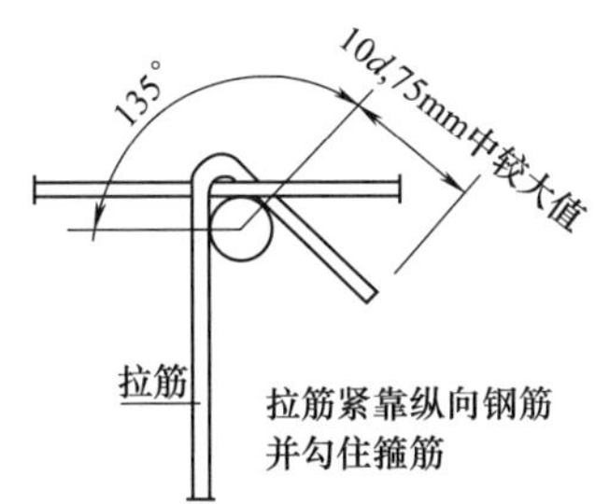

图5-66 腰筋和拉筋构造示意图

⑤ 拉筋的计算

拉筋长度=(梁宽−2×保护层)+max(75+1.9d,11.9d)×2(抗震弯钩值)+2d

拉筋的根数=布筋长度/布筋间距，拉筋间距为非加密区箍筋间距的两倍，当设有多排拉筋时，上下两排竖向错开设置。

当梁宽≤350mm时，拉筋直径为6mm；梁宽>350mm时，拉筋直径为8mm。

⑥ 箍筋的计算　如图5-67所示。

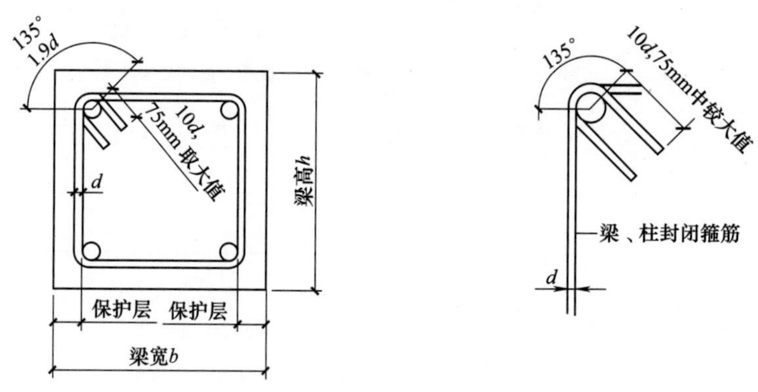

图5-67　箍筋长度计算示意图

箍筋长度=(梁宽−2×保护层+梁高−2×保护层)×2+2×max(75+1.9d,11.9d)+8d

箍筋根数=[(加密区长度−50)/加密区间距+1]×2+(非加密区长度/非加密区间距−1)

梁箍筋加密区：如图5-68、图5-69所示。

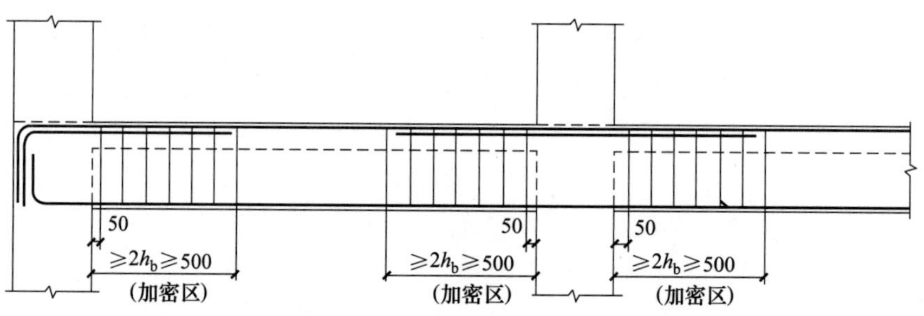

图5-68　一级抗震框架梁箍筋布置示意图

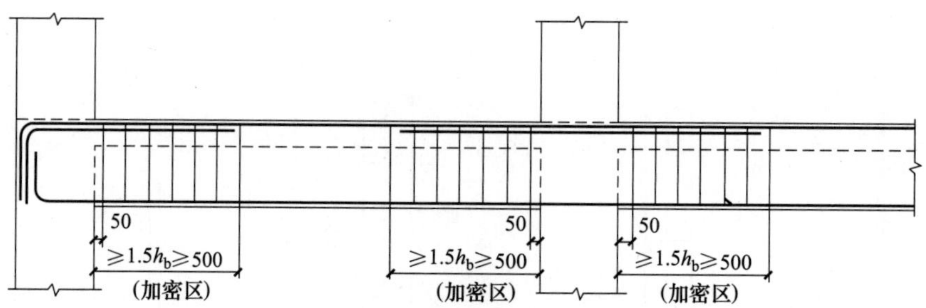

图5-69　二～四级抗震框架梁箍筋布置示意图

梁箍筋的起步距离是50mm，一级抗震时梁箍筋加密区≥$2h_b$≥500。

二～四级抗震：梁箍筋加密区≥$1.5h_b$≥500。其中，h_b 表示梁高。

【解】 依据以上所述，本例钢筋工程量计算见表5-51。

表5-51 现浇框架梁钢筋计算表

序号	钢筋名称	直径	根数	简图	单筋长度计算式	合计长度/m	单位重量/kg	总重/kg
1	上部通长钢筋	22mm	2	330 22750 264	15×22＋300－25＋6000＋8000＋6000＋2500－25＋12×22＝23344	46.69	2.986	139.42
2	下部通长钢筋	25mm	6	375 22750	15×25＋300－25＋6000＋8000＋6000＋2500－25＝23125	138.75	3.856	535.02
3	第一支座负筋（第一排）	22mm	2	330 2375	15×22＋(600－25)＋(6000－600)÷3＝2705	5.41	2.986	16.15
4	第一支座负筋（第二排）	22mm	2	330 1925	15×22＋(600－25)＋(6000－600)÷4＝2255	4.51	2.986	13.47
5	第二支座负筋（第一排）	22mm	2	5533	2×(8000－600)÷3＋600＝5533	11.066	2.986	33.04
6	第二支座负筋（第二排）	22mm	2	4300	2×(8000－600)÷4＋600＝4300	8.6	2.986	25.68
7	第三支座负筋（第一排）	22mm	2	5533	2×(8000－600)÷3＋600＝5533	11.066	2.986	33.04
8	第三支座负筋（第二排）	22mm	2	4300	2×(8000－600)÷4＋600＝4300	8.6	2.986	25.68
9	第四支座负筋（第一排）	22mm	2	4575 264	(6000－600)÷3＋600＋2200－25＋12×22＝4839	9.678	2.986	28.9
10	第四支座负筋（第二排）	22mm	2	3600	(6000－600)÷4＋600＋(2500－300)×0.75＝3600	7.2	2.986	21.50
11	腰筋	12mm	4	180 22750	15×12＋300－25＋6000＋8000＋6000＋2500－25＝22930	45.86	0.888	40.72
12	腰筋的拉筋	6mm		484.5	长度：(350－25×2)＋2×(75＋1.9×6)＋2×6＝484.8 根数：{[(6000－600－100)/300＋1]×2＋[(8000－600－100)/300＋1]＋(2500－300－100)/300＋1}×2＝142	68.84	0.222	15.28

续表

序号	钢筋名称	直径	根数	简图	单筋长度计算式	合计长度/m	单位重量/kg	总重/kg
13	第一跨箍筋	10mm	43	320 670	根数：(1.5×700－50)÷100＋(1.5×700－50)÷100＋(6000－600－1.5×700×2)÷150＋1＝43 长度：(350－50＋700－50)×2＋8×10＋2×11.9×10＝2218	95.37	0.617	58.84
14	第二跨箍筋	10mm	57		(1.5×700－50)÷100×2＋(8000－600－1.5×700×2)÷150＋1＝57 长度：2218	126.43	0.617	78.00
15	第三跨箍筋	10mm	43		根数：(1.5×700－50)÷100＋(1.5×700－50)÷100＋(6000－600－1.5×700×2)÷150＋1＝43 长度：2218	95.37	0.617	58.84
16	右悬梁箍筋	10mm	22		根数：(2200－2×50)÷100＋1＝22 长度：2218	48.80	0.617	30.11
17	本构件钢筋重量合计：1153.69kg							

2）柱构件钢筋工程量计算　柱钢筋主要分为纵筋和箍筋。柱纵筋分角筋、截面 b 边中部筋和 h 边中部筋；相邻柱纵向钢筋连接接头要相互错开；在同一截面内钢筋接头面积百分率不应大于 50%；柱纵筋连接方式包括绑扎搭接、机械连接和焊接连接。柱纵筋连接构造见 16G101-1 第 63 页图所示。

柱钢筋计算需了解以下参数：基础层层高、柱所在楼层高度、柱所在楼层位置、柱所在平面位置、柱截面尺寸、节点高度和搭接形式等。下面结合例题来学习柱钢筋的计算。

【例 5-16】 计算如图 5-70 所示框架柱钢筋工程量。已知：混凝土强度等级为 C30，抗震类型为三级，采用焊接连接，保护层厚度为 30mm，基础保护层厚度为 40mm，钢筋选用规范 16G101-1。

① 基础层纵筋工程量计算　基础层钢筋构造要求如图 5-70 所示。

基础插筋＝弯折长度 a＋基础高度－基础底保护层＋非连接区 $H_n/3$＋搭接长度 l_{lE}

注：当采用焊接连接方式时，搭接长度为零。以下同。

② 首层纵筋工程量计算

纵筋长度＝首层层高－首层净高 $H_n/3$＋max{二层楼层净高 $H_n/6$,500,柱截面长边尺寸(圆柱直径)}＋与二层纵筋搭接 l_{lE}

③ 标准层纵筋工程量计算：

纵筋长度＝标准层层高－max{本层 $H_n/6$,500,柱截面长边尺寸(圆柱直径)}＋max{上一层楼层净高 $H_n/6$,500,柱截面长边尺寸(圆柱直径)}＋与上一层纵筋搭接 l_{lE}

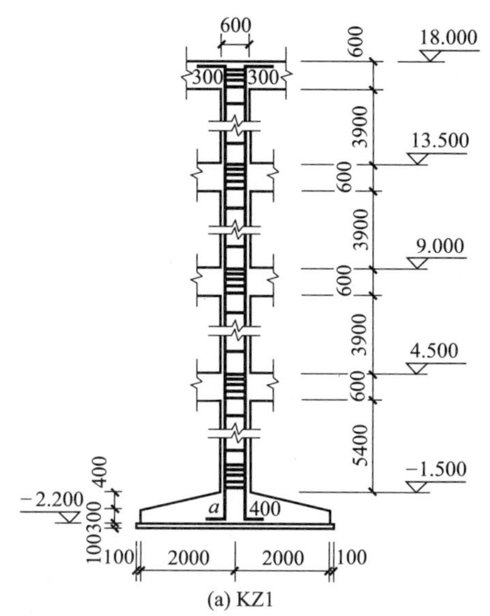

(a) KZ1

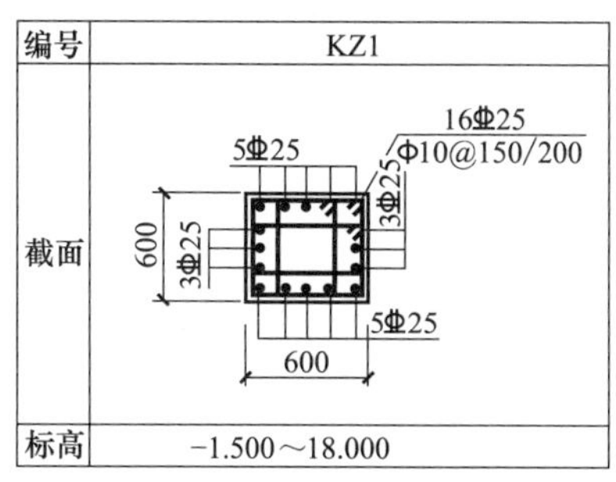

(b) 柱截面示意图

图 5-70 现浇框架柱配筋图

④ 顶层纵筋工程量计算 顶层框架柱因其所处位置不同，分为角柱、边柱和中柱，也因此各种柱纵筋的顶层锚固各不相同。抗震 KZ 边柱和角柱柱顶纵向钢筋构造如图 5-71 所示。

外侧钢筋长度＝顶层层高－max｛本层楼层净高 $H_n/6$，500，柱截面长边尺寸（圆柱直径）｝－梁高＋$1.5l_{aE}$

内侧纵筋长度＝顶层层高－max｛本层楼层净高 $H_n/6$，500，柱截面长边尺寸（圆柱直径）｝－梁高＋锚固长度

其中，锚固长度取值为：当柱纵筋伸入梁内的直段长＜l_{aE}时，则使用弯锚形式，柱纵筋伸至柱顶后弯折 $12d$（如图 5-71 所示）。

锚固长度＝梁高－保护层＋$12d$

当柱纵筋伸入梁内的直段长≥l_{aE}时，则为直锚，柱纵筋伸至柱顶后截断。

锚固长度＝梁高－保护层

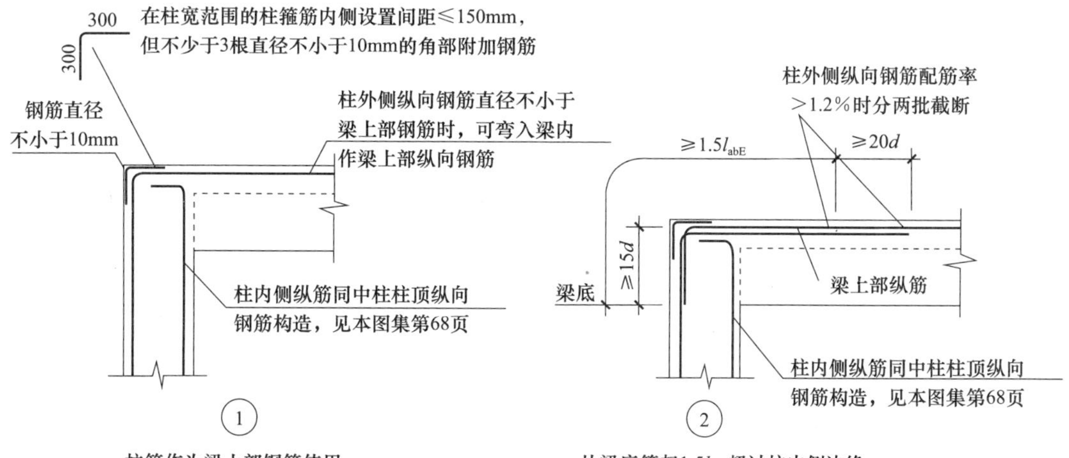

图 5-71 抗震 KZ 边柱和角柱柱顶纵向钢筋构造示意图

⑤ 柱箍筋工程量计算　框架柱箍筋常见的组合形式有非复合箍筋和复合箍筋，复合箍筋形式如图 5-72 所示。

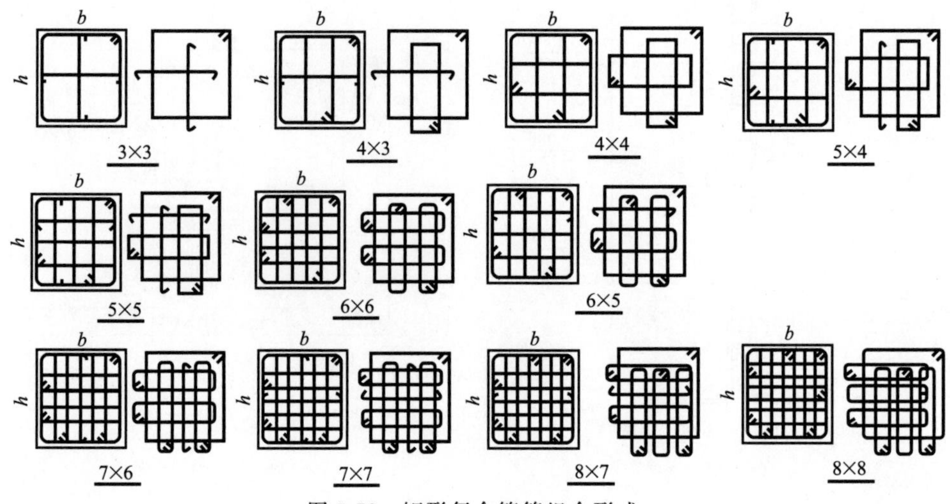

图 5-72　矩形复合箍筋组合形式

a. 箍筋数量的计算。

基础层箍筋根数：基础内箍筋的作用仅起一个稳固作用，也可以说是防止钢筋在浇筑时受到扰动，一般是按 2 根进行计算。

其他层箍筋根数＝箍筋加密区长度/加密区间距＋非加密区长度/非加密区间距＋1

16G101-1 中，关于柱箍筋的加密区的规定如下（如图 5-73 所示）。

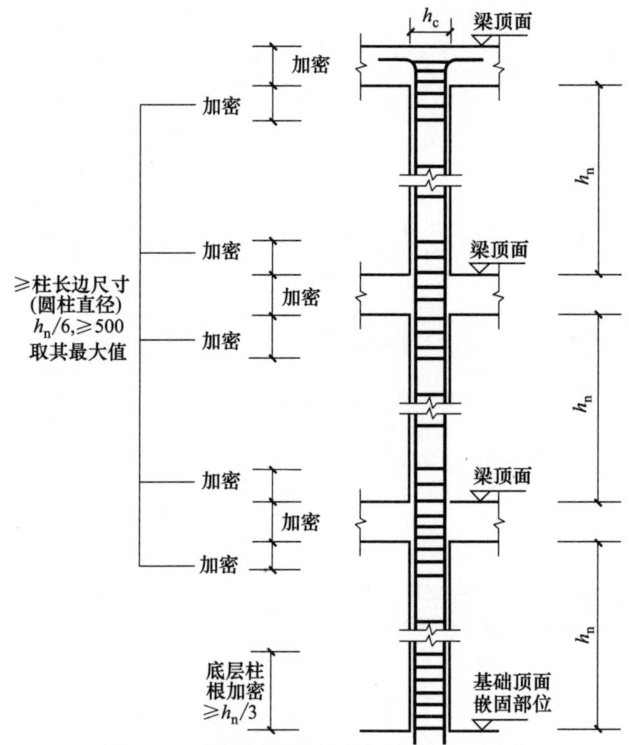

图 5-73　抗震框架柱箍筋加密区范围示意

注：图中 h_n 为所在楼层净高。

ⓐ 首层柱箍筋的加密区有三个，分别为：下部的箍筋加密区长度取 $h_n/3$；上部取 max{500，柱长边尺寸，$h_n/6$}；梁节点范围内加密；如果该柱采用绑扎搭接，那么搭接范围内同时需要加密。

ⓑ 首层以上柱箍筋分别为：上、下部的箍筋加密区长度均取 max{500，柱长边尺寸，$h_n/6$}；梁节点范围内加密；如果该柱采用绑扎搭接，那么搭接范围内同时需要加密。

b. 箍筋长度计算。

单根箍筋长度＝箍筋截面尺寸 $(b+h)\times2-8\times$保护层厚度$+2\times\max\{75+1.9d，11.9d\}+8d$

【解】 本例钢筋工程量计算见表 5-52。

表 5-52 现浇框架柱钢筋工程量计算表

序号	钢筋名称		直径	根数	简图	单筋长度计算式	合计长度/m	单位重量/kg	总重/kg
1	纵筋	基础部分 L1	25mm	8	2460 400	400＋(700－40)＋(6000－600)÷3＝2860	22.88	3.856	88.23
2		基础部分 L2	25mm	8	3335 400	400＋(700－40)＋(6000－600)÷3＋35×25＝3735	29.88	3.856	115.22
3		一层 L1＝L2	25mm	16	4850	6000－(6000－600)÷3＋max{(h_n/6,h_c,500)}＝4850	77.6	3.856	299.23
4		二层 L1＝L2	25mm	16	4500	4500－650＋650＝4500	72	3.856	277.63
5		三层 L1＝L2	25mm	16	4500	4500－650＋650＝4500	72	3.856	277.63
6		四层 L1	25mm	8	300 3820	4500－650－30＋300＝4120	32.96	3.856	127.09
7		四层 L2	25mm	8	300 2945	4500－650－35×25－30＋300＝3245	25.96	3.856	100.10

续表

<table>
<tr><th>序号</th><th colspan="2">钢筋名称</th><th>直径</th><th>根数</th><th>简图</th><th>单筋长度计算式</th><th>合计长度/m</th><th>单位重量/kg</th><th>总重/kg</th></tr>
<tr><td>8</td><td rowspan="5">箍筋</td><td>基础部分</td><td>10mm</td><td>2</td><td rowspan="5">560
560
外箍
292.5
560
内箍
560
292.5
内箍</td><td>长度:2×(600+600)−8×30+8×10+2×11.9×10+2×{[(600−2×30−25)/4×2+25+(600−2×30)+25]×2+8×10+2×11.9×10}=6504</td><td>13.01</td><td>0.617</td><td>8.03</td></tr>
<tr><td>9</td><td>一层</td><td>10mm</td><td>37</td><td>根数:[(6000−600)÷3+600+(6000−600)÷6]÷150+{6000−[(6000−600)÷3+600+(6000−600)÷6]}÷200+1=37
长度:6504</td><td>240.65</td><td>0.617</td><td>148.48</td></tr>
<tr><td>10</td><td>二层</td><td>10mm</td><td>27</td><td>根数:[(4500−600)÷6+600+(4500−600)÷6]÷150+{4500−[(4500−600)÷6+600+(4500−600)÷6]}÷200+1=27
长度:6504</td><td>175.61</td><td>0.617</td><td>108.35</td></tr>
<tr><td>11</td><td>三层</td><td>10mm</td><td>27</td><td>根数:同二层
长度:6504</td><td>175.61</td><td>0.617</td><td>108.35</td></tr>
<tr><td>12</td><td>四层</td><td>10mm</td><td>27</td><td>根数:同二层
长度:6504</td><td>175.61</td><td>0.617</td><td>108.35</td></tr>
<tr><td>13</td><td colspan="9">本构件钢筋重量合计:1766.69kg</td></tr>
</table>

3）剪力墙构件钢筋工程量计算　剪力墙主要由墙身、墙柱、墙梁三类构件构成，其中墙身钢筋包括水平筋、垂直筋、拉筋和洞口加强筋；墙柱包括暗柱和端柱两种类型，其钢筋主要有纵筋和箍筋；墙梁包括暗梁和连梁两种类型，其钢筋主要有纵筋和箍筋。参见规范 16G101-1。

① 剪力墙身钢筋工程量计算

a. 剪力墙身水平钢筋计算。

剪力墙水平钢筋的计算与墙末端形状和钢筋在墙内侧与外侧有关，具体可参照 16G101-1 第 71～72 页。

ⓐ 当墙两端为墙时

内侧钢筋长度＝墙长－保护层＋10d－保护层＋10d

外侧钢筋连续通过，则水平筋伸至墙对边，长度＝墙长－2×保护层

ⓑ 当墙两端为端柱时

内侧钢筋锚入端柱内，长度＝墙净长＋锚固长度

式中，锚固长度取值如下：

当柱宽－保护层≥l_{aE}时，锚固长度＝l_{aE}；

当柱宽－保护层<l_{aE}时，锚固长度＝柱宽－保护层＋15×d。

外侧钢筋连续通过，则水平筋伸至墙对边，长度＝墙长－保护层。

ⓒ 当墙两端为暗柱时

内侧钢筋＝墙长－保护层＋2×15d

外侧钢筋连续通过，则水平筋伸至墙对边，长度＝墙长－保护层。

ⓓ 水平钢筋根数计算

基础层：在基础部位布置间距小于等于500mm且不小于两道水平分布筋与拉筋。

楼层：水平钢筋根数＝层高/间距＋1

ⓔ 当剪力墙墙身有洞口时，墙身水平筋在洞口左右两边截断，分别向下弯折15d。

b. 剪力墙身竖向钢筋工程量计算。

ⓐ 基础插筋长度＝基础高度－保护层＋基础底部弯折a＋伸出基础顶面外露长度＋与上层钢筋连接

ⓑ 中间层墙身纵筋长度＝层高－露出本层的高度＋伸出本层楼面外露长度＋与上层钢筋连接

ⓒ 顶层墙身纵筋长度＝本层净高＋顶层锚固长度l_{aE}（l_a）

ⓓ 墙身竖向钢筋根数＝(墙净长－2×50)/间距＋1(墙身竖向钢筋从暗柱、端柱边50mm开始布置)

ⓔ 剪力墙墙身有洞口时，墙身竖向筋在洞口上下两边截断，分别横向弯折15d。

c. 剪力墙身拉筋工程量计算。

ⓐ 拉筋长度＝墙厚－2×保护层＋max{75＋1.9d，11.9d}×2(抗震弯钩值)＋2d

ⓑ 拉筋根数＝墙净面积/拉筋的布置面积

其中，墙净面积是指要扣除暗（端）柱、暗（连）梁，即墙面积－门洞总面积－暗柱剖面积－暗梁面积；拉筋的布置面积是指其横向间距×竖向间距。

注：当剪力墙竖向钢筋为多排布置时，拉筋的个数与剪力墙竖向钢筋的排数无关。

② 剪力墙墙柱钢筋工程量计算　剪力墙墙柱（16G101-1　P75～P77）在计算钢筋工程量时，只需要考虑为端柱和暗柱即可。

剪力墙墙柱钢筋工程量计算可参考剪力墙身钢筋工程量相关计算方法。

③ 剪力墙墙梁钢筋工程量计算　剪力墙墙梁分为连梁、暗梁和边框梁。剪力墙墙梁配筋构造参见规范16G101-1所示。

a. 连梁钢筋工程量计算。

ⓐ 中间层连梁纵筋长度＝洞口宽度＋左右两边锚固值

箍筋根数＝(洞口宽度－100)/间距＋1

ⓑ 顶层连梁纵筋长度＝洞口宽度＋左右两边锚固值

箍筋根数＝(洞口宽度－100)/间距＋1＋(左锚固－100)/150＋1＋(右锚固－100)/间距＋1

式中，锚固值的取值为当柱宽（或墙宽）－保护层≥L_{aE}时，锚固值＝L_{aE}；当柱宽（或墙宽）－保护层＜L_{aE}时，锚固值＝柱宽－保护层＋15d。

b. 暗梁钢筋工程量计算。暗梁是剪力墙的加劲线，当地震发生时，一旦墙身出现斜竖向裂缝，可以阻止裂缝的发展，因此要横贯墙体整个宽度，暗梁钢筋要伸至暗柱对边，其构造如图5-74所示。

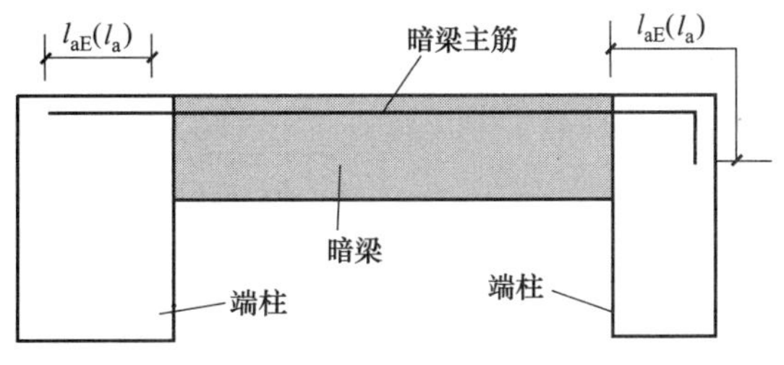

图5-74　暗梁钢筋构造示意图

当暗梁与端柱相连接时，纵筋长度＝暗梁净长（从柱边开始算）＋左锚固＋右锚固

当暗梁与暗柱相连接时，纵筋长度＝暗梁净长（从柱边开始算）＋$2\times l_{aE}$（或 l_a）

箍筋根数＝暗梁净长/箍筋间距＋1

式中，锚固取值为当柱宽（或墙宽）－保护层≥l_{aE}时，锚固＝l_{aE}；当柱宽（或墙宽）－保护层＜l_{aE}时，锚固＝柱宽－保护层＋$15d$。

c. 墙梁侧面纵筋和拉筋工程量计算。连梁、暗梁和边框梁侧面纵筋和拉筋构造，如图5-75所示。当设计未注写时，侧面构造纵筋同剪力墙水平分布筋；当连梁截面高度＞700mm时，侧面纵向构造钢筋直径应≥10mm，间距应≤200mm；当跨高比≤2.5时，侧面构造纵筋的面积配筋率应≥0.3%。

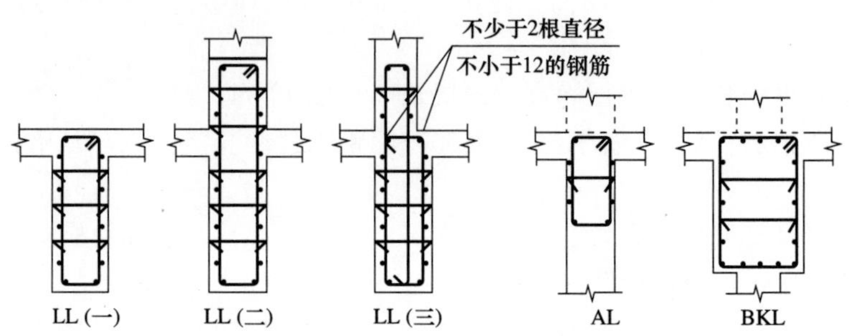

图5-75　连梁、暗梁和边框梁侧面纵筋和拉筋构造

拉筋直径：当梁宽≤350mm时为6mm，梁宽＞350mm时为8mm。拉筋间距为两倍箍筋间距，竖向沿侧面水平筋隔一拉一。

【例5-17】 某剪力墙，三级抗震，C30混凝土，保护层厚度15mm。各层板厚均为120mm。基础保护层厚度为40mm。如图5-76所示，剪力墙身表见表5-53，试计算该剪力墙钢筋工程量。

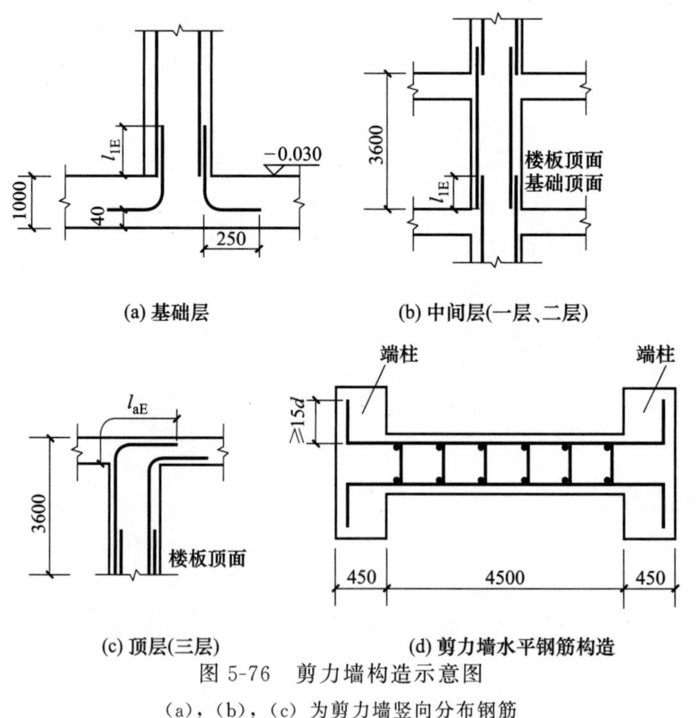

图5-76　剪力墙构造示意图

(a)，(b)，(c) 为剪力墙竖向分布钢筋

表 5-53 剪力墙身表

编号	标高/m	墙厚/mm	水平分布筋	竖直分布筋	拉筋
Q1(2 排)	−0.030～10.77	250	ϕ10@200	ϕ10@200	ϕ6@200

【解】 钢筋工程量计算见表 5-54。

表 5-54 剪力墙钢筋工程量计算表

钢筋名称		直径	计算简图	根数计算	单筋长度计算	合计长度/m	单位重量/kg	总重/kg
纵筋	基础部分	10mm	1380 250	2×[(4500−2×50)÷200+1]=46	250+(1000−40)+42×10=1630	74.98	0.617	46.26
	一层	10mm	3600	2×[(4500−2×50)÷200+1]=46	3600	156.6	0.617	102.18
	二层	10mm	3600	2×[(4500−2×50)÷200+1]=46	3600	156.6	0.617	102.18
	三层	10mm	330 3480	2×[(4500−2×50)÷200+1]=46	3600−120+33×10=3810	175.26	0.617	108.13
水平筋	一层	10mm	150 5370 150	2×[(3600−120)÷200+1]=38	(450−15)×2+4500+15×10×2=5670	646.38	0.617	398.82
	二层	10mm		2×[(3600−120)÷200+1]=38				
	三层	10mm		2×[(3600−120)÷200+1]=38				
拉筋	一层	6mm	404.8	(3600−120)÷200×4500÷200=392	250−15×2+2×6+2×(75+1.9×6)=404.8	158.68	0.222	35.23
	二层	6mm		(3600−120)÷200×4500÷200=392				
	一层	6mm		(3600−120)÷200×4500÷200=392				
本构件钢筋重量合计：792.8kg								

4）现浇混凝土楼板和屋面板钢筋工程量计算　板内钢筋主要包括受力筋（面筋、底筋）、负筋（边支座负筋和中间支座负筋）、负筋分布筋及温度筋、附加筋等。

有梁楼盖楼面板 LB 和屋面板 WB 钢筋构造如图 5-77 所示，板在端部支座的锚固构造如图 5-78 所示。

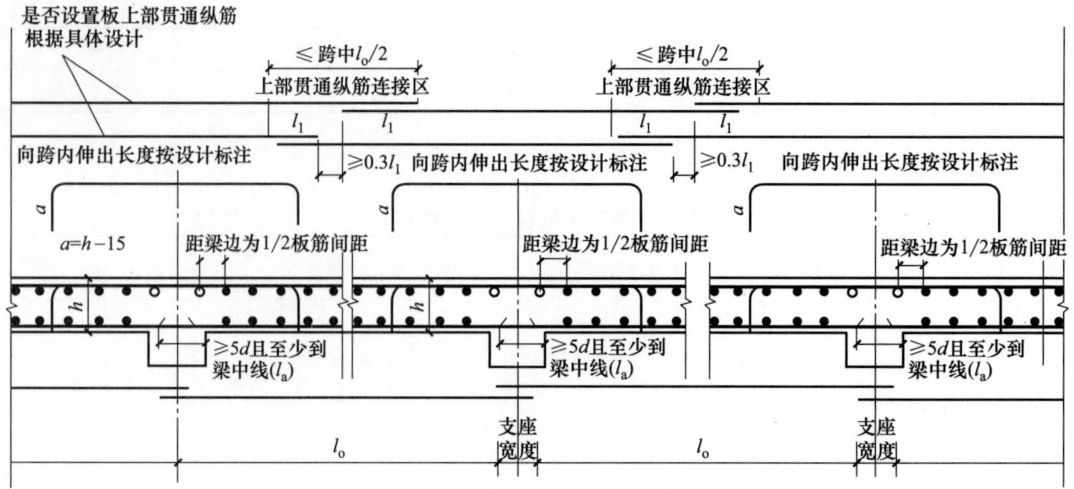

图 5-77　有梁楼盖楼面板和屋面板钢筋构造

（括号内的锚固长度 l_a 用于梁板式转换层的板）

① 板受力钢筋工程量计算

a. 板底钢筋工程量计算。

板底钢筋的长度＝净跨长＋伸入左支座长度＋伸进右支座长度＋6.25d×2（弯钩）

式中，伸进长度计算如下。

ⓐ 若为普通屋面板，见图 5-78(a)：伸进长度＝max{支座宽/2，5d}

ⓑ 若为梁板式转换层的楼面板，见图 5-78(b)：伸进长度＝0.6l_{abE}

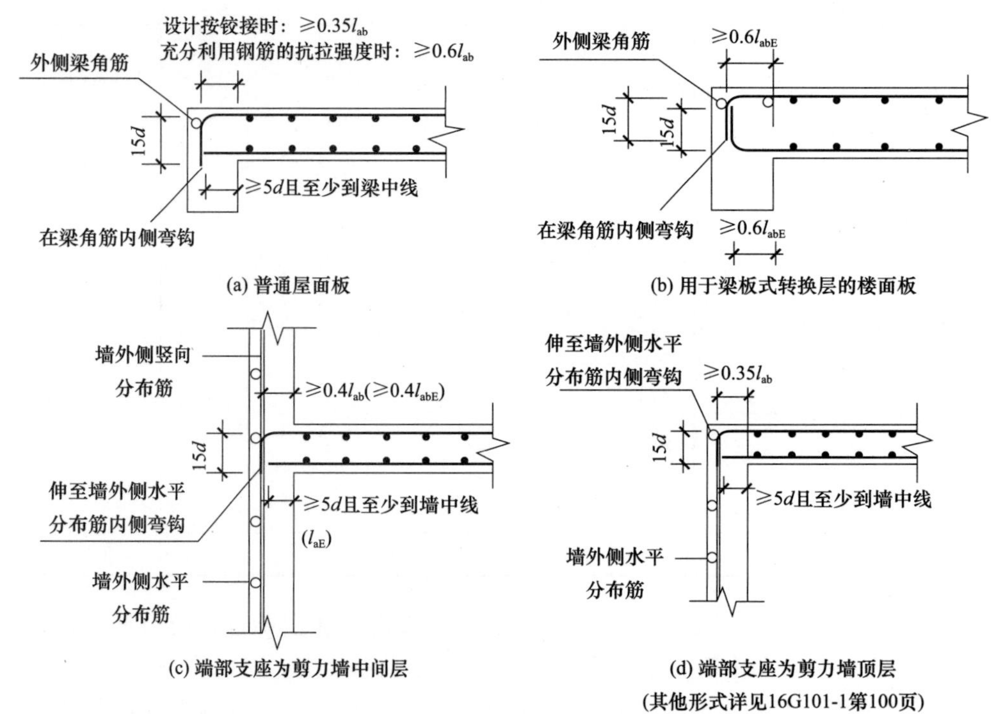

图 5-78　板在端部支座的锚固构造

（括号内的锚固长度 l_a 用于梁板式转换层的板）

ⓒ 若端部支座为剪力墙中间层，见图 5-78(c)：伸进长度＝max{支座宽/2，5d}

ⓓ 若端部支座为剪力墙顶层，见图 5-78(d)：伸进长度＝max{支座宽/2，5d}

b. 板顶钢筋（面筋）工程量计算。

板顶钢筋（面筋）长度＝净跨＋支座宽－保护层＋15d

c. 钢筋根数计算。

钢筋根数＝布筋范围/布筋间距＋1

布筋范围和间距如图 5-77 所示。第一根钢筋距支座边为 1/2 板筋间距。

② 负筋工程量计算

a. 端支座负筋长度的计算。

端支座负筋长度＝伸入支座长度＋板内净尺寸＋弯折长度

其中，伸入支座长度同板面钢筋，如图 5-78 所示。

b. 中间支座负筋长度计算可参如图 5-79 所示。

中间支座负筋长度＝水平长度＋弯折长度×2

＝伸入左跨内长度＋支座宽＋伸入右跨内长度＋弯折长度×2

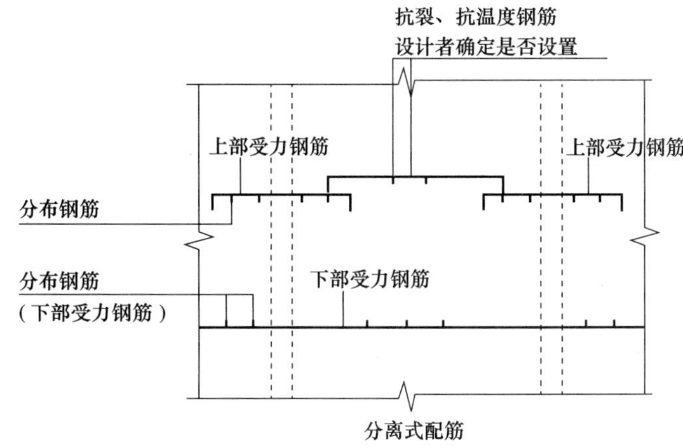

分离式配筋

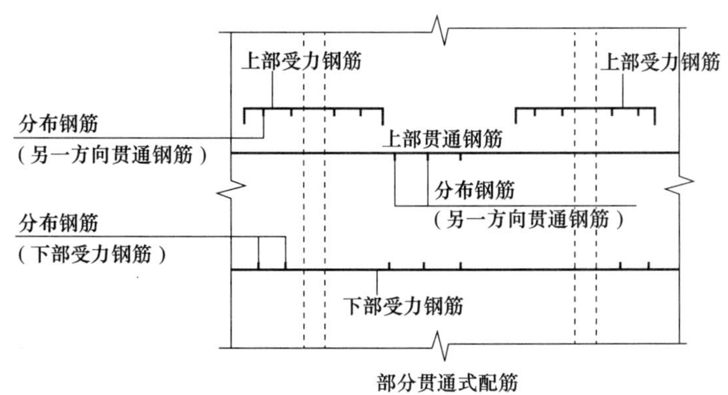

部分贯通式配筋

图 5-79 单（双）向板配筋示意图

c. 负筋根数计算。

负筋根数＝布筋范围/布筋间距＋1

布筋范围和间距如图 5-77 所示。第一根钢筋距支座边为 1/2 板筋间距。

③ 负筋分布筋工程量计算

a. 负筋分布筋长度的计算。负筋分布筋计算示意如图 5-80 所示。

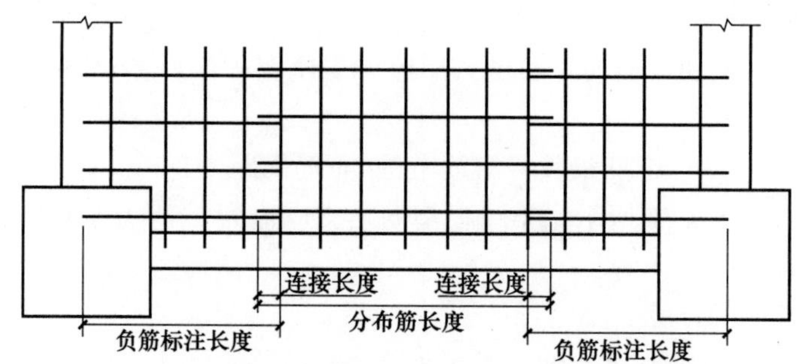

图 5-80　板支座负筋分布筋计算示意

分布筋长度＝轴线长度－负筋标注长度×2＋2×150（搭接长度）

b. 负筋分布筋根数的计算。分布筋根数计算，主要有以下两种方式。

方式一：　　分布筋根数＝负筋板内净长÷分布筋间距

方式二：　　分布筋根数＝负筋板内净长÷分布筋间距＋1

④ 温度筋工程量计算　温度筋一般用于较大面积的楼板上部，抵抗温度应力及传递荷载，一般与支座负筋进行搭接。

温度筋长度＝轴线长度－负筋标注长度×2＋搭接长度×2＋弯勾×2

根数＝(净跨长度－负筋标注长)/温度筋间距－1

【例 5-18】 某现浇混凝土板，板厚为 100mm，C25 混凝土，抗震等级为三级抗震，保护层为 15mm，采用焊接连接。如图 5-81 所示。要求：计算该板钢筋工程量。

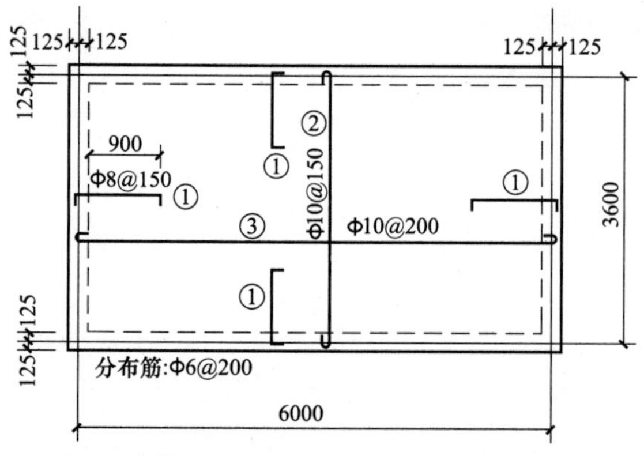

图 5-81　现浇板构造示意图

【解】 现浇板钢筋工程量计算见表 5-55。

表 5-55　现浇板钢筋工程量计算表

钢筋名称	直径	计算简图	根数计算	单筋长度计算	合计长度/m	单位重量/kg	总重/kg
①号负筋	8mm	120 ⌈1135⌉ 70	[(3600－125×2－150)÷150＋1]×2＋[(6000－125×2－150)÷150＋1]×2＝122	900＋(250－15＋15×8)＋(100－15×2)＝1325	161.65	0.395	63.852

续表

钢筋名称	直径	计算简图	根数计算	单筋长度计算	合计长度/m	单位重量/kg	总重/kg
②号受力筋	10mm	3725	(6000－125×2－150/2×2)÷150＋1＝38	(3600－125×2)＋125×2＋6.25×10×2＝3725	141.55	0.617	87.336
③号受力筋	10mm	6125	(3600－125×2－200/2×2)÷200＋1＝17	(6000－125×2)＋125×2＋6.25×10×2＝6125	104.13	0.617	64.248
分布筋	6mm		(900－100)÷200＋1＝5	(3600－125×2－900×2)＋(6000－125×2－900×2)×2＝11000	55	0.222	12.21
本构件钢筋重量合计：227.646kg≈0.228t							

5.8 混凝土工程计算工程实例

5.8.1 基础工程

5.8.1.1 阶段任务

根据《BIM算量一图一练》专用宿舍楼图纸内容，根据2013版清单规范，完成本工程独立基础、基础垫层的工程量计算。

5.8.1.2 任务分析

在计算基础工程量前，应通过识图回答表5-56中的几个问题。

表5-56 基础工程问题

<table>
<tr><th>序号</th><th>问题</th><th colspan="2">本工程情况</th><th>识图</th><th colspan="2">计算规则分析</th></tr>
<tr><td>1</td><td>本工程的基础类型是什么?</td><td colspan="2">阶梯状独立基础</td><td rowspan="2">本书的基础平面布置图、《混凝土结构施工图平面整体表示方法制图规则和构造详图》(16G101-3) P7</td><td rowspan="5">2016版定额P166：现浇混凝土构件，除另有规定者外，均按设计图示尺寸以体积计算。不扣除构件内钢筋、预埋铁件和伸入承台的桩头所占体积不扣除伸入承台基础的桩头所占的体积</td><td rowspan="5">2013版清单计算规范P30页：按设计图示尺寸以体积计算。不扣除伸入承台基础的桩头所占体积</td></tr>
<tr><td>2</td><td>基础与柱的分界线在哪里?</td><td colspan="2">基础顶面</td></tr>
<tr><td rowspan="3">3</td><td rowspan="3">基础垫层位置、面积、厚度分别是多少?</td><td>基础垫层位置</td><td>独基底板下</td><td rowspan="3">基础平面布置图</td></tr>
<tr><td>基础垫层面积</td><td>每边宽出基础边100mm</td></tr>
<tr><td>基础垫层厚度</td><td>100mm</td></tr>
</table>

5.8.1.3 任务实施

见表5-57～表5-59。

表 5-57　独立基础混凝土工程计算表

构件名称	算量类别	清单编码	项目名称	项目特征	算量名称	计算公式	工程量	单位
DJj01	清单	010501003	独立基础	1. 混凝土种类：商品混凝土 2. 混凝土强度等级：C30（20）	独立基础体积	（长×宽×高+长×宽×高）×数量 （2.7×2.7×0.25+2.3×2.3×0.2）×5	14.4025	m^3
	定额	5-5 换	现浇混凝土 独立基础 混凝土 换为【预拌混凝土 C30】		独立基础体积	同上	1.44025	$10m^3$
	清单	011702001	基础	普通模板	模板与混凝土接触面积	（底边周长×高）×数量 （2.7×4×0.25+2.3×4×0.2）×5	22.7	m^2
	定额	5-189	现浇混凝土模板 独立基础 复合模板 木支撑		模板与混凝土接触面积	同上	0.227	$100m^2$
DJj02	清单	010501003	独立基础	1. 混凝土种类：商品混凝土 2. 混凝土强度等级：C30（20）	独立基础体积	（长×宽×高+长×宽×高）×数量 （3.2×3.2×0.3+2.8×2.8×0.25）×1	5.032	m^3
	定额	5-5 换	现浇混凝土 独立基础 混凝土 换为【预拌混凝土 C30】		独立基础体积	同上	0.5032	$10m^3$
	清单	011702001	基础	普通模板	模板与混凝土接触面积	（底边周长×高）×数量 （3.2×4×0.3+2.8×4×0.25）×1	6.64	m^2
	定额	5-189	现浇混凝土模板 独立基础 复合模板 木支撑		模板与混凝土接触面积	同上	0.0664	$100m^2$

请在下表中练习计算 DJj03、DJj04、DJj05、DJj06、DJj07、DJj08 的工程量。（下列表格可根据工程实际扩展）

分项						计算公式	工程量	单位
DJj03	清单	010501003	独立基础	1. 混凝土种类：商品混凝土 2. 混凝土强度等级：C30（20）	独立基础体积	（长×宽×高+长×宽×高）×数量		m^3
	定额	5-5 换	现浇混凝土 独立基础 混凝土 换为【预拌混凝土 C30】		独立基础体积			$10m^3$
	清单	011702001	基础	普通模板	模板与混凝土接触面积	（底边周长×高）×数量		m^2
	定额	5-189	现浇混凝土模板 独立基础 复合模板 木支撑		模板与混凝土接触面积			$100m^2$
DJj04	清单	010501003	独立基础	1. 混凝土种类：商品混凝土 2. 混凝土强度等级：C30（20）	独立基础体积	（长×宽×高+长×宽×高）×数量		m^3
	定额	5-5 换	现浇混凝土独立基础混凝土换为【预拌混凝土 C30】		独立基础体积			$10m^3$
	清单	011702001	基础	普通模板	模板与混凝土接触面积	（底边周长×高）×数量		m^2
	定额	5-189	现浇混凝土模板 独立基础 复合模板 木支撑		模板与混凝土接触面积			$100m^2$

表 5-58 坡道砖基础工程量计算表

构件名称	算量类别	清单编码	项目名称	项目特征	算量名称	计算公式	工程量	单位
坡道基础砖基础及垫层	清单	010401001	砖基础	1. 砖品种、规格、强度等级：烧结煤矸石普通砖 240×115×53 2. 砂浆强度等级：干混砌筑砂浆 DM M5 3. 垫层种类：80mm 厚碎石垫层 4. 部位：坡道基础	砖基础体积	截面积×坡道长度 (0.36×0.12+0.24×0.72+0.14×0.1)×(7.37+1.22+0.3+5.74)	3.36	m^3
	定额	4-1	砖基础		砖基础体积	3.36/10	0.34	$10m^3$
	定额	4-81	垫层 碎石 干铺		砖基础垫层体积	0.36×0.08×14.8×0.1	0.04	$10m^3$

表 5-59 独立基础垫层工程量计算表

构件名称	算量类别	清单编码	项目名称	项目特征	算量名称	计算公式	工程量	单位
DJj01	清单	010501001	垫层	1. 混凝土种类：商品混凝土 2. 混凝土强度等级：C15（20）	独立基础垫层体积	（长×宽×高）×数量 2.9×2.9×0.1×5	4.205	m^3
	定额	5-1	现浇混凝土 垫层		独立基础垫层体积	同上	0.4205	$10m^3$
	清单	011702001	基础	1. 现浇独立基础垫层复合模板 2. 工作内容：模板及支撑制作、安装、拆除、堆放、运输及清量模板内杂物、刷隔离剂等	模板与混凝土接触面积	（底边周长×高）×数量 2.9×4×0.1×5	5.8	m^2
	定额	5-171	现浇混凝土模板 基础垫层复合模板		模板与混凝土接触面积	同上	0.058	$100m^2$
DJj02	清单	010501001	垫层	1. 混凝土种类：商品混凝土 2. 混凝土强度等级：C15（20）	独立基础垫层体积	（长×宽×高）×数量 3.4×3.4×0.1×1	1.156	m^3
	定额	5-1	现浇混凝土 垫层		独立基础垫层体积	同上	0.1156	$10m^3$
	清单	011702001	基础	1. 现浇独立基础垫层复合模板 2. 工作内容：模板及支撑制作、安装、拆除、堆放、运输及清量模板内杂物、刷隔离剂等	模板与混凝土接触面积	（底边周长×高）×数量 3.4×4×0.1×1	1.36	m^2
	定额	5-171	现浇混凝土模板 基础垫层复合模板		模板与混凝土接触面积	同上	0.0136	$100m^2$

续表

构件名称	算量类别	清单编码	项目名称	项目特征	算量名称	计算公式	工程量	单位
DJj03	清单	010501001	垫层	1. 混凝土种类：商品混凝土 2. 混凝土强度等级：C15（20）	独立基础垫层体积	（长×宽×高）×数量		m^3
	定额	5-1	现浇混凝土 垫层		独立基础垫层体积			$10m^3$
	清单	011702001	基础	1. 现浇独立基础垫层复合模板 2. 工作内容：模板及支撑制作、安装、拆除、堆放、运输及清量模板内杂物、刷隔离剂等	模板与混凝土接触面积	（底边周长×高）×数量		m^2
	定额	5-171	现浇混凝土模板 基础垫层复合模板		模板与混凝土接触面积			$100m^2$
DJj04	清单	010501001	垫层	1. 混凝土种类：商品混凝土 2. 混凝土强度等级：C15（20）	独立基础垫层体积	（长×宽×高）×数量		m^3
	定额	5-1	现浇混凝土 垫层		独立基础垫层体积			$10m^3$
	清单	011702001	基础	1. 现浇独立基础垫层复合模板 2. 工作内容：模板及支撑制作、安装、拆除、堆放、运输及清量模板内杂物、刷隔离剂等	模板与混凝土接触面积	（底边周长×高）×数量		m^2
	定额	5-171	现浇混凝土模板 基础垫层复合模板		模板与混凝土接触面积			$100m^2$

5.8.1.4 任务总结

基础工程量的计算应注意以下几点。

1）通体读图，弄清楚基础与上层建筑的标高关系。如本工程，通过识图就可以了解到，框柱的生根部位是独立基础，首层墙体的生根部位有两种，一种是标高为－0.05处的DL，另一种直接生根在首层地面混凝土垫层上。

2）基础计算规则方面，注意基础与柱的分界线为独立基础上表面，参见《河南省房屋建筑与装饰工程预算定额》（2016版）P166、《房屋建筑与装饰工程工程量计算规范》（GB 50584—2013）P30，分界线以下为独立基础，以上为柱。

3）基础垫层工程量相对简单，关键在于识图。另外，由于基础垫层与基底钎探、挖基础土方工程量有关联，因此在进行计算时，注意前后联系，减少重复工作量，从而提高工作效率。

5.8.2 混凝土柱

5.8.2.1 阶段任务

根据《BIM算量一图一练》专用宿舍楼图纸内容，根据2013版清单规范，完成框架柱、构造柱、梯柱的工程量计算。

5.8.2.2 任务分析

在计算柱子工程量前，应通过识图，分析表5-60中的问题。

表5-60 柱子问题分析

<table>
<tr><th>序号</th><th>项目</th><th>本工程情况</th><th>识图</th><th colspan="2">计算规则分析</th></tr>
<tr><td rowspan="3">1</td><td rowspan="3">柱高</td><td>框架柱</td><td>结施-04见柱表</td><td rowspan="3">1. 2016版定额P166：现浇柱，按设计图示尺寸以体积计算。不扣除构件内钢筋、预埋铁件所占体积。柱高按以下规定计算：
①有梁板的柱高，应自柱基上表面（或楼板上表面）至上一层楼板上表面的高度计算
②无梁板的柱高，应自柱基上表面（或楼板上表面）至柱帽下表面的高度计算
③框架柱的柱高，应自柱基上表面至柱顶高度计算
④构造柱按全高计算，嵌接墙体部分并入柱身计算
⑤依附柱上的牛腿和升板的柱帽，并入柱身体积计算
2. 2016版定额P168：
①现浇混凝土构件模板，除另有规定者外，均按模板与混凝土的接触面积计算（扣除后浇带所占面积）
②柱、梁、墙、板、栏板相互连接的重叠部分，均不扣除模板面积</td><td rowspan="3">清单计算规则同定额</td></tr>
<tr><td>构造柱</td><td>结构说明第6条</td></tr>
<tr><td>梯柱</td><td>楼梯结构详图</td></tr>
</table>

5.8.2.3 任务实施

柱工程量计算表见表5-61。

表 5-61　柱工程量计算表

构件名称	算量类别	清单编码	项目名称	项目特征	算量名称	计算公式	工程量	单位
KZ1（部位：±0.00 以下）	清单	010502001	矩形柱	1. 混凝土种类：商品混凝土 2. 混凝土强度等级：C30(20)	柱体积	截面积×高×数量 0.5×0.5×1.85×1	0.4625	m^3
	定额	5-11 换		现浇混凝土 矩形柱 换为【预拌混凝土 C30】	柱体积	同上	0.0463	$10m^3$
	清单	011702002	矩形柱	1. 现浇混凝土模板 矩形柱 复合模板 钢支撑 2. 工作内容：模板及支撑制作、安装、拆除、堆放、运输及清量模板内杂物、刷隔离剂等	模板与混凝土接触面积	柱截面周长×柱高×数量 0.5×4×1.85×1	3.7	m^2
	定额	5-220		现浇混凝土模板 独立基础 复合模板 木支撑	模板与混凝土接触面积	同上	0.037	$100m^2$
KZ2（部位：±0.00 以下）	清单	010502001	矩形柱	1. 混凝土种类：商品混凝土 2. 混凝土强度等级：C30(20)	柱体积	截面积×高×数量 0.5×0.5×1.85	0.4625	m^3
	定额	5-11 换		现浇混凝土 矩形柱 换为【预拌混凝土 C30】	柱体积	同上	0.0463	$10m^3$
	清单	011702002	矩形柱	1. 现浇混凝土模板 矩形柱 复合模板 钢支撑 2. 工作内容：模板及支撑制作、安装、拆除、堆放、运输及清量模板内杂物、刷隔离剂等	模板与混凝土接触面积	柱截面周长×柱高×数量 0.5×4×1.85×1	3.7	m^2
	定额	5-220		现浇混凝土模板 独立基础 复合模板 木支撑	模板与混凝土接触面积	同上	0.037	$100m^2$
TZ1（部位：1～2 层）	清单	010502001	矩形柱	1. 混凝土种类：商品混凝土 2. 混凝土强度等级：C30(20) 3. 部位：±0.00 以上 4. 截面周长：1.2m 以内	柱体积	截面积×高×数量 0.2×0.4×1.8×8	1.152	m^3
	定额	5-11 换		现浇混凝土 矩形柱 换为【预拌混凝土 C30】	柱体积	同上	0.1152	$10m^3$
	清单	011702002	矩形柱	1. 现浇混凝土模板 矩形柱 复合模板 钢支撑 2. 工作内容：模板及支撑制作、安装、拆除、堆放、运输及清量模板内杂物、刷隔离剂等	模板与混凝土接触面积	柱截面周长×柱高×数量 (0.2+0.4)×2×1.8×8	17.28	m^2
	定额	5-220		现浇混凝土模板 独立基础 复合模板 木支撑	模板与混凝土接触面积	同上	0.1728	$100m^2$

续表

请在下表中练习计算基础层中 KZ3～KZ24 的工程量。(下列表格可根据工程实际扩展)								
分项						计算公式	工程量	单位
KZ3 (部位： ±0.00 以下)	清单	010502001	矩形柱	1. 混凝土种类:商品混凝土 2. 混凝土强度等级:C30(20) 3. 部位:±0.00 以下 4. 截面周长:1.8m 以上	柱体积	截面积×高×数量		m^3
	定额	5-11 换	现浇混凝土 矩形柱 换为【预拌混凝土 C30】		柱体积	同上		$10m^3$
	清单	011702002	矩形柱	1. 现浇混凝土模板 矩形柱 复合模板 钢支撑 2. 工作内容:模板及支撑制作、安装、拆除、堆放、运输及清量模板内杂物、刷隔离剂等	模板与混凝土接触面积	柱截面周长×柱高×数量		m^2
	定额	5-220	现浇混凝土模板 独立基础 复合模板 木支撑		模板与混凝土接触面积	同上		$100m^2$
KZ4 (部位： ±0.00 以下)	清单	010502001	矩形柱	1. 混凝土种类:商品混凝土 2. 混凝土强度等级:C30(20) 3. 部位:±0.00 以下 4. 截面周长:1.8m 以上	柱体积	截面积×高×数量		m^3
	定额	5-11 换	现浇混凝土 矩形柱 换为【预拌混凝土 C30】		柱体积	同上		$10m^3$
	清单	011702002	矩形柱	1. 现浇混凝土模板 矩形柱 复合模板 钢支撑 2. 工作内容:模板及支撑制作、安装、拆除、堆放、运输及清量模板内杂物、刷隔离剂等	模板与混凝土接触面积	柱截面周长×柱高×数量		m^2
	定额	5-220	现浇混凝土模板 独立基础 复合模板 木支撑		模板与混凝土接触面积	同上		$100m^2$

5.8.2.4 任务总结

从本工程的混凝土柱工程量计算中，应学会如下计算思路。

① 混凝土柱的工程量计算应区分不同楼层、混凝土强度等级、截面及类型计算。

② 混凝土柱子的工程量计算中，关于框架柱高度及构造柱高度的规定是有区别的，需特别注意。

③ 特别注意需要掌握构造柱马牙槎的计算方法。

④ 由于混凝土构件均必须与模板结合考虑，因此在计算混凝土柱时，应对模板超高的柱子单列项目计算。

5.8.3 混凝土梁

5.8.3.1 阶段任务

根据《BIM算量一图一练》专用宿舍楼图纸内容，根据2013版清单规范，完成标高为－0.05m处DL、标高3.55m处KL16、标高7.20m处KL3梁的工程量计算。

5.8.3.2 任务分析

在计算混凝土梁工程量前，应通过识图分析表5-62中的问题。

表 5-62　梁问题分析

<table>
<tr><th>序号</th><th>分类</th><th>位置</th><th>识图</th><th colspan="2">计算规则解读</th></tr>
<tr><td>1</td><td rowspan="4">矩形梁</td><td>标高－0.05m处的梁</td><td>结施－05</td><td rowspan="4">2016定额P166，按设计图示尺寸以体积计算，伸入砖墙内的梁头、梁垫并入梁体积内
（1）梁与柱连接时，梁长算至柱侧边；
（2）主梁与次梁连接时，次梁算至主梁侧面</td><td rowspan="4">2013清单计算规范同定额规则</td></tr>
<tr><td>2</td><td>标高3.55m处KL</td><td>结施－06</td></tr>
<tr><td>3</td><td>标高7.2m处WKL、KL</td><td>结施－07</td></tr>
<tr><td>4</td><td>标高10.8m处WKL</td><td>结施－10</td></tr>
<tr><td>5</td><td rowspan="2">有梁板
（本章节仅对矩形梁计算，对于有梁板的计算则在“现浇混凝土板”相关的章节中进行）</td><td>标高3.55m处次梁</td><td>结施－06</td><td rowspan="2">（1）2016定额P166，板工程量按设计尺寸以体积计算，不扣除单个面积$0.3m^2$以内的柱、垛及孔洞所占的体积，其中有梁板包括梁与板，按梁、板体积之和计算
（2）2016定额P162，有梁板与平板的区分</td><td rowspan="2">—</td></tr>
<tr><td>6</td><td>标高7.2m处次梁</td><td>结施－07</td></tr>
</table>

5.8.3.3 任务实施

屋面层——有梁板工程量计算表见表5-63。

表 5-63 梁工程量计算表

基础层—单梁

构件名称	算量类别	清单编码	项目特征	算量名称	计算公式	工程量	单位	计算规则
DL1 单梁	清单	010505001	1. 混凝土种类：预拌 2. 混凝土强度等级：C30(20) 3. 部位：梁顶标高−0.05m、3.55m、7.22m、10.8m 处	梁体积	(宽×高×中心线−柱所占体积)×数量 (0.3×0.6×3.85−0.09)×2	1.206	m^3	2016 定额 P166、P168： (1)梁与柱相接时，梁长算至柱侧面； (2)主梁与次梁连接时，次梁长算至主梁侧面； (3)现浇混凝土构件模板，除另有规定者外，均按模板与混凝土接触面积计算，柱、梁、墙、板、栏板相互连接的重叠部分，均不扣除模板面积
	定额	5-17 换	现浇混凝土 矩形梁 换为【预拌混凝土 C30】	梁体积	同上	0.1206	$10m^3$	
	清单	011702002	1. 现浇矩形梁复合模板、钢支撑 2. 工作内容：模板及支撑制作、安装、拆除、堆放、运输及清量模板内杂物、刷隔离剂等	模板与混凝土接触面积	(宽+高×2)×净长线×数量 (0.3+0.6×2)×3.35×2	10.05	m^2	
	定额	5-232	现浇混凝土模板 矩形梁 复合模板 钢支撑	模板与混凝土接触面积	同上	0.1005	$100m^2$	
DL2 单梁	清单	010505001	1. 混凝土种类：预拌 2. 混凝土强度等级：C30(20) 3. 部位：梁顶标高−0.05m、3.55m、7.22m、10.8m 处	梁体积	(宽×高×中心线−柱所占体积)×数量 (0.3×0.6×3.55−0.135)×2	1.008	m^3	
	定额	5-17 换	现浇混凝土 矩形梁 换为【预拌混凝土 C30】	梁体积	同上	0.1008	$10m^3$	
	清单	011702002	1. 现浇矩形梁复合模板、钢支撑 2. 工作内容：模板及支撑制作、安装、拆除、堆放、运输及清量模板内杂物、刷隔离剂等	模板与混凝土接触面积	(宽+高×2)×净长线×数量 (0.3+0.6×2)×2.8×2	8.4	m^2	
	定额	5-232	现浇混凝土模板 矩形梁 复合模板 钢支撑	模板与混凝土接触面积	同上	0.084	$100m^2$	
DL3 单梁	清单	010505001	1. 混凝土种类：预拌 2. 混凝土强度等级：C30(20) 3. 部位：梁顶标高−0.05m、3.55m、7.22m、10.8m 处	梁体积	(宽×高×中心线−柱所占体积)×数量 (0.3×0.6×32.7−0.45)×1	5.436	m^3	
	定额	5-17 换	现浇混凝土 矩形梁 换为【预拌混凝土 C30】	梁体积	同上	0.5436	$10m^3$	
	清单	011702002	1. 现浇矩形梁复合模板、钢支撑 2. 工作内容：模板及支撑制作、安装、拆除、堆放、运输及清量模板内杂物、刷隔离剂等	模板与混凝土接触面积	(宽+高×2)×净长线×数量 (0.3+0.6×2)×30.2×1	45.3	m^2	
	定额	5-232	现浇混凝土模板 矩形梁 复合模板 钢支撑	梁模板体积	同上	0.453	$100m^2$	

续表

请在下表中练习计算其他 DL 的工程量。(下列表格可根据工程实际扩展)

构件名称	算量类别	清单编码	项目特征	算量名称	计算公式	工程量	单位
DL4 单梁	清单	010505001	1. 混凝土种类：预拌 2. 混凝土强度等级：C30(20) 3. 部位：梁顶标高−0.05m、3.55m、7.22m、10.8m 处	梁体积	(宽×高×中心线−柱所占体积)×数量		m^3
	定额	5-17 换	现浇混凝土 矩形梁 换为【预拌混凝土 C30】	梁体积			$10m^3$
	清单	011702002	1. 现浇矩形梁复合模板、钢支撑 2. 工作内容：模板及支撑制作、安装、拆除、堆放、运输及清量模板内杂物、刷隔离剂等	模板与混凝土接触面积	(宽+高×2)×净长线×数量		m^2
	定额	5-232	现浇混凝土模板 矩形梁 复合模板 钢支撑	模板与混凝土接触面积			$100m^2$
DL5 单梁	清单	010505001	1. 混凝土种类：预拌 2. 混凝土强度等级：C30(20) 3. 部位：梁顶标高−0.05m、3.55m、7.22m、10.8m 处	梁体积	(宽×高×中心线−柱所占体积)×数量		m^3
	定额	5-17 换	现浇混凝土 矩形梁 换为【预拌混凝土 C30】	梁体积			$10m^3$
	清单	011702002	1. 现浇矩形梁复合模板、钢支撑 2. 工作内容：模板及支撑制作、安装、拆除、堆放、运输及清量模板内杂物、刷隔离剂等	模板与混凝土接触面积	(宽+高×2)×净长线×数量		m^2
	定额	5-232	现浇混凝土模板 矩形梁 复合模板 钢支撑	模板与混凝土接触面积			$100m^2$

5.8.3.4 任务总结

从本工程的混凝土梁工程量计算中，应学会如下计算思路。

① 在梁的体积计算中，梁长度的计算是关键。关于梁长度计算的规定为：梁与柱连接时，梁长算至柱侧面；主梁与次梁连接时，次梁长算至主梁侧面。

② 由于在建筑物中梁较多，为避免计算混乱，应在计算过程中在图纸中做好标记。

③ 梁与楼板、阳台板、雨篷板、挑檐板、楼梯、柱等混凝土构件均有联系，在工程量计算前应首先做判别分类，以免列项错误。

④ 由于混凝土构件均必须与模板结合考虑，因此在计算混凝土梁时，应对模板超高的梁单列项目计算。

5.8.4 混凝土板

5.8.4.1 阶段任务

根据《BIM算量一图一练》专用宿舍楼图纸内容，根据2013版清单规范，完成标高3.55m处有梁板、标高7.20m处有梁板、平台板的工程量计算。

5.8.4.2 任务分析

在计算混凝土有梁板工程量前，由于梁与板关系密切，因此应先复习本书关于“混凝土梁”的相关章节，在掌握了“有梁板”的定义之后，分析表5-64中的问题。

表5-64 混凝土板的问题分析（本章节仅对板工程量计算，梁相关工程量计算见其他相关章节）

序号	疑问	分析	识图	计算规则解读	
1	有梁板的工程量计算规则是什么？	结合2016定额P162“现浇梁、板区分示意图”进行分析	结施06、结施07、结施08、结施09、结施10	结合2016定额P166～168计算规则进行分析：本工程应按不同楼层及标高处的有梁板分别计算，有梁板工程量为梁与板体积之和	2013清单计算规则同定额
2	阳台板的计算规则是什么？	结合2016定额P164“现浇混凝土阳台板、雨篷板按三面悬挑形式编制，如一面是弧形栏板且半径≤9m时，执行圆弧形阳台板、雨篷板项目；如非三面悬挑形式的阳台、雨篷，则执行梁、板相应项目”	首层建筑平面图、二层建筑平面图、阳台处节点详图、梁及板结施平面图	结合2016定额P166～168计算规则进行分析： 1）混凝土部分：凸阳台（凸出外墙外侧用悬挑梁悬挑的阳台）按阳台项目计算；凹进墙内的阳台，按梁、板分别计算，阳台栏板、压顶分别按栏板、压顶项目计算	2013清单计算规则同定额

续表

序号	疑问	分析	识图	计算规则解读	
2	阳台板的计算规则是什么?	结合2016定额P164“现浇混凝土阳台板、雨篷板按三面悬挑形式编制，如一面是弧形栏板且半径≤9m时，执行圆弧形阳台板、雨篷板项目；如非三面悬挑形式的阳台、雨篷，则执行梁、板相应项目”	首层建筑平面图、二层建筑平面图、阳台处节点详图、梁及板结施平面图	2）模板部分：当执行阳台板项目时，现浇混凝土阳台模板按图示外挑部分尺寸的水平投影面积计算；挑出墙外的悬臂梁及板边不另计算	2013清单计算规则同定额
3	本工程混凝土板分类	标高3.55m处，D轴、C轴之间的楼板判断为平板；其余位置楼板判断为有梁板	结施06、结施08	—	—
		标高7.2m处：1）A轴、C轴、1轴、13轴围合区域楼板判断为有梁板；2）D轴、F轴、2轴、11轴围合区域判断为有梁板；3）楼梯平台板判断为有梁板；4）除以上3种情况外，均判断为平板	结施07、结施09	—	—
		标高10.8m处，判断为平板	结施10	—	—
		标高3.55m处，空调板可执行“悬挑板”项目	建施03、结施08	—	—
		阳台梁、阳台板均不属于“三面悬挑的凸阳台”，故随主楼板分类方法判断计算	—	—	—

5.8.4.3 任务实施

首层板、二层板工程量计算见表5-65、表5-66。

请在表5-66中练习计算二层及楼梯间有梁板中板的工程量。（下列表格可根据工程实际扩展）

表 5-65 首层板工程量计算表（参考结施-8）

构件名称	算量类别	清单编码	项目特征	算量名称	位置	计算公式	工程量	单位
首层有梁板：B100（注：本表仅表现有梁板中板的工程量计算，梁的工程量计算详见相关章节）	清单	010505001	1. 混凝土种类：预拌 2. 混凝土强度等级：C30(20) 3. 板厚：100mm	有梁板体积	A-C/1-3、A-C/12-14、D-F/1-2、D-F/13-14	[板净面积×板厚]×数量 (3.6−0.25)×(7.2−0.45)×0.1×6	13.57	(55.81)m^3
					A-C/4-12、D-F/10-12、D-F/4-7	[板净面积×板厚]×数量 (3.6−0.225)×(7.2−0.45)×0.1×13	29.62	
					A-C/3-4、D-F/3-4	[板净面积×板厚]×数量 (3.6−0.2)×(7.2−0.45)×0.1×2	4.59	
					D-F/7-9	[板净面积×板厚]×数量 (3.6−0.25)×(7.2−0.25)×0.1×2	4.66	
					D-F/9-10	[板净面积×板厚]×数量 (3.6−0.25)×(7.2−0.275)×0.1×1	2.32	
					楼梯平台板	[楼梯平台板净面积×板厚]×数量 (2.0−0.25−0.15)×(3.6−0.15−0.15)×0.1×2	1.06	
	定额	5-30 换	现浇混凝土 有梁板 换为【预拌混凝土 C30】	有梁板体积	—	同清单汇总	5.58	$10m^3$
	清单	011702014	1. 现浇有梁板复合模板、钢支撑 2. 工作内容：模板及支撑制作、安装、拆除、堆放、运输及清量模板内杂物、刷隔离剂等	模板与混凝土接触面积	—	略	556.41	m^2
	定额	5-256	现浇混凝土模板 有梁板 复合模板 钢支撑	模板与混凝土接触面积	—	同清单汇总	5.56	$100m^2$
首层平板：B100	清单	010505003	1. 混凝土种类：预拌 2. 混凝土强度等级：C30(20) 3. 板厚：100mm	平板体积	C-D/1-14	[板净面积×板厚]×数量 (2.4−0.2)×(46.8−0.4×2−0.25×6)×0.1	9.79	m^3
	定额	5-32 换	现浇混凝土 平板 换为【预拌混凝土 C30】	平板体积	C-D/1-14	同清单工程量	0.98	$10m^3$
	清单	011702016	1. 现浇平板复合模板、钢支撑 2. 工作内容：模板及支撑制作、安装、拆除、堆放、运输及清量模板内杂物、刷隔离剂等	模板与混凝土接触面积	C-D/1-14	板底部模板面积+侧边模板面积 (2.4−0.2)×(46.8−0.4×2−0.25×6)+0	97.90	m^2
	定额	5-260	现浇混凝土模板 平板 复合模板 钢支撑	模板与混凝土接触面积	C-D/1-14	同清单汇总	0.98	$100m^2$

表 5-66　二层板工程量计算表（参考结施-9）

构件名称	算量类别	清单编码	项目特征	算量名称	位置	计算公式	工程量	单位
二层有梁板：B100	清单	010505001	1. 混凝土种类：预拌 2. 混凝土强度等级：C30（20） 3. 板厚：100mm	有梁板体积				m^3
	定额	5-30 换	现浇混凝土 有梁板 换为【预拌混凝土 C30】	有梁板体积				$10m^3$
	清单	011702014	有梁板模板	模板与混凝土接触面积				m^2
	定额	5-256	现浇混凝土模板 有梁板 复合模板 钢支撑	模板与混凝土接触面积				$100m^2$
二层平板：B100	清单	010505003	1. 混凝土种类：预拌 2. 混凝土强度等级：C30（20） 3. 板厚：100mm	平板体积				m^3
	定额	5-32 换	现浇混凝土 平板 换为【预拌混凝土 C30】	平板体积				$10m^3$
	清单	011702016	1. 现浇平板复合模板、钢支撑 2. 工作内容：模板及支撑制作、安装、拆除、堆放、运输及清量模板内杂物、刷隔离剂等	模板与混凝土接触面积				m^2
	定额	5-260	现浇混凝土模板 平板 复合模板 钢支撑	模板与混凝土接触面积				$100m^2$

5.8.4.4 任务总结

① 混凝土板工程量的计算应首先区分有梁板、平板、无梁板，针对特殊情况的阳台、雨篷是否作为有梁板计算也应掌握其判断方法。

② 由于混凝土构件均必须与模板结合考虑，因此在计算混凝土板时，应对模板超高的板单列项目计算。

5.8.5 构造柱与圈梁

5.8.5.1 阶段任务

根据《BIM 算量一图一练》专用宿舍楼图纸内容，根据 2013 版清单规范，完成本工程构造柱及圈梁的工程量计算。

5.8.5.2 任务分析

构造柱与圈梁均属于填充墙构造措施内容，构造柱的设置原则往往在图纸的建施说明及结施说明中以文字的形式说明，因此，文字理解与图纸的关系尤为重要，见表 5-67。

表 5-67 构造柱及圈梁分析

<table>
<tr><th>序号</th><th>项目</th><th colspan="2">分析</th><th>识图</th><th>备注</th></tr>
<tr><td rowspan="9">1</td><td rowspan="4">构造柱位置</td><td>各层平面图所示</td><td>仅“标高为 7.20m 处的屋面板配筋图中注明构造柱具体位置”</td><td rowspan="5">结施-01 第 6.2 条</td><td rowspan="5"></td></tr>
<tr><td>悬墙端头处</td><td>此种情况在本工程中不存在</td></tr>
<tr><td>墙体转角及交接处(100mm 厚墙体除外）需修改图纸</td><td>见图纸标注</td></tr>
<tr><td>墙长超过墙长两倍的墙中</td><td>此种情况在本工程中不存在</td></tr>
<tr><td>构造柱截面</td><td colspan="2">200mm×200mm（墙厚×200）</td></tr>
<tr><td rowspan="3">构造柱高度</td><td>首层</td><td>−0.05～首层单梁底</td><td></td><td></td></tr>
<tr><td>二层</td><td>3.55～屋顶单梁底</td><td></td><td></td></tr>
<tr><td>屋面</td><td>7.20～女儿墙压顶底</td><td>“基础平面图”中压顶详图</td><td></td></tr>
<tr><td>2</td><td>圈梁位置、圈梁截面、圈梁长度</td><td>当填充墙高度超过 4m 时，应在填充墙高度的中部或门窗洞口顶部设置墙厚，及与混凝土柱连接的通长钢筋混凝土水平系梁</td><td>由于本工程层高为 3.6m，因此填充墙的砌筑高度无超过 4m 的情况，因此本工程无圈梁</td><td>结施-01 第 6.1 条</td><td></td></tr>
</table>

5.8.5.3 任务实施

见表 5-68。

表 5-68　构造柱计算表

首层

构件名称	算量类别	清单编码	项目名称	项目特征	算量名称	部位	计算公式	工程量	单位
GZ1	清单	010502002	构造柱	1. 混凝土种类：预拌混凝土 2. 混凝土强度等级：C25(20)	构造柱体积	首层：1/B 轴、14/B 轴	(构造柱长×构造柱宽×净高＋马牙槎体积－马牙槎扣圈梁体积)×数量 [0.2×0.2×(3.6－0.6)＋0.2×0.06×(3.6－0.6)×3/2－0.2×0.2×0.03×2]×2	0.34	m^3
	定额	5-12 换	现浇混凝土 构造柱 换为【预拌混凝土 C25】		构造柱体积		同上	0.03	$10m^3$
	清单	011702003	构造柱	普通模板	模板与混凝土接触面积		按模板接触面积计算 (马牙槎接触宽度按 60mm 计) [(0.2＋0.06×2)×(3.6－0.6)－0.06×1×0.2＋0.06×2×(3.6－0.6－0.2)＋0.06×2×(3.6－0.5－0.2)]×2	3.26	m^2
	定额	5-222	现浇混凝土模板 构造柱 复合模板 钢支撑		模板与混凝土接触面积		同上	0.03	$100m^2$
GZ1	清单	010502002	构造柱	1. 混凝土种类：预拌混凝土 2. 混凝土强度等级：C25(20)	构造柱体积	部位：标高 7.2m 屋面女儿墙处	(构造柱长×构造柱宽×原始高＋马牙槎体积－马牙槎扣圈梁体积)×数量 [(1.3×0.2×0.2)＋0.06×1.3×0.2]×32	2.16	m^3
	定额	5-12 换	现浇混凝土 构造柱 换为【预拌混凝土 C25】		构造柱体积		同上	0.22	$10m^3$
	清单	011702003	构造柱	普通模板	模板与混凝土接触面积		按模板接触面积计算 (马牙槎接触宽度按 60mm 计) (0.2＋0.06＋0.2＋0.06＋0.06×2)×1.3×4＋(0.2＋0.06×2)×2×1.3×28	26.62	m^2
	定额	5-222	现浇混凝土模板 构造柱 复合模板 钢支撑		模板与混凝土接触面积		同上	0.27	$100m^2$

续表

结合图纸，请参考下表格式计算首层其他位置构造柱工程量。									
构件名称	算量类别	清单编码	项目名称	项目特征	算量名称	部位	计算公式	工程量	单位
GZ1	清单	010502002	构造柱	1. 混凝土种类：预拌混凝土 2. 混凝土强度等级：C25(20)	构造柱体积	9/E 轴 7、9 轴之间 与 E 轴相交	（构造柱长×构造柱宽×原始高＋马牙槎体积－马牙槎扣圈梁体积）×数量		m^3
	定额	5-12 换	现浇混凝土 构造柱 换为【预拌混凝土 C25】		构造柱体积		同上		$10m^3$
	清单	011702003	构造柱	普通模板	模板与混凝土接触面积		按模板接触面积计算 （马牙槎接触宽度按 60mm 计）		m^2
	定额	5-222	现浇混凝土模板 构造柱 复合模板 钢支撑		模板与混凝土接触面积		同上		$100m^2$
GZ1	清单	010502002	构造柱	1. 混凝土种类：预拌混凝土 2. 混凝土强度等级：C25(20)	构造柱体积	D、E 轴之间 与 9 轴相交 D、E 轴之间 与 7、9 轴 之间相交处	（构造柱长×构造柱宽×原始高＋马牙槎体积－马牙槎扣圈梁体积）×数量		m^3
	定额	5-12 换	现浇混凝土 构造柱 换为【预拌混凝土 C25】		构造柱体积		同上		$10m^3$
	清单	011702003	构造柱	普通模板	模板与混凝土接触面积		按模板接触面积计算 （马牙槎接触宽度按 60mm 计）		m^2
	定额	5-222	现浇混凝土模板 构造柱 复合模板 钢支撑		模板与混凝土接触面积		同上		$100m^2$
GZ1	清单	010502002	构造柱	1. 混凝土种类：预拌混凝土 2. 混凝土强度等级：C25(20)	构造柱体积	机房层 女儿墙处	（构造柱长×构造柱宽×原始高＋马牙槎体积－马牙槎扣圈梁体积）×数量		m^3
	定额	5-12 换	现浇混凝土 构造柱 换为【预拌混凝土 C25】		构造柱体积		同上		$10m^3$
	清单	011702003	构造柱	普通模板	模板与混凝土接触面积		按模板接触面积计算 （马牙槎接触宽度按 60mm 计）		m^2
	定额	5-222	现浇混凝土模板 构造柱 复合模板 钢支撑		模板与混凝土接触面积		同上		$100m^2$

5.8.5.4 任务总结

在本章的学习过程中，学习重点如下所述。

(1) 构造柱与圈梁的识图

① 构造柱与圈梁均为填充墙构造方面内容，在识图时，有时图纸会在平面图中将构造柱与圈梁的位置很具体地画出来，更多情况下则需要从结施说明及建施说明中的文字中读出来，且加上识图者的判断与分析，才能更准确地分析构造柱及圈梁的情况。也正因为这个原因，建议造价工作者应多与设计人员沟通确认，以避免因识图原因造成造价失误。

② 在定额组价时，常常会规定一些虽不属于圈梁但仍按圈梁组价的构件，例如有防水要求的房间砌体墙根部的混凝土止水带、飘窗或雨篷在砌体墙上生根的梁等，因此工程量的计算应与组价规定结合进行。本图纸中此种情况将在相关章节中分析学习，本章节未考虑。

(2) 构造柱与圈梁的工程量计算规则

① 注意构造柱马牙槎的工程量计算方法。

② 注意构造柱柱高在计算规则中的理解。

③ 注意圈梁的不同叫法，图中的“水平系梁”即为圈梁。

④ 注意圈梁长度在计算规则中的理解。

5.8.6 门窗及过梁、止水带、窗台压顶

5.8.6.1 阶段任务

根据《BIM算量一图一练》专用宿舍楼图纸内容，根据2013版清单规范，完成本工程门窗、过梁、混凝土止水带、窗台压顶的工程量计算。

5.8.6.2 任务分析

门窗、过梁、窗台压顶见表5-69。混凝土止水带见表5-70。

表5-69 门窗、过梁、窗台压顶

序号	部位	分析							识图
		类型	名称	数量	洞口尺寸/(mm×mm)	过梁尺寸/(m×m×m)	窗台压顶/(m×m×m)	门垛/m	
1	首层200mm厚外墙	门	M5	2	3300×2700	3.4×0.2×0.12	无	无	首层、二层及屋面层平面图
		窗	C3	22	600×1750	无	0.2×0.2×0.6	无	
			C4	2	2200×2550	无	0.2×0.2×2.2	无	
	首层300mm厚外墙	门	无	—	—	—	—	—	
		窗	C2	22	1750×2850	无	无	无	
	首层200mm厚内墙	门	M1	19	1000×2700	1.5×0.2×0.12	无	无	
			M2	2	1500×2700	2×0.2×0.12	无	无	
			M4	21	1750×2700	2.25×0.2×0.12	无	无	
			FHM乙	2	1000×2100	无	无	无	
			FHM乙-1	2	1500×2100	无	无	无	
		窗	FHC	2	1200×1800	无	无	无	
		墙洞	JD1	1	1800×2700	无	无	无	

续表

序号	部位	分析							识图
		类型	名称	数量	洞口尺寸/(mm×mm)	过梁尺寸/(m×m×m)	窗台压顶/(m×m×m)	门垛/m	
1	首层100mm厚内墙	门	M3	21	800×2100	1.3×0.1×0.12	无	无	首层、二层及屋面层平面图
		窗	无	—	—	—	—	—	
		墙洞	JD2	1	1500×2700	无	无	无	
2	二层200mm厚外墙	窗	C1	2	1200×1350	无	无	无	
			C3	24	600×1750	无	0.2×0.2×0.6	无	
			C4	2	2200×2550	无	0.2×0.2×2.2	无	
	二层300mm厚外墙	门	无	—	—	—	—	—	
		窗	C2	24	1750×2850	无	无	无	
	二层200mm厚内墙	门	M2	2	1500×2700	2×0.2×0.12	无	无	
			M1	22	1000×2700	1.5×0.2×0.12	无	无	
			M4	23	1750×2700	2.25×0.2×0.12	无	无	
		窗	无	—	—	—	—	—	
		墙洞	JD1	1	1800×2700	无	无	无	
	二层100mm厚内墙	门	M3	22	800×2100	1.3×0.1×0.12	无	无	
		窗	无	—	—	—	—	—	
		墙洞	JD2	1	1500×2700	无	无	无	
3	顶层楼梯间200mm厚外墙	门	M2	2	1500×2700	2×0.2×0.12	无	无	
		窗	C1	2	1200×1350	无	无	无	

表5-70 混凝土止水带

序号	部位	截面/(mm×mm)	识图	计算注意事项
1	阳台	200×200（位于200mm厚加气混凝土墙上）	（1）建施说明第4.2条：有地漏房间隔墙根部应先做200mm高C20素混凝土带，遇门断开 （2）建施-10节点3：300mm厚加气混凝土墙止水带为150mm高，且起到固定阳台窗及阳台栏杆作用，混凝土强度等级为C25	（1）止水带长度应扣减相应位置洞口宽度 （2）300mm厚加气混凝土墙中由于窗离地高度原因，止水带高度为150mm
		100×200（位于100mm厚加气混凝土墙上）		
		300×150（位于300mm厚加气混凝土墙上）		
2	卫生间及盥洗室	200×200（位于200mm厚加气混凝土墙上）		
		100×200（位于100mm厚加气混凝土墙上）		
		300×150（位于300mm厚加气混凝土墙上）		

5.8.6.3 任务实施

门窗、过梁、止水带工程量计算表见表5-71。

表 5-71 门窗、过梁、止水带工程量计算表（部分工程量）（参考建施-03 和建施-04、建施-09）

构件名称	算量类别	编码	项目特征	算量名称	计算公式	工程量	单位	工程量描述
M-1	清单	010802001	1. 门代号及洞口尺寸：M1 2. 门框、扇材质：单开成品塑钢平开门（含五金）	洞口面积	洞口面积×数量 1×2.7×41	110.70	m^2	200mm 厚内墙含洞口面积 110.7m^2
	定额	8-10	塑钢成品门安装 平开	洞口面积	同上	1.11	100m^2	
M-2	清单	010801001	1. 门代号及洞口尺寸：M2 2. 门框、扇材质：双开成品塑钢平开门（含五金）	洞口面积	洞口面积×数量 (1.5×2.7×4)+(1.5×2.2×2)	22.80	m^2	200mm 厚内墙含洞口面积 22.8m^2
	定额	8-10	塑钢成品门安装 平开	洞口面积	同上	0.23	100m^2	
C-1	清单	010807001	1. 窗代号及洞口尺寸：C1、C3、C4 2. 框、扇材质：墨绿绝塑钢平开窗 3. 玻璃品种、厚度：中空玻璃 5+9A+5	洞口面积	洞口面积×数量 1.2×1.35×4	6.48	m^2	200mm 厚外墙含洞口面积 6.48m^2
	定额	8-74	塑钢成品窗安装 平开	洞口面积	同上	0.06	100m^2	
C-2	清单	010807001	1. 窗代号及洞口尺寸：C2 2. 框、扇材质：墨绿绝塑钢推拉窗 3. 玻璃品种、厚度：中空玻璃 5+9A+5	洞口面积	洞口面积×数量 1.75×2.85×46	229.43	m^2	200mm 厚外墙含洞口面积 229.425m^2
	定额	8-73	塑钢成品窗安装 推拉	洞口面积	同上	2.29	100m^2	
GL120（过梁）	清单	010503005	1. 混凝土种类：预拌混凝土 2. 混凝土强度等级：C25（20） 3. 部位：现浇混凝土过梁	过梁体积	长×宽×高×数量		(1.764)m^3	(1.764)m^3
					M-1 (1+0.5)×0.2×0.12×41	1.48	m^3	
					M-2 (1.5+0.5)×0.2×0.12×6	0.29	m^3	
	定额	5-20 换	现浇混凝土 过梁 换为【预拌混凝土 C25】	过梁体积	同上	0.18	10m^3	—
	清单	011702009	1. 现浇混凝土模板 过梁 复合模板 钢支撑 2. 工作内容：模板及支撑制作、安装、拆除、堆放、运输及清量模板内杂物、刷隔离剂等	混凝土与模板接触面积	(过梁长×高×2+洞口净宽×过梁宽)×数量		(27.64)m^2	(27.64)m^2
					M-1 (1.5×0.12×2+1×0.2)×41	22.96	m^2	
					M-2 (2×0.12×2+1.5×0.2)×6	4.68	m^2	
	定额	5-238	现浇混凝土模板 过梁 复合模板 钢支撑	混凝土与模板接触面积	同上	0.28	100m^2	—

续表

构件名称	算量类别	编码	项目特征	算量名称	计算公式	工程量	单位	工程量描述
300mm×150mm止水带（部位：首层300mm厚墙体下方）	清单	010503004	1. 混凝土种类：商品混凝土 2. 混凝土强度等级：C20（20） 3. 部位：有地漏房间隔墙根部应200高C20素混凝土条带	混凝土止水带体积	长×宽×高×数量		(2.09)m^3	(2.09)m^3
					A轴管理室阳台处 (0.6+1.75−0.15)×0.3×0.15	0.10	m^3	
					A/3轴两侧、A/5轴两侧、A/7轴两侧A/9轴两侧、A/11轴两侧、A/13轴两侧 (0.6+1.75−0.25)×0.3×0.15×2×6	1.13	m^3	
					F/3轴右侧 (0.6+1.75−0.1)×0.3×0.15	0.10	m^3	
					F/5轴、F/7轴、F/9轴、F/11轴 (0.6+1.75−0.25)×0.3×0.15×2×4	0.76	m^3	
	定额	5-19换	现浇混凝土 圈梁 换为【预拌混凝土 C25】	混凝土止水带体积	同上	0.21	10m^3	—
	清单	11702008	1. 现浇混凝土模板 圈梁 直形 复合模板 钢支撑 2. 工作内容：模板及支撑制作、安装、拆除、堆放、运输及清量模板内杂物、刷隔离剂等	混凝土与模板接触面积	（长×高×2）×数量		(13.94)m^2	(13.60)m^2
					A轴管理室阳台处 (0.6+1.75−0.15)×0.15×2	0.66	m^2	
					A/3轴两侧、A/5轴两侧、A/7轴两侧A/9轴两侧、A/11轴两侧、A/13轴两侧 (0.6+1.75−0.25)×0.15×2×12	7.56	m^2	
					F/3轴右侧 (0.6+1.75−0.1)×0.15×2	0.68	m^2	
					F/5轴、F/7轴、F/9轴、F/11轴 (0.6+1.75−0.25)×0.15×2×8	5.04	m^2	
	定额	5-235	现浇混凝土模板 圈梁 直形 复合模板 钢支撑	混凝土与模板接触面积	同上	0.14	100m^2	—

5.8.6.4 任务总结

在本章的学习过程中，主要应从以下两方面引起注意。

1）计算顺序方面

在手工计算工程量时，计算效率的提高除表现在运算的熟练程度方面之外，另外一个更为重要的就是计算顺序与方法，如何在计算一个构件的同时“顺便”计算与之相关的若干个工程量，则需要统筹的安排。

而计算顺序方面较为代表性的就是门窗及洞口了。门窗洞口的计算看似简单，但如果详细分析，与之相关的内容有过梁、窗台压顶、门垛、墙体根部的止水带、砌体墙体积、墙面装饰面积等，因此，如果在手工计算之前，能够较好地对门窗进行科学的分类统计一下，那么就一定能够大大提高计算效率。

2）识图及列项方面

结合本工程图纸，以下几个方面应引起识图及列项的注意。

① 门窗及墙洞应结合定额组价的规定分别列项计算。

② 有防水房间的混凝土止水带的识图，首先从平面图判断止水带存在的位置，而后再区分不同的墙厚，结合不同位置的节点详图列项计算。（本工程的止水带就有三种截面）

5.8.7 压顶

5.8.7.1 阶段任务

根据《BIM算量一图一练》专用宿舍楼图纸内容，根据2013版清单规范，完成压顶的工程量计算。

5.8.7.2 任务分析

压顶常常位于女儿墙顶部、窗台处等，必须区分不同部位分别计算，因此仔细读图做到不丢不漏尤为重要。压顶分析表见表5-72。

表5-72 压顶分析表

序号	压顶位置	截面尺寸/（mm×mm）	长度	识图	备注
1	标高7.2m处屋面女儿墙压顶	200×200	同女儿墙长	（1）建施-05：屋顶层平面图 （2）相应位置节点详图 （3）结施-04	—
2	标高10.8m处楼梯间屋顶女儿墙压顶	200×200	同女儿墙长		
3	窗台压顶（C3、C4）	200×200	图中不详，暂按洞口宽计算	建施-10节点大样图	—

5.8.7.3 任务实施

窗台压顶、女儿墙压顶工程量计算表见表5-73、表5-74。

表 5-73　首层窗台压顶工程量计算表

构件名称	算量类别	清单编码	项目名称	项目特征	算量名称	部位	计算公式	工程量	单位	备注
窗台压顶	清单	010507005	扶手、压顶	1. 混凝土种类：预拌混凝土 C25（20） 2. 部位：窗台压顶	压顶体积	1 轴与 D、C 轴相交处（C4 下面）14 轴与 D、C 轴相交处（C4 下面）	（压顶宽×压顶高×长度）×数量 0.2×0.2×2.2×2	0.176	m^3	—
	定额	5-53 换	现浇混凝土 扶手、压顶 换为【预拌混凝土 C25】		压顶体积		同上	0.0176	$10m^3$	
	清单	011702028	扶手（压顶）	1. 现浇混凝土模板 扶手压顶 复合模板木支撑 2. 工作内容：模板及支撑制作、安装、拆除、堆放、运输及清量模板内杂物、刷隔离剂等	混凝土与模板接触面积		（压顶高×长度）×2×数量 0.2×2.2×2×2	1.76	m^2	
	定额	5-289	现浇混凝土模板 扶手压顶 复合模板木支撑		混凝土与模板接触面积		同上	0.0176	$100m^2$	
窗台压顶	清单	010507005	扶手、压顶	1. 混凝土种类：预拌混凝土 C25（20） 2. 部位：窗台压顶	压顶体积	C3 下面	（压顶宽×压顶高×长度）×数量 0.2×0.2×0.6×22	0.528	m^3	—
	定额	5-53 换	现浇混凝土 扶手、压顶 换为【预拌混凝土 C25】		压顶体积		同上	0.0528	$10m^3$	
	清单	011702028	扶手（压顶）	1. 现浇混凝土模板 扶手压顶 复合模板木支撑 2. 工作内容：模板及支撑制作、安装、拆除、堆放、运输及清量模板内杂物、刷隔离剂等	混凝土与模板接触面积		（压顶高×长度）×2×数量 0.2×0.6×2×22	5.28	m^2	
	定额	5-289	现浇混凝土模板 扶手压顶 复合模板木支撑		混凝土与模板接触面积		同上	0.0528	$100m^2$	

表 5-74　女儿墙压顶

构件名称	算量类别	清单编码	项目名称	项目特征	算量名称	部位	计算公式	工程量	单位
大屋面女儿墙压顶	清单	010507005	扶手、压顶	1. 混凝土种类：预拌混凝土 C25（20） 2. 部位：女儿墙压顶	压顶体积	女儿墙处	压顶高×压顶宽×中心线长度 0.2×0.2×(18+47.3+18+3.8507+32.2+3.75)	4.92	m^3
	定额	5-53 换	现浇混凝土 扶手、压顶 换为【预拌混凝土 C25】		压顶体积		同上	0.49	$10m^3$
	清单	011702028	扶手（压顶）	1. 现浇混凝土模板 扶手压顶 复合模板木支撑 2. 工作内容：模板及支撑制作、安装、拆除、堆放、运输及清量模板内杂物、刷隔离剂等	混凝土与模板接触面积		压顶高×中心线长度×2 0.2×(18+47.3+18+3.8507+32.2+3.75)×2	49.24	m^2
	定额	5-289	现浇混凝土模板 扶手压顶 复合模板木支撑		混凝土与模板接触面积		同上	0.49	$100m^2$

请结合本工程图纸，参考以上大屋面女儿墙压顶的计算方法和思路，在下表中计算机房层女儿墙压顶的工程量。

构件名称	算量类别	清单编码	项目名称	项目特征	算量名称	部位	计算公式	工程量	单位
机房层女儿墙压顶	清单	010507005	扶手、压顶	1. 混凝土种类：预拌混凝土 C25（20） 2. 部位：女儿墙压顶	压顶体积	女儿墙处	压顶高×压顶宽×中心线长度－扣构造柱体积		m^3
	定额	5-53 换	现浇混凝土 扶手、压顶 换为【预拌混凝土 C25】		压顶体积		同上		$10m^3$
	清单	011702028	扶手（压顶）	1. 现浇混凝土模板 扶手压顶 复合模板木支撑 2. 工作内容：模板及支撑制作、安装、拆除、堆放、运输及清量模板内杂物、刷隔离剂等	混凝土与模板接触面积		压顶高×压顶宽×中心线长度－扣构造柱体积		m^2
	定额	5-289	现浇混凝土模板 扶手压顶 复合模板木支撑		混凝土与模板接触面积		同上		$100m^2$

5.8.7.4 任务总结

在本章的学习过程中，主要有以下三方面作为学习重点。

① 本工程压顶均与墙同宽，因此在计算时也可以圈梁列项。

② 压顶识图需注意从建筑说明、结构说明及相应节点详图中全面读图，防止漏项。

③ 压顶与构造柱相交时，压顶长度通算，构造柱高度计算至压顶底面。

5.8.8 挑檐

5.8.8.1 阶段任务

根据《BIM算量一图一练》专用宿舍楼图纸内容，根据2013版清单规范，完成标高7.2m处挑檐的工程量计算。

5.8.8.2 任务分析

见表5-75。

表5-75 挑檐分析

序号	位置	挑檐外边距轴线距离	挑出外墙皮长度	识图	备注
1	F轴以北	0.6m	0.4m	结施-09二层板配筋图、建施-10节点2、节点4	—
2	1轴以西、14轴以东C4顶部	0.35m	0.45m		—
3	1轴以西、14轴以东其他部位	0.35m	0.25m		—
4	1轴以南	0.8m	0.6m		—

注：排水系统、挑檐防水、保温、装饰等在“其他”章节中计算。

5.8.8.3 任务实施

挑檐工程量计算表见表5-76。

5.8.8.4 任务总结

① 挑檐是指屋面挑出外墙的部分，一般挑出宽度不大于50cm，主要是为了方便做屋面排水，对外墙也起到保护作用。

② 挑檐在图纸的显示方式，往往没有以文字明确表示出来，需要根据组价规定、施工方法、作用等判断后，列项计算。因此，挑檐的列项需结合识图、施工工艺、组价规定等方面综合考虑。

③ 挑檐的防水、保温、装修等作为挑檐构造做法的组成部分，需另列项目计算。

混凝土工程工程量计算汇总表见表5-77。

表 5-76　挑檐、雨篷、空调板工程量计算表

构件名称	算量类别	清单编码	项目名称	项目特征	算量名称	算量部位	计算公式	工程量		单位
挑檐	清单	010505007	天沟（檐沟）、挑檐板	1. 混凝土种类：预拌 2. 混凝土强度等级：C30（20）	挑檐体积	A/1-14 轴	挑檐长×挑檐宽×挑檐板厚－扣柱的体积		5.20	m³
							(46.8+0.35×2)×0.6×0.1－0.5×0.2×0.1×2－0.5×0.3×0.1×6	2.74		
						1/A-C 轴 14/A-C 轴	(挑檐长×挑檐宽×挑檐板厚－扣柱的体积)×数量			
							((5.4+1.8)×0.25×0.1－0.25×0.1×0.1)×2	0.36		
						1/C-D 轴 14/C-D 轴	(挑檐净面积×厚度)×数量			
							(2.2×0.5×0.1+0.25×0.1×0.1×2)×2	0.23		
						1/D-F 轴 14/D-F 轴	(挑檐净面积×厚度)×数量			
							(7.2×0.25×0.1)×2	0.36		
						F/1-2 轴 F/13-14 轴	(挑檐长×挑檐宽×挑檐板厚－扣柱的体积)×数量			
							[(3.6+0.35)×0.4×0.1－0.5×0.2×0.1－0.4×0.1×0.1]×2	0.29		
						F/3-12 轴	挑檐长×挑檐宽×挑檐板厚－扣柱的体积			
							(3.6×9)×0.4×0.1－0.1×0.4×0.1×2－0.3×0.5×0.1×4	1.23		
	定额	5-41 换	现浇混凝土 天沟、挑檐板 换为【预拌混凝土 C30】		挑檐体积	同上	同清单工程量		0.52	10m³
	清单	011702023	天沟、檐沟（挑檐板）	1. 现浇混凝土模板 天沟挑檐 复合模板钢支撑 2. 工作内容：模板及支撑制作、安装、拆除、堆放、运输及清量模板内杂物、刷隔离剂等	混凝土与模板接触面积	挑檐底部抹灰	底部模板面积＋侧面模板面积		64.69	m²
							51.95+12.74	64.69		
	定额	5-277	现浇混凝土模板 天沟挑檐 复合模板钢支撑		混凝土与模板接触面积	同清单	同上	0.65	0.65	100m²

续表

<table>
<tr><th>构件名称</th><th>算量类别</th><th>清单编码</th><th>项目名称</th><th>项目特征</th><th>算量名称</th><th>算量部位</th><th colspan="2">计算公式</th><th colspan="2">工程量</th><th>单位</th></tr>
<tr><td rowspan="5">挑檐底部抹灰</td><td rowspan="4">清单</td><td rowspan="4">011301001</td><td rowspan="4">天棚抹灰</td><td rowspan="4">1. 做法：20mm 厚干混 DS M20 砂抹面压光
2. 部位：挑檐底部抹灰、二层阳台底部抹灰</td><td rowspan="4">底部面积+侧边面积+梁侧面积</td><td rowspan="2">挑檐处</td><td colspan="3">同模板接触面积</td><td rowspan="4">89.11</td><td rowspan="4">m^2</td></tr>
<tr><td colspan="2">51.95+12.74</td><td>64.69</td></tr>
<tr><td rowspan="2">二层阳台底</td><td colspan="3">二层阳台底面积</td></tr>
<tr><td colspan="2">[3.35×1.6+(0.25+0.6+0.5)×1.6+(0.3+0.6+0.5)×3.35]×2</td><td>24.42</td></tr>
<tr><td>定额</td><td>13-1 换</td><td colspan="2">天棚抹灰 混凝土天棚 一次抹灰（10mm）实际厚度（mm）：20</td><td>底部面积+侧边面积</td><td>同清单</td><td colspan="2">同清单工程量</td><td>0.89</td><td>0.89</td><td>100m^2</td></tr>
<tr><td rowspan="6">挑檐底部涂料</td><td rowspan="4">清单</td><td rowspan="4">011406001002</td><td rowspan="4">抹灰面油漆</td><td rowspan="4">1. 具体做法：
1）白色乳胶漆涂料
2）满刮腻子一遍，刷底漆一遍，乳胶漆两遍
2. 部位：挑檐底部抹灰、二层阳台底部抹灰</td><td rowspan="4">底部面积+侧边面积+梁侧面积</td><td rowspan="2">挑檐处</td><td colspan="3">同模板接触面积</td><td rowspan="4">89.11</td><td rowspan="4">m^2</td></tr>
<tr><td colspan="2">51.95+12.74</td><td>64.69</td></tr>
<tr><td rowspan="2">二层阳台底</td><td colspan="3">二层阳台底面积</td></tr>
<tr><td colspan="2">[3.35×1.6+(0.25+0.6+0.5)×1.6+(0.3+0.6+0.5)×3.35]×2</td><td>24.42</td></tr>
<tr><td>定额</td><td>14-200</td><td colspan="2">乳胶漆 室内 天棚面 二遍，换为室外乳胶漆</td><td>底部面积+侧边面积</td><td>同清单</td><td colspan="2">同清单工程量</td><td>0.89</td><td>0.89</td><td>100m^2</td></tr>
<tr><td>定额</td><td>14-251</td><td colspan="2">刮腻子 每增减一遍</td><td>底部面积+侧边面积</td><td>同清单</td><td colspan="2">同清单工程量</td><td>0.89</td><td>0.89</td><td>100m^2</td></tr>
</table>

雨篷、空调板工程量计算表（参考建施-03、建施-04、结施-08）

<table>
<tr><th>构件名称</th><th>算量类别</th><th>清单编码</th><th>项目名称</th><th>项目特征</th><th>算量名称</th><th>计算公式</th><th>工程量</th><th>单位</th></tr>
<tr><td rowspan="3">空调板</td><td rowspan="2">清单</td><td rowspan="2">010505008</td><td rowspan="2">雨篷、悬挑板、阳台板（空调板）</td><td rowspan="2">1. 混凝土种类：预拌
2. 混凝土强度等级：C30（20）
3. 部位：空调板</td><td rowspan="2">空调板体积</td><td>空调板净长×空调板净宽×空调板板厚×数量</td><td rowspan="2">1.95</td><td rowspan="2">m^3</td></tr>
<tr><td>0.65×1.5×0.10×20</td></tr>
<tr><td>定额</td><td>5-43 换</td><td colspan="2">现浇混凝土 悬挑板 换为【预拌混凝土 C30】空调板</td><td>空调板体积</td><td>同上</td><td>0.195</td><td>10m^3</td></tr>
</table>

续表

构件名称	算量类别	清单编码	项目名称	项目特征	算量名称	计算公式	工程量	单位
空调板	清单	011702023	雨篷、悬挑板、阳台板（空调板）	1. 现浇混凝土模板 空调板 直形 复合模板钢支撑 2. 工作内容：模板及支撑制作、安装、拆除、堆放、运输及清量模板内杂物、刷隔离剂等	空调板水平投影面积	雨篷净长×雨篷净宽×数量 0.65×1.5×20	19.5	m^2
	定额	5-273	现浇混凝土模板 悬挑板 直形 复合模板钢支撑 空调板		空调板水平投影面积	同上	0.195	$100m^2$
雨篷板	清单	010505008	雨篷、悬挑板、阳台板（雨篷板）	1. 混凝土种类：预拌 2. 混凝土强度等级：C30(20) 3. 部位：屋顶雨篷板	雨篷板体积	雨篷板净长×雨篷板净宽×雨篷板板厚×数量 2.1×1.0×0.10×2	0.42	m^3
	定额	5-42 换	现浇混凝土 雨篷板 换为【预拌混凝土 C30】		雨篷板体积	同上	0.042	$10m^3$
	清单	011702023	雨篷、悬挑板、阳台板（空调板）	1. 现浇混凝土模板 空调板 直形 复合模板钢支撑 2. 工作内容：模板及支撑制作、安装、拆除、堆放、运输及清量模板内杂物、刷隔离剂等	雨篷板水平投影面积	雨篷净长×雨篷净宽×数量 2.1×1.0×2	4.2	m^2
	定额	5-271	现浇混凝土模板 雨篷板 直形 复合模板钢支撑		雨篷板水平投影面积	同上	0.042	$100m^2$

表 5-77 混凝土及模板工程工程量汇总表

序号	算量类别	清单/定额编码	项目名称	特征描述	单位	工程量
1	清单	010501001001	垫层	1. 混凝土种类：预拌 2. 混凝土强度等级：C15（20）	m^3	46.4
	定额	5-1	现浇混凝土 垫层		$10m^3$	4.6395
2	清单	010501003001	独立基础	1. 混凝土种类：预拌 2. 混凝土强度等级：C30（20）	m^3	235.27
	定额	5-5 换	现浇混凝土 独立基础 混凝土 换为【预拌混凝土 C30】		$10m^3$	23.5273
3	清单	010502001001	矩形柱	1. 混凝土种类：预拌 2. 混凝土强度等级：C30（20）	m^3	108.19
	定额	5-11 换	现浇混凝土 矩形柱 换为【预拌混凝土 C30】		$10m^3$	10.8187
4	清单	010502001001	矩形柱	1. 混凝土种类：预拌 2. 混凝土强度等级：C30（20） 3. 部位：梯柱	m^3	1.15
	定额	5-11 换	现浇混凝土 矩形柱 换为【预拌混凝土 C30】		$10m^3$	0.1152
5	清单	010502002001	构造柱	1. 混凝土种类：预拌混凝土 2. 混凝土强度等级：C25（20）	m^3	19.16
	定额	5-12 换	现浇混凝土 构造柱 换为【预拌混凝土 C25】		$10m^3$	1.9158
6	清单	010503002001	矩形梁	1. 混凝土种类：预拌 2. 混凝土强度等级：C30（20） 3. 部位：梁顶标高－0.05m、3.55m、7.22m、10.8m 处	m^3	170.21
	定额	5-17 换	现浇混凝土 矩形梁 换为【预拌混凝土 C30】		$10m^3$	17.0214
7	清单	010503004001	圈梁	1. 混凝土种类：预拌 2. 混凝土强度等级：C25（20） 3. 部位：卫生间墙体根部止水带	m^3	14.98
	定额	5-19 换	现浇混凝土 圈梁 换为【预拌混凝土 C25】		$10m^3$	1.498
8	清单	010503005001	过梁	1. 混凝土种类：预拌混凝土 2. 混凝土强度等级：C25（20） 3. 部位：现浇混凝土过梁	m^3	5.42
	定额	5-20 换	现浇混凝土 过梁 换为【预拌混凝土 C25】		$10m^3$	0.5417
9	清单	010505001001	有梁板	1. 混凝土种类：预拌 2. 混凝土强度等级：C30（20）	m^3	23.39
	定额	5-30 换	现浇混凝土 有梁板 换为【预拌混凝土 C30】		$10m^3$	2.3386
10	清单	010505001001	有梁板	1. 混凝土种类：预拌 2. 混凝土强度等级：C30（20） 3. 板厚：100mm	m^3	103.68
	定额	5-30 换	现浇混凝土 有梁板 换为【预拌混凝土 C30】		$10m^3$	10.3683
11	清单	010505003001	平板	1. 混凝土种类：预拌 2. 混凝土强度等级：C30（20） 3. 板厚：100mm	m^3	33.79
	定额	5-32 换	现浇混凝土 平板 换为【预拌混凝土 C30】		$10m^3$	3.3794

续表

序号	算量类别	清单/定额编码	项目名称	特征描述	单位	工程量
12	清单	010505007001	天沟（檐沟）、挑檐板	1. 混凝土种类：预拌 2. 混凝土强度等级：C30（20）	m^3	5.2
	定额	5-41 换	现浇混凝土 天沟、挑檐板 换为【预拌混凝土 C30】		$10m^3$	0.5196
13	清单	010505008001	雨篷、悬挑板、阳台板（雨篷板）	1. 混凝土种类：预拌 2. 混凝土强度等级：C30（20） 3. 部位：屋顶雨篷板	m^3	0.42
	定额	5-42 换	现浇混凝土 雨篷板 换为【预拌混凝土 C30】		$10m^3$	0.042
14	清单	010505008002	雨篷、悬挑板、阳台板（空调板）	1. 混凝土种类：预拌 2. 混凝土强度等级：C30（20） 3. 部位：空调板	m^3	1.95
	定额	5-43 换	现浇混凝土 悬挑板 换为【预拌混凝土 C30】		$10m^3$	0.195
15	清单	010506001001	直形楼梯	1. 混凝土种类：预拌 2. 混凝土强度等级：C30 3. 类型：一个自然层双跑	m^2	78.32
	定额	5-46 换	现浇混凝土 楼梯 直形 换为【预拌混凝土 C30】		$10m^2$ 水平投影面积	7.832
16	清单	010507004001	台阶	1. 混凝土种类：商品混凝土 2. 混凝土强度等级：C15（20）	m^2	8.96
	定额	5-50 换	现浇混凝土 台阶 换为【预拌混凝土 C15】		$10m^2$ 水平投影面积	0.8955
17	清单	010507001001	散水	1. 60mm 厚 C15 混凝土面层，水泥砂浆随打随抹光 2. 150mm 厚 3：7 灰土宽出面层 300mm 3. 素土夯实，向外坡 4% 4. 沥青砂浆嵌缝	m^2	106.41
	定额	1-129	原土夯实二遍 机械		$100m^2$	1.1373
	定额	4-72	垫层 灰土		$10m^3$	1.70595
	定额	5-49 换	现浇混凝土 散水 换为【预拌混凝土 C15】		$10m^2$ 水平投影面积	10.6408
18	清单	010507001002	坡道	1. 干混地面砂浆 DS M20 抹面压光 2. 60mm 厚 C15 混凝土 3. 300mm 厚 3：7 灰土 4. 素土夯实	m^2	9
	定额	1-129	原土夯实二遍 机械		$100m^2$	0.09
	定额	4-72	垫层 灰土		$10m^3$	0.2701
	定额	5-49 换	现浇混凝土 散水 换为【预拌混凝土 C15】坡道		$10m^2$ 水平投影面积	0.9002
	定额	11-6	水泥砂浆楼地面 混凝土或硬基层上 20mm		$100m^2$	0.09

续表

序号	算量类别	清单/定额编码	项目名称	特征描述	单位	工程量
19	清单	010507005001	扶手、压顶	1. 混凝土种类：预拌混凝土 C25（20） 2. 部位：窗台压顶	m^3	1.46
	定额	5-53 换	现浇混凝土 扶手、压顶 换为【预拌混凝土 C25】		$10m^3$	0.1456
20	清单	010507005001	扶手、压顶	1. 混凝土种类：预拌混凝土 C25（20） 2. 部位：女儿墙压顶	m^3	6.74
	定额	5-53 换	现浇混凝土 扶手、压顶 换为【预拌混凝土 C25】		$10m^3$	0.6744
21	清单	010516002001	预埋铁件	1. 钢材种类：预埋铁件 2. 部位：栏杆	t	0.1
	定额	5-169	铁件制作、安装		t	0.1
22	清单	010515009001	支撑钢筋（铁马）	1. 钢筋种类：马凳筋 2. 规格：现浇构件带肋钢筋 带肋钢筋 HRB400 以内 直径≤10mm	t	0.269
	定额	5-93	现浇构件带肋钢筋 带肋钢筋 HRB400 以内 直径≤10mm		t	0.269
23	清单	010515001001	现浇构件钢筋	1. 钢筋种类：砌体内加固钢筋 2. 规格：带肋钢筋 HRB400 以内 直径≤10mm	t	3.189
	定额	5-125	砌体内加固钢筋		t	3.189
24	清单	10515001002	现浇构件钢筋	现浇构件圆钢筋 钢筋 HPB300 直径≤10mm	t	0.015
	定额	5-89	现浇构件圆钢筋 钢筋 HPB300 直径≤10mm		t	0.015
25	清单	010515001003	现浇构件钢筋	箍筋 圆钢 HPB300 直径≤10mm	t	0.557
	定额	5-116	箍筋 圆钢 HPB300 直径≤10mm		t	0.557
26	清单	010515001004	现浇构件钢筋	现浇构件带肋钢筋 带肋钢筋 HRB400 以内 直径≤10mm	t	14.859
	定额	5-93	现浇构件带肋钢筋 带肋钢筋 HRB400 以内 直径≤10mm		t	14.859
27	清单	010515001005	现浇构件钢筋	现浇构件带肋钢筋 带肋钢筋 HRB400 以内 直径≤18mm	t	25.07
	定额	5-94	现浇构件带肋钢筋 带肋钢筋 HRB400 以内 直径≤18mm		t	25.07
28	清单	010515001006	现浇构件钢筋	现浇构件带肋钢筋 带肋钢筋 HRB400 以内 直径≤25mm	t	25.584
	定额	5-95	现浇构件带肋钢筋 带肋钢筋 HRB400 以内 直径≤25mm		t	25.584
29	清单	010515001007	现浇构件钢筋	箍筋 带肋钢筋 HRB400 以内 直径≤10mm	t	14.567
	定额	5-118	箍筋 带肋钢筋 HRB400 以内 直径≤10mm		t	14.567
30	清单	010515001008	现浇构件钢筋	箍筋 带肋钢筋 HRB400 以内 直径>10mm	t	1.461
	定额	5-119	箍筋 带肋钢筋 HRB400 以内 直径>10mm		t	1.461
31	清单	010516003001	电渣压力焊接	钢筋焊接、机械连接、植筋 电渣压力焊接≤ϕ18	个	500
	定额	5-148	钢筋焊接、机械连接、植筋 电渣压力焊接≤ϕ18		10 个	50

续表

序号	算量类别	清单/定额编码	项目名称	特征描述	单位	工程量
32	清单	010516003002	电渣压力焊接	钢筋焊接、机械连接、植筋 电渣压力焊接≤ϕ32	个	694
	定额	5-149	钢筋焊接、机械连接、植筋 电渣压力焊接≤ϕ32		10个	69.4
33	清单	011702001001	基础垫层模板	1. 现浇独立基础垫层复合模板 2. 工作内容：模板及支撑制作、安装、拆除、堆放、运输及清量模板内杂物、刷隔离剂等	m^2	42.54
	定额	5-171	现浇混凝土模板 基础垫层复合模板		100m^2	0.4254
34	清单	011702001002	基础	1. 现浇独立基础复合模板、木支撑 2. 工作内容：模板及支撑制作、安装、拆除、堆放、运输及清量模板内杂物、刷隔离剂等	m^2	248.45
	定额	5-189	现浇混凝土模板 独立基础 复合模板 木支撑		100m^2	2.4845
35	清单	011702002001	矩形柱	1. 现浇混凝土模板 矩形柱 复合模板 钢支撑 2. 工作内容：模板及支撑制作、安装、拆除、堆放、运输及清量模板内杂物、刷隔离剂等	m^2	802.66
	定额	5-220	现浇混凝土模板 矩形柱 复合模板 钢支撑		100m^2	8.0266
36	清单	011702003001	构造柱	1. 现浇混凝土模板 构造柱 复合模板 钢支撑 2. 工作内容：模板及支撑制作、安装、拆除、堆放、运输及清量模板内杂物、刷隔离剂等	m^2	176.44
	定额	5-222	现浇混凝土模板 构造柱 复合模板 钢支撑		100m^2	1.7644
37	清单	011702006001	矩形梁	1. 现浇矩形梁复合模板、钢支撑 2. 工作内容：模板及支撑制作、安装、拆除、堆放、运输及清量模板内杂物、刷隔离剂等	m^2	1607.86
	定额	5-232	现浇混凝土模板 矩形梁 复合模板 钢支撑		100m^2	16.0786
38	清单	011702008001	圈梁	1. 现浇混凝土模板 圈梁 直形 复合模板 钢支撑 2. 工作内容：模板及支撑制作、安装、拆除、堆放、运输及清量模板内杂物、刷隔离剂等	m^2	146.77
	定额	5-235	现浇混凝土模板 圈梁 直形 复合模板 钢支撑		100m^2	1.4677
39	清单	011702009001	过梁	1. 现浇混凝土模板 过梁 复合模板 钢支撑 2. 工作内容：模板及支撑制作、安装、拆除、堆放、运输及清量模板内杂物、刷隔离剂等	m^2	92.04
	定额	5-238	现浇混凝土模板 过梁 复合模板 钢支撑		100m^2	0.9204

续表

序号	算量类别	清单/定额编码	项目名称	特征描述	单位	工程量
40	清单	011702014001	有梁板	1. 现浇有梁板复合模板、钢支撑 2. 工作内容：模板及支撑制作、安装、拆除、堆放、运输及清量模板内杂物、刷隔离剂等	m^2	1303.9
	定额	5-256	现浇混凝土模板 有梁板 复合模板 钢支撑		$100m^2$	13.039
41	清单	011702016001	平板	1. 现浇平板复合模板、钢支撑 2. 工作内容：模板及支撑制作、安装、拆除、堆放、运输及清量模板内杂物、刷隔离剂等	m^2	336.88
	定额	5-260	现浇混凝土模板 平板 复合模板 钢支撑		$100m^2$	3.3688
42	清单	011702022001	天沟、檐沟（挑檐板）	1. 现浇混凝土模板 天沟挑檐 复合模板钢支撑 2. 工作内容：模板及支撑制作、安装、拆除、堆放、运输及清量模板内杂物、刷隔离剂等	m^2	64.7
	定额	5-277	现浇混凝土模板 天沟挑檐 复合模板钢支撑		$100m^2$	0.647
43	清单	011702023001	雨篷、悬挑板、阳台板（空调板）	1. 现浇混凝土模板 空调板 直形 复合模板钢支撑 2. 工作内容：模板及支撑制作、安装、拆除、堆放、运输及清量模板内杂物、刷隔离剂等	m^2	19.5
	定额	5-273	现浇混凝土模板 悬挑板 直形 复合模板钢支撑		$100m^2$ 水平投影面积	0.195
44	清单	011702023002	雨篷	1. 现浇混凝土模板 雨篷板 直形 复合模板钢支撑 2. 工作内容：模板及支撑制作、安装、拆除、堆放、运输及清量模板内杂物、刷隔离剂等	m^2	4.2
	定额	5-271	现浇混凝土模板 雨篷板 直形 复合模板钢支撑		$100m^2$ 水平投影面积	0.042
45	清单	011702027001	台阶	1. 现浇混凝土模板 台阶 复合模板木支撑 2. 工作内容：模板及支撑制作、安装、拆除、堆放、运输及清量模板内杂物、刷隔离剂等	m^2	8.96
	定额	5-285	现浇混凝土模板 台阶 复合模板木支撑		$100m^2$ 水平投影面积	0.0896
46	清单	011702028001	扶手（压顶）	1. 现浇混凝土模板 扶手压顶 复合模板木支撑 2. 工作内容：模板及支撑制作、安装、拆除、堆放、运输及清量模板内杂物、刷隔离剂等	m^2	82
	定额	5-289	现浇混凝土模板 扶手压顶 复合模板木支撑		$100m^2$	0.82
47	清单	011702029001	坡道	1. 现浇坡道复合模板、钢支撑 2. 工作内容：模板制作、安装、拆除、堆放、运输及清量模板内杂物、刷隔离剂等	m^2	1.76
	定额	5-171	现浇混凝土模板 基础垫层复合模板		$100m^2$	0.0176

续表

序号	算量类别	清单/定额编码	项目名称	特征描述	单位	工程量
48	清单	011702029002	散水	1. 现浇散水复合模板 2. 工作内容：模板制作、安装、拆除、堆放、运输及清量模板内杂物、刷隔离剂等	m^2	14.84
	定额	5-171	现浇混凝土模板 基础垫层复合模板		$100m^2$	0.1484
49	清单	011702024001	楼梯	1. 现浇混凝土模板 楼梯 直形 复合模板钢支撑 2. 工作内容：模板及支撑制作、安装、拆除、堆放、运输及清量模板内杂物、刷隔离剂等	m^2	78.32
	定额	5-279	现浇混凝土模板 楼梯 直形 复合模板钢支撑		$100m^2$ 水平投影面积	0.7832

5.9 钢筋工程工程量计算实例

5.9.1 基础工程

5.9.1.1 阶段任务

根据《BIM算量一图一练》专用宿舍楼案例图纸内容，根据国家建筑标准设计图集16G101-3的规定，完成本工程独立基础钢筋工程量计算。

5.9.1.2 任务分析

在计算基础钢筋工程量前，应通过识图，回答如下几个问题，见表5-78。

表5-78 基础分析

序号	问题	本工程情况	识图	计算规则分析
1	本工程的基础类型是什么？	阶梯状独立基础	本书基础平面布置图、《混凝土结构施工图平面整体表示方法制图规则和构造详图（独立基础、条形基础、筏形基础、桩基础）》（16G101-3）P7及P67	参见国家建筑标准设计图集16G101-3 P68～75
2	基础钢筋保护层厚度及起步距离	保护层：50mm 起步距离：min（75，$S/2$）		

5.9.1.3 任务实施

钢筋比重表、独立基础钢筋计算表见表5-79、表5-80。

表5-79 钢筋比重表

直径/mm	钢筋比重/（kg/m）	直径/mm	钢筋比重/（kg/m）	直径/mm	钢筋比重/（kg/m）
3	0.055	9	0.499	20	2.47
4	0.099	10	0.617	22	2.98
5	0.154	12	0.888	25	3.85
6	0.222	14	1.21	28	4.83
6.5	0.26	16	1.58	30	5.549
8	0.395	18	2		

注：本工程钢筋重量计算均按上表中钢筋比重计算。

表 5-80 独立基础钢筋计算

构件名称	部位	方向	钢筋图形	计算公式	长度/mm	根数	单重/kg	总重/kg	备注
DJj01 B:X⌀12@150 Y:⌀12@150	1/F、14/A、14/C、14/D、14/F	X 方向	2600	外侧钢筋:边长−2×保护层 2700−2×50	2600	2	2.309	4.618	说明:此处计算的钢筋长度及根数均为单个基础 独立基础钢筋:详见16G101-3(P70) 注:当独立基础底板长度≥2500mm时,除外侧钢筋外,底板配筋长度可取相应方向底板长度的0.9倍 独立基础钢筋起步距离确定:min(75,S/2)(S为钢筋间距)
			2430	中侧钢筋:0.9×基础边长 0.9×2700	2430	16	2.158	34.525	
		Y 方向	2600	外侧钢筋:边长−2×保护层 2700−2×50	2600	2	2.309	4.618	
			2430	内侧钢筋:0.9×基础边长 0.9×2700	2430	16	2.158	34.525	
	合计							72.826	

5.9.1.4 任务总结

基础钢筋工程量的计算应注意以下几点。

① 通体读图了解到,本工程中的独立基础为对称基础,阶梯形(两阶)基础,有单柱基础和双柱基础。

② 弄清楚基础钢筋中受力钢筋与分布钢筋的区别及位置摆放,在算钢筋的过程中要注意钢筋的间距及起步距离的扣减。

③ 基础底板长度大于等于 2500mm 时,钢筋要错开摆放,参见国家建筑标准设计图集 16G101-3 P70 详细说明。

5.9.2 混凝土柱

5.9.2.1 阶段任务

根据《BIM 算量一图一练》专用宿舍楼案例图纸内容,根据国家建筑标准设计图集 16G101-1、国家建筑标准设计图集 16G101-3 的规定,完成框架柱、梯柱的钢筋工程量计算。

5.9.2.2 任务分析

在计算柱子钢筋工程量前,应通过识图分析以下问题。见表 5-81。

表 5-81 计算柱钢筋前分析的问题

序号	项目	本工程情况	识图	计算规则分析
1	柱高	框架柱	参见图纸结施-04	参见国家建筑标准设计图集 16G101-1 P63~70
		梯柱	参见图纸结施-11:TZ1 详图	

5.9.2.3 任务实施

柱钢筋工程量计算表见表 5-82。

表 5-82　柱钢筋工程量计算表

KZ1(1/A)处

基础层

序号	筋号	钢筋图形	直径/mm	级别	计算公式	公式描述	长度/mm	根数	搭接	单重/kg	总重/kg	备注
1	B边插筋.1	330 3350	22	Φ	1850+3000/3+550−50+15×22	高差+上层露出长度+基础厚度−保护层+计算设置设定的弯折	3680	2	0	10.966	21.933	高差指独立基础顶面到基础层顶面的高度；柱插筋在基础中锚固长度的判断及箍筋根数的计算详见16G101-3(P66)；箍筋弯钩长度见16G101-1(P62)：封闭式箍筋及拉筋弯钩构造
2	B边插筋.2	330 4120	22	Φ	1850+3000/3+max(35×22,500)+550−50+15×22	高差+上层露出长度+错开距离+基础厚度−保护层+计算设置设定的弯折	4450	2	0	13.261	26.522	
3	H边插筋.1	330 4120	22	Φ	1850+3000/3+max(35×22,500)+550−50+15×22	高差+上层露出长度+错开距离+基础厚度−保护层+计算设置设定的弯折	4450	2	0	13.261	26.522	
4	H边插筋.2	330 3350	22	Φ	1850+3000/3+550−50+15×22	高差+上层露出长度+基础厚度−保护层+计算设置设定的弯折	3680	2	0	10.966	21.933	
5	角筋插筋.1	330 4120	22	Φ	1850+3000/3+max(35×22,500)+550−50+15×22	高差+上层露出长度+错开距离+基础厚度−保护层+计算设置设定的弯折	4450	2	0	13.261	26.522	
6	角筋插筋.2	330 3350	22	Φ	1850+3000/3+550−50+15×22	高差+上层露出长度+基础厚度−保护层+计算设置设定的弯折	3680	2	0	21.933	21.933	
7	箍筋.1	430 430	10	Φ	2×[(500−2×35)+(500−2×35)]+2×(11.9×10)	2×[(B边长度−2×保护层)+(H边长度−2×保护层)]+2×弯钩	1958	21	0	1.208	25.37	
8	箍筋.2	430 171	10	Φ	2×{[(500−2×35−2×10−22)/3×1+22+2×10]+(500−2×35)}+2×(11.9×10)	2×{[(B边长度−2×保护层−2×箍筋直径−该排纵筋最大直径)/间距×箍筋所占间距个数+该排纵筋最大直径+2×箍筋直径]+(H边长度−2×保护层)}+2×弯钩	1441	38	0	0.889	33.786	
合计											204.52	

续表

首层

序号	筋号	钢筋图形	直径/mm	级别	计算公式	公式描述	长度/mm	根数	搭接	单重/kg	总重/kg	备注
1	B边纵筋.1	3100	22	Φ	3600－1770＋max(3000/6,500,500)＋max(35×22,500)	层高－本层露出长度＋上层露出长度＋错开距离	3100	2	1	9.238	18.476	根据钢筋接头的连接形式,确定抗震框柱纵向钢筋的连接构造。详见16G101-1(P63);钢筋接头连接形式的确定:结构说明—通用型构造措施—关于钢筋锚固连接—第3条
2	B边纵筋.2	3100	22	Φ	3600－3000/3＋max(3000/6,500,500)	层高－本层露出长度＋上层露出长度	3100	2	1	9.238	18.476	
3	H边纵筋.1	3100	22	Φ	3600－3000/3＋max(3000/6,500,500)	层高－本层露出长度＋上层露出长度	3100	2	1	9.238	18.476	
4	H边纵筋.2	3100	22	Φ	3600－1770＋max(3000/6,500,500)＋max(35×22,500)	层高－本层露出长度＋上层露出长度＋错开距离	3100	2	1	9.238	18.476	
5	角筋.1	3100	22	Φ	3600－3000/3＋max(3000/6,500,500)	层高－本层露出长度＋上层露出长度	3100	2	1	9.238	18.476	
6	角筋.2	3100	22	Φ	3600－1770＋max(3000/6,500,500)＋max(35×22,500)	层高－本层露出长度＋上层露出长度＋错开距离	3100	2	1	9.238	18.476	
7	箍筋.1	440 440	8	Φ	2×[(500－2×30)＋(500－2×30)]＋2×(11.9×8)	2×[(B边长度－2×保护层)＋(H边长度－2×保护层)]＋2×弯钩	1950	37	0	0.77	28.505	
8	箍筋.2	440 175	8	Φ	2×{[(500－2×30－2×8－22)/3×1＋22＋2×8]＋(500－2×30)}＋2×(11.9×8)	2×{[(B边长度－2×保护层－2×箍筋直径－该排纵筋最大直径)/间距×箍筋所占间距个数＋该排纵筋最大直径＋2×箍筋直径]＋(H边长度－2×保护层)}＋2×弯钩	1414	74	0	0.559	41.343	
合计											180.704	

续表

序号	筋号	钢筋图形	直径/mm	级别	计算公式	公式描述	长度/mm	根数	搭接	单重/kg	总重/kg	备注
二层												
1	B边纵筋.1	591 3130	22	Φ	3650－500－650＋1.5×37×22	层高－本层的露出长度－梁高＋节点设置中的柱顶锚固	3721	1	1	11.089	11.089	二层在本工程对于很多柱属于顶层，顶层锚固会有变化，需判断下边角柱 抗震边柱和角柱柱顶纵向钢筋构造详见16G101-1(P67)，中柱柱顶纵向钢筋构造详见16G101-1(P68) 顶层边角柱钢筋计算： 1. 首先判断外侧角筋从梁底算起 $1.5l_{abE}$是否超过柱内侧边缘 超过时，即 $1.5l_{abE}$＞梁底至柱内侧边缘长度。65%的钢筋锚固长度等于$1.5l_{abE}$，剩余35%的钢筋锚固长度＝梁高－保护层＋柱宽－2倍保护层＋8d 不超过时，即 $1.5l_{abE}$＜梁底至柱内侧边缘长度。65%的钢筋锚固长度＝梁高－保护层＋max{15d，$1.5l_{abE}$－(梁高－保护层)} 剩余35%的钢筋锚固长度＝梁高－保护层＋柱宽－2倍保护层＋8d 2. 判断外侧钢筋从梁底算起$1.5l_{abE}$是否超过柱内侧边缘
2	B边纵筋.2	591 2360	22	Φ	3650－1270－650＋1.5×37×22	层高－本层的露出长度－梁高＋节点设置中的柱顶锚固	2951	1	1	8.794	8.794	
3	B边纵筋.3	264 3120	22	Φ	3650－500－650＋(650－30＋12×22)	层高－本层的露出长度－梁高＋(梁高－保护层＋节点设置中的柱内侧纵筋顶层弯折)	3384	1	1	10.084	10.084	
4	B边纵筋.4	264 2350	22	Φ	3650－1270－650＋650－30＋12×22	层高－本层的露出长度－梁高＋(梁高－保护层＋节点设置中的柱内侧纵筋顶层弯折)	2614	1	1	7.79	7.79	
5	H边纵筋.1	264 3120	22	Φ	3650－500－650＋(650－30＋12×22)	层高－本层的露出长度－梁高＋(梁高－保护层＋节点设置中的柱内侧纵筋顶层弯折)	3384	1	1	10.084	10.084	
6	H边纵筋.2	264 2350	22	Φ	3650－1270－650＋(650－30＋12×22)	层高－本层的露出长度－梁高＋(梁高－保护层＋节点设置中的柱内侧纵筋顶层弯折)	2619	1	1	7.79	7.79	
7	H边纵筋.3	591 3130	22	Φ	3650－500－650＋1.5×37×22	层高－本层的露出长度－梁高＋节点设置中的柱顶锚固	3721	1	1	11.089	11.089	
8	H边纵筋.4	591 2360	22	Φ	3650－1270－650＋1.5×37×22	层高－本层的露出长度－梁高＋节点设置中的柱顶锚固	2951	1	1	8.794	8.794	

续表

序号	筋号	钢筋图形	直径/mm	级别	计算公式	公式描述	长度/mm	根数	搭接	单重/kg	总动/kg	备注
二层												
9	角筋.1	591 2360	22	Φ	3650−1270−650+1.5×37×22	层高−本层的露出长度−梁高+节点设置中的柱顶锚固	2951	1	1	8.794	8.794	超过时，即 $1.5l_{abE}$>梁底至柱内侧边缘长度。65%的钢筋锚固长度等于 $1.5l_{abE}$，剩余35%的钢筋锚固长度＝梁高－保护层＋柱宽－2倍保护层＋8d 不超过时，即 $1.5l_{abE}$<梁底至柱内侧边缘长度。65%的钢筋锚固长度＝梁高－保护层＋max{15d，$1.5l_{abE}$－（梁高－保护层）}，剩余35%的钢筋锚固长度＝梁高－保护层＋柱宽－2倍保护层＋8d 3. 计算内侧钢筋长度，计算方法同中柱。中柱纵筋长度＝顶层层高－max{本层楼层净高 h_n/6，500，柱截面长边尺寸（圆柱直径）}－梁高＋锚固 其中锚固长度取值为：当梁高－保护层<l_{abE}时，则使用弯锚形式。锚固长度＝max{梁高－保护层，$0.5l_{abE}$}＋12d；当梁高－保护层≥l_{abE}时，则使用直锚形式。锚固长度＝max{梁高－保护层，$0.5l_{abE}$} 箍筋根数计算详见抗震KZ、QZ、LZ箍筋加密区范围16G101-1（P65）
10	角筋.2	591 3130	22	Φ	3650−500−650+1.5×37×22	层高−本层的露出长度−梁高+节点设置中的柱顶锚固	3721	1	1	11.089	11.089	
11	角筋.3	264 2350	22	Φ	3650−1270−650+650−30+12×22	层高−本层的露出长度−梁高+节点高−保护层+节点设置中的柱内侧纵筋顶层弯折	2614	1	1	7.79	7.79	
12	角筋.4	440 3120 176	22	Φ	3650−500−650+(650−30+500−60+8×22)	层高−本层的露出长度−梁高+(节点高−保护层+柱尺寸−2倍保护层+节点设置中的柱内侧纵筋顶层弯折)	3736	1	1	11.133	11.133	
13	箍筋.1	440 440	8	Φ	2×[(500−2×30)+(500−2×30)]+2×(11.9×8)	2×[(B边长度−2×保护层)+(H边长度−2×保护层)]+2×弯钩	1950	37	0	0.77	28.505	
14	箍筋.2	440 172	8	Φ	2×{[(500−2×30−2×8−22)/3×1+22+2×8]+(500−2×30)}+2×(11.9×8)	2×{[(B边长度−2×保护层−2×箍筋直径−该排纵筋最大直径)/间距×箍筋所占间距个数+该排纵筋最大直径+2×箍筋直径]+(H边长度−2×保护层)}+2×弯钩	1414	74	0	0.559	41.343	
合计											184.168	

5.9.2.4 任务总结

从本工程的混凝土柱钢筋工程量计算中，应学会如下计算思路。

① 混凝土柱的钢筋工程量计算应区分不同楼层、不同截面，不同类型的钢筋来计算。要判断边柱、角柱，二者的钢筋计算有所不同，参见国家建筑标准设计图集 16G101-1 P67 有关说明。在计算柱钢筋长度时要注意错层搭接的长度及柱钢筋的搭接设置。

② 在混凝土柱钢筋的工程量计算中，要特别注意基础层柱钢筋的计算。参见国家建筑标准设计图集 16G101-3 P66 关于柱插筋在基础中的锚固构造，此外，框架柱高度的确定计算时需特别注意。

5.9.3 混凝土梁

5.9.3.1 阶段任务

根据《BIM 算量一图一练》专用宿舍楼案例图纸内容，根据国家建筑标准设计图集 16G101-1 的规定，完成标高－0.05m 处 DL、标高 3.55m 处 KL16、标高 7.20m 处的 KL3 的工程量计算。

5.9.3.2 任务分析

在计算混凝土梁钢筋工程量前，应通过识图，分析以下问题。见表 5-83。

表 5-83 计算混凝土梁钢筋前分析的问题

序号	问题	分析	识图	计算规则解读
1	梁上钢筋的类别有哪些?	上部通长筋、下部通长筋、支座负筋、侧面构造筋、拉筋、箍筋、梁垫铁	参见结施-05、结施-06、结施-07	参见国家建筑标准设计图集 16G101-1 P84～98
2	梁钢筋之间的搭接与锚固长度	参见国家建筑标准设计图集 16G101-1 P84、P90		

5.9.3.3 任务实施

首层梁（KL4）钢筋工程量计算表见表 5-84。

表 5-84 首层梁（KL4）钢筋工程量计算表

KL4(2/D-F、12/D-F)

序号	筋号	钢筋图形	直径/mm	级别	计算公式	公式描述	长度/mm	根数	搭接	单重/kg	总重/kg
1	1跨．上通长筋1	300 7915	20	Φ̲	500－25＋15×20＋6700＋37×20	支座宽－保护层＋弯折＋净长＋直锚	8215	2	1	20.291	40.582
2	1跨．左支座筋1	300 2708	20	Φ̲	500－25＋15×20＋6700/3	支座宽－保护层＋弯折＋伸出长度	3008	2	0	7.43	14.86
3	1跨．左支座筋2	300 2150	20	Φ̲	500－25＋15×20＋6700/4	支座宽－保护层＋弯折＋伸出长度	2450	2	0	6.052	12.103
4	1跨．右支座筋1	2973	20	Φ̲	6700/3＋37×20	伸出长度＋直锚	2973	2	0	7.343	14.687
5	1跨．右支座筋2	2415	20	Φ̲	6700/4＋37×20	伸出长度＋直锚	2415	2	0	5.965	11.93
6	1跨．侧面受扭筋1	7604	12	Φ̲	37×12＋6700＋0.5×800＋5×12	直锚＋净长＋直锚	7604	4	0	6.752	27.009
7	1跨．下部钢筋1	300 7915	20	Φ̲	500－25＋15×20＋6700＋37×20	支座宽－保护层＋弯折＋净长＋直锚	8215	4	1	20.291	81.164
8	1跨．吊筋1	280 45° 300 550	14	Φ̲	200＋2×50＋2×20×14＋2×1.414×(600－2×25)	次梁宽度＋2×50＋2×吊筋锚固＋2×斜长	2415	2	0	2.922	5.844
9	1跨．箍筋1	550 200	8	Φ̲	2×[(250－2×25)＋(600－2×25)]＋2×(11.9×8)	2×[(梁宽－2×保护层)＋(梁高－2×保护层)]＋2×弯钩	1690	56	0	0.668	37.383
10	1跨．拉筋1	200	6	Φ	(250－2×25)＋2×(75＋1.9×6)	(梁宽－2×保护层)＋2×{max(10d,75)＋1.9d}	373	36	0	0.083	2.981
11	1跨．上部梁垫铁1	200	25	Φ̲	250－2×25	梁宽－2×保护层	200	4	0	0.77	3.08
合计											251.623

5.9.3.4 任务总结

从本工程的混凝土梁钢筋工程量计算中，应学会如下计算思路。

① 在梁的钢筋计算中，首先要区分梁的钢筋种类，都有哪些钢筋，各个钢筋之间的位置关系。梁的上部、下部通长筋计算时，注意保护层的扣减，关于箍筋，当有加密区与非加密区之分时，要明确加密区的范围与起步距离的扣减，参见国家建筑标准设计图集 16G101-1 P88 有关说明。

② 由于在建筑物中梁较多，为避免计算混乱，应在计算过程中在图纸上做好标记。

③ 梁的钢筋与柱等混凝土构件有联系，在钢筋计算前应注意梁上钢筋锚到柱里面的长度，参见国家建筑标准设计图集 16G101-1 P84 有关说明。

5.9.4 混凝土板

5.9.4.1 阶段任务

根据《BIM 算量一图一练》专用宿舍楼案例图纸内容，根据国家建筑标准设计图集 16G101-1 的规定，完成标高 3.55m 处有梁板、标高 7.20m 处有梁板的钢筋工程量计算。

5.9.4.2 任务分析

在计算混凝土有梁板钢筋工程量前，首先要了解板里面的配筋布置情况。见表 5-85。

表 5-85 计算有梁板钢筋前分析的问题

序号	问题	分析	识图	计算规则解读
1	板里面都有哪些钢筋?	底部受力筋、负弯矩钢筋、马凳筋、跨板受力筋	参见图纸结施-08、结施-09、结施-10、结施-11	参见国家建筑标准设计图集 16G101-1 P99 及以后
2	板里面钢筋的摆放位置	底部受力筋位于板底层，负弯矩钢筋位于板上层，马凳筋位于上层钢筋与下层钢筋之间	国家建筑标准设计图集 16G101-1 P99 及以后	参见国家建筑标准设计图集 16G101-1 P99 及以后
3	板里面钢筋的锚固搭接设置		参见图纸结构设计说明	参见国家建筑标准设计图集 16G101-1 P99 及以后

5.9.4.3 任务实施

板底筋钢筋工程量计算表见表 5-86。

表 5-86　板底筋钢筋工程量计算表

序号	筋号	钢筋图形	直径/mm	级别	计算公式	公式描述	长度/mm	根数	搭接	单重/kg	总重/kg
B100 底筋(12-13/A-C)											
1	X 方向⊈8-200.1	3600	8	⊈	3350＋max(250/2,5×8)＋max(250/2,5×8)	净长＋设定锚固＋设定锚固	3600	35	0	1.422	49.77
2	Y 方向⊈8-200.1	7225	8	⊈	6950＋max(300/2,5×8)＋max(250/2,5×8)	净长＋设定锚固＋设定锚固	7225	17	0	2.854	48.516
										合计：	98.29
B100 底筋(12-13/D-F)											
1	X 方向⊈8-200.1	3600	8	⊈	3350＋max(250/2,5×8)＋max(250/2,5×8)	净长＋设定锚固＋设定锚固	3600	35	0	1.422	49.77
										合计：	49.77
B100 底筋(3-4/D-F,11-12/D-F)											
1	X 方向⊈6-200.1	3625	6	⊈	3400＋max(250/2,5×6)＋max(200/2,5×6)	净长＋设定锚固＋设定锚固	3625	35	0	0.805	28.166
										合计：	28.166
B100 底筋(1-14/A-C)											
1	X 方向 K8.1	46750	8	⊈	46500＋max(250/2,5×8)＋max(250/2,5×8)	净长＋设定锚固＋设定锚固	46750	35	1176	18.931	662.585
2	Y 方向 K8.1	7225	8	⊈	6950＋max(250/2,5×8)＋max(300/2,5×8)	净长＋设定锚固＋设定锚固	7225	221	0	2.854	630.706
										合计：	1293.319
B100 面筋(1-14/A-C)											
1	X 方向 K8.1	120 ∟46950∟ 120	8	⊈	46500＋250－25＋15×8＋250－25＋15×8	净长＋设定锚固＋设定锚固	47190	35	1568	19.259	674.065

续表

B100 面筋(1-14/A-C)

序号	筋号	钢筋图形	直径/mm	级别	计算公式	公式描述	长度/mm	根数	搭接	单重/kg	总重/kg
2	Y 方向 K8.1	120 7450 120	8	Φ	6950+250−25+15×8+300−25+15×8	净长+设定锚固+设定锚固	7690	221	0	3.038	671.398
										合计：	1345.463

空调板 100 钢筋[位置详见二层结构平面图(共 10 处)]

序号	筋号	钢筋图形	直径/mm	级别	计算公式	公式描述	长度/mm	根数	搭接	单重/kg	总重/kg
1	3Φ8	1470	8	Φ	1500−2×15	板宽−2×保护层	1470	3	0	0.581	1.743
2	Φ8-200	945	8	Φ	30×8+650−15+100−2×15	锚固长度+板宽−保护层+板厚−2×保护层	945	8	0	0.373	2.984
										合计：	4.727

挑檐板钢筋[位置详见屋顶层板配筋图(1/A-C,14/A-C 轴)]

序号	筋号	钢筋图形	直径/mm	级别	计算公式	公式描述	长度/mm	根数	搭接	单重/kg	总重/kg
1	跨板Φ8-200.1	120 660 70	8	Φ	400+300−25+15×8−15+100−2×15	净长+设定锚固−保护层+设定弯折	850	1	0	0.336	0.34
2	跨板Φ8-200.2	70 1285 70	8	Φ	600+700+100−2×15−15+100−2×15	净长+左标注+弯折−保护层+设定弯折	1425	17	0	0.563	9.569
										合计：	9.905

挑檐板钢筋[位置详见屋顶层板配筋图(1-14/A 轴)]

序号	筋号	钢筋图形	直径/mm	级别	计算公式	公式描述	长度/mm	根数	搭接	单重/kg	总重/kg
1	跨板Φ12-200.1	70 859 180	12	Φ	599−15+100−2×15+300−25+15×12	净长−保护层+设定弯折+设定锚固	1109	20	0	0.985	19.70
2	跨板Φ12-200.2	70 1784 70	12	Φ	774+1025−15+100−2×15+100−2×15	净长+右标注−保护层+设定弯折+弯折	1924	214	0	1.709	365.726
										合计：	385.426

5.9.4.4 任务总结

① 在混凝土板钢筋工程量的计算中要注意钢筋的锚固搭接，在计算钢筋根数时，要注意钢筋起步距离的扣减。

② 关于板的分布筋和马凳筋的信息，图纸上一般不会直接在板配筋图上给出，要仔细看结构设计说明中关于板负筋分布筋的设置以及马凳筋的说明信息。

③ 当出现悬挑板时，要考虑悬挑板阳角放射筋的设置，参见国家建筑标准设计图集16G101-1 P112 的说明。

5.9.5 构造柱

5.9.5.1 阶段任务

根据《BIM 算量一图一练》专用宿舍楼案例图纸内容，根据国家建筑标准设计图集16G101-1 及《多层砖房钢筋混凝土构造柱抗震节点详图》（03G363）的规定，完成本工程构造柱的钢筋工程量计算。

5.9.5.2 任务分析

构造柱属于填充墙构造措施内容，构造柱的设置原则往往在图纸的建施说明及结施说明中以文字的形式说明，因此，文字理解与图纸的关系尤为重要。构造柱分析见表 5-87。

表 5-87 构造柱分析

序号	项目	分析		识图	计算规则分析
1	构造柱位置	各层平面图所示	仅“标高为 7.20m 处的屋面板配筋图中注明构造柱具体位置”	结施 01，结构设计说明	参见《多层砖房钢筋混凝土构造柱抗震节点详图》（03G363）
		一～二层	见下图		
		墙体转角及交接处	见下图		
		墙长超过墙长两倍的墙中	此种情况在本工程中不存在		
	构造柱截面及配筋	200mm×200mm（墙厚×200）主筋：4Φ20，箍筋：Φ6@200			
	构造柱高度	首层	−0.05～首层单梁底		
		二层	3.55～屋顶单梁底		
		屋面	7.20～女儿墙压顶底	“基础平面图”中压顶详图	

5.9.5.3 任务实施

首层构造柱钢筋工程量计算表见表 5-88。

表 5-88　首层构造柱钢筋工程量计算表

首层构造柱钢筋计算											
位置详见梁高 600 图											
序号	筋号	钢筋图形	直径/mm	级别	计算公式	公式描述	长度/mm	根数	搭接	单重/kg	总重/kg
1	全部纵筋.1	3000	10	⌀	3600－600	柱净高	3000	4	0	1.851	7.404
2	构造柱植筋.1	690	10	⌀	59×10＋10×10	搭接＋植筋锚固深度	690	8	0	0.426	3.406
3	箍筋.1	150 150	6	⌀	2×[(200－2×25)＋(200－2×25)]＋2×(75＋1.9×6)	2×[(B边长度－2×保护层)＋(H边长度－2×保护层)]＋2×弯钩	773	16	0	0.172	2.746
										合计：	13.556
位置详见梁高 550 图											
序号	筋号	钢筋图形	直径/mm	级别	计算公式	公式描述	长度/mm	根数	搭接	单重/kg	总重/kg
1	全部纵筋.1	3050	10	⌀	3600－550	柱净高	3050	4	0	1.882	7.527
2	构造柱植筋.1	690	10	⌀	59×10＋10×10	搭接＋植筋锚固深度	690	8	0	0.426	3.406
3	箍筋.1	150 150	6	⌀	2×[(200－2×25)＋(200－2×25)]＋2×(75＋1.9×6)	2×[(B边长度－2×保护层)＋(H边长度－2×保护层)]＋2×弯钩	773	16	0	0.172	2.746
										合计：	13.678

5.9.5.4 任务总结

在本章的学习过程中，主要有两方面应作为学习重点。

① 识图 构造柱在识图时，有时图纸会在平面图中将构造柱的位置很具体地画出来，更多情况下则需要从结施说明及建施说明中的文字中读出来，且加上识图者的判断与分析，才能更准确地分析构造柱的情况。也正因为这个原因，建议造价工作者应多与设计人员沟通确认，以免因识图原因造成的造价失误。

② 钢筋计算 构造柱的钢筋，在计算时要注意锚固搭接的设置，以及构造柱中预留筋的设置，不要忽略预留筋的计算，参见《多层砖房钢筋混凝土构造柱抗震节点详图》(03G363)。

5.9.6 圈梁

5.9.6.1 阶段任务

根据《BIM算量一图一练》专用宿舍楼案例图纸内容，根据国家建筑标准设计图集16G101-1的规定，完成本工程圈梁的钢筋工程量计算。

5.9.6.2 任务分析

圈梁与构造柱类似，均属填充墙构造措施内容，设置原则往往在图纸的建施说明及结施说明中以文字的形式说明或以节点详图来体现，因此，文字理解与图纸的关系尤为重要。圈梁分析见表5-89。

表5-89 圈梁分析

序号	项目	分析		识图	计算规则分析
1	圈梁位置、圈梁截面、圈梁长度	“当填充墙高度超过4m时，应在填充墙高度的中部或门窗洞口顶部设置墙厚，及混凝土柱连接的通长钢筋混凝土水平系梁”	由于本工程层高为3.6m，因此填充墙的砌筑高度无超过4m的情况，因此本工程无圈梁	结施-01第6.1条	参见国家建筑标准设计图集16G101-1
2	圈梁位置	在C3的下边以及1轴与14轴C4的下边	1轴与14轴C4位置下的圈梁（即窗台压顶）无钢筋信息，即为素混凝土	参见建施-10	参见国家建筑标准设计图集16G101-1

5.9.6.3 任务实施

女儿墙压顶工程量计算表见表5-90。

表 5-90 女儿墙压顶工程量计算表（A-F/14 向右平移 350mm、F-A/1 向左平移 350mm）

序号	筋号	钢筋图形	直径/mm	级别	计算公式	公式描述	长度/mm	根数	搭接/mm	单重/kg	总重/kg	备注
1	上部钢筋 1	18150	12	⏀	18200－25－25	外皮长度	18150	1	1416	17.38	17.375	
2	上部钢筋 2	329 18150 329	12	⏀	17800＋42×12＋42×12	净长＋锚固＋锚固	18808	1	1416	17.96	17.959	
3	下部钢筋 1	18150	12	⏀	18200－25－25	外皮长度	18150	1	1416	17.38	17.375	
4	下部钢筋 2	329 18150 329	12	⏀	17800＋42×12＋42×12	净长＋锚固＋锚固	18808	1	1416	17.96	17.959	
5	箍筋	150 150	6	⏀	2×［(200－2×25)＋(200－2×25)］＋2×(75＋1.9×6)	2×［(压顶宽－2×保护层)＋(压顶高－2×保护层)］＋2×弯钩	773	90	0	0.20	18.088	
合计											88.756	

5.9.6.4 任务总结

在本章的学习过程中，主要有两方面应作为学习重点。

① 识图　圈梁在识图时，要结合结施说明和节点详图。圈梁的信息图纸上往往不是在一个地方就可以全部找到，需要认真审图，仔细分析才能完全找到圈梁的信息。此外，圈梁的不同叫法也需要注意，如图中的“水平系梁”也是圈梁。

② 钢筋计算　圈梁的钢筋计算首先要明确圈梁的位置，此外在计算时要注意圈梁的长度及锚固搭接的设置。

5.9.7 过梁

5.9.7.1 阶段任务

根据《BIM 算量一图一练》专用宿舍楼案例图纸内容，根据国家建筑标准设计图集 16G101-1、《钢筋混凝土过梁图集 11YG301》的规定，完成过梁钢筋的工程量计算。

5.9.7.2 任务分析

① 过梁的定义：过梁，与构造柱、圈梁类似，属于二次构件。当墙体上开设门窗洞口且墙体洞口大于 300mm 时，为了支撑洞口上部砌体所传来的各种荷载，并将这些荷载传给门窗等洞口两边的墙，常在门窗洞口上设置横梁，该梁称为过梁。

② 在计算混凝土过梁钢筋工程量前，应通过识图，分析以下问题。过梁分析见表 5-91。

表 5-91 过梁分析

序号	问题	分析	识图	计算规则解读
1	过梁的说明及配筋信息	门洞口均设置过梁，过梁应与构造柱浇为一体，配筋：上部3C12，下部：3C12，箍筋：Φ6.5@200	参见结施-01，结构设计说明七、6.3条及图7.6.3	参见国家建筑标准设计图集16G101-1、11YG301
2	过梁长度怎么确定	梁长＝洞宽＋250	参见结施-01，结构设计说明七、6.3条及图7.6.3	参见国家建筑标准设计图集16G101-1、11YG301

5.9.7.3 任务实施

过梁钢筋＋零星工程钢筋工程量计算表见表5-92。

表 5-92 过梁钢筋＋零星工程钢筋工程量计算表

序号	筋号	钢筋图形	直径/mm	级别	计算公式	公式描述	长度/mm	根数	搭接	单重/kg	总重/kg
1	过梁上部纵筋.1	1450	12	Φ	1500－25－25	净长	1450	3	0	1.288	3.863
2	过梁下部纵筋.1	1450	12	Φ	1500－25－25	净长	1450	3	0	1.288	3.863
3	过梁.箍筋1	70 150	6.5	Φ	2×[(200－2×25)＋(120－2×25)]＋2×(75＋1.9×6.5)	(过梁宽－保护层)×2＋(过梁高－保护层)×2＋(75＋1.9d)×2	615	9	0	0.160	1.439
合计											9.165

5.9.7.4 任务总结

从本工程的混凝土过梁钢筋工程量计算中，应学会如下计算思路。

① 过梁与构造柱、圈梁均为填充墙构造方面内容，在识图时，图纸一般不会在平面图中将过梁的位置很具体地画出来，更多情况下则需要从结施说明及建施说明中的文字中读出来，且加上识图者的判断与分析，才能更准确地分析过梁的情况。也正因为这个原因，建议造价工作者应多与设计人员沟通确认，以免因识图原因造成的造价失误。

② 过梁的钢筋计算比较简单，在计算钢筋长度时注意钢筋保护层的扣减。由于在建筑物中过梁较多，为避免计算混乱，应在计算过程中在图纸中做好标记。

③ 当洞口紧挨着框架柱或过梁遇到构造柱时，要注意过梁的长度会发生变化，相应的钢筋长度计算也会发生变化。

5.9.8 楼梯

5.9.8.1 阶段任务

根据《BIM 算量一图一练》专用宿舍楼案例图纸内容，根据国家建筑标准设计图集16G101-2 的规定，完成楼梯钢筋的工程量计算。

5.9.8.2 任务分析

(1) 楼梯的分类 楼梯分为板式楼梯和梁式楼梯，板式楼梯由梯段板、休息平台和平台梁组成。梁式楼梯由踏步板、斜梁、平台板和平台梁组成。

(2) 楼梯钢筋分类 楼梯钢筋分为梯板钢筋和楼梯休息平台钢筋，以本工程中的楼梯为例。本工程的楼梯属于板式楼梯，参见国家建筑标准设计图集 16G101-2，楼梯属于 AT 型楼梯。

梯板钢筋分析见表 5-93。

表 5-93 梯板钢筋分析

序号	配筋	识图	计算规则分析
1	ATI：h=120 1800/12 ⏀ 10@2200，⏀ 12@150 FC82200	参见结施-11	参见国家建筑标准设计图集 16G101-2
楼梯休息平台钢筋：			
序号	配筋	识图	计算规则分析
1	平台板厚度未注明均为 100mm 配筋为双层双向钢筋，下层为⏀ 8@200，上层为⏀ 8@200	参见结施-11	参见国家建筑标准设计图集 16G101-1 关于板的配筋

5.9.8.3 任务实施

AT1 计算见表 5-94。

表 5-94 AT1 计算（4 个 AT 楼梯）

序号	筋号	钢筋图形	直径/mm	级别	计算公式	公式描述	长度/mm	根数	搭接	单重/kg	总重/kg	备注
1	梯板下部纵筋	3889	12	⏀	3300 × 1.118 + 100+100	踏步水平投影长度×斜长系数+两端锚固	3889	12	0	3.475	41.441	AT 楼梯钢筋计算详见16G101-2 (P24)
2	下梯梁端上部纵筋	150 1129 600 90	10	⏀	3300/4×1.118+400+120−2×15	伸出长度+锚固长度+弯折	1412	10	0	2.716	8.71	
3	梯板分布钢筋	1620	8	⏀	1650−2×15	踏步宽−2×保护层	1620	31	0	0.64	19.837	
4	上梯梁端上部纵筋	193 1129 600 90	10	⏀	3300/4×1.118+400+120−2×15	伸出长度+锚固长度+弯折	1412	10	0	0.87	8.700	
合计											78.690	

5.9.8.4 任务总结

① 楼梯属于一种倾斜的构件，钢筋的布置也是按照楼梯的倾斜度布置的，所以在计算梯板的上部纵筋及下部纵筋时要考虑钢筋斜长的工程量，计算钢筋时可以用水平投影的长度乘以斜长系数得出钢筋的斜长长度。

② 在计算梯板上部钢筋和下部钢筋的锚固时，不要漏掉乘以斜长系数。

③ 梯板分布筋的计算类似于板中钢筋的计算，注意保护层的扣减。

④ 关于休息平台板中钢筋的计算参照板中钢筋的计算方法即可。

5.9.9 雨篷、空调板

5.9.9.1 阶段任务

根据《BIM 算量一图一练》专用宿舍楼案例图纸内容，根据国家建筑标准设计图集16G101-1 的规定，完成雨篷、空调板钢筋的工程量计算。

5.9.9.2 任务分析

空调板分析见表 5-95。

表 5-95 空调板分析

序号	位置	挑出外墙皮长度	配筋信息及识图	备注
1	屋顶标高 7.2m 处	1.1m	屋顶平面图、结施-10 节点 1	共 2 处
2	首层空调板	0.65m	首层建筑平面图、建施-10 节点 6	共 10 处
3	二层空调板	0.65m	二层建筑平面图、建施-10 节点 6	共 10 处

5.9.9.3 任务实施

空调板 100 钢筋计算见表 5-96。

表 5-96 空调板 100 钢筋计算［位置详见二层结构平面图（共 10 处）］

序号	筋号	钢筋图形	直径/mm	级别	计算公式	公式描述	长度/mm	根数	搭接	单重/kg	总重/kg
1	3⏀8	1470	8	⏀	1500－2×15	板宽－2×保护层	1470	3	0	0.581	1.74
2	⏀8－200	945	8	⏀	30×8＋650－15＋100－2×15	锚固长度＋板宽－保护层＋板层－2×保护层	945	8	0	0.373	2.986
合计											4.728

5.9.9.4 任务总结

① 在计算雨篷及空调板的钢筋时，要注意雨篷及空调板钢筋在板里的锚固，参见图纸结施-08，锚固长度为 $30d$。

② 关于雨篷、空调板中马凳筋的计算时，注意马凳筋三边尺寸的选取。

5.9.10 挑檐

5.9.10.1 阶段任务

根据《BIM算量一图一练》专用宿舍楼案例图纸内容，根据国家建筑标准设计图集16G101-1的规定，完成标高7.2m处挑檐的工程量计算。

5.9.10.2 任务分析

挑檐分析表见表5-97。

表5-97 挑檐分析表

序号	位置	挑檐外边距轴线距离	挑出外墙皮长度	识图	计算规则分析
1	F轴以上	0.6m	0.4m	结施-09二层板配筋图、建施-10节点2、节点4	参见国家建筑标准设计图集16G101-1
2	1轴以左、14轴以右C4顶部	0.35m	0.45m		
3	1轴以左、14轴以右其他部位	0.35m	0.25m		
4	1轴以下	0.8m	0.6m		

5.9.10.3 任务实施

挑檐板钢筋工程量计算见表5-98。

表5-98 挑檐板钢筋工程量计算［位置详见屋顶层板配筋图（1-14/A轴）］

序号	筋号	钢筋图形	直径/mm	级别	计算公式	公式描述	长度/mm	根数计算公式	根数	搭接	单重/kg	总重/kg
1	跨板Φ12-200.1	70 859 180	12	Φ	599－15＋100－2×15＋300－25＋15×12	净长－保护层＋设定弯折＋设定锚固	1109	20	20	0	0.985	19.70
2	跨板Φ12-200.2	70 1784 70	12	Φ	774＋1025－15＋100－2×15＋100－2×15	净长＋右标注－保护层＋设定弯折＋弯折	1924	214	214	0	1.709	365.726
合计												385.426

5.9.10.4 任务总结

① 挑檐是指屋面挑出外墙的部分，一般挑出宽度不大于50cm，主要是为了方便做屋面排水，对外墙也起到保护作用。

② 挑檐在图纸的显示方式，往往没有以文字明确表示出来，需要结合建筑和结构图来综合分析和判断。

③ 挑檐的钢筋往往多以跨板受力筋的形式布置，本工程中挑檐的钢筋就是这种情况，在计算钢筋时注意锚固和搭接的设置。

5.9.11 砌体加筋

5.9.11.1 阶段任务

根据《BIM算量一图一练》专用宿舍楼案例图纸内容，根据《多层砖房钢筋混凝土构造柱抗震节点详图》(03G363)的规定，完成砌体加筋的工程量计算。

5.9.11.2 任务分析

在计算工程量之前，应先进行识图。砌体加筋分析表见表5-99。

表5-99 砌体加筋分析表

序号	定义	配筋信息	识图	计算规则分析
1	砌体加筋就是砖砌体与构造柱或混凝土框架结构相交处设置的拉结筋，加强墙和混凝土的整体性，提高抗震效果	各类填充墙与混凝土柱、墙间均设置ф6@500锚拉筋，锚拉筋伸入墙内的长度不小于墙长1/5且不小于700mm	参见图纸结施-01，结构设计说明	参见《多层砖房钢筋混凝土构造柱抗震节点详图》(03G363)

5.9.11.3 任务实施

首层砌体加筋工程量计算表见表5-100。

表5-100 首层砌体加筋工程量计算表

首层砌体加筋钢筋计算(1～A/C)												
序号	筋号	钢筋图形	直径/mm	级别	计算公式	公式描述	长度/mm	根数计算公式	根数	搭接	单重/kg	总重/kg
1	砌体加筋.1	60 7100 60	6	ф	6700＋200＋60＋200＋60	净长＋设定锚固＋弯折＋设定锚固＋弯折	7220	14	14	0	1.603	26.281
合计												26.281

5.9.11.4 任务总结

① 在考虑砌体加筋的时候，要特别留意结构设计说明中关于填充墙及砌体结构的说明信息。砌体加筋图纸上一般不会直接以图的形式表现出来，需要通过识图来理解砌体加筋的位置与构造。

② 在计算砌体加筋时，要特别注意钢筋在柱里的锚固长度及外伸长度，参见《多层砖房钢筋混凝土构造柱抗震节点详图》。

5.9.12 板上砌隔墙加筋

5.9.12.1 阶段任务

根据《BIM算量一图一练》专用宿舍楼案例图纸内容，根据国家建筑标准设计图集16G101-1的规定，完成板上砌隔墙加筋的工程量计算。

5.9.12.2 任务分析

板上加筋分析表见表 5-101。

表 5-101 板上加筋分析表

序号	问题	分析	识图	计算规则解读
1	钢筋信息	填充墙砌于板上时，该处板底部增设加强筋，图中未注明的，当板跨度不大于 2.5m 时，设 2⌀12；当板跨度大于 2.5m 且不大于 4.8m 时设 3⌀12，加强筋应锚入两端支座内	参见结施-01，结构设计说明七、3.9 条	参见国家建筑标准设计图集 16G101-1，加强筋锚入两端支座内各 150mm

5.9.12.3 任务实施

首层板上砌墙加筋工程量计算表见表 5-102。

表 5-102 首层板上砌墙加筋工程量计算表

1-14/A-B，1-7/E-F，10-14/E-F 处阳台(共 21 处)

序号	筋号	钢筋图形	直径/mm	级别	计算公式	公式描述	长度/mm	根数计算公式	根数	搭接	单重/kg	总重/kg
1	板上砌墙加筋	2440	12	⌀	35×12×2+1600	板净长+两端锚固	2440	2	2	0	2.167	4.333
合计												4.333

7-8/E，8-9/E，9-10/E

序号	筋号	钢筋图形	直径/mm	级别	计算公式	公式描述	长度/mm	根数计算公式	根数	搭接	单重/kg	总重/kg
1	板上砌墙加筋	3770	12	⌀	35×12×2+3600−250	板净长+两端锚固	4190	3	3	0	3.721	11.162
合计												11.162

2/C-D

序号	筋号	钢筋图形	直径/mm	级别	计算公式	公式描述	长度/mm	根数计算公式	根数	搭接	单重/kg	总重/kg
1	板上砌墙加筋	2500	12	⌀	2200+150×2	板净长+两端锚固	2500	2	2	0	2.22	4.44
合计												4.44

级别及直径/mm	重量/kg
⌀6	106.464
合计	106.464

5.9.12.4 任务总结

① 本章节中的钢筋属于一种措施筋，当砌体墙直接砌筑于板上时，涉及板上荷载的问题

要补设加强筋。

② 加强筋计算时，注意钢筋的长度以及两端的锚固，此时的钢筋长度是计算到梁边两端各加 150mm 的锚固。

钢筋工程工程量计算汇总表见表 5-103。

表 5-103　钢筋工程工程量计算汇总表

序号	算量类别	清单编码	项目名称	项目特征	算量名称	单位	汇总工程量
1	清单	010505001001	现浇构件钢筋	1. 钢筋种类：砌体加固钢筋不绑扎 2. 规格：Ⅲ级 10 以内	钢筋量(见本书钢筋工程量计算书)	t	1.227
	定额	4-175	砌体加固钢筋不绑扎		钢筋量(见本书钢筋工程量计算书)	t	1.227
2	清单	010505001002	现浇构件钢筋	钢筋种类、规格：Ⅲ级钢筋 10 以内	钢筋量(见本书钢筋工程量计算书)	t	29.249
	定额	4-171	现浇构件钢筋Ⅲ级钢筋综合		钢筋量(见本书钢筋工程量计算书)	t	29.294
3	清单	010505001003	现浇构件钢筋	钢筋种类、规格：Ⅲ级钢筋 10 以内	钢筋量(见本书钢筋工程量计算书)	t	51.819
	定额	4-171	现浇构件钢筋Ⅲ级钢筋综合		钢筋量(见本书钢筋工程量计算书)	t	51.819
4	清单	010505001004	现浇构件钢筋	钢筋种类、规格：Ⅰ级钢筋ϕ 10 以内	钢筋量(见本书钢筋工程量计算书)	t	0.462
	定额	4-168	现浇构件钢筋Ⅰ级钢筋ϕ 10 以内		钢筋量(见本书钢筋工程量计算书)	t	0.462
5	清单	010515009001	支撑钢筋(铁马)	1. 钢筋种类：马凳筋 2. 规格：Ⅰ级ϕ 10 以内	钢筋量(见本书钢筋工程量计算书)	t	0.272
	定额	4-168	现浇构件钢筋Ⅰ级钢筋ϕ 10 以内		钢筋量(见本书钢筋工程量计算书)	t	0.272
6	清单	010516003001	机械连接	连接方式：电渣压力焊	钢筋接头数量(见本书钢筋工程量计算书)	个	1568
	定额	4-B6	电渣压力焊接头		钢筋接头数量(见本书钢筋工程量计算书)	10 个	156.8

5.10 门窗工程

5.10.1 《房屋建筑与装饰工程工程量计算规范》中的相关解释说明

门窗工程主要包括木门窗、金属门窗、金属卷闸门、厂库房大门、特种门、其他门、门窗套、窗台板、窗帘盒等。在《房屋建筑与装饰工程工程量计算规范》（GB

50854—2013）附录 H（门窗工程）中，对门窗工程工程量清单的项目设置、项目特征描述的内容、计量单位及工程量计算规则等做出了详细的规定。表 5-104～表 5-110 列出了部分常用项目的相关内容。

表 5-104　木门（编号：010801）

项目编码	项目名称	项目特征	计量单位	工程量计算规则	工作内容
010801001	木质门	1. 门代号及洞口尺寸 2. 镶嵌玻璃品种、厚度	1. 樘 2. m^2	1. 以樘计量，按设计图示数量计算 2. 以“m^2”计量，按设计图示洞口尺寸以面积计算	1. 门安装 2. 玻璃安装 3. 五金安装
010801003	木质连窗门				
010801005	木门框	1. 门代号及洞口尺寸 2. 框截面尺寸 3. 防护材料种类	1. 樘 2. m	1. 以樘计量，按设计图示数量计算 2. 以“m”计量，按设计图示框的中心线以延长米计算	1. 木门框制作、安装 2. 运输 3. 刷防护材料

表 5-105　金属门（编号：010802）

项目编码	项目名称	项目特征	计量单位	工程量计算规则	工作内容
010802001	金属（塑钢）门	1. 门代号及洞口尺寸 2. 门框或扇外围尺寸 3. 门框、扇材质 4. 玻璃品种、厚度	1. 樘 2. m^2	1. 以樘计量，按设计图示数量计算 2. 以“m^2”计量，按设计图示洞口尺寸以面积计算	1. 门安装 2. 五金安装 3. 玻璃安装

表 5-106　金属卷帘（闸）门（编号：010803）

项目编码	项目名称	项目特征	计量单位	工程量计算规则	工作内容
010803001	金属卷帘（闸）门	1. 门代号及洞口尺寸 2. 门材质 3. 启动装置品种、规格	1. 樘 2. m^2	1. 以樘计量，按设计图示数量计算 2. 以“m^2”计量，按设计图示洞口尺寸以面积计算	1. 门运输、安装 2. 启动装置、活动小门、五金安装

表 5-107　木窗（编号：010806）

项目编码	项目名称	项目特征	计量单位	工程量计算规则	工作内容
010806001	木质窗	1. 窗代号及洞口尺寸 2. 玻璃品种、厚度	1. 樘 2. m^2	1. 以樘计量，按设计图示数量计算 2. 以“m^2”计量，按设计图示洞口尺寸以面积计算	1. 窗安装 2. 五金、玻璃安装

表 5-108 金属窗（编号：010807）

项目编码	项目名称	项目特征	计量单位	工程量计算规则	工作内容
010807001	金属（塑钢、断桥）窗	1. 窗代号及洞口尺寸 2. 框、扇材质 3. 玻璃品种、厚度	1. 樘 2. m^2	1. 以樘计量，按设计图示数量计算 2. 以“m^2”计量，按设计图示洞口尺寸以面积计算	1. 窗安装 2. 五金、玻璃安装

表 5-109 窗台板（编号：010809）

项目编码	项目名称	项目特征	计量单位	工程量计算规则	工作内容
010809001	木窗台板	1. 基层材料种类 2. 窗台面板材质、规格、颜色 3. 防护材料种类	m^2	按设计图示尺寸以展开面积计算	1. 基层清理 2. 基层制作、安装 3. 窗台板制作、安装 4. 刷防护材料
010809002	铝塑窗台板				
010809003	金属窗台板				
010809004	石材窗台板	1. 黏结层厚度、砂浆配合比 2. 窗台板材质、规格、颜色			1. 基层清理 2. 抹找平层 3. 窗台板制作、安装

表 5-110 窗帘、窗帘盒、轨（编号：010810）

项目编码	项目名称	项目特征	计量单位	工程量计算规则	工作内容
010810002	木窗帘盒	1. 窗帘盒材质、规格 2. 防护材料种类	1. m 2. m^2	1. 以“m”计量，按设计图示尺寸以成活后长度计算 2. 以“m^2”计量，按图示以成活后展开面积计算	1. 制作、运输、安装 2. 刷防护材料
010810004	铝合金窗帘盒				
010810005	窗帘轨	1. 窗帘轨材质、规格 2. 轨的数量 3. 防护材料种类			

5.10.2 门窗工程的清单工程量和计价工程量计算规则

(1) 门窗的清单工程量计算规则

《房屋建筑与装饰工程工程量计算规范》(GB 50854—2013) 中门窗的工作内容一般包括：门窗安装、玻璃安装、五金安装等，但未包括木门框的制作、安装，门框需单独列项。各种门、窗的工程量计算规则有两种：以樘计量，按设计图示数量计算；以“m^2”计量，按设计图示洞口尺寸以面积计算。

提示：以樘计量，项目特征必须描述洞口尺寸；以“m^2”计量，项目特征可不描述洞口尺寸。

1）木门框的清单工程量

清单工程量的计算规则有两种：以樘计量，按设计图示数量计算；以“m”计量，按设计图示框的中心线以延长米计算。

木质门应区分镶板木门、企口木板门、实木装饰门、胶合板门、夹板装饰门、木纱门、全玻门（带木质扇框）、木质半玻门（带木质扇框）等项目，分别编码列项。单独制作安装木门框按木门框项目编码列项。

2）金属卷帘（闸）门的清单工程量

清单工程量的计算规则有以下两种：以樘计量，按设计图示数量计算；以“m^2”计量，按设计图示洞口尺寸以面积计算。

金属门应区分金属平开门、金属推拉门、金属地弹门、全玻门（带金属扇框）、金属半玻门（带扇框）等项目，分别编码列项。

3）窗台板的清单工程量

清单工程量计算规则按设计图示尺寸以展开面积计算。

4）窗帘盒、窗帘轨的清单工程量

清单工程量的计算规则有以下两种：以“m”计量，按设计图示尺寸以成活后长度计算；以“m^2”计量，按图示以成活后展开面积计算。

(2) 门窗的定额工程量计算规则

《河南省定额房屋建筑与装饰工程预算定额（2016 版）》对门窗的定额工程量计算规则描述如下。

1）木门

① 成品木门框安装按设计图示框的中心线长度计算。

② 成品木门扇安装按设计图示扇面积计算。

③ 成品套装木门安装按设计图示数量计算。

④ 木质防火门安装按设计图示洞口面积计算。

2）金属门窗

① 铝合金门窗（飘窗、阳台封闭窗除外）、塑钢门窗均按设计图示门、窗洞口面积计算。

② 门连窗按设计图示洞口面积分别计算门、窗面积，其中窗的宽度算至门框的外边线。

③ 纱门、纱窗扇设计图示扇外围面积计算。

④ 钢质防火门、防盗门按设计图示门洞口面积计算。

3）金属卷帘（闸）

金属卷帘（闸）按设计图示卷帘门宽度乘以卷帘门高度（包括卷帘箱高度），以面积计算。电动装置安装按设计图套数计算。

4）窗台板、窗帘盒、轨

① 窗台板按设计图示长度乘以宽度，以面积计算。图纸为注明尺寸的，窗台板长度可按窗框的外围宽度两边共加 100mm 计算，窗台板凸出墙面的宽度按墙面外加 50mm 计算。

② 窗帘盒、窗帘轨按设计图示长度计算。

5.10.3 各类门窗的定额工程量计算规则

各类木门窗、钢门窗的制作、安装及成品套装门、铝合金成品门窗、塑钢门窗的安装均按设计图示门、窗洞口尺寸以面积计算。木门连窗按门、窗洞口面积之和计算。

【例 5-19】 某建筑部分采用金属连窗门，如图 5-82 所示，共 60 樘。试分别计算该建筑金属连窗门的定额工程量和清单工程量。

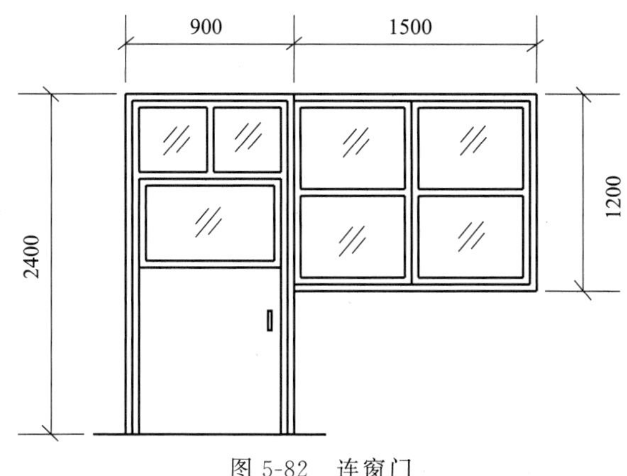

图 5-82 连窗门

【解】 (1) 定额工程量

① 每樘连窗门的门定额工程量＝2.4×0.9＝2.16(m^2)

60 樘连窗门的门工程量合计＝2.16×60＝129.6(m^2)

② 每樘连窗门的窗定额工程量＝1.5×1.2＝1.8(m^2)

60 樘连窗门的窗工程量合计＝1.8×60＝108(m^2)

(2) 清单工程量

① 按樘计量：60 樘

② 按设计图示洞口面积计算：237.6m^2

清单工程量计算表见表 5-111。

表 5-111 清单工程量计算表

序号	项目编码	项目名称	项目特征描述	计量单位	工程量
1	010802001001	金属(塑钢)门	门尺寸为 2400mm×900mm 窗尺寸为 1500mm×1200mm	樘 m^2	60 237.6

5.11 门窗工程工程量计算实例

5.11.1 阶段任务

根据《BIM 算量一图一练》专用宿舍楼案例图纸内容，根据《建设工程工程量清单计价规范》(GB 50500—2013)、《河南省房屋建筑与装饰工程预算定额》(2016 版) 的规定，完成本工程门窗、过梁、混凝土止水带、窗台压顶、门垛的工程量计算。

5.11.2 任务分析

门窗、过梁、窗台压顶分析见表 5-112。

表 5-112　门窗、过梁、窗台压顶分析

序号	部位	分析							识图
		类型	名称	数量	洞口尺寸/(mm×mm)	过梁尺寸/(m×m×m)	窗台压顶/(m×m×m)	门垛/(m×m×m)	
1	首层 200mm 厚外墙	门	M5	2	3300×2700	3.4×0.2×0.12	无	无	首层、二层及屋面层平面图
		窗	C3	22	600×1750	无	0.2×0.2×0.6	无	
			C4	2	2200×2550	无	0.2×0.2×2.2	无	
	首层 300mm 厚外墙	门	无	—	—	—	—	—	
		窗	C2	22	1750×2850	无	无	无	
	首层 200mm 厚内墙	门	M1	19	1000×2700	1.5×0.2×0.12	无	无	
			M2	2	1500×2700	2×0.2×0.12	无	无	
			M4	21	1750×2700	2.25×0.2×0.12	无	无	
			FHM 乙	2	1000×2100	无	无	无	
			FHM 乙-1	2	1500×2100	无	无	无	
		窗	FHC	2	1200×1800	无	无	无	
		墙洞	JD1	1	1800×2700	无	无	无	
2	首层 100mm 厚内墙	门	M3	21	800×2100	1.3×0.1×0.12	无		
		窗	无	—	—	—	—	—	
		墙洞	JD2	1	1500×2700	无	无	无	
	二层 200mm 厚外墙	窗	C1	2	1200×1350	无	无	无	
			C3	24	600×1750	无	0.2×0.2×0.6	无	
			C4	2	2200×2550	无	0.2×0.2×2.2	无	
	二层 300mm 厚外墙	门	无	—	—	—	—	—	
		窗	C2	24	1750×2850	无	无	无	
	二层 200mm 厚内墙	门	M2	2	1500×2700	2×0.2×0.12	无	无	
			M1	22	1000×2700	1.5×0.2×0.12	无	无	
			M4	23	1750×2700	2.25×0.2×0.12	无	无	
		窗	无	—	—	—	—	—	
		墙洞	JD1	1	1800×2700	无	无	无	
	二层 100mm 厚内墙	门	M3	22	800×2100	1.3×0.1×0.12	无		
		窗	无	—	—	—	—	—	
		墙洞	JD2	1	1500×2700	无	无	无	
3	顶层楼梯间 200mm 厚外墙	门	M2	2	1500×2700	2×0.2×0.12	无	无	
		窗	C1	2	1200×1350	无	无	无	

5.11.3　任务实施

首层、二层门，首层、二层窗，首层、二层墙洞及窗台板工程量计算表见表 5-113～表 5-115。

表 5-113 首层、二层门工程量计算表（参考建施-03 和建施-04、建施-09）

构件名称	算量类别	编码	项目特征	算量名称	计算公式	工程量	单位	所属墙体
M-1	清单	010802001	1. 门代号及洞口尺寸：M1、M3 2. 门框、扇材质：单开成品塑钢平开门（含五金）	洞口面积	洞口面积×数量 1×2.7×41	110.7	m^2	200mm 厚内墙含洞口面积 110.7m^2
	定额	8-10	塑钢成品门安装 平开［单开成品塑钢平开门（含五金）］	洞口面积	同上	1.107	100m^2	
M-2	清单	010801001	1. 门代号及洞口尺寸：M2 2. 门框、扇材质：双开成品塑钢平开门（含五金）	洞口面积	洞口面积×数量 1.5×2.7×6	24.3	m^2	200mm 厚内墙含洞口面积 24.3m^2
	定额	8-10	塑钢成品门安装 平开［双开成品塑钢平开门（含五金）］	洞口面积	同上	0.243	100m^2	

请在下列表格中计算本工程其他门工程量。

名称	项目				计算公式	工程量	单位	所属墙体
M-3	清单	010802001	1. 门代号及洞口尺寸：M1、M3 2. 门框、扇材质：单开成品塑钢平开门（含五金）	洞口面积	洞口面积×数量		m^2	100mm 厚内墙
	定额	8-10	塑钢成品门安装 平开［单开成品塑钢平开门（含五金）］	洞口面积			100m^2	
M-4	清单	010802001	1. 门代号及洞口尺寸：M4 2. 门框、扇材质：成品塑钢门联窗 平开（含五金）	洞口面积	洞口面积×数量		m^2	200mm 厚内墙
	定额	8-10	塑钢成品门安装 平开［成品塑钢门联窗 平开（含五金）］	洞口面积			100m^2	
M-5	清单	010802001	1. 门代号及洞口尺寸：M5 2. 门框、扇材质：成品塑钢门联窗 推拉（含五金）	洞口面积	洞口面积×数量		m^2	200mm 厚内墙
	定额	8-9	塑钢成品门安装 推拉［成品塑钢门联窗 推拉（含五金）］	洞口面积			100m^2	
FHM 乙	清单	010801004	1. 门代号及洞口尺寸：FHM 乙 2. 材质：乙级木质单开防火门（未考虑闭门器、顺序器）	洞口面积	洞口面积×数量		m^2	200mm 厚内墙
	定额	8-6	木质防火门安装［乙级木质单开防火门（未考虑闭门器、顺序器）］	洞口面积			100m^2	
FHM 乙-1	清单	010801004	1. 门代号及洞口尺寸：FHM 乙-1 2. 材质：乙级木质双开防火门（未考虑闭门器、顺序器）	洞口面积	洞口面积×数量		m^2	200mm 厚内墙
	定额	8-6	木质防火门安装［乙级木质双开防火门（未考虑闭门器、顺序器）］	洞口面积			100m^2	

表 5-114 首层、二层窗工程量计算表（参考建施-03、建施-04 和建施-09）

构件名称	算量类别	编码	项目特征	算量名称	计算公式	工程量	单位	所属墙体
C-1	清单	010807001	金属（塑钢、断桥）窗 1. 窗代号及洞口尺寸：C1、C3、C4 2. 框、扇材质：墨绿色塑钢平开窗 3. 玻璃品种、厚度：中空玻璃 5+9A+5	洞口面积	洞口面积×数量 1.2×1.35×4	6.48	m^2	200mm 厚外墙 含洞口面积 6.48m^2
	定额	8-74	塑钢成品窗安装 平开	洞口面积	同上	0.06	100m^2	
	清单	010807004	金属纱窗 1. 窗代号及洞口尺寸： C1、C3、C4 2. 框、扇材质：墨绿色塑钢推拉纱扇	纱窗扇面积	纱窗扇面积×数量 1.2×1.35×4	6.48	m^2	
	定额	8-78	塑钢窗纱扇安装 平开	纱窗扇面积	同上	0.06	100m^2	
C-2	清单	010807001	金属（塑钢、断桥）窗 1. 窗代号及洞口尺寸：C2 2. 框、扇材质：墨绿色塑钢推拉窗 3. 玻璃品种、厚度：中空玻璃 5+9A+5	洞口面积	洞口面积×数量 1.75×2.85×46	229.43	m^2	200mm 厚外墙 含洞口面积 229.425m^2
	定额	8-73	塑钢成品窗安装 推拉	洞口面积	同上	2.29	100m^2	
	清单	010807004	金属纱窗 1. 窗代号及洞口尺寸：C2 2. 框、扇材质：墨绿色塑钢推拉纱扇	纱窗扇面积	纱窗扇面积×数量 1.25×0.875×46	50.31	m^2	
	定额	8-77	塑钢窗纱扇安装 推拉	纱窗扇面积	同上	0.50	100m^2	
C-3	清单	010807001	金属（塑钢、断桥）窗 1. 窗代号及洞口尺寸：C1、C3、C4 2. 框、扇材质：墨绿色塑钢平开窗 3. 玻璃品种、厚度：中空玻璃 5+9A+5	洞口面积	洞口面积×数量		m^2	200mm 厚外墙
	定额	8-74	塑钢成品窗安装 平开	洞口面积	同上		100m^2	
	清单	010807004	金属纱窗 1. 窗代号及洞口尺寸：C1、C3、C4 2. 框、扇材质：墨绿色塑钢推拉纱扇	纱窗扇面积	纱窗扇面积×数量		m^2	
	定额	8-78	塑钢窗纱扇安装 平开	纱窗扇面积	同上		100m^2	

续表

构件名称	算量类别	编码	项目特征	算量名称	计算公式	工程量	单位	所属墙体
C-4	清单	010807001	金属（塑钢、断桥）窗 1. 窗代号及洞口尺寸：C1、C3、C4 2. 框、扇材质：墨绿色塑钢平开窗 3. 玻璃品种、厚度：中空玻璃 5+9A+5	洞口面积	洞口面积×数量		m^2	200mm 厚外墙
	定额	8-74	塑钢成品窗安装 平开	洞口面积	同上		$100m^2$	
	清单	010807004	金属纱窗 1. 窗代号及洞口尺寸： C1、C3、C4 2. 框、扇材质：墨绿色塑钢推拉纱扇	纱窗扇面积	纱窗扇面积×数量		m^2	
	定额	8-78	塑钢窗纱扇安装 平开	纱窗扇面积	同上		$100m^2$	
FHC	清单	010807002	金属防火窗 1. 窗代号及洞口尺寸：FHC 2. 框、扇材质：乙级防火窗：向有专业资质的厂家定制（距地 600mm） 3. 玻璃品种、厚度：防火玻璃	洞口面积	洞口面积×数量		m^2	200mm 厚内墙
	定额	8-62	隔热断桥铝合金 普通窗安装 推拉（FHC）	洞口面积			$100m^2$	

表 5-115　首层、二层墙洞工程量计算表（参考建施-03、建施-04 和建施-09）

构件名称	算量类别	编码	项目特征	算量名称	计算公式	工程量	单位	所属墙体
JD-1	清单	—	—	洞口面积	洞口面积×数量 1.8×2.7×2	9.72	m²	200mm 厚内墙含洞口面积 9.72m²
	定额	—	—	洞口面积	同上	9.72	m²	
JD-2	清单	—	—	洞口面积	洞口面积×数量 1.5×2.7×3	12.15	m²	200mm 厚/100mm 厚内墙含洞口面积 12.15m²
	定额	—	—	洞口面积	同上	12.15	m²	

5.11.4　任务总结

在本章的学习过程中，主要应从两方面引起注意。

① 计算顺序方面　在手工计算工程量时，计算效率的提高除表现在运算的熟练程度方面之外，另外一个更为重要的就是计算顺序与方法，如何在计算一个构件的同时“顺便”计算与之相关的若干个工程量，则需要统筹安排。

而计算顺序方面较为代表性的就是门窗及洞口了。门窗洞口的计算看似简单，但如果详细分析，与之相关的内容有过梁、窗台压顶、门垛、墙体根部的止水带、砌体墙体积、墙面装饰面积等，因此，如果在手工计算之前，能够较好地对门窗进行科学分类统计一下，那么就一定能够大大提高计算效率。

② 识图及列项方面　结合本工程图纸，以下几个方面应引起识图及列项的注意。

门窗及墙洞应结合定额组价的规定分别列项计算。

门窗工程工程量计算汇总表见表 5-116。

表 5-116　门窗工程工程量计算汇总表

序号	算量类别	清单/定额编码	项目名称	项目特征	单位	工程量
1	清单	010801004001	木质防火门	1. 门代号及洞口尺寸：FHM 乙 2. 材质：乙级木质单开防火门（未考虑闭门器、顺序器）	m²	4.2
	定额	8-6	木质防火门安装［乙级木质单开防火门（未考虑闭门器、顺序器）］		100m²	0.042
2	清单	010801004002	木质防火门	1. 门代号及洞口尺寸：FHM 乙-1 2. 材质：乙级木质双开防火门（未考虑闭门器、顺序器）	m²	6.3
	定额	8-6	木质防火门安装［乙级木质双开防火门（未考虑闭门器、顺序器）］		100m²	0.063
3	清单	010802001001	金属（塑钢）门	1. 门代号及洞口尺寸：M1、M3 2. 门框、扇材质：单开成品塑钢平开门（含五金）	m²	182.94
	定额	8-10	塑钢成品门安装　平开［单开成品塑钢平开门（含五金）］		100m²	1.8294
4	清单	010802001002	金属（塑钢）门	1. 门代号及洞口尺寸：M2 2. 门框、扇材质：双开成品塑钢平开门（含五金）	m²	22.8
	定额	8-10	塑钢成品门安装　平开［双开成品塑钢平开门（含五金）］		100m²	0.228

续表

序号	算量类别	清单/定额编码	项目名称	项目特征	单位	工程量
5	清单	010802001003	金属（塑钢）门	1. 门代号及洞口尺寸：M4 2. 门框、扇材质：成品塑钢门联窗 平开（含五金）	m^2	207.9
	定额	8-10	塑钢成品门安装 平开［成品塑钢门联窗 平开（含五金）］		$100m^2$	2.079
6	清单	010802001004	金属（塑钢）门	1. 门代号及洞口尺寸：M5 2. 门框、扇材质：成品塑钢门联窗 推拉（含五金）	m^2	17.82
	定额	8-9	塑钢成品门安装 推拉［成品塑钢门联窗 推拉（含五金）］		$100m^2$	0.1782
7	清单	010807001001	金属（塑钢、断桥）窗	1. 窗代号及洞口尺寸：C1、C3、C4 2. 框、扇材质：墨绿色塑钢平开窗 3. 玻璃品种、厚度：中空玻璃 5+9A+5	m^2	77.22
	定额	8-74	塑钢成品窗安装 平开		$100m^2$	0.7722
8	清单	010807001002	金属（塑钢、断桥）窗	1. 窗代号及洞口尺寸：C2 2. 框、扇材质：墨绿色塑钢推拉窗 3. 玻璃品种、厚度：中空玻璃 5+9A+5	m^2	229.43
	定额	8-73	塑钢成品窗安装 推拉		$100m^2$	2.2943
9	清单	010807002001	金属防火窗	1. 窗代号及洞口尺寸：FHC 2. 框、扇材质：乙级防火窗：向有专业资质的厂家定制（距地 600mm） 3. 玻璃品种、厚度：防火玻璃	m^2	4.32
	定额	8-62	隔热断桥铝合金 普通窗安装 推拉（FHC）		$100m^2$	0.0432
10	清单	010807004001	金属纱窗	1. 窗代号及洞口尺寸：C1、C3、C4 2. 框、扇材质：墨绿色塑钢平开纱扇	m^2	40.88
	定额	8-78	塑钢窗纱扇安装 平开		$100m^2$	0.4088
11	清单	010807004002	金属纱窗	1. 窗代号及洞口尺寸：C2 2. 框、扇材质：墨绿色塑钢推拉纱扇	m^2	50.31
	定额	8-77	塑钢窗纱扇安装 推拉		$100m^2$	0.5031

5.12 屋面及防水工程

5.12.1 《房屋建筑与装饰工程工程量计算规范》中的相关解释说明

屋面及防水工程包括一般工业和民用建筑结构的屋面、室内厕所、浴室防水、构筑物（含水池、水塔等）防水工程，楼地面、墙基、墙身的防水防潮以及屋面、墙面及楼地面的各种变形缝。在《房屋建筑与装饰工程工程量计算规范》（GB 50854—2013）附录 J（屋面及防水工程）中，对屋面及防水工程工程量清单的项目设置、项目特征描述的内容、计量单位及工程量计算规则等做出了详细的规定。表 5-117～表 5-120 列出了部分常用项目的相关内容。

表 5-117　瓦、型材及其他屋面（编号：010901）

项目编码	项目名称	项 目 特 征	计量单位	工程量计算规则	工 作 内 容
010901001	瓦屋面	1. 瓦品种、规格 2. 黏结层砂浆的配合比	m^2	按设计图示尺寸以斜面积计算 不扣除房上烟囱、风帽底座、风道、小气窗、斜沟等所占面积。小气窗的出檐部分不增加面积	1. 砂浆制作、运输、摊铺、养护 2. 安瓦、瓦脊
010901002	型材屋面	1. 型材品种、规格 2. 金属檩条材料品种、规格 3. 接缝、嵌缝材料种类			1. 檩条制作、运输、安装 2. 屋面型材安装 3. 接缝、嵌缝

表 5-118　屋面防水及其他（编号：010902）

项目编码	项目名称	项 目 特 征	计量单位	工程量计算规则	工 作 内 容
010902001	屋面卷材防水	1. 卷材品种、规格、厚度 2. 防水层数 3. 防水层做法	m^2	按设计图示尺寸以面积计算 1. 斜屋顶(不包括平屋顶找坡)按斜面积计算，平屋顶按水平投影面积计算 2. 不扣除房上烟囱、风帽底座、风道、屋面小气窗和斜沟所占面积 3. 屋面的女儿墙、伸缩缝和天窗等处的弯起部分，并入屋面工程量内	1. 基层处理 2. 刷底油 3. 铺油毡卷材、接缝
010902002	屋面涂膜防水	1. 防水膜品种 2. 涂膜厚度、遍数 3. 增强材料种类			1. 基层处理 2. 刷基层处理剂 3. 铺布、喷涂防水层
010902003	屋面刚性层	1. 刚性层厚度 2. 混凝土种类 3. 混凝土强度等级 4. 嵌缝材料种类 5. 钢筋规格、型号		按设计图示尺寸以面积计算 不扣除房上烟囱、风帽底座、风道等所占面积	1. 基层处理 2. 混凝土制作、运输、铺筑、养护 3. 钢筋制安
010902004	屋面排水管	1. 排水管品种、规格 2. 雨水斗、山墙出水口品种、规格 3. 接缝、嵌缝材料种类 4. 油漆品种、刷漆遍数	m	按设计图示尺寸以长度计算 如设计未标注尺寸，以檐口至设计室外散水上表面垂直距离计算	1. 排水管及配件安装、固定 2. 雨水斗、山墙出水口、雨水箅子安装 3. 接缝、嵌缝 4. 刷漆
010902007	屋面天沟、檐沟	1. 材料品种、规格 2. 接缝、嵌缝材料种类	m^2	按设计图示尺寸以展开面积计算	1. 天沟材料铺设 2. 天沟配件安装 3. 接缝、嵌缝 4. 刷防护材料
010902008	屋面变形缝	1. 嵌缝材料种类 2. 止水带材料种类 3. 盖缝材料 4. 防护材料种类	m	按设计图示以长度计算	1. 清缝 2. 填塞防水材料 3. 止水带安装 4. 盖缝制作、安装 5. 刷防护材料

表 5-119 墙面防水、防潮（编号：010903）

项目编码	项目名称	项目特征	计量单位	工程量计算规则	工作内容
010903001	墙面卷材防水	1. 卷材品种、规格、厚度 2. 防水层数 3. 防水层做法	m^2	按设计图示尺寸以面积计算	1. 基层处理 2. 刷黏结剂 3. 铺防水卷材 4. 接缝、嵌缝
010903002	墙面涂膜防水	1. 防水膜品种 2. 涂膜厚度、遍数 3. 增强材料种类			1. 基层处理 2. 刷基层处理剂 3. 铺布、喷涂防水层
010903003	墙面砂浆防水（防潮）	1. 防水层做法 2. 砂浆厚度、配合比 3. 钢丝网规格			1. 基层处理 2. 挂钢丝网片 3. 设置分格缝 4. 砂浆制作、运输、摊铺、养护
010903004	墙面变形缝	1. 嵌缝材料种类 2. 止水带材料种类 3. 盖缝材料 4. 防护材料种类	m	按设计图示以长度计算	1. 清缝 2. 填塞防水材料 3. 止水带安装 4. 盖缝制作、安装 5. 刷防护材料

表 5-120 楼（地）面防水、防潮（编号：010904）

项目编码	项目名称	项目特征	计量单位	工程量计算规则	工作内容
010904001	楼(地)面卷材防水	1. 卷材品种、规格、厚度 2. 防水层数 3. 防水层做法 4. 反边高度	m^2	按设计图示尺寸以面积计算 1. 楼(地)面防水：按主墙间净空面积计算，扣除凸出地面的构筑物、设备基础等所占面积，不扣除间壁墙及单个面积≤0.3m^2柱、垛、烟囱和孔洞所占面积 2. 楼(地)面防水反边高度≤300mm算作地面防水，反边高度＞300mm算作墙面防水	1. 基层处理 2. 刷黏结剂 3. 铺防水卷材 4. 接缝、嵌缝
010904002	楼(地)面涂膜防水	1. 防水膜品种 2. 涂膜厚度、遍数 3. 增强材料种类 4. 反边高度			1. 基层处理 2. 刷基层处理剂 3. 铺布、喷涂防水层
010904003	楼(地)面砂浆防水(防潮)	1. 防水层做法 2. 砂浆厚度、配合比 3. 反边高度			1. 基层处理 2. 砂浆制作、运输、摊铺、养护
010904004	楼(地)面变形缝	1. 嵌缝材料种类 2. 止水带材料种类 3. 盖缝材料 4. 防护材料种类	m	按设计图示尺寸以长度计算	1. 清缝 2. 填塞防水材料 3. 止水带安装 4. 盖缝制作、安装 5. 刷防护材料

5.12.2 屋面及防水工程的工程量计算规则

5.12.2.1 瓦屋面和型材屋面的清单工程量和定额工程量计算规则

(1) 相关概念

1) 延尺系数 C 延尺系数 C 是指两坡屋面的坡度系数，实际是三角形的斜边长度与直角底边的比值，即：

$$C=\text{斜长}/\text{直角底边}=1/\cos\theta$$

$$\text{斜长}=(A^2+B^2)^{1/2}$$

坡屋面示意图如图 5-83 所示。

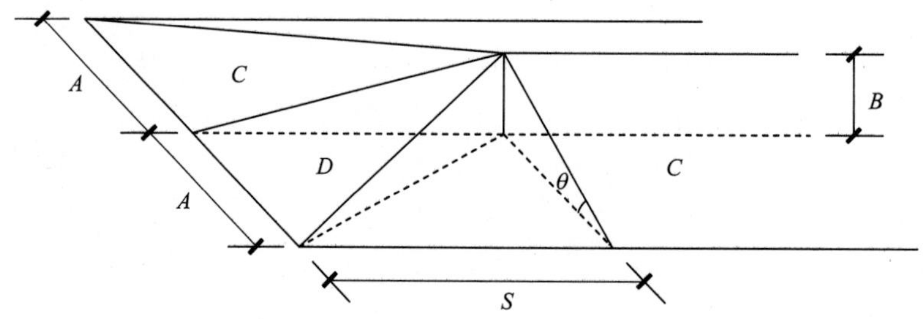

图 5-83　坡屋面示意图

注：1. 两坡排水屋面的面积为屋面水平投影面积乘以延尺系数 C；

2. 四坡排水屋面斜脊长度$=A\times D$（当 $S=A$ 时）；

3. 两坡排水屋面的沿山墙泛水长度$=A\times C$；

4. 坡屋面高度$=B$。

2）隅延尺系数 D　隅延尺系数是指四坡屋面斜脊长度系数，实际是四坡排水屋面斜脊长度与直角底边的比值，即：

$$D=\text{四坡排水屋面斜脊长度}/\text{直角底边}$$

$$\text{四坡排水屋面斜脊长度}=(A^2+\text{斜长}^2)^{1/2}=AD$$

(2) 瓦屋面和型材屋面的清单工程量和定额工程量计算规则

与定额工程量计算规则相同，均是按设计图示尺寸以斜面积计算，不扣除房上烟囱、风帽底座、风道、小气窗、斜沟等所占面积，小气窗的出檐部分不增加面积。

$$\text{斜屋面的面积}\ S_{\text{实}}=\text{屋面图示尺寸的水平投影面积}\ S_{\text{水平}}\times\text{延尺系数}\ C$$

延尺系数（屋面坡度系数）可以直接查表 5-121。

表 5-121　屋面坡度系数表

坡度			延尺系数 C	隅延尺系数 D
$B(A=1)$	高跨比$(B/2A)$	角度(θ)	$(A=1)$	$(A=1)$
1	1/2	45°	1.4142	1.7321
0.75		36°52′	1.2500	1.6008
0.70		35°	1.2207	1.5779
0.666	1/3	33°40′	1.2015	1.5620
0.65		33°01′	1.1926	1.5564
0.60		30°58′	1.1662	1.5362
0.577		30°	1.1547	1.5270
0.55		28°49′	1.1413	1.5170

续表

坡　　度			延尺系数 C	隅延尺系数 D
$B(A=1)$	高跨比($B/2A$)	角度(θ)	($A=1$)	($A=1$)
0.50	1/4	26°34′	1.1180	1.5000
0.45		24°14′	1.0966	1.4839
0.40	1/5	21°48′	1.0770	1.4697
0.35		19°17′	1.0594	1.4569
0.30		16°42′	1.0440	1.4457
0.25		14°02′	1.0308	1.4362
0.20	1/10	11°19′	1.0198	1.4283
0.15		8°32′	1.0112	1.4221
0.125		7°8′	1.0078	1.4191
0.100	1/20	5°42′	1.0050	1.4177
0.083		4°45′	1.0035	1.4166
0.066	1/30	3°49′	1.0022	1.4157

提示：屋面坡度有三种表示方法，如图5-84所示。

(1) 用屋顶的高度与屋顶的跨度之比（简称高跨比）表示：$i=H/L$。

(2) 用屋顶的高度与屋顶的半跨之比（简称坡度）表示：$i=H/(L/2)$。

(3) 用屋面的斜面与水平面的夹角（θ）表示。

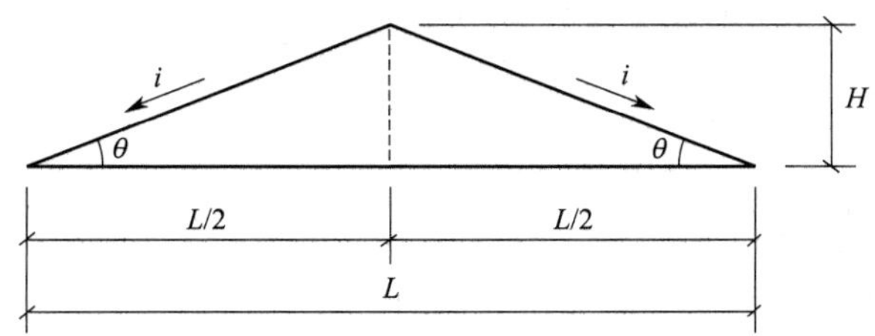

图5-84　屋面坡度的表示方法

【例5-20】　如图5-85为某四坡水泥瓦屋顶平面图，设计屋面坡度=0.5（即$\theta=26°34'$，高跨比为1/4），试计算：(1) 瓦屋面的清单工程量；(2) 全部屋脊长度。

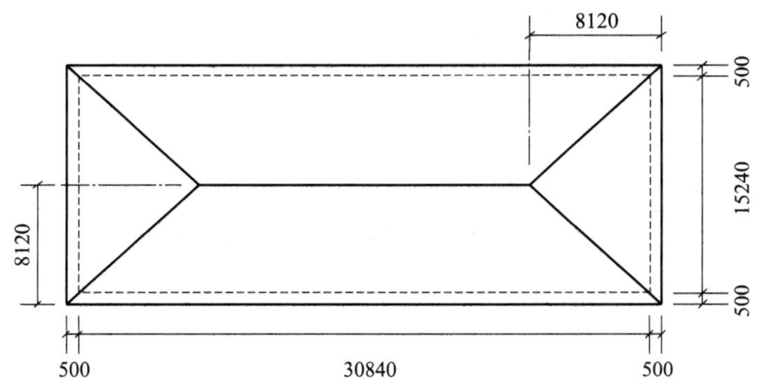

图5-85　屋顶平面

【解】 (1) 瓦屋面的清单工程量

① 查屋面坡度延尺系数：C=1.118

② 屋面斜面积=(30.84+0.5×2)×(15.24+0.5×2)×1.118=578.10(m^2)

清单工程量计算表见表 5-122。

表 5-122 清单工程量计算表

序号	项目编码	项目名称	项目特征描述	计量单位	工程量
1	010901001001	瓦屋面	水泥瓦屋面	m^2	578.10

(2) 全部屋脊长度

① 查屋面坡度隅延尺系数：D=1.5

② 屋面斜脊长度=AD=8.12×1.5=12.18(m)

③ 全部屋脊长度=(31.84-8.12×2)+12.18×4=64.32(m)

5.12.2.2 屋面防水及其他的清单工程量和定额工程量计算规则

屋面防水及其他主要包括屋面的防水工程、屋面的排水工程及屋面的变形缝三部分。

(1) 屋面防水工程

屋面防水工程包括屋面卷材防水、屋面涂膜防水和屋面刚性层防水。

1) 屋面卷材、涂膜防水 其清单工程量计算规则与定额工程量计算规则相同，均是按设计图示尺寸以面积计算。斜屋顶（不包括平屋顶找坡）按斜面积计算；平屋顶按水平投影面积计算，不扣除房上烟囱、风帽底座、风道、屋面小气窗和斜沟所占面积；屋面的女儿墙、伸缩缝和天窗等处的弯起部分，按图示尺寸并入屋面工程量计算。如设计无规定时，伸缩缝、女儿墙、天窗的弯起部分可按 500mm 计算。

提示： 屋面防水搭接及附加层用量不另行计算，在综合单价中考虑，屋面的找平层、保温层按《房屋建筑与装饰工程工程量计算规范》（GB 50854—2013）相应项目另外编码列项。

2) 屋面刚性层防水 清单工程量计算规则也与定额工程量计算规则相同，均是按设计图示尺寸以面积计算，不扣除房上烟囱、风帽底座、风道等所占面积。

提示： 屋面刚性层无钢筋，其钢筋项目特征不必描述。

(2) 屋面排水工程

1) 屋面排水管 其清单工程量应按设计图示尺寸以长度计算。如设计未标注尺寸，以檐口至设计室外散水上表面垂直距离计算。

其定额工程量计算规则如下。

① 水落管、镀锌铁皮天沟、檐沟按设计图示尺寸，以长度计算。

② 水斗、下水口、雨水口、弯头、短管等均以设计数量计算。

③ 种植屋面排水按设计尺寸以铺设排水层面积计算；不扣除房上烟囱、风帽底座、风道、屋面小气窗、斜沟和脊瓦等所占面积，以及面积≤0.3m^2 的空洞所占面积；屋面小气窗的出檐部分也不增加。

2) 屋面天沟、檐沟 其清单工程量按设计图示尺寸以展开面积计算。

定额工程量是镀锌铁皮天沟、檐沟按设计图示尺寸，以长度计算。

(3) 屋面变形缝

变形缝的清单工程量按设计图示尺寸以长度计算；其定额工程量要区分不同部位、不同材料以延长米计算，外墙变形缝如内外双面填缝者，定额工程量应按双面计算。

5.12.2.3 墙面防水、防潮的清单工程量和定额工程量计算规则

墙面卷材防水、涂膜防水、砂浆防水（防潮）的清单工程量和定额工程量计算规则相同，均按设计图示尺寸以面积计算。墙面变形缝的清单工程量和定额工程量计算规则相同，均按图示尺寸以长度计算。

提示：墙面防水搭接、拼缝、压边、留槎用量已综合考虑，不另行计算，卷材防水附加层按设计铺贴尺寸以面积计算。墙面变形缝，若做了双面，工程量乘以2，墙面找平层另外立项计算其清单工程量。

5.12.2.4 楼（地）面防水、防潮的清单工程量和定额工程量计算规则

楼（地）面卷材防水、涂膜防水、砂浆防水（潮）的清单工程量和定额工程量计算规则一致，应按主墙间净空面积计算，扣除凸出地面的构筑物、设备基础等所占面积，不扣除间壁墙及单个面积≤0.3m^2 柱、垛、烟囱和孔洞所占面积。当楼（地）面防水反边高度≤300mm时，算作地面防水；当反边高度>300mm，算作墙面防水。

楼（地）面变形缝的工程量应按设计图示尺寸以长度计算。

提示：楼地面防水搭接、拼缝、压边、留槎用量已综合考虑，不另行计算，卷材防水附加层按设计铺贴尺寸以面积计算。楼地面找平层按《房屋建筑与装饰工程工程量计算规范》（GB 50854—2013）相应的项目编码列项计算其清单工程量。

5.13 保温、隔热工程

5.13.1 保温、隔热工程的概念及方式

(1) 保温、隔热工程

保温、隔热工程是指采用各种松散、板状、整体保温材料对需要保温的低温、中温和恒温的工业厂（库）房及公共民用建筑的屋面、天棚及墙柱面进行保温，对楼地面进行隔热的施工过程。

(2) 保温、隔热的方式

保温、隔热的方式有内保温、外保温、夹心保温三种形式。

5.13.2 《房屋建筑与装饰工程工程量计算规范》中的相关解释说明

《房屋建筑与装饰工程工程量计算规范》（GB 50854—2013）中保温、隔热工程主要包括：保温、隔热屋面；保温、隔热天棚；保温、隔热墙面；保温柱、梁；保温、隔热楼（地）面等，并在附录K（保温、隔热、防腐工程）中，对保温、隔热、防腐工程量清单的项目设置、项目特征描述的内容、计量单位及工程量计算规则等做出了详细的规定。表

5-123 列出了部分常用项目的相关内容。

表 5-123　保温、隔热（编号：011001）

项目编码	项目名称	项目特征	计量单位	工程量计算规则	工作内容
011001001	保温隔热屋面	1. 保温隔热材料品种、规格、厚度 2. 隔气层材料品种、厚度 3. 黏结材料种类、做法 4. 防护材料种类、做法	m^2	按设计图示尺寸以面积计算。扣除面积＞0.3m^2 孔洞及占位面积	1. 基层清理 2. 刷黏结材料 3. 铺粘保温层 4. 铺、刷（喷）防护材料
011001002	保温隔热天棚	1. 保温隔热面层材料品种、规格、性能 2. 保温隔热材料品种、规格及厚度 3. 黏结材料种类及做法 4. 防护材料种类及做法		按设计图示尺寸以面积计算。扣除面积＞0.3m^2 上柱、垛、孔洞所占面积，与天棚相连的梁按展开面积计算，并入天棚工程量内	
011001003	保温隔热墙面	1. 保温隔热部位 2. 保温隔热方式 3. 踢脚线、勒脚线保温做法 4. 龙骨材料品种、规格 5. 保温隔热面层材料品种、规格、性能 6. 保温隔热材料品种、规格及厚度 7. 增强网及抗裂防水砂浆种类 8. 黏结材料种类及做法 9. 防护材料种类及做法	m^2	按设计图示尺寸以面积计算。扣除门窗洞口以及面积＞0.3m^2 梁、孔洞所占面积；门窗洞口侧壁以及与墙相连的柱，并入保温墙体工程量内	1. 基层清理 2. 刷界面剂 3. 安装龙骨 4. 填贴保温材料 5. 保温板安装 6. 粘贴面层 7. 铺设增强格网、抹抗裂、防水砂浆面层 8. 嵌缝 9. 铺、刷（喷）防护材料
011001004	保温柱、梁			按设计图示尺寸以面积计算 1. 柱按设计图示柱断面保温层中心线展开长度乘保温层高度以面积计算，扣除面积＞0.3m^2 梁所占面积 2. 梁按设计图示梁断面保温层中心线展开长度乘保温层长度以面积计算	
011001005	保温隔热楼地面	1. 保温隔热部位 2. 保温隔热材料品种、规格、厚度 3. 隔气层材料品种、厚度 4. 黏结材料种类、做法 5. 防护材料种类、做法		按设计图示尺寸以面积计算。扣除面积＞0.3m^2 柱、垛、孔洞所占面积。门洞、空圈、暖气包槽、壁龛的开口部分不增加面积	1. 基层清理 2. 刷黏结材料 3. 铺粘保温层 4. 铺、刷（喷）防护材料

5.13.3 工程量计算规则

5.13.3.1 保温、隔热层的清单工程量计算规则

(1) 保温、隔热屋面：按设计图示尺寸以面积计算。扣除面积>0.3m² 孔洞及占位面积。

(2) 保温、隔热天棚：按设计图示尺寸以面积计算。扣除面积>0.3m² 上柱、垛、孔洞所占面积，与天棚相连的梁按展开面积计算，并入天棚保温层的清单工程量内。

(3) 保温、隔热墙面：按设计图示尺寸以面积计算。扣除门窗洞口及面积>0.3m² 梁、孔洞所占面积；门窗洞口侧壁以及与墙相连的柱，并入保温墙体工程量内。

(4) 保温柱（梁)：按设计图示尺寸以面积计算。

① 柱按设计图示的柱断面保温层中心线展开长度乘以保温层高度，以面积计算，扣除面积>0.3m² 的梁断面所占面积；

② 梁按设计图示的梁断面保温层中心线展开周长乘以保温层长度，以面积计算。

(5) 保温、隔热楼（地）面：按设计图示尺寸以面积计算。扣除面积>0.3m² 柱、垛、孔洞所占面积，门洞、空圈、暖气包槽、壁龛的开口部分不增加面积。

提示：1. 保温、隔热装饰面层，按《房屋建筑与装饰工程工程量计算规范》(GB 50854—2013) 相关项目编码列项；

2. 柱帽保温隔热并入天棚保温、隔热工程量内；

3. 保温柱（梁）适用不与墙、天棚相连的独立柱、梁。

5.13.3.2 保温、隔热层的定额工程量计算规则

(1) 屋面保温、隔热层按设计图示尺寸以面积计算，扣除面积>0.3m² 孔洞所占面积。其他项目按设计图示尺寸以定额项目规定的计量单位计算，如保温层排气孔安装按数量计算。

(2) 天棚保温隔热层工程量，和清单一致，按设计图示尺寸以面积计算。扣除面积>0.3m² 上柱、垛、孔洞所占面积，与天棚相连的梁按展开面积计算，其工程量并入天棚内。

(3) 墙面保温隔热层工程量，按设计图示尺寸以面积计算，扣除门窗洞口及面积>0.3m² 梁、孔洞所占面积；门窗洞口侧壁以及与墙相连的柱，并入保温墙体工程量内。墙体及混凝土板下铺贴隔热层不扣除木框架及木龙骨的体积。其中外墙按隔热层中心线长度计算，内墙按隔热层净长度计算。

(4) 柱、梁保温隔热层工程量按设计图示尺寸以面积计算。柱按设计图示柱断面保温层中心线展开长度乘以高度，以面积计算，扣除面积>0.3m² 梁所占面积。梁按设计图示梁断面保温层中心线展开长度乘以保温层长度，以面积计算。

(5) 地面保温隔热层工程量按设计图示尺寸以面积计算，扣除柱、垛及单个面积>0.3m² 孔洞及占位面积。

(6) 其他保温隔热层的计价工程量按设计图示尺寸以展开面积计算，扣除面积＞0.3m^{2}孔洞所占面积。

(7) 大于0.3m^{2}孔洞侧壁周围及梁头、连系梁等其他零星工程保温隔热层工程量，并入墙面的保温隔热工程量内。

(8) 柱帽保温隔热层，并入天棚保温隔热层工程量内。

(9) 保温层排气管按设计图示尺寸以长度计算，不扣除管件所占长度，保温层排气孔以数量计算。

【例 5-21】 某双坡屋面尺寸如图 5-86 所示，其自下而上的做法是：预制钢筋混凝土板上铺水泥珍珠岩保温层，坡度系数为 2%，保温层最薄处为 60mm；20mm 厚 1∶2 水泥砂浆（特细砂）找平层；三毡四油防水层（上卷 250mm）。试计算屋面保温层的定额工程量和清单工程量。

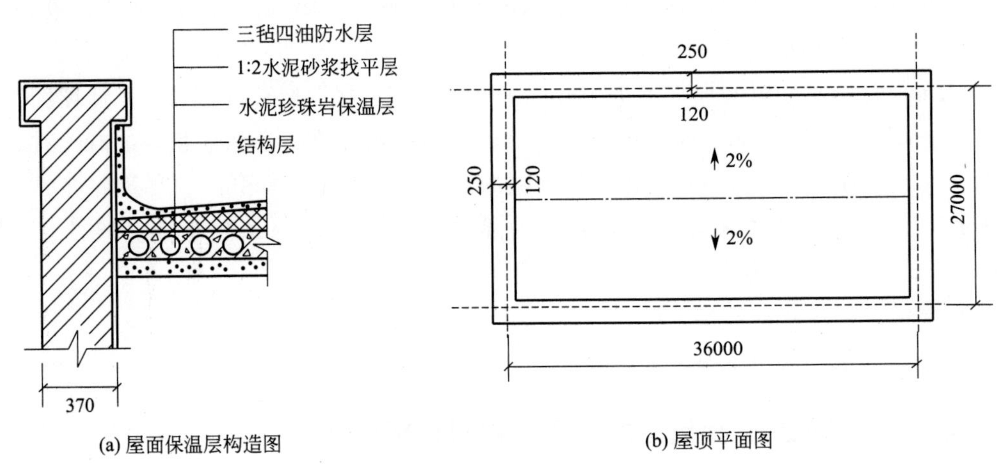

图 5-86 屋面保温层

【解】 (1) 定额工程量

屋面水泥珍珠岩保温层的定额工程量应按图示设计尺寸面积乘以平均厚度，以“m^3”计算。

屋面保温层的定额工程量：(36－0.12×2)×(27－0.12×2)＝956.94(m^2)

(2) 清单工程量：(36－0.12×2)×(27－0.12×2)＝956.94(m^2)

清单工程量计算表见表 5-124。

表 5-124 清单工程量计算表

序号	项目编码	项目名称	项目特征描述	计量单位	工程量
1	011001001001	保温隔热屋面	三毡四油防水层，1∶2 水泥砂浆找平层，水泥珍珠岩保温层	m^2	956.94

5.14　屋面防水、保温工程工程量计算实例

5.14.1　阶段任务

根据《BIM 算量一图一练》宿舍楼案例图纸内容，根据 2013 版清单规范，完成室外装修、防水及配件工程量计算。

5.14.2　任务分析

在计算工程量之前，应先进行识图及列项。屋面防水分析见表 5-125。

表 5-125　屋面防水分析

序号	项目	部位	计算规则		本工程特点	识图	备注
1	屋面及排水	标高 7.2m 处屋面构造做法	2016 版河南建筑定额 P392：1）屋面防水，按设计图示尺寸以面积计算（斜屋面按斜面积计算），不扣除房上的烟囱、风帽底座、风道、屋面小气窗等所占面积，上翻部分也不另计算；屋面的女儿墙、伸缩缝和天窗等处的弯起部分，按设计图示尺寸计算；设计无规定时，伸缩缝、女儿墙、天窗的弯起部分按 500mm 计算，计入立面工程量内。2）屋面、楼地面及墙面、基础底板等，其防水搭接、拼缝、压边、留槎用量已综合考虑，不另计算，卷边防水附加层按设计铺贴尺寸以面积计算。3）水落管、镀锌铁皮天沟、檐沟按设计图示尺寸，以长度计算；水斗、下水口、雨水口、弯头、短管等均以设计数量计算	2013 版清单计算规范 P61：按设计图示尺寸以面积计算，1. 斜屋面（不包括平屋顶找坡）按斜屋面计算，平屋面按水平投影面积计算；不扣除房上烟囱、风帽底座、风道、屋面小气窗和斜沟所占面积；屋面的女儿墙、伸缩缝和天窗等处的弯起部分，并入屋面工程量内 2. 屋面刚性层按设计图示尺寸以面积计算。不扣除房上烟囱、风帽底座、风道等所占体积 3. 屋面排水管按设计图示尺寸以长度计算。如设计未标注尺寸，以檐口至设计屋外散水上表面垂直距离计算 4. 屋面排气管按设计图示尺寸以长度计算 5. 屋面泄水管按设计图示数量计算 6. 屋面天沟、檐沟按设计图示尺寸以展开面积计算 7. 屋面变形缝按设计图示尺寸以长度计算	—	屋面层平面图	
		标高 10.8m 处屋面构造做法			—		
		标高 7.2m 处排水管及其配件			—		
		标高 10.8m 处排水管及其配件					

续表

序号	项目	部位	计算规则		本工程特点	识图	备注
2	外保温	1～2层墙面保温					
		女儿墙外侧保温					
		楼梯间外墙面保温					
		挑檐底面保温					
		空调板面保温	略				在“雨篷、空调板”相关章节中计算
3	坡道		2016版河南建筑定额P162，散水混凝土厚度按60mm编制，如设计厚度不同时，可以换算；散水包含了混凝土浇筑、表面压实抹光及嵌缝内容，未包括基础夯实、垫层内容。P167，散水、台阶按设计图示尺寸，以水平投影面积计算	—		首层平面图及节点详图	
4	散水	散水构造做法					

5.14.3 任务实施

屋面工程工程量计算表见表5-126。

5.14.4 任务总结

屋面防水、保温工程工程量计算汇总表见表5-127。

表 5-126 屋面工程量计算表

构件名称	算量类别	清单编码	项目名称	项目特征	算量名称	计算公式	工程量	单位
主楼屋面	清单	010902003	屋面 1	屋面 1 做法： (1)保护层:40mm 厚 C20 混凝土内配直径 4 双向钢筋网@150×150 (2)防水层:3＋3SBS 卷材防水层(防水卷材上翻 500mm) (3)找平层:20mm 厚干混 DS M20 砂浆 (4)保温层:60mm 厚岩棉保温层 (5)找坡层:1∶8 膨胀珍珠岩找坡最薄处 20mm 厚 (6)结构层:钢筋混凝土板 部位,主楼屋面	屋面面积	主屋面长×主屋面宽－机房层屋面长×机房层屋面宽 17.8×47.1－7.7×3.8×2	779.86	m^2
	定额	9-89		刚性防水 细石混凝土 厚 40mm	屋面面积	主屋面长×主屋面宽－机房层屋面长×机房层屋面宽 17.8×47.1－7.7×3.8×2	7.80	$100m^2$
	定额	9-34 换		卷材防水 改性沥青卷材 热熔法一层 平面 实际层数(层):2	屋面 防水面积	主屋面长×主屋面宽－机房层屋面长×机房层屋面宽＋主屋面立面防水面积(防水上翻 500mm) 17.8×47.1－7.7×3.8×2＋(17.8＋47.1＋17.8＋3.65＋7.7＋3.8＋7.7＋32.199＋7.7＋3.8＋7.7＋3.65)×0.5	8.60	$100m^2$
	定额	9-34 换 (卷材附加层)		卷材防水 改性沥青卷材 热熔法一层 平面 实际层数(层):2 卷材防水附加层 人工×1.43	屋面卷材 附加层面积	主屋面边长×附加层宽度 [(17.8＋47.1＋17.8＋3.65＋5.7＋2＋3.8＋2＋5.7＋32.2＋5.7＋2＋3.8＋2＋5.7＋3.65)<各个边长之和>]×0.5	0.80	$100m^2$
	定额	5-89		现浇构件圆钢筋 钢筋 HPB300 直径≤10mm	屋面面积×14×0.099/1000	779.86×14×0.099/1000	1.08	t
	定额	11-2		平面砂浆找平层 填充材料上 20mm	屋面防水 面积	主屋面长×主屋面宽－机房层屋面长×机房层屋面宽＋主屋面立面防水面积(防水上翻 500mm) 17.8×47.1－7.7×3.8×2＋(17.8＋47.1＋17.8＋3.65＋7.7＋3.8＋7.7＋32.199＋7.7＋3.8＋7.7＋3.65)×0.5	8.60	$100m^2$
	定额	10-25		屋面 干铺岩棉板 厚度≤60mm(厚度 60)	屋面面积	主屋面长×主屋面宽－机房层屋面长×机房层屋面宽 17.8×47.1－7.7×3.8×2	7.80	$100m^2$
	定额	10-13 换厚度 86mm		屋面 水泥珍珠岩 厚度 100mm 实际厚度(mm):86	屋面面积	17.8×47.1－7.7×3.8×2	7.80	$100m^2$

续表

构件名称	算量类别	清单编码	项目名称	项目特征	算量名称	计算公式	工程量	单位
请参考主屋面工程量计算方法，在下表中计算机房层屋面工程量。								
机房层屋面	清单	010902001002	屋面 2	屋面 2 做法： (1)防水层：3＋3SBS 卷材防水层(防水卷材上翻 500mm) (2)找平层：20mm 厚干混 DS M20 砂浆 (3)保温层：60mm 厚岩棉保温层 (4)找坡层：1：8 膨胀珍珠岩找坡最薄处 20mm 厚 (5)结构层：钢筋混凝土板 部位：楼梯间屋面	屋面面积	机房层屋面长×机房层屋面宽×数量		m^2
	定额	9-34 换	卷材防水 改性沥青卷材 热熔法一层 平面 实际层数(层)：2		屋面防水面积	[机房层屋面长×机房层屋面宽＋屋面防水上翻面积(防水上翻 500mm)]×数量		$100m^2$
	定额	9-34 换(卷材附加层)	卷材防水 改性沥青卷材 热熔法一层 平面 实际层数(层)：2 卷材防水附加层 人工×1.43		屋面卷材附加层面积	屋面边长×附加层宽度×数量		$100m^2$
	定额	11-2	平面砂浆找平层 填充材料上 20mm		屋面防水面积	[机房层屋面长×机房层屋面宽＋屋面防水上翻面积(防水上翻 500mm)]×数量		$100m^2$
	定额	10-25	屋面 干铺岩棉板 厚度≤60mm(厚度 60mm)		屋面面积	机房层屋面长×机房层屋面宽×数量		$100m^2$
	定额	10-13 换 厚度 56mm	屋面 水泥珍珠岩 厚度 100mm 实际厚度 56mm		屋面面积	机房层屋面长×机房层屋面宽×数量		$100m^2$
雨篷板屋面	清单	010902001003	屋面 3	屋面 3 做法： (1)20mm 厚预拌砂浆(干拌)DS M15，掺 5%防水剂找坡 (2)钢筋混凝土板 部位，屋面雨篷板上表面	雨篷板投影面积	雨篷长×雨篷宽×数量 2.1×1×2	4.20	m^2
	定额	9-95	刚性防水 防水砂浆 掺防水剂 20mm 厚		雨篷板投影面积	同上	0.04	$100m^2$

续表

构件名称	算量类别	清单编码	项目名称	项目特征	算量名称	计算公式	工程量	单位
雨水管	清单	010902004	屋面排水管	施工要求：UPV 硬质管材 DN100，穿楼板时设置刚性防水套管、屋面板设置阻火圈、雨水斗、雨水口	排水管长度	从室外地坪到主屋面×数量＋机房层高度×数量 (7.2＋0.45)×9＋(10.8－7.2)×4	83.25	m
	定额	10-1-378（借用安装子目）	室内塑料雨水管(粘接) 公称外径 110mm 以内		排水管长度	(7.2＋0.45)×9＋(10.8－7.2)×4	8.33	10m
	定额	10-11-114（借用安装子目）	阻火圈安装 公称直径 100mm 以内		主屋面雨水管根数	9	9.00	个
	定额	9-119	屋面排水 塑料管排水 落水口		主屋面雨水管根数＋机房层雨水管根数	9＋4	1.30	10 个
	定额	10-6-99（借用安装子目）	普通雨水斗安装 公称直径 100mm 以内		主屋面雨水管根数＋机房层雨水管根数	9＋4	1.30	10 个
	定额	10-11-83（借用安装子目）	刚性防水套管安装 介质管道公称直径 100mm 以内		主屋面雨水管穿楼板数	9	9.00	个

表 5-127 屋面工程工程量计算汇总表

<table>
<tr><th>序号</th><th>算量类别</th><th>清单/定额编码</th><th>项目名称</th><th>项目特征</th><th>单位</th><th>工程量</th></tr>
<tr><td rowspan="6">1</td><td>清单</td><td>010902001001</td><td>屋面 2</td><td>屋面 2 做法：
（1）防水层：3+3SBS 卷材防水层（防水卷材上翻 500mm）
（2）找平层：20mm 厚干混 DS M20 砂浆
（3）保温层：60mm 厚岩棉保温层
（4）找坡层：1∶8 膨胀珍珠岩找坡最薄处 20mm 厚
（5）结构层：钢筋混凝土板
部位：楼梯间屋面</td><td>m^2</td><td>51.68</td></tr>
<tr><td>定额</td><td>9-34+9-36</td><td colspan="2">卷材防水 改性沥青卷材 热熔法一层 平面 实际层数（层）：2</td><td>$100m^2$</td><td>0.63</td></tr>
<tr><td>定额</td><td>9-34+9-36，R×1.43</td><td colspan="2">卷材防水 改性沥青卷材 热熔法一层 平面 实际层数（层）：2 卷材防水附加层 人工×1.43</td><td>$100m^2$</td><td>0.22</td></tr>
<tr><td>定额</td><td>10-13+10-14×−5</td><td colspan="2">屋面 水泥珍珠岩 厚度 100mm 实际厚度 56mm</td><td>$100m^2$</td><td>0.52</td></tr>
<tr><td>定额</td><td>10-25</td><td colspan="2">屋面 干铺岩棉板 厚度≤60mm（厚度 60mm）</td><td>$100m^2$</td><td>0.52</td></tr>
<tr><td>定额</td><td>11-2</td><td colspan="2">平面砂浆找平层 填充材料上 20mm</td><td>$100m^2$</td><td>0.63</td></tr>
<tr><td rowspan="2">2</td><td>清单</td><td>010902001002</td><td>屋 3</td><td>1. 20mm 厚预拌砂浆（干拌）DS M15，掺 5%防水剂
2. 结构层：钢筋混凝土楼板
3. 部位：屋 3（顶层楼梯间门口上方雨篷顶）</td><td>m^2</td><td>4.20</td></tr>
<tr><td>定额</td><td>9-95</td><td colspan="2">刚性防水 防水砂浆 掺防水剂 20mm 厚</td><td>$100m^2$</td><td>0.04</td></tr>
<tr><td rowspan="8">3</td><td>清单</td><td>010902003002</td><td>屋面 1</td><td>屋面 1 做法：
（1）保护层：40mm 厚 C20 混凝土内配直径 4 双向钢筋网@150×150
（2）防水层：3+3SBS 卷材防水层（防水卷材上翻 500mm）
（3）找平层：20mm 厚干混 DS M20 砂浆
（4）保温层：60mm 厚岩棉保温层
（5）找坡层：1∶8 膨胀珍珠岩找坡最薄处 20mm 厚
（6）结构层：钢筋混凝土板 部位：主楼屋面</td><td>m^2</td><td>779.86</td></tr>
<tr><td>定额</td><td>5-89</td><td colspan="2">现浇构件圆钢筋 钢筋 HPB300 直径≤10mm</td><td>t</td><td>1.08</td></tr>
<tr><td>定额</td><td>9-4+9-36</td><td colspan="2">卷材防水 改性沥青卷材 热熔法一层 平面 实际层数（层）：2</td><td>$100m^2$</td><td>8.60</td></tr>
<tr><td>定额</td><td>9-34+9-36，R×1.43</td><td colspan="2">卷材防水 改性沥青卷材 热熔法一层 平面 实际层数（层）：2 卷材防水附加层 人工×1.43</td><td>$100m^2$</td><td>0.80</td></tr>
<tr><td>定额</td><td>9-89</td><td colspan="2">刚性防水 细石混凝土 厚 40mm</td><td>$100m^2$</td><td>7.80</td></tr>
<tr><td>定额</td><td>10-13+10-14×−2</td><td colspan="2">屋面 水泥珍珠岩 厚度 100mm 实际厚度 86mm</td><td>$100m^2$</td><td>7.80</td></tr>
<tr><td>定额</td><td>10-25</td><td colspan="2">屋面 干铺岩棉板 厚度≤60mm（厚度 60mm）</td><td>$100m^2$</td><td>7.80</td></tr>
<tr><td>定额</td><td>11-2</td><td colspan="2">平面砂浆找平层 填充材料上 20mm</td><td>$100m^2$</td><td>8.60</td></tr>
</table>

续表

序号	算量类别	清单/定额编码	项目名称	项目特征	单位	工程量
4	清单	010902004002	屋面排水管	施工要求：UPV硬质管材DN100，穿楼板时设置刚性防水套管、屋面板设置阻火圈、雨水斗、雨水口	m	83.33
	定额（借安装）	10-1-378	室内塑料雨水管（粘接） 公称外径110mm以内		10m	8.33
	定额（借安装）	10-11-114	阻火圈安装 公称直径100mm以内		个	9.00
	定额	9-119	屋面排水 塑料管排水 落水口		10个	1.30
	定额（借安装）	10-6-99	普通雨水斗安装 公称直径100mm以内		10个	1.30
	定额（借安装）	10-11-83	刚性防水套管安装 介质管道公称直径100mm以内		个	9.00

第6章

装饰工程量计算

学习目标

1. 掌握装饰装修工程各分部分项工程量的计算规则。
2. 掌握装饰装修工程列项、清单工程量的计算，并能独立计算装饰装修工程清单工程量。
3. 掌握装饰装修工程定额，能正确套用相应分部分项定额，具有建筑工程计量计价能力。

学习要求

1. 掌握的基础知识点：楼地面垫层、找平层、整体面层、块料面层、楼梯、踢脚板、台阶、防滑坡道、散水、明沟、栏杆、防滑条工程量计算规则及定额的套取。

2. 结合实际案例——宿舍楼案例工程，掌握案例工程装饰装修各分部分项工程量的计算。

6.1 《房屋建筑与装饰工程工程量计算规范》中的相关解释说明

《房屋建筑与装饰工程工程量计算规范》（GB 50854—2013），以下简称“本规范”。本规范中楼地面装饰工程主要包括整体面层及找平层、块料面层、踢脚线、楼梯面层、台阶装饰、零星装饰项目等。在本规范附录L（楼地面装饰工程）中，对楼地面装饰工程量清单的项目设置、项目特征描述的内容、计量单位及工程量计算规则等做出了详细的规定。表6-1～表6-5列出了部分常用项目的相关内容。

表6-1　整体面层及找平层（编号：011101）

项目编码	项目名称	项目特征	计量单位	工程量计算规则	工作内容
011101001	水泥砂浆楼地面	1. 找平层厚度、砂浆配合比 2. 素水泥浆遍数 3. 面层厚度、砂浆配合比 4. 面层做法要求	m^2	按设计图示尺寸以面积计算。扣除凸出地面构筑物、设备基础、室内管道、地沟等所占面积，不扣除间壁墙及≤0.3m^2柱、垛、附墙烟囱及孔洞所占面积。门洞、空圈、暖气包槽、壁龛的开口部分不增加面积	1. 基层清理 2. 抹找平层 3. 抹面层 4. 材料运输
011101002	现浇水磨石楼地面	1. 找平层厚度、砂浆配合比 2. 面层厚度、水泥石子浆配合比 3. 嵌条材料种类、规格 4. 石子种类、规格、颜色 5. 颜料种类、颜色 6. 图案要求 7. 磨光、酸洗、打蜡要求			1. 基层清理 2. 抹找平层 3. 面层铺设 4. 嵌缝条安装 5. 磨光、酸洗、打蜡 6. 材料运输
011101003	细石混凝土楼地面	1. 找平层厚度、砂浆配合比 2. 面层厚度、混凝土强度等级			1. 基层清理　2. 抹找平层 3. 面层铺设　4. 材料运输

续表

项目编码	项目名称	项 目 特 征	计量单位	工程量计算规则	工 作 内 容
011101006	平面砂浆找平层	找平层厚度、砂浆配合比	m^2	按设计图示尺寸以面积计算	1. 基层清理 2. 抹找平层 3. 材料运输

表 6-2 块料面层（编号：011102）

<table>
<tr><th>项目编码</th><th>项目名称</th><th>项 目 特 征</th><th>计量单位</th><th>工程量计算规则</th><th>工 作 内 容</th></tr>
<tr><td>011102001</td><td>石材楼地面</td><td rowspan="3">1. 找平层厚度、砂浆配合比
2. 结合层厚度、砂浆配合比
3. 面层材料品种、规格、颜色
4. 嵌缝材料种类
5. 防护层材料种类
6. 酸洗、打蜡要求</td><td rowspan="3">m^2</td><td rowspan="3">按设计图示尺寸以面积计算。门洞、空圈、暖气包槽、壁龛的开口部分并入相应的工程量内</td><td rowspan="3">1. 基层清理
2. 抹找平层
3. 面层铺设、磨边
4. 嵌缝
5. 刷防护材料
6. 酸洗、打蜡
7. 材料运输</td></tr>
<tr><td>011102002</td><td>碎石材楼地面</td></tr>
<tr><td>011102003</td><td>块料楼地面</td></tr>
</table>

表 6-3 踢脚线（编号：011105）

<table>
<tr><th>项目编码</th><th>项目名称</th><th>项 目 特 征</th><th>计量单位</th><th>工程量计算规则</th><th>工 作 内 容</th></tr>
<tr><td>011105001</td><td>水泥砂浆踢脚线</td><td>1. 踢脚线高度
2. 底层厚度、砂浆配合比
3. 面层厚度、砂浆配合比</td><td rowspan="5">1. m^2
2. m</td><td rowspan="5">1. 以“m^2”计量，按设计图示长度乘高度以面积计算。
2. 以“m”计量，按延长米计算</td><td>1. 基层清理
2. 底层和面层抹灰
3. 材料运输</td></tr>
<tr><td>011105002</td><td>石材踢脚线</td><td rowspan="2">1. 踢脚线高度
2. 粘贴层厚度、材料种类
3. 面层材料品种、规格、颜色
4. 防护材料种类</td><td rowspan="2">1. 基层清理
2. 底层抹灰
3. 面层铺贴、磨边
4. 擦缝
5. 磨光、酸洗、打蜡
6. 刷防护材料
7. 材料运输</td></tr>
<tr><td>011105003</td><td>块料踢脚线</td></tr>
<tr><td>011105004</td><td>塑料板踢脚线</td><td>1. 踢脚线高度
2. 黏结层厚度、材料种类
3. 面层材料种类、规格、颜色</td><td rowspan="2">1. 基层清理
2. 基层铺贴
3. 面层铺贴
4. 材料运输</td></tr>
<tr><td>011105005</td><td>木质踢脚线</td><td>1. 踢脚线高度
2. 基层材料种类、规格
3. 面层材料品种、规格、颜色</td></tr>
</table>

表 6-4 楼梯面层（编号：011106）

<table>
<tr><th>项目编码</th><th>项目名称</th><th>项 目 特 征</th><th>计量单位</th><th>工程量计算规则</th><th>工 作 内 容</th></tr>
<tr><td>011106001</td><td>石材楼梯面层</td><td rowspan="3">1. 找平层厚度、砂浆配合比
2. 黏结层厚度、材料种类
3. 面层材料品种、规格、颜色
4. 防滑条材料种类、规格
5. 勾缝材料种类
6. 防护材料种类
7. 酸洗、打蜡要求</td><td rowspan="4">m^2</td><td rowspan="4">按设计图示尺寸以楼梯（包括踏步、休息平台及≤500mm的楼梯井）水平投影面积计算。楼梯与楼地面相连时，算至梯口梁内侧边沿；无梯口梁者，算至最上一层踏步边沿加300mm</td><td rowspan="3">1. 基层清理
2. 抹找平层
3. 面层铺贴、磨边
4. 贴嵌防滑条
5. 勾缝
6. 刷防护材料
7. 酸洗、打蜡
8. 材料运输</td></tr>
<tr><td>011106002</td><td>块料楼梯面层</td></tr>
<tr><td>011106003</td><td>拼碎块料面层</td></tr>
<tr><td>011106004</td><td>水泥砂浆楼梯面层</td><td>1. 找平层厚度、砂浆配合比
2. 面层厚度、砂浆配合比
3. 防滑条材料种类、规格</td><td>1. 基层清理
2. 抹找平层
3. 抹面层
4. 抹防滑条
5. 材料运输</td></tr>
</table>

续表

项目编码	项目名称	项 目 特 征	计量单位	工程量计算规则	工 作 内 容
011106005	现浇水磨石楼梯面层	1. 找平层厚度、砂浆配合比 2. 面层厚度、水泥石子浆配合比 3. 防滑条材料种类、规格 4. 石子种类、规格、颜色 5. 颜料种类、颜色 6. 磨光、酸洗打蜡要求	m^2	按设计图示尺寸以楼梯(包括踏步、休息平台及≤500mm 的楼梯井)水平投影面积计算。楼梯与楼地面相连时,算至梯口梁内侧边沿;无梯口梁者,算至最上一层踏步边沿加 300mm	1. 基层清理 2. 抹找平层 3. 抹面层 4. 贴嵌防滑条 5. 磨光、酸洗、打蜡 6. 材料运输
011106007	木板楼梯面层	1. 基层材料种类、规格 2. 面层材料品种、规格、颜色 3. 黏结材料种类 4. 防护材料种类			1. 基层清理 2. 基层铺贴 3. 面层铺贴 4. 刷防护材料 5. 材料运输

表 6-5　台阶装饰（编号：011107）

项目编码	项目名称	项 目 特 征	计量单位	工程量计算规则	工 作 内 容
011107001	石材台阶面	1. 找平层厚度、砂浆配合比 2. 黏结层材料种类 3. 面层材料品种、规格、颜色 4. 勾缝材料种类 5. 防滑条材料种类、规格 6. 防护材料种类	m^2	按设计图示尺寸以台阶(包括最上层踏步边沿加 300mm)水平投影面积计算	1. 基层清理 2. 抹找平层 3. 面层铺贴 4. 贴嵌防滑条 5. 勾缝 6. 刷防护材料 7. 材料运输
011107002	块料台阶面				
011107003	拼碎块料台阶面				
011107004	水泥砂浆台阶面	1. 找平层厚度、砂浆配合比 2. 面层厚度、砂浆配合比 3. 防滑条材料种类			1. 基层清理 2. 抹找平层 3. 抹面层 4. 抹防滑条 5. 材料运输

注:楼地面混凝土垫层另按本规范附录 E.1 垫层项目编码列项,除混凝土外的其他材料垫层按本规范表 D.4 垫层项目编码列项。

6.2　楼地面装饰工程计算规则对比

6.2.1　整体面层及找平层的清单工程量和定额工程量计算规则

(1) 整体面层的清单工程量计算规则

整体面层的清单工程量按设计图示尺寸以面积计算。扣除凸出地面的构筑物、设备基础、室内管道、地沟等所占面积，不扣除间壁墙及≤$0.3m^2$ 的柱、垛、附墙烟囱及孔洞所占的面积，但门洞、空圈、暖气包槽及壁龛等开口部分也不增加。

(2) 平面砂浆找平层的清单工程量计算规则

清单工程量按设计图示尺寸以面积计算。

提示：水泥砂浆面层处理是拉毛还是提浆压光应在做法要求中描述；平面砂浆找平层只适用于仅做找平层的平面抹灰；楼地面混凝土垫层另按本规范附录 E.1 垫层项目编码列项，其他材料垫层按 D.4 垫层项目编码列项。

(3) 楼地面找平层及整体面层的定额工程量计算规则

楼地面找平层及整体面层的定额工程量按设计图示尺寸以面积计算。扣除凸出地面的构筑物、设备基础、室内管道、地沟等所占面积，不扣除间壁墙及≤0.3m^2的柱、垛、附墙烟囱及孔洞所占的面积，门洞、空圈、暖气包槽、壁盒的开口部分不增加面积。

6.2.2 块料面层、橡塑面层的清单工程量和定额工程量计算规则

(1) 块料面层的清单工程量计算规则

本规范中，块料面层包括石材楼地面、碎石材楼地面、块料楼地面，其计算规则皆相同。

按设计图示尺寸以面积计算。门洞、空圈、暖气包槽、壁龛的开口部分并入相应的工程量内。

(2) 块料面层、橡塑面层的定额工程量计算规则

1) 以设计图示尺寸以面积计算。门洞、空圈、暖气包槽、壁龛的开口部分并入相应的工程量内。

2) 石材料花按最大外围尺寸以矩形面积计算，有拼花的石材地面，按设计图示尺寸扣除拼花的外围矩形面积计算面积。

3) 点缀按“个”计算，计算主题铺贴地面面积时，不扣除点缀所占面积。

4) 石材底面刷养护液包括侧面涂刷，工程量按设计图示尺寸以底面积计算。

5) 石材表面刷保护液按设计图示尺寸以表面积计算。

6) 石材勾缝按石材设计图示尺寸以面积计算。

7) 块料楼地面做酸洗打蜡者，按设计图示尺寸以表面积计算。

6.2.3 踢脚线的清单工程量和定额工程量计算规则

(1) 踢脚线的清单工程量计算规则

踢脚线的清单工程量计算规则主要有两种：以“m^2”计量，按设计图示长度乘以高度，以面积计算；以“m”计量，按延长米计算。

【例 6-1】 如图 6-1 所示为某工程地面施工图，已知地面为现浇水磨石面层，踢脚线为150mm 高水磨石。其中 100mm 厚的内墙为起分隔作用的空心石膏板。请分别计算水磨石地面和水磨石踢脚线的清单工程量，并计算定额工程量。

【解】 (1) 水磨石地面的清单工程量

因为既不扣除间壁墙所占面积，也不增加门洞所占面积，所以

$S_{地面}=(5.7\times2-0.24)\times(3.3-0.24)+(3.3-0.24)\times(5.1-0.24)\times2+(5.7\times2-3.3\times2-0.24)\times(5.1-0.24)=86.05(m^2)$

(2) 水磨石踢脚线的清单工程量

① 按延长米计算：

$[(5.7-0.12-0.05+3.3-0.24)\times2-0.9]\times2+[(5.1-0.24+3.3-0.24)\times2-0.9]\times2+[(4.8-0.24+5.1-0.24)\times2-1.2-4\times0.9]+(8\times0.24+2\times0.37)$

$=16.28\times2+14.94\times2+14.04+2.66=79.14(m)$

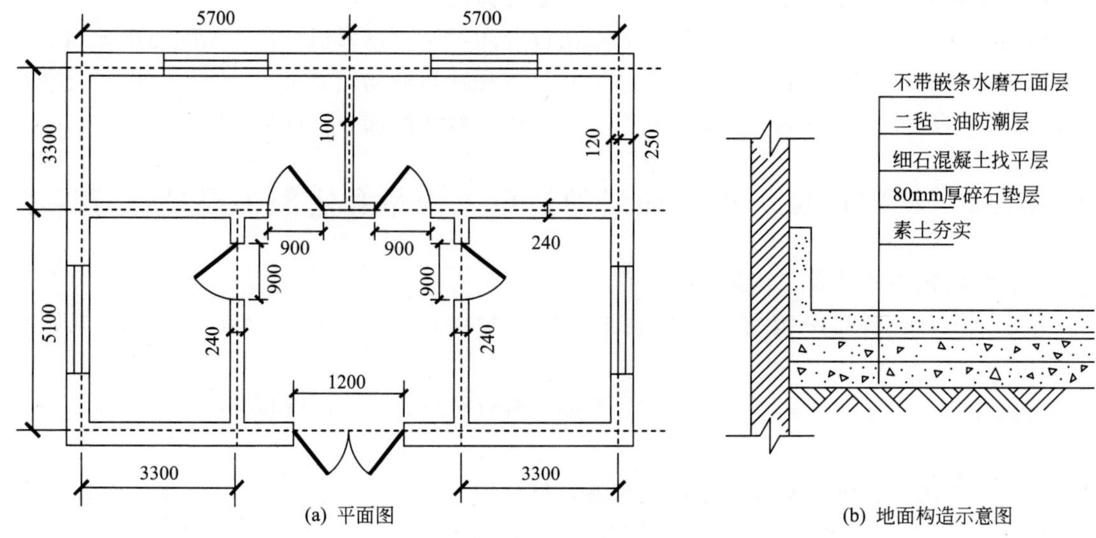

(a) 平面图　(b) 地面构造示意图

图 6-1　某工程地面施工图

② 按实抹面积计算：79.14×0.15=11.87(m^2)

(3) 定额工程量

地面：$S_{地面}$=(5.7×2−0.24)×(3.3−0.24)+(3.3−0.24)×(5.1−0.24)×2+(5.7×2−3.3×2−0.24)×(5.1−0.24)=86.05(m^2)

踢脚线：79.14×0.15=11.87(m^2)

清单工程量计算表见表 6-6。

表 6-6 【例 6-1】清单工程量计算表

序号	项目编码	项目名称	项目特征描述	计量单位	工程量
1	011101002001	现浇水磨石楼地面	80mm 厚碎石垫层，细石混凝土找平层，二毡一油防潮层，水磨石面层	m^2	86.05
2	011105002001	石材踢脚线	150mm 高水磨石	m^2	11.87

(2) 踢脚线的定额工程量计算规则

踢脚线按设计图示长度乘以高度以面积计算。楼梯靠墙踢脚线（含锯齿形部分）贴块料按设计图示以面积计算。

6.2.4 楼梯面层的清单工程量和定额工程量计算规则

(1) 楼梯面层的清单工程量计算规则

按设计图示尺寸以楼梯（包括踏步、休息平台及≤500mm 的楼梯井）水平投影面积计算。楼梯与楼地面相连时，算至梯口梁内侧边沿；无梯口梁者，算至最上一层踏步边沿加 300mm。

(2) 楼梯面层的定额工程量计算规则

对于整体面层的楼梯按设计尺寸以展开面积计算。与楼地面相连时，从第一个踏步算至梯口梁内侧边沿；无梯口梁者，算至最上层踏步边沿加 300mm。

对于块料、橡胶塑料、木竹地板及其他材料面层的楼梯，按设计图示，饰面外围尺寸以展开面积计算。与楼地面相连时，从第一个踏步算至梯口梁内侧边沿；无梯口梁者，算至最上层踏步边沿加 300mm。

提示： 楼梯面层的清单项目，其工作内容包括抹防滑条或贴嵌防滑条；定额项目只包括踏步部分，不包括楼梯休息平台、踏步两端侧面、踢脚线、底板装饰和防滑条的内容。其中，休息平台面层应按楼地面计算，踢脚线、底板装饰和防滑条贴嵌均应单独列项计算。

6.2.5 台阶装饰的清单工程量和定额工程量计算规则

(1) 台阶装饰的清单工程量计算规则

按设计图示尺寸以台阶（包括最上层踏步边沿加 300mm）水平投影面积计算。

(2) 台阶面层的定额工程量计算规则

同清单计算规则。

特别提示： 选择子目组价时，应参考清单工作内容以及招标工程量清单中项目特征来判断所需要的定额子目。例如，石材或者块料楼地面清单项目的工作内容有：①基层清理；②抹找平层；③面层铺设、磨边；④嵌缝；⑤刷防护材料；⑥酸洗、打蜡；⑦材料运输；与其名称一样的定额子目工作内容有：清理基层，试排划线，锯板修边，铺抹结合层，铺贴饰面，清理净面。由此可判断石材或者块料楼地面组价时一般应考虑：11-17 到 11-44 的子目（其中打胶与勾缝可另选），以及 11-95 酸洗打蜡子目。总之具体问题具体分析，掌握方法，事半功倍。

6.2.6 定额换算与说明

《河南省房屋建筑与装饰工程预算定额》(2016 版)，以下简称“本定额”。

本章定额包括找平层及整体面层、块料面层、橡胶面层、其他材料面层、踢脚线、楼梯面层、台阶装饰、零星装饰项目、分格嵌条、防滑条、酸洗打蜡十节。

水磨石地面水泥石子浆的配合比，设计与定额不同时，可以调整。

同一铺贴上有不同种类、材质的材料，应分别按本章相应项目执行。

厚度≤60mm 的细石混凝土按照平层项目执行，厚度＞60mm 的按本定额“第五章 混凝土及钢筋混凝土工程”垫层项目执行。

采用地暖的地板垫层，按不同材料执行的相应项目，人工乘以系数 1.3，材料乘以系数 0.95.

(1) 块料面层

镶贴块料项目是按规格料考虑的，如需现场倒角、磨边者按本定额“第十五章 其他装饰工程”相应项目执行。

石材楼地面拼花按成品考虑。

镶嵌规格 100mm×100mm 以内的石材执行点缀项目。

玻化砖按陶瓷面砖相应项目执行。

石材楼地面需做分格、分色的，按相应项目人工乘以系数 1.10。

(2) 木地板

木地板安装按成品企口考虑，若采用平口安装，其人工乘以系数 0.85

木地板填充材料按本定额“第十章 保温、隔热、防腐工程”相应项目执行。

弧形踢脚线、楼梯段踢脚线按相应项目人工、机械乘以系数 1.15。

石材螺旋形楼梯，按弧形楼梯项目乘以系数 1.2。

零星项目面层适用于楼梯侧面、台阶的牵边，小便池、蹲台、池槽，以及面积有 0.5m^2

以内且未列项目的工程。

圆弧形等不规则地面镶贴面层、饰面面层按相应项目人工乘以系数 1.15，块料消耗按实调整。

水磨石地面包含酸洗打蜡，其他块料项目如需做酸洗打蜡者，单独执行相应酸洗打蜡项目。

6.3 墙、柱面装饰与隔断、幕墙工程

6.3.1 《房屋建筑与装饰工程工程量计算规范》中的相关解释说明

《房屋建筑与装饰工程工程量计算规范》（GB 50854—2013）中墙、柱面装饰与隔断、幕墙工程包括：墙面抹灰、柱梁面抹灰、零星抹灰、墙面块料面层、柱（梁）面镶贴块料、镶贴零星块料、墙饰面、柱（梁）饰面、幕墙工程、隔断。在《房屋建筑与装饰工程工程量计算规范》（GB 50854—2013）附录 M（墙、柱面装饰与隔断、幕墙工程）中，对墙、柱面装饰与隔断、幕墙工程量清单的项目设置、项目特征描述的内容、计量单位及工程量计算规则等做出了详细的规定。表 6-7～表 6-11 列出了部分常用项目的相关内容。

表 6-7　墙面抹灰（编号：011201）

项目编码	项目名称	项目特征	计量单位	工程量计算规则	工作内容
011201001	墙面一般抹灰	1. 墙体类型 2. 底层厚度、砂浆配合比 3. 面层厚度、砂浆配合比 4. 装饰面材料种类 5. 分格缝宽度、材料种类	m^2	按设计图示尺寸以面积计算。扣除墙裙、门窗洞口及单个＞$0.3m^2$ 的孔洞面积，不扣除踢脚线、挂镜线和墙与构件交接处的面积，门窗洞口和孔洞的侧壁及顶面不增加面积。附墙柱、梁、垛、烟囱侧壁并入相应的墙面面积内 1. 外墙抹灰面积按外墙垂直投影面积计算 2. 外墙裙抹灰面积按其长度乘以高度计算 3. 内墙抹灰面积按主墙间的净长乘以高度计算 （1）无墙裙的，高度按室内楼地面至天棚底面计算 （2）有墙裙的，高度按墙裙顶至天棚底面计算 （3）有吊顶天棚抹灰，高度算至天棚底 4. 内墙裙抹灰面按内墙净长乘以高度计算	1. 基层清理 2. 砂浆制作、运输 3. 底层抹灰 4. 抹面层 5. 抹装饰面 6. 勾分格缝
011201002	墙面装饰抹灰				
011201003	墙面勾缝	1. 勾缝类型 2. 勾缝材料种类			1. 基层清理 2. 砂浆制作、运输 3. 勾缝
011201004	立面砂浆找平层	1. 基层类型 2. 找平的砂浆厚度、配合比			1. 基层清理 2. 砂浆制作、运输 3. 抹灰找平

表 6-8　柱（梁）面抹灰（编号：011202）

项目编码	项目名称	项目特征	计量单位	工程量计算规则	工作内容
011202001	柱、梁面一般抹灰	1. 柱（梁）体类型 2. 底层厚度、砂浆配合比 3. 面层厚度、砂浆配合比 4. 装饰面材料种类 5. 分格缝宽度、材料种类	m^2	1. 柱面抹灰：按设计图示柱断面周长乘高度以面积计算 2. 梁面抹灰：按设计图示梁断面周长乘长度以面积计算	1. 基层清理 2. 砂浆制作、运输 3. 底层抹灰 4. 抹面层 5. 勾分格缝
011202002	柱、梁面装饰抹灰				
011202003	柱、梁面砂浆找平	1. 柱（梁）体类型 2. 找平的砂浆厚度、配合比			1. 基层清理 2. 砂浆制作、运输 3. 抹灰找平
011202004	柱面勾缝	1. 勾缝类型 2. 勾缝材料种类		按设计图示柱断面周长乘高度以面积计算	1. 基层清理 2. 砂浆制作、运输 3. 勾缝

表 6-9 墙面块料面层（编号：011204）

项目编码	项目名称	项目特征	计量单位	工程量计算规则	工作内容
011204001	石材墙面	1. 墙体类型 2. 安装方式 3. 面层材料品种、规格、颜色 4. 缝宽、嵌缝材料种类 5. 防护材料种类 6. 磨光、酸洗、打蜡要求	m^2	按镶贴表面积计算	1. 基层清理 2. 砂浆制作、运输 3. 黏结层铺贴 4. 面层安装 5. 嵌缝 6. 刷防护材料 7. 磨光、酸洗、打蜡
011204002	拼碎石材墙面				
011204003	块料墙面				
011204004	干挂石材钢骨架	1. 骨架种类、规格 2. 防锈漆品种遍数	t	按设计图示以质量计算	1. 骨架制作、运输、安装 2. 刷漆

表 6-10 柱（梁）面镶贴块料（编号：011205）

项目编码	项目名称	项目特征	计量单位	工程量计算规则	工作内容
011205001	石材柱面	1. 柱截面类型、尺寸 2. 安装方式 3. 面层材料品种、规格、颜色 4. 缝宽、嵌缝材料种类 5. 防护材料种类 6. 磨光、酸洗、打蜡要求	m^2	按镶贴表面积计算	1. 基层清理 2. 砂浆制作、运输 3. 黏结层铺贴 4. 面层安装 5. 嵌缝 6. 刷防护材料 7. 磨光、酸洗、打蜡
011205002	块料柱面				
011205003	拼碎块柱面				
011205004	石材梁面	1. 安装方式 2. 面层材料品种、规格、颜色 3. 缝宽、嵌缝材料种类 4. 防护材料种类 5. 磨光、酸洗、打蜡要求			
011205005	块料梁面				

表 6-11 幕墙工程（编号：011209）

项目编码	项目名称	项目特征	计量单位	工程量计算规则	工作内容
011209001	带骨架幕墙	1. 骨架材料种类、规格、中距 2. 面层材料品种、规格、颜色 3. 面层固定方式 4. 隔离带、框边封闭材料品种、规格 5. 嵌缝、塞口材料种类	m^2	按设计图示框外围尺寸以面积计算。与幕墙同种材质的窗所占面积不扣除	1. 骨架制作、运输、安装 2. 面层安装 3. 隔离带、框边封闭 4. 嵌缝、塞口 5. 清洗
011209002	全玻（无框玻璃）幕墙	1. 玻璃品种、规格、颜色 2. 黏结塞口材料种类 3. 固定方式		按设计图示尺寸以面积计算。带肋全玻幕墙按展开面积计算	1. 幕墙安装 2. 嵌缝、塞口 3. 清洗

6.3.2 工程量计算规则

6.3.2.1 墙面抹灰的清单工程量和定额工程量计算规则

（1）墙面抹灰的清单工程量计算规则

按设计图示尺寸以面积计算。扣除墙裙、门窗洞口及单个＞$0.3m^2$ 的孔洞面积，不扣除踢脚线、挂镜线和墙与构件交接处的面积，门窗洞口和孔洞的侧壁及顶面不增加面积。附墙柱、梁、垛、烟囱侧壁并入相应的墙面面积内，具体如下。

1）外墙抹灰面积按外墙垂直投影面积计算。

2）外墙裙抹灰面积按其长度乘以高度计算。

3）内墙抹灰面积按主墙间的净长乘以高度计算：

① 无墙裙的，高度按室内楼地面至天棚底面计算；

② 有墙裙的，高度按墙裙顶至天棚底面计算；

③ 有吊顶天棚抹灰，高度算到天棚底。

4）内墙裙抹灰面按内墙净长乘以高度计算。

提示：1. 立面砂浆找平项目适用于仅做找平层的立面抹灰。

2. 飘窗凸出外墙面增加的抹灰并入外墙工程量内。

3. 有吊顶天棚的内墙抹灰，抹到吊顶以上部分在综合单价中考虑。

（2）墙面抹灰的定额工程量计算规则

1）内墙面、墙裙抹灰面积应扣除门窗洞口和单个面积＞0.3m^2 以上的空圈所占的面积，不扣除踢脚线、挂镜线及单个≤0.3m^2 的孔洞和墙与构件交界处的面积。且门窗洞口、空圈、孔洞的侧壁亦不增加，附墙柱的侧面抹灰应并入墙面、墙裙抹灰工程量内计算。

2）内墙面、墙裙的长度以主墙间的图示净长计算，墙面高度按室内地面至天棚底面净高计算，墙面抹灰面积应扣除墙裙抹灰面积，如墙面和墙裙抹灰种类相同者，工程量合并计算。

3）如设计有室内吊顶时，内墙抹灰、柱面抹灰的高度算至吊顶底面另加 100mm。

4）外墙抹灰面积按垂直投影面积计算，应扣除门窗洞口、外墙裙（墙面和墙裙抹灰种类相同者应合并计算）和单个面积＞0.3m^2 的孔洞所占面积，不扣除单个面积≤0.3m^2 的孔洞所占面积，门窗洞口及孔洞侧壁面积亦不增加。附墙柱侧面抹灰面积应并入外墙面抹灰面积工程量内。

5）柱抹灰按结构断面周长乘以抹灰高度计算。

6）装饰线条抹灰按设计图示尺寸以长度计算。

7）装饰抹灰分格嵌缝按抹灰面面积计算。

8）“零星项目”按设计图示尺寸以展开面积计算。

【例 6-2】 如图 6-2 所示为某单层小型住宅平面图，室外地坪标高为－0.3m，屋面板顶面标高为 3.3m，外墙上均有女儿墙，高 600mm；预制楼板厚度为 120mm；内侧墙面为石灰砂浆抹面，外侧墙面及女儿墙均为混合砂浆抹面；外墙厚 365mm，内墙厚 240mm，门洞尺寸均为 900mm×2100mm，窗洞尺寸均为 1800mm×1500mm，门窗框厚均为 90mm，安装于墙体中间，试计算：

（1）内侧墙面石灰砂浆抹面的清单工程量并计算定额工程量。

（2）外侧墙面混合砂浆抹面的清单工程量并计算定额工程量。

【解】 （1）内侧墙面石灰砂浆抹面的清单工程量

① 内侧墙面总长＝(2.1－0.24＋2.1＋3－0.24)×2×2＋(3.6－0.24＋3－0.24)×2＋(3.6－0.24＋2.1－0.24)×2＝49.56(m)

② 内侧墙面石灰砂浆抹面高度＝3.3－0.12＝3.18(m)

③ 需扣除的门窗洞口面积＝1.8×1.5×3＋0.9×2.1×7＝21.33(m^2)

④ 清单中规定计算墙面抹灰工程量时，不增加门窗洞口侧壁的面积，所以内侧墙面石灰砂浆抹面的工程量＝49.56×3.18－21.33＝136.27(m^2)

（2）外侧墙面混合砂浆抹面的清单工程量

① 外侧墙面总长＝(2.1×2＋3.6＋0.25×2＋2.1＋3＋0.25×2)×2＝27.8(m)

② 外侧墙面混合砂浆抹面高度＝0.3＋3.3＋0.6＝4.2(m)

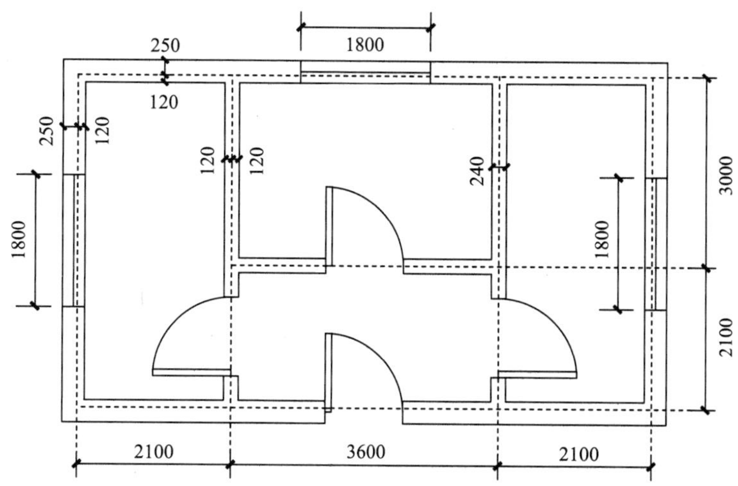

图 6-2 某单层小型住宅平面图

③ 需扣除的门窗洞口面积＝1.8×1.5×3＋0.9×2.1＝9.99(m^2)

④ 外侧墙面混合砂浆抹面的工程量＝27.8×4.2－9.99＝106.77(m^2)

(3) 因其为抹灰项目，定额工程量与清单工程量相同

清单工程量计算表见表 6-12。

表 6-12 【例 6-2】清单工程量计算表

序号	项目编码	项目名称	项目特征描述	计量单位	工程量
1	011201001001	墙面一般抹灰	内墙，石灰砂浆	m^2	136.27
2	011201001002	墙面一般抹灰	外墙，混合砂浆	m^2	106.77

6.3.2.2 柱（梁）面抹灰的清单工程量和定额工程量计算规则

(1) 柱（梁）面抹灰的清单工程量计算规则

1) 柱面一般抹灰、装饰抹灰和砂浆找平的清单工程量：按设计图示，柱断面周长乘以高度以面积计算。

2) 梁面一般抹灰、装饰抹灰和砂浆找平的清单工程量：按设计图示，梁断面周长乘以长度以面积计算。

3) 柱面勾缝的清单工程量：按设计图示，柱断面周长乘以高度，以面积计算。

(2) 柱（梁）面抹灰的定额工程量计算规则

独立柱（梁）抹灰按设计图示尺寸，周长乘以柱（梁）的高度（长度），以面积计算。有天棚吊顶的柱面抹灰，其高度按室内地面或楼面至吊顶底面另加 100mm 计算。

6.3.2.3 墙面块料面层的清单工程量和定额工程量计算规则

(1) 墙面块料面层的清单工程量计算规则

干挂石材钢骨架的清单工程量按设计图示以质量计算。

石材墙面、拼碎石材墙面、块料墙面的清单工程量按镶贴表面积计算。

(2) 墙面块料面层的定额工程量计算规则

墙面镶贴块料面层的定额工程量：①挂贴石材零星项目中柱墩、柱帽是按圆弧形成品考虑的，按其圆的最大外径周长计算；其他类型的柱帽、柱墩工程量按设计图示尺寸以展开面积计算。②镶贴块料面层，按镶贴表面积计算。③柱镶贴块料面层按设计图示饰面外围尺寸乘以高度，以面积计算。

6.3.2.4 柱（梁）面镶贴块料的清单工程量和定额工程量计算规则

(1) 柱（梁）面镶贴块料的清单工程量计算规则

柱（梁）面镶贴块料的清单工程量均按镶贴表面积计算。

提示：柱梁面干挂石材的钢骨架按相应项目编码列项。

(2) 柱（梁）面镶贴块料的定额工程量计算规则

在《河南省房屋建筑与装饰工程预算定额》(2016 版）中，块料面层工程量计算不区分墙面还是柱（梁）面，统一按块料面层相关规定执行，所以此处定额工程量计算规则同墙面块料面层的定额工程量计算规则。

6.3.2.5 幕墙工程的清单工程量和定额工程量计算规则

(1) 幕墙工程

幕墙工程包括带骨架幕墙和全玻（无框玻璃）幕墙。

(2) 幕墙工程的清单工程量计算规则

1）带骨架幕墙按设计图示框外围尺寸以面积计算，与幕墙同种材质的窗所占面积不扣除；

2）全玻璃幕墙按设计图示尺寸以面积计算，带肋全玻璃幕墙按展开面积计算。

提示：幕墙钢骨架按干挂石材钢骨架项目编码列项。

(3) 幕墙的定额工程量计算规则

1）玻璃幕墙、铝板幕墙以框外围计算；半玻璃隔断、全玻璃幕墙如有加强肋者，工程量按其展开面积计算。

2）隔断按设计图示框外围尺寸以面积计算，扣除门窗洞及单个面积＞0.3m^2 的孔洞所占面积。

6.3.3 定额换算与说明

(1)《河南省房屋建筑与装饰工程预算定额》(2016 版)，以下简称“本定额”，包括墙面抹灰、柱（梁）面抹灰、零星抹灰、墙面块料面层、柱（梁）面镶贴块料、墙饰面、柱（梁）饰面、幕墙工程及隔断十节。

(2) 圆弧形、锯齿形、异性等不规则墙面抹灰、镶贴块料、幕墙按相应项目乘以系数 1.15。

(3) 干挂石材骨架及玻璃幕墙型钢骨架均按钢骨架项目执行。预埋铁件按本定额“第五章 混凝土及钢筋混凝土工程”铁件制作安装项目执行。

(4) 女儿墙（包括泛水、挑砖）内侧、阳台拦板（不扣除花格所占孔洞面积）内侧与阳台栏板外侧抹灰工程量按其投影面积计算，块料按展开面积计算；女儿墙无泛水挑砖者，人工及机械乘以系数 1.10，女儿墙带泛水挑砖者，人工及机械乘以系数 1.30，按墙面相应项目执行；女儿墙外侧并入外墙计算。

(5) 抹灰面层

① 抹灰项目中砂浆配合比与设计不同者，按设计要求调整；如设计厚度与定额取定厚度不同者，按相应增减厚度项目调整。

② 砖墙中的钢筋混凝土梁、柱侧面抹灰>0.5m^2 的并入相应墙面项目执行；≤0.5m^2 的按零星抹灰项目执行。

③ 抹灰工程的“零星项目”适用于各种壁柜、碗柜、飘窗板、空调隔板、暖气罩、池槽、花台以及≤0.5m^2 的其他各种零星抹灰。

④ 抹灰工程的装饰线条适用于门窗套、挑檐、腰线、压顶、遮阳板外边、宣传栏边框等项目的抹灰，以及突出墙面且展开宽度≤300mm 的竖、横线条抹灰。线条展开宽度>300mm 且≤400mm 者，按相应项目乘以系数 1.33；展开宽度>400mm 且≤500mm 者，按相应项目乘以系数 1.67。

(6) 块料面层

① 墙面贴块料、饰面高度在 300mm 以内者，按踢脚线项目执行。

② 勾缝镶贴面砖目，面砖消耗量分别按缝宽 5mm 和 10mm 考虑，如灰缝宽度与取定不同者，其块料及灰缝材料（预拌水泥砂浆）允许调整。

③ 玻化砖、干挂玻化砖或玻岩板按面砖相应项目执行。

(7) 除已列有挂贴石材柱帽、柱墩项目外，其他项目的柱帽、柱墩并入相应的柱面积内，每个柱帽或柱墩另增人工：抹灰 0.25 工日，块料 0.38 工日，饰面 0.5 工日。

(8) 木龙骨基是按双向计算的，如设计为单项时，材料、人工系数以 0.55。

(9) 隔断、幕墙

① 玻璃幕墙中的玻璃按成品玻璃考虑；幕墙中的避雷装置已综合，但幕墙封边、封顶的费用另行计算。型钢、挂件设计用量与定额取定用量不同时，可以调整。

② 幕墙饰面中的结构胶与耐候胶设计用量与定额取定用量不同时，消耗量按设计计算的用量加 15%的施工损耗计算。

③ 玻璃幕墙设计带有平、推拉窗者，并入幕墙面积计算，窗的型材用量应予以调整，窗的五金用量相应增加，五金施工损耗按 2%计算。

④ 面层、隔墙（间壁）、隔断（护壁）项目内，除注明者外均未包括压边、收边、装饰线（板），如设计要求时，应按照本定额“第十五章 其他装饰工程”相应项目执行；浴厕隔断已综合了隔断门所增加的工料。

⑤ 隔墙（间壁）、隔断（护壁）、幕墙等项目中龙骨间距、规格如与设计不同时，允许调整。

(10) 本章设计要求做防火处理的，应按本定额“第十四章 油漆、涂料、裱糊工程”相应项目执行。

6.4 天棚工程

6.4.1 《房屋建筑与装饰工程工程量计算规范》中的相关解释说明

天棚工程包括：天棚抹灰、天棚吊顶、采光天棚等。在《房屋建筑与装饰工程工程量计算规范》(GB 50854—2013) 附录 N（天棚工程）中，对天棚工程工程量清单的项目设置、项目特征描述的内容、计量单位及工程量计算规则等做出了详细的规定。表 6-13 列出了部分常用项目的相关内容。

表 6-13 天棚抹灰（编号：011301）及天棚吊顶（编号：011302）

项目编码	项目名称	项 目 特 征	计量单位	工程量计算规则	工 作 内 容
011301001	天棚抹灰	1. 基层类型 2. 抹灰厚度、材料种类 3. 砂浆配合比	m^2	按设计图示尺寸以水平投影面积计算。不扣除间壁墙、垛、柱、附墙烟囱、检查口和管道所占的面积，带梁天棚的梁两侧抹灰面积并入天棚面积内，板式楼梯底面抹灰按斜面积计算，锯齿形楼梯底板抹灰按展开面积计算	1. 基层清理 2. 底层抹灰 3. 抹面层
011302001	吊顶天棚	1. 吊顶形式、吊杆规格、高度 2. 龙骨材料种类、规格、中距 3. 基层材料种类、规格 4. 面层材料品种、规格 5. 压条材料种类、规格 6. 嵌缝材料种类 7. 防护材料种类	m^2	按设计图示尺寸以水平投影面积计算。天棚面中的灯槽及跌级、锯齿形、吊挂式、藻井式天棚面积不展开计算。不扣除间壁墙、检查口、附墙烟囱、柱垛和管道所占面积，扣除单个＞$0.3m^2$ 的孔洞、独立柱及与天棚相连的窗帘盒所占的面积	1. 基层清理、吊杆安装 2. 龙骨安装 3. 基层板铺贴 4. 面层铺贴 5. 嵌缝 6. 刷防护材料

6.4.2 工程量计算规则

6.4.2.1 天棚抹灰的清单工程量和定额工程量计算规则

(1) 天棚抹灰的清单工程量 按设计图示尺寸以水平投影面积计算。不扣除间壁墙、垛、柱、附墙烟囱、检查口和管道所占的面积，带梁天棚的梁两侧抹灰面积并入天棚面积内，板式楼梯底面抹灰按斜面积计算，锯齿形楼梯底板抹灰按展开面积计算。

(2) 天棚抹灰的定额工程量 按设计图示尺寸以展开面积计算天棚抹灰。不扣除间壁墙、垛、柱、附墙烟囱、检查口和管道所占的面积，带梁天棚的梁两侧抹灰。面积并入天棚面积内，板式楼梯底面抹灰面积（包括踏步、休息平台以及≤500mm 宽的楼梯井）按水平投影面积乘以系数 1.15 计算，锯齿形楼梯底板抹灰面积（包括踏步、休息平台以及≤500mm 宽的楼梯）按水平投影面积乘以系数 1.37。

6.4.2.2 吊顶天棚的清单工程量和定额工程量计算规则

(1) 吊顶天棚的清单工程量计算规则

吊顶天棚的清单工程量按设计图示尺寸以水平投影面积计算。天棚面中的灯槽及跌级、锯齿形、吊挂式、藻井式天棚面积不展开计算。不扣除间壁墙、检查口、附墙烟囱、柱垛和管道所占面积，扣除单个＞$0.3m^2$ 的孔洞、独立柱及与天棚相连的窗帘盒所占的面积。

(2) 吊顶天棚的定额工程量计算规则

① 天棚龙骨按主墙间水平投影面积计算，不扣除间壁墙、垛、柱、附墙烟囱、检查口和管道所占的面积，扣除单个＞$0.3m^2$ 的孔洞、独立柱及与天棚相连的窗帘盒所占的面积。斜面龙骨按斜面计算。

② 天棚吊顶的基层和面层均按设计图示尺寸以展开面积计算。天棚面中的灯槽及跌级、阶梯式、锯齿形、吊挂式、藻井式天棚面积按展开计算。不扣除间壁墙、垛、柱、附墙烟囱、检查口和管道所占面积。扣除单个＞$0.3m^2$ 的孔洞、独立柱及与天棚相连的窗帘盒所

占的面积。

③ 格栅吊顶、藤条造型悬挂吊顶、织物软雕吊顶和装饰网架吊顶，按设计图尺寸水平投影面积计算。吊筒吊顶以最大外围水平尺寸，以外接矩形面积计算。

【例 6-3】 如图 6-3 所示，已知主梁尺寸为 500mm×300mm，次梁尺寸为 300mm×150mm，板厚 100mm。请计算井字梁天棚抹灰的清单工程量。

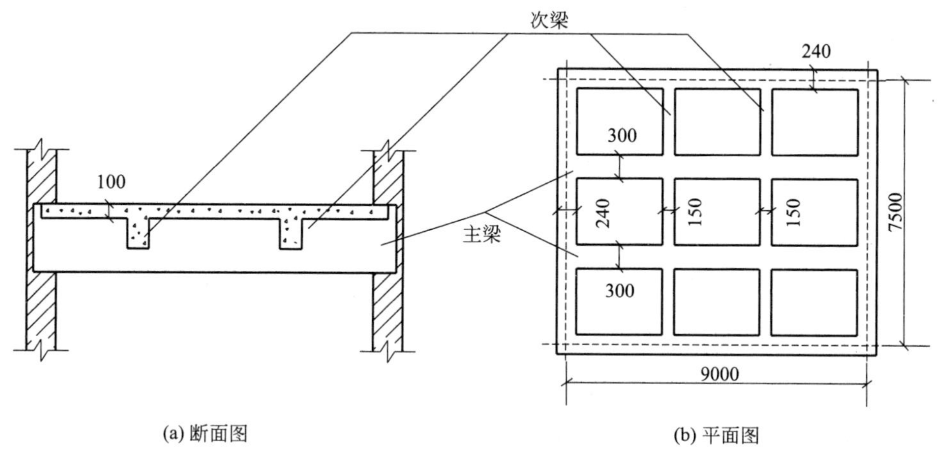

图 6-3 井字梁天棚示意图

【解】 清单工程量：

(9－0.24)×(7.5－0.24)＋[(9－0.24)×(0.5－0.1)－(0.3－0.1)×0.15×2]×2×2＋(7.5－0.24－0.6)×(0.3－0.1)×2×2＝82.70(m^2)

清单工程量计算表见表 6-14。

表 6-14 【例 6-3】清单工程量计算表

序号	项目编码	项目名称	项目特征描述	计量单位	工程量
1	011301001001	天棚抹灰	天棚抹灰	m^2	82.70

6.4.3 定额换算与说明

《河南省房屋建筑与装饰工程预算定额》(2016 版)，以下简称“本定额”。

(1) 本定额包括天棚抹灰、天棚吊顶、天棚其他装饰三节。

(2) 抹灰项目中砂浆配合比与设计不同时，可按设计要求予以换算；如设计厚度与定额取定厚度不同时，按相应项目调整。

(3) 如混凝土天棚刷素水泥浆或界面剂，按本定额“第十二章 墙、柱面装饰与隔断、幕墙工程”相应项目人工乘以系数 1.15。

(4) 吊顶天棚

① 除烤漆龙骨天棚为龙骨、面层合并列项外，其余均为天棚龙骨、基层、面层分别列项编码。

② 龙骨的种类、间距、规格和基层、面层材料的型号、规格是按常用材料和常用做法考虑的，如设计要求不同时，材料可以调整，人工、机械不变。

③ 天棚面层在同一标高者为平面天棚，天棚面层不在同一标高为跌级天棚。跌级天棚其面层按相应项目人工乘以系数 1.30。

④ 轻钢龙骨、铝合金龙骨项目中龙骨按双层双向结构考虑，即中、小龙骨紧贴大龙骨底面吊挂，如为单层结构时，即大、中龙骨底面在同一水平上者，人工乘以系数 0.85。

⑤ 轻钢龙骨和铝合金龙骨项目中，如面层规格与定额不同时，按相近面积的项目执行。

⑥ 轻钢龙骨和铝合金龙骨不上人型吊杆长度为 0.6m，上人型吊杆长度为 1.4m。吊杆长度与定额不同时可按实际调整，人工不变。

⑦ 平面天棚和跌级天棚指一般直线形天棚，不包括灯光槽的制作安装。灯光槽制作安装应按本定额第十三章相应项目执行。吊顶天棚中的艺术造型天棚项目中包括灯光槽的制作安装。

⑧ 天棚面层不在同一标高，且高差在 400mm 以下、跌级三级以内的一般直线形平面天棚按跌级天棚相应项目执行；高差在 400mm 以上或跌级超过三级，以及圆弧形、拱形等造型天棚按吊顶天棚中的艺术造型天棚相应项目执行。

⑨ 天棚检查孔的工料已包括在项目内，不另行计算。

⑩ 龙骨、基层、面层的防火处理及天棚龙骨的刷防腐油，石膏板刮嵌缝膏、贴绷带，按本定额“第十四章 油漆、涂料、裱糊工程”相应项目执行。

⑪ 天棚压条、装饰线条按本定额“第十五章 其他装饰工程”相应项目执行。

（5）格栅吊顶、吊筒吊顶、藤条造型悬挂吊顶、织物软雕吊顶、装饰网架吊顶，龙骨、面层合并列项编制。

（6）楼梯底板抹灰按本定额第十三章相应项目执行，其他锯齿形楼梯按相应项目人工乘以系数 1.35。

6.5 油漆、涂料、裱糊工程

6.5.1 《房屋建筑与装饰工程工程量计算规范》中的相关解释说明

《房屋建筑与装饰工程工程量计算规范》（GB 50854—2013）中油漆、涂料、裱糊工程包括：门窗油漆、木扶手及其他板条、线条油漆、木材面油漆、金属面油漆、抹灰面油漆、喷刷涂料和裱糊。此规范附录 P（油漆、涂料、裱糊工程）中，对油漆、涂料、裱糊工程量清单的项目设置、项目特征描述的内容、计量单位及工程量计算规则等做出了详细的规定。表 6-15～表 6-20 列出了部分常用项目的相关内容。

表 6-15　门油漆（编号：011401）

<table>
<tr><th>项目编码</th><th>项目名称</th><th>项 目 特 征</th><th>计量单位</th><th>工程量计算规则</th><th>工 作 内 容</th></tr>
<tr><td>011401001</td><td>木门油漆</td><td rowspan="2">1. 门类型
2. 门代号及洞口尺寸
3. 腻子种类
4. 刮腻子遍数
5. 防护材料种类
6. 油漆品种、刷漆遍数</td><td rowspan="2">1. 樘
2. m^2</td><td rowspan="2">1. 以樘计量，按设计图示数量计量
2. 以“m^2”计量，按设计图示洞口尺寸以面积计算</td><td>1. 基层清理
2. 刮腻子
3. 刷防护材料、油漆</td></tr>
<tr><td>011401002</td><td>金属门油漆</td><td>1. 除锈、基层清理
2. 刮腻子
3. 刷防护材料、油漆</td></tr>
</table>

表 6-16　窗油漆（编号：011402）

<table>
<tr><th>项目编码</th><th>项目名称</th><th>项 目 特 征</th><th>计量单位</th><th>工程量计算规则</th><th>工 作 内 容</th></tr>
<tr><td>011402001</td><td>木窗油漆</td><td rowspan="2">1. 窗类型
2. 窗代号及洞口尺寸
3. 腻子种类
4. 刮腻子遍数
5. 防护材料种类
6. 油漆品种、刷漆遍数</td><td rowspan="2">1. 樘
2. m^2</td><td rowspan="2">1. 以樘计量，按设计图示数量计量
2. 以“m^2”计量，按设计图示洞口尺寸以面积计算</td><td>1. 基层清理
2. 刮腻子
3. 刷防护材料、油漆</td></tr>
<tr><td>011402002</td><td>金属窗油漆</td><td>1. 除锈、基层清理
2. 刮腻子
3. 刷防护材料、油漆</td></tr>
</table>

表 6-17 金属面油漆（编号：011405）

项目编码	项目名称	项目特征	计量单位	工程量计算规则	工作内容
011405001	金属面油漆	1. 构件名称 2. 腻子种类 3. 刮腻子要求 4. 防护材料种类 5. 油漆品种、刷漆遍数	1. t 2. m^2	1. 以"t"计量，按设计图示尺寸以质量计算 2. 以"m^2"计量，按设计展开面积计算	1. 基层清理 2. 刮腻子 3. 刷防护材料、油漆

表 6-18 抹灰面油漆（编号：011406）

项目编码	项目名称	项 目 特 征	计量单位	工程量计算规则	工 作 内 容
011406001	抹灰面油漆	1. 基层类型 2. 腻子种类 3. 刮腻子遍数 4. 防护材料种类 5. 油漆品种、刷漆遍数 6. 部位	m^2	按设计图示尺寸以面积计算	1. 基层清理 2. 刮腻子 3. 刷防护材料、油漆

表 6-19 喷刷涂料（编号：011407）

项目编码	项目名称	项 目 特 征	计量单位	工程量计算规则	工 作 内 容
011407001	墙面喷刷涂料	1. 基层类型 2. 喷刷涂料部位 3. 腻子种类 4. 刮腻子要求 5. 涂料品种、喷刷遍数	m^2	按设计图示尺寸以面积计算	1. 基层清理 2. 刮腻子 3. 刷、喷涂料
011407002	天棚喷刷涂料				

表 6-20 裱糊（编号：011408）

项目编码	项目名称	项 目 特 征	计量单位	工程量计算规则	工 作 内 容
011408001	墙纸裱糊	1. 基层类型 2. 裱糊部位 3. 腻子种类 4. 刮腻子遍数 5. 黏结材料种类 6. 防护材料种类 7. 面层材料品种、规格、颜色	m^2	按设计图示尺寸以面积计算	1. 基层清理 2. 刮腻子 3. 面层铺粘 4. 刷防护材料

6.5.2 油漆、涂料、裱糊工程的清单工程量计算规则

6.5.2.1 各类门窗油漆的清单工程量计算规则

各类门窗油漆的清单工程量计算规则有以下两种：

① 以樘计量，按设计图示数量计量；

② 以"m^2"计量，按设计图示洞口尺寸，以面积计算。

6.5.2.2 金属面油漆的清单工程量计算规则

金属面油漆的清单工程量计算规则有以下两种：

① 以“t”计量，按设计图示尺寸，以质量计算；

② 以“m^2”计量，按设计展开面积计算。

6.5.2.3 抹灰面油漆的清单工程量计算规则

按设计图示尺寸以面积计算。

6.5.2.4 墙面（天棚）喷刷涂料、裱糊的清单工程量计算规则

墙面（天棚）喷刷涂料、墙面裱糊的清单工程量均按设计图示尺寸以面积计算。

【例 6-4】 某住宅平面布置如图 6-4 所示，其客厅、卧室和过道的墙面贴装饰墙纸，卫生间墙面贴 200mm×280mm 印花面砖，硬木踢脚线（150mm×20mm）刷硝基清漆，卫生间内无踢脚线。设楼层高度为 3.3m，楼板厚度为 120mm，内外墙厚均为 240mm，门洞尺寸均为 900mm×2100 mm，客厅与过道之间的空圈高度为 2400mm，窗洞尺寸均为2200mm×1400mm，门、窗侧壁均安装有门窗套。试计算：(1) 踢脚线刷硝基清漆的清单工程量；(2)卫生间墙面贴印花面砖的清单工程量；(3)客厅、卧室和过道贴装饰墙纸的清单工程量。

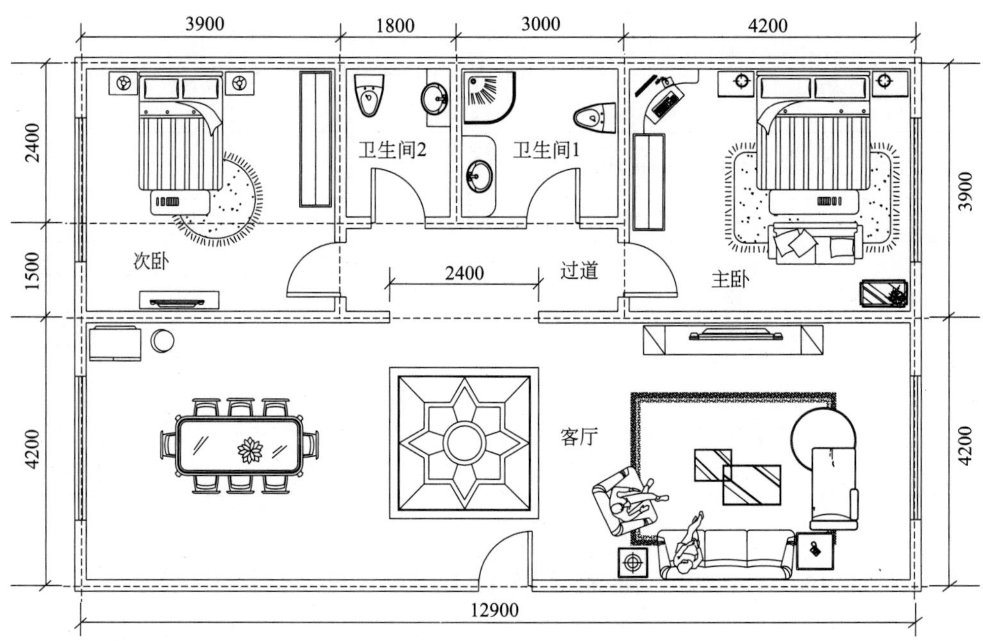

图 6-4 某住宅平面布置图

【解】 (1) 踢脚线刷硝基清漆的清单工程量

① 按延长米计算：(3.9－0.24)×4＋(4.2－0.24＋3.9－0.24)×2＋(4.8－0.24＋1.5－0.24)×2＋(12.9－0.24＋4.2－0.24)×2－0.9×7－2.4×2＝63.66(m)

② 按面积计算：$S_{踢脚}$＝63.66×0.15＝9.549(m^2)

(2) 卫生间墙面贴印花面砖的清单工程量

① 卫生间墙面总长＝(1.8－0.24＋2.4－0.24)×2＋(3－0.24＋2.4－0.24)×2＝17.28(m)

② 卫生间墙面高度=3.3−0.12=3.18(m)

③ 需扣除的门洞面积=0.9×2.1×2=3.78(m^2)

④ 印花面砖工程量=17.28×3.18−3.78=51.17(m^2)

(3) 客厅、卧室和过道贴装饰墙纸的清单工程量

① 客厅、卧室和过道内侧墙面总长 $L_{总}$=(3.9−0.24)×4+(4.2−0.24+3.9−0.24)×2+(4.8−0.24+1.5−0.24)×2+(12.9−0.24+4.2−0.24)×2=74.76 (m)

② 楼层净高 h=3.3−0.12=3.18(m)

③ 需扣除的门、窗、空圈的面积 $S_{洞}$=0.9×2.1×7+2.4×2.4×2+2.2×1.4×4=37.07(m^2)

④ 需扣除踢脚线的面积 $S_{踢脚}$=9.549m^2

⑤ 壁纸工程量=$L_{总}h-S_{洞}-S_{踢脚}$=74.76×3.18−37.07−9.549=191.12(m^2)

清单工程量计算表见表 6-21。

表 6-21 【例 6-4】清单工程量计算表

序号	项目编码	项目名称	项目特征描述	计量单位	工程量
1	011404002001	踢脚线油漆	刷硝基清漆	m^2	9.55
2	011204003001	块料墙面	印花面砖	m^2	51.17
3	011408001001	墙纸裱糊	房间、过道	m^2	191.12

6.5.3 定额换算与说明

《河南省房屋建筑与装饰工程预算定额》(2016 版),以下简称“本定额”。

(1) 本章定额包括木门油漆、木扶手及其他板条、线条油漆、其他木材面油漆、金属面油漆、抹灰面油漆、喷刷涂料裱糊 7 节。

(2) 当设计与定额取定的喷、涂、刷遍数不同时,可执行本定额第十四章相应每增加一遍项目进行调整。

(3) 油漆、涂料定额中均已考虑刮腻子。当抹灰面油漆、喷刷涂料设计与定额取定的刮腻子遍数不同时,可按本定额第十四章喷刷涂料一节中刮腻子每增减一遍项目进行调整。喷刷涂料一节中项目仅适用于单独刮腻子工程。

(4) 附着安装在同材质装饰面上的木线条、石膏线条等油漆、涂料,与装饰面同色者,并入装饰面计算;与装饰面分色者,单独计算。

(5) 门窗套、窗台板、腰线、压顶、扶手(栏板上扶手)等抹灰面刷油漆、涂料,与整体墙面同色者,并入墙面计算;与整体墙面分色者,单独计算,按墙面项目执行,其中人工乘以系数 1.43。

(6) 纸面石膏板等装饰板材面刮腻子刷油漆、涂料,按抹灰面刮腻子刷油漆、涂料相应项目执行。

(7) 附墙柱抹灰面喷刷油漆、涂料、裱糊,按墙面相应项目执行;独立柱抹灰面喷刷油漆、涂料、裱糊按墙面相应项目执行,其中人工乘以系数 1.2。

(8) 油漆

1) 油漆浅、中、深各种颜色已在定额中综合考虑,颜色不同时,不另行调整。

2）定额综合考虑了在同一平面上的分色，但美术图案需另外计算。

3）木材面硝基清漆项目中每增加刷理漆片一遍项目和每增加硝基清漆一遍项目均适用三遍以内。

4）木材面聚酯清漆、聚酯色漆项目，当设计与定额取定的底漆遍数不同时，可按每增加聚酯清漆（或聚酯色漆）一遍项目进行调整，其中聚酯清漆（或聚酯色漆）调整为聚酯底漆，消耗量不变。

5）木材面刷底子油一遍、清油一遍可按相应底油一遍、熟桐油一遍项目执行，其中熟桐油调整为清油，消耗量不变。

6）木门、木扶手、其他木材面等刷漆，按熟桐油、底油、生漆两遍项目执行。

7）当设计要求金属面刷两遍防锈漆时，按金属面刷防锈漆一遍项目执行，其中人工乘以系数 1.74，材料乘以均以系数 1.90。

8）金属面油漆项目均考虑了手工除锈，如实际为机械除锈，另按本定额“第六章　金属结构工程”中相应项目执行，油漆项目中的除锈用工亦不扣除。

9）喷塑（一塑三油）：底油、装饰漆、面油，其规格划分如下：

① 大压花：喷点压平，点面积在 1.2cm^2 以上；

② 中压花：喷点压平，点面积在 1～1.2cm^2；

③ 喷中点、幼点：喷点面积在 1cm^2 以下。

10）墙面真石漆、氟碳漆项目不包括分格嵌缝，当设计要求做分格缝时，费用另行计算。

（9）涂料

① 木龙骨刷防火涂料按四面涂刷考虑，木龙骨刷防腐涂料按一面（接触结构基层面）考虑。

② 金属面防火涂料项目按涂料密度 500kg/m^3 和项目中注明的涂刷厚度计算，当设计与定额取定的涂料密度、涂刷厚度不同时，防火涂料消耗量可调整。

③ 艺术造型天棚吊顶、墙面装饰的基层板缝粘贴胶带，按本定额第十四章相应项目执行，人工乘以系数 1.2。

6.6　楼梯及楼梯间装修工程计量实例

6.6.1　阶段任务

根据《BIM 算量一图一练》专用宿舍楼案例图纸内容，根据 2013 版清单规范，完成楼梯及楼梯间装修的工程量计算。

6.6.2　任务分析

6.6.2.1　术语

① 楼梯平台与休息平台：“楼梯平台按所处的位置和标高不同，有中间平台和楼层平台之分，两种平台都是休息平台。两楼层之间的平台称为中间平台，用来供人们行走和改变行进方向。而与楼层地面标高齐平的平台称为楼层平台，除起着与中间平台相同的作用外，还用来分配从楼梯到达各楼层的人流。”因此本工程楼梯中标高为 1.8m 及 5.4m 处的板均为

休息平台；而同相应楼层标高的3.6m及7.2m处的板则为楼梯平台。

② 楼梯井：指上下跑楼梯扶手所形成的孔洞。主要功能为消防水管的传递不因消防人员跑动卡于其中（参考相关建筑文献）。本工程楼梯井宽度为100mm。

6.6.2.2 列项及计算规则分析

(1) 楼梯部分（表6-22）

表6-22 楼梯分析

序号	需计算的项目	识图	计算规则分析	
1	楼梯混凝土(含踏步与休息平台)	楼梯详图	2016河南建筑定额P167,楼梯(包括休息平台、平台梁、斜梁及楼梯的连接梁)按设计图示尺寸以水平投影面积计算,不扣除小于500mm的楼梯井,伸入墙内部分不计算。当整体楼梯与现浇楼板无梯梁连接时,以楼梯的最后一个踏步边缘加300mm为界	2013清单计算规范P34:1)以m^2计算,按设计图示尺寸以水平投影面积计算,不扣除宽度小于500mm的楼梯井,伸入墙内部分不计算; 2)以立方米计量,按设计图示尺寸以体积计算
2	楼梯模板(含踏步与休息平台)	楼梯详图	2016河南建筑定额P168,现浇混凝土楼梯(包括休息平台、平台梁、斜梁及楼梯的连接梁)按设计图示尺寸以水平投影面积计算,不扣除≤500mm楼梯井所占面积,楼梯的踏步、踏步板、平台梁等侧面模板不另计计算,伸入墙内的部分亦不增加	2013清单计算规范计算规则同定额
3	楼梯踏步、休息平台装饰	建筑说明、室内装修做法表、楼梯详图	2016河南建筑定额P584,楼梯面层按设计图示尺寸以楼梯(包括踏步、休息平台及≤500mm的楼梯井)水平投影面积计算	2013清单计算规范计算规则同定额
4	楼梯井侧边装饰	建筑说明、室内装修做法表、楼梯详图	2016河南建筑定额P583、P584,按设计图示尺寸以展开面积计算,零星项目面层适用于楼梯侧面、台阶牵边、小便池、蹲台、池槽,以及面积$0.5m^2$以内且未列项目的工程	2013清单计算规范,按设计图示尺寸以面积计算,零星装饰适用于楼梯、台阶牵边及侧面≤$0.5m^2$的装饰
5	楼梯踏步底面及休息平台板底抹灰、涂料	建筑说明、室内装修做法表、楼梯详图	2016河南建筑定额P706,板式楼梯底面抹灰面积(包括踏步、休息平台及≤500mm宽的楼梯井)按水平投影面积乘以系数1.15计算	2013清单计算规范P84,板式楼梯底面抹灰按斜面积计算,锯齿形楼梯底板抹灰按展开面积计算
6	楼梯栏杆扶手制作、安装	建筑说明、室内装修做法表、楼梯详图	2016河南建筑定额P877,扶手、栏杆、栏板、成品栏杆(带扶手)均按其中心线长度计算	2013清单计算规范P93,按设计图示尺寸以扶手中心线(包括弯头长度)计算
7	防滑铜条铺设	楼梯详图	按实际长度计算	—

(2) 楼梯平台部分（表 6-23）

表 6-23 楼梯平台分析

序号	需计算的项目	识图	计算规则分析	
1	楼梯平台混凝土、模板	楼梯详图	2016 河南建筑定额 P162、P168，执行平板工程量计算规则	2013 清单计算规范计算规则同定额
2	楼梯平台面层、天棚装饰	建筑说明、室内装修做法表、楼梯详图	2016 河南建筑定额 P584、P706，执行楼地面、天棚面计算规则	2013 清单计算规范计算规则同定额

(3) 楼梯间其他装修（表 6-24）

表 6-24 楼梯间其他项目分析

序号	需计算的项目	识图	计算规则分析	
1	楼梯间±0.00 处地面装饰	建筑平面图、楼梯详图	2016 河南建筑定额 P584，执行楼地面计算规则	2013 清单计算规范计算规则同定额
2	楼梯平台处踢脚板	建筑说明、室内装修做法表、楼梯详图	2016 河南建筑定额 P584，按设计图示长度乘以高度以面积计算	2013 清单计算规范计算规则同定额
3	楼梯踏步处踢脚	建筑说明、室内装修做法表、楼梯详图	1)2016 河南建筑定额 P584，楼梯靠墙踢脚线（含锯齿形部分）按设计图示面积计算 2)2016 河南建筑定额 P583，楼梯段踢脚线按相应项目人工、机械乘以系数 1.15	2013 清单计算规范计算规则同定额
4	楼梯休息平台处踏脚	建筑说明、室内装修做法表、楼梯详图	2016 河南建筑定额 P584，按设计图示长度乘以高度以面积计算	2013 清单计算规范计算规则同定额
5	楼梯间墙面装饰	建筑说明、室内装修做法表、楼梯详图	2016 河南建筑定额 P622、P786，按墙面装修计算规则计算	2013 清单计算规范计算规则同定额
6	顶层楼梯间屋面板底天棚装饰	建筑说明、室内装修做法表、楼梯详图、剖面图	2016 河南建筑定额 P705～706、P786，按天棚装饰计算规则计算	2013 清单计算规范计算规则同定额

6.6.3 任务实施

楼梯装修工程量计算表见表 6-25、表 6-26。

表 6-25 楼梯平台、首层楼梯间地面装修工程量计算表（参考建施-02、建施-04、建施-13）

序号	算量类别	清单编码	项目特征	算量名称	计算公式	工程量	单位	位置
1	清单	011102003	块料楼地面 1. 8～10mm 厚 800mm×800mm 地砖铺实拍平，擦缝 2. 黏结找平层 3. 80mm 厚 C15 混凝土垫层 4. 素土夯实 5. 部位：首层楼梯间地面	块料地面积	[首层楼梯间内墙之间净面积＋(门侧壁开口面积)]×数量 [3.4×(5.4＋1.8＋0.6－0.2)＋0.15]×2	51.98	m^2	首层楼梯间地面
	定额	11-32	块料面层　陶瓷地面砖　0.64m^2 以内	块料地面积	同清单	0.52	100m^2	
	定额	5-1	现浇混凝土 垫层(楼梯间地面)	地面积×厚度	首层楼梯间内墙之间净面积×垫层厚度×数量 [3.4×(5.4＋1.8＋0.6－0.2)]×0.08×2	0.41	10m^3	
2	清单	011102001	石材楼地面 1. 花岗石面层 2. 黏结找平层 3. 钢筋混凝土楼板 4. 部位：楼梯平台	块料地面积	[(楼层平台净宽)×(楼层平台净长)＋(门侧壁开口面积)]×数量 (3.4×1.8＋0.15)×2×2	25.08	m^2	2-3 层楼梯平台楼面
	定额	11-18	块料面层　石材楼地面　每块面积 0.64m^2 以内	块料地面积	同清单	0.25	100m^2	
3	清单	011105001	水泥砂浆踢脚线 1. 踢脚线高度：120mm 2. 做法：干混抹灰砂浆 DP M10 踢脚线 3. 部位：走道、宿舍、首层楼梯间	踢脚面积	室内墙皮净长×0.12－洞口×0.12＋洞口侧壁 (7.6×0.12×2＋3.4×0.12×2)×2－1.5×0.12×2＋0.1×2×0.12×2	4.97	m^2	首层楼梯间踢脚
	定额	11-57	踢脚线　水泥砂浆	踢脚面积	同清单	0.05	100m^2	

续表

序号	算量类别	清单编码	项目特征	算量名称	计算公式	工程量	单位	位置
4	清单	011201001	墙面一般抹灰 1.(14＋6)mm 干混抹灰砂浆 DP M10 抹灰 2. 刷建筑胶素水泥浆一遍，配合比为建筑胶：水＝1:4 3. 部位：门厅、走道、宿舍、楼梯间、管理室	墙面抹灰面积	[(房间内墙面净长)×(层高－板厚)－门窗洞口面积]×数量 [(3.4＋1.8＋1.8)×(3.6－0.1)－1.5×2.7]×2×3	122.70	m^2	墙面抹灰(1-3 层平台处)
	定额	12-1	墙面抹灰　一般抹灰　内墙 (14＋6)mm	墙面抹灰面积	同清单量	1.23	$100m^2$	
	定额	12-23	墙面抹灰　装饰抹灰　打底　素水泥浆界面剂	墙面抹灰面积	同清单量	1.23	$100m^2$	
5	清单	011406001	抹灰面油漆 1. 清理基层 2. 满刮腻子一遍 3. 刷底漆一遍，面漆(乳胶漆)两遍 4. 部位：门厅、走道、宿舍、楼梯间、管理室墙面	墙面涂料面积	(墙面抹灰面积＋洞口侧壁)×数量 [(3.4＋1.8＋1.8)×(3.6－0.1)－1.5×2.7＋(1.5＋2.7×2)×0.1]×6	126.84	m^2	墙面乳胶漆(1-3 层平台处)
	定额	14-199	乳胶漆　室内　墙面　二遍	墙面涂料面积	同清单量	1.27	$100m^2$	
	定额	14-251	刮腻子　每增减一遍	墙面涂料面积	同清单量	1.27	$100m^2$	
6	清单	011301001	天棚抹灰 1.12mm 厚干混抹灰砂浆 DP M10 抹灰 2. 钢筋混凝土板底面清理干净 3. 部位：门厅、走道、宿舍、开水房，洗浴室，卫生间，阳台、管理室、楼梯平台	天棚抹灰面积	(板净面积＋凸出梁侧面积＋凸出梁底面积)×数量 [3.4×1.8＋(0.3＋0.25＋0.4)×1.8]×2×2	31.32	m^2	1-2 层平台处天棚抹灰
	定额	13-1 换	天棚抹灰　混凝土天棚　一次抹灰(10mm)　实际厚度(mm):12	天棚抹灰面积	同清单量	0.31	$100m^2$	

续表

序号	算量类别	清单编码	项目特征	算量名称	计算公式	工程量	单位	位置
7	清单	011407002	天棚喷刷涂料 1. 满刮腻子一遍，刷底漆一遍，白色乳胶漆二遍 2. 部位：门厅、走道、宿舍、开水房、洗浴室、卫生间、阳台、管理室、楼梯平台	天棚涂料面积	（板净面积＋凸出梁侧面积＋凸出梁底面积）×数量 [3.4×1.8＋(0.3＋0.25＋0.4)×1.8]×2×2	31.32	m^2	1-2层平台处乳胶漆涂料
	定额	14-200	乳胶漆　室内　天棚面　二遍	天棚涂料面积	同清单量	0.31	$100m^2$	
	定额	14-251	刮腻子　每增减一遍	天棚涂料面积	同清单量	0.31	$100m^2$	

表 6-26　楼梯间其余部位装修、楼梯混凝土及模板工程量计算表（参考建施-02、建施-04、建施-13）

序号	算量类别	清单编码	项目特征	算量名称	计算公式	工程量	单位	位置
1	清单	011201001	墙面一般抹灰 1. (14＋6)mm 干混抹灰砂浆 DP M10 抹灰 2. 刷建筑胶素水泥浆一遍，配合比为建筑胶：水＝1：4 3. 部位：门厅、走道、宿舍、楼梯间、管理室	墙面抹灰面积	[(房间内墙面净长)×(层高－板厚)－门窗洞口面积]×数量 [(5.4－1.8－0.1＋1.8＋0.6－0.1)×2＋3.4]×3.5×2×3－1.2×1.35×4	308.52	m^2	楼梯处墙面（1～3层）
	定额	12-1	墙面抹灰　一般抹灰　内墙　(14＋6)mm	墙面抹灰面积	同清单量	3.09	$100m^2$	
	定额	12-23	墙面抹灰　装饰抹灰　打底　素水泥浆界面剂	墙面抹灰面积	同清单量	3.09	$100m^2$	
2	清单	011406001	抹灰面油漆 1. 清理基层 2. 满刮腻子一遍 3. 刷底漆一遍，面漆(乳胶漆)两遍 4. 部位：门厅、走道、宿舍、楼梯间、管理室墙面	墙面涂料面积	(墙面抹灰面积＋洞口侧壁)×数量 308.52＋(1.2＋1.35)×2×0.1×4	310.56	m^2	墙面乳胶漆（1～3层平台处）
	定额	14-199	乳胶漆　室内　墙面　二遍	墙面涂料面积	同清单量	3.11	$100m^2$	
	定额	14-251	刮腻子　每增减一遍	墙面涂料面积	同清单量	3.11	$100m^2$	

续表

序号	算量类别	清单编码	项目特征	算量名称	计算公式	工程量	单位	位置
3	清单	011301001	天棚抹灰 1. 12厚干混抹灰砂浆DP M10抹灰 2. 钢筋混凝土板底面清理干净 3. 部位：门厅、走道、宿舍、开水房，洗浴室，勿叠，卫生间，阳台、管理室、楼梯平台	天棚抹灰面积	（板净面积＋凸出梁侧面积＋凸出梁底面积）×数量 (5.4＋1.8＋0.6－0.1×2)×(3.6－0.2)×2	51.68	m^2	顶层天棚抹灰
	定额	13-1换	天棚抹灰　混凝土天棚　一次抹灰(10mm)　实际厚度(mm)：12	天棚抹灰面积	同清单量	0.52	$100m^2$	
4	清单	011407002	天棚喷刷涂料 1. 满刮腻子一遍，刷底漆一遍，白色乳胶漆二遍 2. 部位：门厅、走道、宿舍、开水房，洗浴室，卫生间，阳台、管理室、楼梯平台	天棚涂料面积	（板净面积＋凸出梁侧面积＋凸出梁底面积）×数量 (5.4＋1.8＋0.6－0.1×2)×(3.6－0.2)×2	51.68	m^2	顶层天棚乳胶漆涂料
	定额	14-200	乳胶漆　室内　天棚面　二遍	天棚涂料面积	同清单量	0.52	$100m^2$	
	定额	14-251	刮腻子　每增减一遍	天棚涂料面积	同清单量	0.52	$100m^2$	
5	清单	010506001	直形楼梯 1. 混凝土种类：预拌 2. 混凝土强度等级：C30 3. 类型：一个自然层双跑	水平投影面积	（踏步段水平投影面积＋平台梁水平投影面积＋休息平台水平投影面积）×数量 [3.3×3.4＋0.2×3.4＋(2.4＋0.1－0.7)×3.4＋0.6×(3.4－0.4×2)]×2×2	78.32	m^2	楼梯踏步段及休息平台
	定额	5-46换	现浇混凝土　楼梯　直形　换为【预拌混凝土 C30】	水平投影面积	同清单量	7.83	$10m^2$	
	清单	011702024	楼梯 1. 现浇混凝土模板　楼梯　直形　复合模板钢支撑 2. 工作内容：模板及支撑制作、安装、拆除、堆放、运输及清量模板内杂物、刷隔离剂等	水平投影面积	（踏步段水平投影面积＋平台梁水平投影面积＋休息平台水平投影面积）×数量 [3.3×3.4＋0.2×3.4＋(2.4＋0.1－0.7)×3.4＋0.6×(3.4－0.4×2)]×2×2	78.32	m^2	
	定额	5-279	现浇混凝土模板　楼梯　直形　复合模板钢支撑	水平投影面积	同清单量	0.78	$100m^2$	

续表

序号	算量类别	清单编码	项目特征	算量名称	计算公式	工程量	单位	位置
6	清单	011106001	石材楼梯面层 1. 花岗石面层 2. 黏结找平层 3. 钢筋混凝土楼板 4. 部位：楼梯踏步及休息平台	水平投影面积	（踏步段水平投影面积＋平台梁水平投影面积＋休息平台水平投影面积）×数量 [3.3×3.4＋0.2×3.4＋(2.4＋0.1－0.7)×3.4＋0.6×(3.4－0.4×2)]×2×2	78.32	m^2	楼梯踏步及休息平台面层装修
	定额	11-69	楼梯面层　石材　水泥砂浆	水平投影面积	同清单量	0.78	$100m^2$	
7	清单	011301001	天棚抹灰 1. 12mm 厚干混抹灰砂浆 DP M10 抹灰 2. 钢筋混凝土板底面清理干净 3. 部位：楼梯踏步板底、休息平台板底	天棚抹灰面积	楼梯水平投影面积×1.15 78.32×1.15	90.07	m^2	楼梯踏步板底、休息平台板底
	定额	13-1 换	天棚抹灰　混凝土天棚　一次抹灰(10mm)　实际厚度(mm)：12	天棚抹灰面积	同清单量	0.90	$100m^2$	
8	清单	011407002	天棚喷刷涂料 1. 满刮腻子一遍，刷底漆一遍，白色乳胶漆二遍 2. 部位：楼梯踏步板底、休息平台板底	天棚涂料面积	楼梯水平投影面积×1.15 78.32×1.15	90.07	m^2	楼梯踏步板底、休息平台板底
	定额	14-200	乳胶漆　室内　天棚面　二遍	天棚涂料面积	同清单量	0.90	$100m^2$	
	定额	14-251	刮腻子　每增减一遍	天棚涂料面积	同清单量	0.90	$100m^2$	
9	清单	011108004	水泥砂浆零星项目 1. 找平层厚度、砂浆配合比：20mm 厚干混地面砂浆 DS M20 2. 部位：楼梯侧面	楼梯井侧边面积	图示展开面积 (3.759[踏步斜长]×0.12＋0.3×0.15×0.5×11)×4×2＋0.1×0.1×4×2[梯井处]	5.67	m^2	楼梯井侧边抹灰
	定额	11-85	零星装饰项目 水泥砂浆 20mm	楼梯井侧边面积	同清单量	0.06	$100m^2$	

续表

序号	算量类别	清单编码	项目特征	算量名称	计算公式	工程量	单位	位置
10	清单	011105001	水泥砂浆踢脚线 1. 踢脚线高度:120mm 2. 做法:干混抹灰砂浆 DP M10 踢脚线 3. 部位:踏步段	踢脚面积	[单跑踏步段斜长×0.12+单个踏步宽×单个踏步高×0.5×单跑踏步数量]×数量 (3.759×0.12+0.3×0.15×0.5×12)×4×2	5.77	m^2	楼梯踏步段踢脚
	定额	11-57 换	踢脚线　水泥砂浆　弧形踢脚线、楼梯段踢脚线　人工×1.15,机械×1.15	踢脚面积	同清单量	0.06	$100m^2$	
11	清单	011105001	水泥砂浆踢脚线 1. 踢脚线高度:120mm 2. 做法:干混抹灰砂浆 DP M10 踢脚线 3. 部位:楼梯休息平台处	踢脚面积	(休息平台处踢脚线长度×0.12)×数量 (3.4+2.4×2)×0.12×2×2	3.94	m^2	楼梯休息平台踢脚
	定额	11-57	踢脚线　水泥砂浆	踢脚面积	同清单	0.04	$100m^2$	
12	清单	011503001	1. 扶手材料种类、规格:ϕ60×2 不锈钢圆管 2. 横撑材料种类、规格:ϕ30×1.5 不锈钢圆管 3. 立撑材料种类、规格:ϕ20×1.5 不锈钢圆管 4. 栏杆材料种类、规格:ϕ40×2 不锈钢圆管 5. 部位:楼梯栏杆,详见楼梯栏杆详图	扶手中心线长度	楼梯扶手中心线长度 (3.759×4+0.1×5+1.65)×2	34.37	m	楼梯栏杆扶手
	定额	15-80	不锈钢栏杆　不锈钢扶手	扶手中心线长度	同清单量	3.44	10m	
13	清单	010516002	预埋铁件 1. 钢材种类:预埋铁件 2. 部位:栏杆	实际重量	单块铁件重量×数量 0.33×152×0.001(折算为吨)	0.05	t	楼梯栏杆铁件
	定额	4-193	铁件	实际重量	同上	0.05	t	

6.6.4 任务总结

① 注意在进行楼梯工程量计算时，要注意梯梁、梯柱的计算归属。

② 在《房屋建筑与装饰工程工程量计算规范》（GB 50584—2013）中规定，整体楼梯（包括直形楼梯、弧形楼梯）的工程量计算规则可按水平投影面积或图示体积计算，具体按哪种规则计算，需结合当地定额组价的规定来选择。

楼梯工程工程量汇总表见表6-27。

表6-27 楼梯工程量计算汇总表（数据来源于表6-25、表6-26）

序号	编码	名称	项目特征描述	计量单位	工程量
1	010506001001	直行楼梯	直形楼梯 1. 混凝土种类：预拌 2. 混凝土强度等级：C30 3. 类型：一个自然层双跑	m^2	78.32
	5-46 H80210557 80210561	现浇混凝土　楼梯　直形　换为【预拌混凝土 C30】		$10m^2$ 水平投影面积	7.83
2	011702024001	楼梯	楼梯 1. 现浇混凝土模板　楼梯　直形　复合模板钢支撑 2. 工作内容：模板及支撑制作、安装、拆除、堆放、运输及清量模板内杂物、刷隔离剂等	m^2	78.32
	5-279	现浇混凝土模板　楼梯　直形　复合模板钢支撑		$100m^2$ 水平投影面积	0.78
3	011106001001	石材楼梯面层	1. 花岗石面层 2. 黏结找平层 3. 钢筋混凝土楼板 4. 部位：楼梯踏步及休息平台	m^2	78.32
	11-69	楼梯面层　石材　水泥砂浆		$100m^2$	0.78
4	011108004001	水泥砂浆零星项目	1. 找平层厚度、砂浆配合比：20mm厚干混地面砂浆 DS M20 2. 部位：楼梯侧面	m^2	5.67
	11-85	零星装饰项目　水泥砂浆　20mm		$100m^2$	0.06
5	011105001001	水泥砂浆踢脚线	1. 踢脚线高度：120mm 2. 干混抹灰砂浆 DP M10 踢脚线 3. 部位：踏步段	m^2	5.77
	11-57 R×1.15，J×1.15	踢脚线　水泥砂浆　弧形踢脚线、楼梯段踢脚线　人工×1.15，机械×1.15		$100m^2$	0.06
6	011105001002	水泥砂浆踢脚线	1. 踢脚线高度：120mm 2. 干混抹灰砂浆 DP M10 踢脚线 3. 部位：休息平台	m^2	3.94
	11—57	踢脚线　水泥砂浆		$100m^2$	0.04

续表

<table>
<tr><th>序号</th><th>编码</th><th>名称</th><th>项目特征描述</th><th>计量单位</th><th>工程量</th></tr>
<tr><td rowspan="2">7</td><td>011301001001</td><td>天棚抹灰</td><td>1. 12厚干混抹灰砂浆DP M10抹灰
2. 钢筋混凝土板底面清理干净
3. 部位:楼梯踏步板底、休息平台板底</td><td>m^2</td><td>90.07</td></tr>
<tr><td>13－1＋13－2×2</td><td colspan="2">天棚抹灰　混凝土天棚　一次抹灰(10mm)　实际厚度(mm):12</td><td>$100m^2$</td><td>0.90</td></tr>
<tr><td rowspan="3">8</td><td>011407002001</td><td>天棚喷刷涂料</td><td>1. 满刮腻子一遍,刷底漆一遍,白色乳胶漆二遍
2. 部位:楼梯踏步板底、休息平台板底</td><td>m^2</td><td>90.07</td></tr>
<tr><td>14-200</td><td colspan="2">乳胶漆　室内　天棚面　二遍</td><td>$100m^2$</td><td>0.90</td></tr>
<tr><td>14-251</td><td colspan="2">刮腻子　每增减一遍</td><td>$100m^2$</td><td>0.90</td></tr>
<tr><td rowspan="2">9</td><td>011503001001</td><td>金属扶手、栏杆、栏板</td><td>1. 扶手材料种类、规格:$\phi60\times2$不锈钢圆管
2. 横撑材料种类、规格:$\phi30\times1.5$不锈钢圆管
3. 立撑材料种类、规格:$\phi20\times1.5$不锈钢圆管
4. 栏杆材料种类、规格:$\phi40\times2$不锈钢圆管
5. 部位:楼梯栏杆</td><td>m</td><td>34.37</td></tr>
<tr><td>15-80换</td><td colspan="2">不锈钢栏杆　不锈钢扶手</td><td>10m</td><td>3.44</td></tr>
<tr><td rowspan="2">10</td><td>010516002001</td><td>预埋铁件</td><td>1. 钢材种类:预埋铁件
2. 部位:栏杆</td><td>t</td><td>0.05</td></tr>
<tr><td>5-169</td><td colspan="2">铁件制作、安装</td><td>t</td><td>0.05</td></tr>
<tr><td rowspan="3">11</td><td>011102003002</td><td>块料楼地面</td><td>1. 8～10mm厚800mm×800mm地砖铺实拍平,擦缝
2. 黏结找平层
3. 80mm厚C15混凝土垫层
4. 素土夯实
5. 部位:首层楼梯间地面</td><td>m^2</td><td>51.98</td></tr>
<tr><td>11-32</td><td colspan="2">块料面层　陶瓷地面砖　$0.64m^2$以内</td><td>$100m^2$</td><td>0.52</td></tr>
<tr><td>5-1</td><td colspan="2">现浇混凝土　垫层(楼梯间地面)</td><td>$10m^3$</td><td>0.42</td></tr>
<tr><td rowspan="2">12</td><td>011102001001</td><td>石材楼地面</td><td>1. 花岗石面层
2. 黏结找平层
3. 钢筋混凝土楼板
4. 部位:楼梯平台</td><td>m^2</td><td>25.08</td></tr>
<tr><td>11-18</td><td colspan="2">块料面层　石材楼地面　每块面积$0.64m^2$以内</td><td>$100m^2$</td><td>0.25</td></tr>
</table>

续表

序号	编码	名称	项目特征描述	计量单位	工程量
13	011105001003	水泥砂浆踢脚线	水泥砂浆踢脚线 1. 踢脚线高度:120mm 2. 做法:干混抹灰砂浆DP M10踢脚线 3. 部位:走道、宿舍、首层楼梯间	m^2	4.97
	11-57	踢脚线　水泥砂浆		$100m^2$	0.05
14	011201001001	墙面一般抹灰	1. (14+6)mm干混抹灰砂浆DP M10抹灰 2. 刷建筑胶素水泥浆一遍,配合比为建筑胶:水=1:4 3. 部位:门厅、走道、宿舍、楼梯间、管理室	m^2	431.22
	12-1	墙面抹灰　一般抹灰　内墙　(14+6)mm		$100m^2$	4.31
	12-23	墙面抹灰　装饰抹灰　打底　素水泥浆界面剂		$100m^2$	4.31
15	011406001001	抹灰面油漆	1. 清理基层 2. 满刮腻子一遍 3. 刷底漆一遍,面漆(乳胶漆)两遍 4. 部位:门厅、走道、宿舍、楼梯间、管理室墙面	m^2	437.40
	14-199	乳胶漆　室内　墙面　二遍		$100m^2$	4.37
	14-251	刮腻子　每增减一遍		$100m^2$	4.37
16	011301001002	天棚抹灰	1. 12mm厚干混抹灰砂浆DP M10抹灰 2. 钢筋混凝土板底面清理干净 3. 部位:门厅、走道、宿舍、开水房,洗浴室,卫生间,阳台、管理室、楼梯平台	m^2	83.00
	13-1+13-2×2	天棚抹灰　混凝土天棚　一次抹灰(10mm)　实际厚度(mm):12		$100m^2$	0.83
17	011407002002	天棚喷刷涂料	1. 满刮腻子一遍,刷底漆一遍,白色乳胶漆二遍 2. 部位:门厅、走道、宿舍、开水房,洗浴室,卫生间,阳台、管理室、楼梯平台	m^2	83.00
	14-200	乳胶漆　室内　天棚面　二遍		$100m^2$	0.83
	14-251	刮腻子　每增减一遍		$100m^2$	0.83

6.7 装饰工程计量实例

6.7.1 阶段任务

根据《BIM算量一图一练》专用宿舍楼图纸内容，根据2013版清单规范，完成门厅、管理室、宿舍、阳台、盥洗室、卫生间、走道、洗衣房及开水间等所有室内装修的工程量计算（楼梯间装修除外）。

6.7.2 任务分析

在计算工程量之前，应先进行识图及列项，见表6-28。

表6-28 列项分析

部位	序号	项目	计算规则		备注
			2016建筑定额规则	2013清单规则	
楼地面	1	整体面层	P584，楼地面找平层及整体面积按设计图示尺寸以面积计算，扣除凸出地面的构筑物、设备基础、室内铁道、地沟所占面积，不扣除间壁墙及≤0.3m²柱、垛、附墙烟囱及孔洞所占面积。门洞、空圈、暖气包槽、壁盒的开口部分不增加面积	P69，同定额计算规则	清单规定与定额规定相同
	2	块料楼地面	P584，块料面层、橡塑面层及其他材料面层按设计图示尺寸以面积计算。门洞、空圈、暖气包槽、壁盒的开口部分并入相应的工程量内	P70，同定额计算规则	清单规定与定额规定相同
	3	楼地面防水	P392，楼地面防水、防潮层按设计图示尺寸以主墙间净面积计算，扣除凸出地面的构筑物、设备基础等所占的面积，不扣除间壁墙及单个面积≤0.3m²柱、垛、附墙烟囱及孔洞所占面积。平面与立面交接处，上翻高度≤300mm时，按展开面积并入平面工程量内计算，高度＞300mm时，按立面防水层计算	P64，同定额计算规则	清单规定与定额规定相同
	4	找平层	P584，同整体面层	P69，同定额计算规则	清单规定与定额规定相同
	5	地面垫层	P583，厚度≤60mm的细石混凝土按找平层项目执行，厚度＞60mm的按本定额“第五章 混凝土及钢筋混凝土工程”垫层项目执行（意为，厚度≤60mm的混凝土垫层，按找平层工程量计算规则计算；厚度＞60mm的混凝土垫层，按体积计算）	P70，楼地面垫层另按附录E.1垫层项目列项，除混凝土外的其他材料垫层按本规范表D.4垫层项目列项	清单计算规定与定额计算规定相互补充，列项与规则基本一致
	6	其他材料面层	本工程未涉及，略	略	

续表

<table>
<tr><th rowspan="2">部位</th><th rowspan="2">序号</th><th rowspan="2">项目</th><th colspan="2">计算规则</th><th rowspan="2">备注</th></tr>
<tr><th>2016 建筑定额规则</th><th>2013 清单规则</th></tr>
<tr><td rowspan="2">踢脚线</td><td>1</td><td>水泥砂浆踢脚</td><td>P584，踢脚线按设计图示长度乘以高度以面积计算，楼梯靠墙踢脚线（含锯齿形部分）贴块料按设计图示面积计算</td><td>P72，(1)以平方米计算，按设计图示长度乘以高度以面积计算；(2)以米计量，按延长米计算</td><td rowspan="2">踢脚线不区分材质，均可以实际面积计算，且清单规则与定额规则相同</td></tr>
<tr><td>2</td><td>块料踢脚</td><td>P584，同水泥砂浆踢脚线</td><td>P73，同水泥砂浆踢脚线</td></tr>
<tr><td rowspan="2">墙柱面</td><td>1</td><td>一般抹灰面层</td><td>P622，(1) 内墙面、墙裙抹灰面积应扣除门窗洞口和单个面积＞0.3m² 以上的空圈所占的面积，不扣除踢脚线、挂镜线及单个≤0.3m² 的孔洞和墙与构件交接处的面积。且门窗洞口、空圈、孔洞的侧壁面积亦不增加，附墙柱的侧面抹灰并入墙面、墙裙抹灰工程量计算
(2) 内墙面、墙裙的长度以主墙间的图示净长计算，墙面高度按室内地面至天棚底面净高计算（有室内吊顶时，内墙抹灰、柱面抹灰的高度算至吊顶底另加 100mm），墙面抹灰面积应扣除墙裙抹灰面积，如墙面和墙裙抹灰相同者，工程量合并计算
(3) 外墙面抹灰面积按垂直投影面积计算，其他规定同内墙
(4) 柱抹灰，按结构断面周长乘以抹灰高度计算</td><td>P77～P78，同定额规则</td><td>清单规定与定额规定相同</td></tr>
<tr><td>2</td><td>块料面层</td><td>P622，(1) 镶贴块料面层，按镶贴表面积计算
(2) 柱镶贴块料面层按设计图示饰面外围尺寸乘以高度以面积计算</td><td>P79～P80，同定额规则</td><td>清单规定与定额规定相同</td></tr>
<tr><td rowspan="5">外立面装饰</td><td>1</td><td>外墙贴面砖</td><td>见“墙柱面”</td><td>—</td><td>—</td></tr>
<tr><td>2</td><td>女儿墙外侧贴面砖</td><td>P621，女儿墙外侧并入外墙计算，计算方法详“墙柱面”</td><td>—</td><td>—</td></tr>
<tr><td>3</td><td>女儿墙内侧抹灰、涂料</td><td>P621，女儿墙内侧抹灰按其投影面积计算，女儿墙无泛水挑砖者，人工及机械乘以系数 1.1，女儿墙带泛水挑砖者，人工及机械乘以系数 1.3，按墙面相应项目执行</td><td>—</td><td>—</td></tr>
<tr><td>4</td><td>压顶抹灰</td><td>P621，抹灰工程的装饰线条适用于门窗套、挑檐、腰线、压顶、遮阳板外边、宣传栏边框等项目的抹灰</td><td>—</td><td>—</td></tr>
<tr><td>5</td><td>空调板抹灰</td><td>P621，抹灰工程中的“零星项目”适用于各种壁柜、碗柜、飘窗板、空调搁板、暖气罩、池槽、花台及≤0.5m² 的其他各种零星抹灰</td><td>—</td><td>—</td></tr>
</table>

续表

部位	序号	项目	计算规则		备注
			2016 建筑定额规则	2013 清单规则	
外立面装饰	6	首层M-5处，阳台底面装饰	执行天棚抹灰相关规定	—	—
	7	挑檐底面装饰	执行天棚抹灰相关规定	—	—
	8	雨篷防水及装饰	执行防水、天棚相关规定	—	—
	9	首层M-5台阶处独立柱装饰	执行独立柱抹灰相关规定	—	—
天棚面	1	天棚抹灰	P706，天棚抹灰，按设计图示尺寸以展开面积计算。不扣除间壁墙、垛、柱、附墙烟囱、检查口和管道所占的面积，带梁天棚的梁两侧抹灰面积并入天棚面积，板式楼梯底面抹灰面积(包括踏步休息平台以及≤500mm宽的楼梯井)按水平投影面积乘以系数1.15计算，锯齿形楼梯底板抹灰面积(包括踏步、休息平台以及≤500mm宽的楼梯井)按水平投影面积乘以系数1.37计算	P84，按设计图示尺寸以水平投影面积计算。不扣除间壁墙、垛、柱、附墙烟囱、检查口和管道所占的面积，带梁天棚的梁两侧抹灰面积并入天棚面积，板式楼梯底面抹灰按斜面积计算，锯齿形楼梯底板抹灰按展开面积计算	清单规定与定额规定思路相同，定额规定了更为简便的算法
涂料面层	1	—	P786，除特别说明外，按设计图示尺寸以面积计算	P90，按设计图示尺寸以面积计算	清单规定与定额规定相同
台阶	1	混凝土台阶	P167，散水、台阶按设计图示尺寸，以水平投影面积计算，台阶与平台连接时其水平投影面积应以最上踏步边缘加300mm为界	P35，按水平投影面积(同定额规则)或体积计算	—
	2	台阶模板	P168，混凝土台阶不包括梯带，按图示台阶尺寸的水平投影面积计算，台阶端头两侧不另计算模板面积；架空式台阶按现浇楼梯计算；场馆看台按设计图示尺寸，以水平投影面积计算	P107，同定额规则	—
	3	台阶装饰	P584，计算规则同“混凝土台阶”	P75，同定额规则	—
栏杆扶手	1	栏杆扶手制作安装	P877，按其中心线长度计算，不扣除弯头长度	P93，按设计图示以扶的中心线长度(包括弯头长度)计算	清单规则与定额规定相同
	2	栏杆扶手油漆	(1) P784，木扶手油漆按延长米乘以系数计算(系数参定额P784) (2) P785，金属栏杆油漆，其工程量按设计图示尺寸以展开面积计算，质量在500kg以内的单个金属构件，可参考质量面积的折算系数计算	(1) P88，木扶手油漆按延长米计算 (2) P89，金属面油漆可选择按“吨”计算或展开面积以“平方米”计算	—

6.7.3 任务实施

装修工程量计算表见表6-29～表6-45。

表 6-29 首层走道房间装修工程量计算表(参考建施-01、建施-02、建施-04)

首层

构件名称	算量类别	清单编码	项目名称	项目特征	算量名称	位置	计算公式	工程量	单位
走道地面(首层)	清单	011102003	块料楼地面	1. 8～10mm 厚 800mm×800mm 地砖铺实拍平，擦缝 2. 黏结找平层 3. 80mm 厚 C15 混凝土垫层 4. 素土夯实 5. 部位：首层走道，宿舍地面	块料地面积	2 轴、13 轴与 D 轴、C 轴所围区域	走道净长×走道净宽+加洞侧壁开口面积 (3.6×11−0.1×2)×(2.4−0.1×2)+2.5+0.18	89.36	m^2
	定额	11-32	块料面层 陶瓷地面砖 0.64m^2 以内		块料地面积	2 轴、13 轴与 D 轴、C 轴所围区域	同清单量	0.89	100m^2
	定额	5-1	现浇混凝土 垫层		垫层体积	2 轴、13 轴与 D 轴、C 轴所围区域	走道净长×走道净宽×0.08 (3.6×11−0.1×2)×(2.4−0.1×2)×0.08×0.1	0.69	10m^3
走道踢脚(首层)	清单	011105001	水泥砂浆踢脚	1. 踢脚线高度：120mm 2. 做法：干混抹灰砂浆 DP M10 踢脚线 3. 部位：走道、宿舍、首层楼梯间	踢脚面积	2 轴、13 轴与 D 轴、C 轴所围区域	走道踢脚净长×走道踢脚高度−洞口+洞口侧壁 (3.6×11−0.1×2)×2×0.12+(2.4−0.1×2)×2×0.12−(1.0×19+1.5×4+1.8×1)×0.12+0.1×0.12×48	7.34	m^2
	定额	11-57	踢脚线 水泥砂浆		踢脚面积	2 轴、13 轴与 D 轴、C 轴所围区域	同清单量	0.07	100m^2
走道内墙面(首层)	清单	011201001	墙面一般抹灰	1.(14+6)mm 干混抹灰砂浆 DP M10 抹灰 2. 刷建筑胶素水泥浆一遍，配合比为建筑胶：水=1：4 3. 部位：门厅、走道、宿舍、楼梯间、管理室	墙面抹灰面积	2/C-D 13/C-D	走道净长×(层高−板厚)×数量−门所占面积 2.2×3.5×2−1.5×2.1×2 9.10	220.64	m^2
						C/2-13 D/2-13	走道净长×(层高−板厚)×数量−门所占面积 (3.6×11−0.1×2)×2×3.5−4.05×2−2.7×19−4.86 211.54		
	定额	12-1	墙面抹灰 一般抹灰 内墙 (14+6)mm		墙面抹灰面积	2/C-D 13/C-D C/2-13 D/2-13	同清单汇总量	2.21	100m^2
	定额	12-23	墙面抹灰 装饰抹灰 打底 素水泥浆界面剂		墙面抹灰面积		同清单汇总量	2.21	100m^2

续表

<table>
<tr><th>构件名称</th><th>算量类别</th><th>清单编码</th><th>项目名称</th><th>项目特征</th><th>算量名称</th><th>位置</th><th colspan="2">计算公式</th><th>工程量</th><th>单位</th></tr>
<tr><td rowspan="4">走道内墙面（首层）</td><td rowspan="2">清单</td><td rowspan="2">011406001</td><td rowspan="2">抹灰面油漆</td><td rowspan="2">1. 清理基层
2. 满刮腻子一遍
3. 刷底漆一遍，面漆（乳胶漆）两遍
4. 部位：门厅、走道、宿舍、楼梯间、管理室墙面</td><td rowspan="2">墙面涂料面积</td><td>2/C-D
13/C-D</td><td colspan="2">抹灰面积＋洞口侧壁－垂直梁梁头所占面积
9.1＋(1.5＋2.1×2)×0.1×2   10.24</td><td rowspan="2">234.79</td><td rowspan="2">m^2</td></tr>
<tr><td>C/2-13
D/2-13</td><td>211.54＋(1.0＋2.7×2)×0.1×19＋(1.5＋2.7×2)×0.1×2＋(1.8＋2.7×2)×0.1×1－0.25×0.5×5×2</td><td>224.55</td></tr>
<tr><td>定额</td><td>14-199</td><td colspan="2">乳胶漆 室内 墙面 二遍</td><td>墙面涂料面积</td><td rowspan="2">2/C-D
13/C-D
C/2-13
D/2-13</td><td colspan="2">同清单汇总量</td><td>2.35</td><td>$100m^2$</td></tr>
<tr><td>定额</td><td>14-251</td><td colspan="2">刮腻子 每增减一遍</td><td>墙面涂料面积</td><td colspan="2">同清单汇总量</td><td>2.35</td><td>$100m^2$</td></tr>
<tr><td rowspan="5">走道天棚（首层）</td><td>清单</td><td>011301001</td><td>天棚抹灰</td><td>1. 12mm厚干混抹灰砂浆DP M10抹灰
2. 钢筋混凝土板底面清理干净
3. 部位：门厅、走道、宿舍、开水房，洗浴室，卫生间，阳台、管理室、楼梯平台</td><td>天棚抹灰面积</td><td>—</td><td colspan="2">走道净长×走道净宽＋悬空梁外露面积－悬空梁所占面积
(3.6×11－0.1×2)×(2.4－0.1×2)＋0.5×2.2×2×5＋2.2×0.25×5－0.25×2.2×5</td><td>97.68</td><td>m^2</td></tr>
<tr><td>定额</td><td>13-1换</td><td colspan="2">天棚抹灰 混凝土天棚 一次抹灰(10mm) 实际厚度(mm):12</td><td>天棚抹灰面积</td><td>—</td><td colspan="2">同清单工程量</td><td>0.98</td><td>$100m^2$</td></tr>
<tr><td>清单</td><td>011407002</td><td>天棚喷刷涂料</td><td>1. 基层类型:抹灰面
2. 腻子种类:满刮石膏腻子
3. 刮腻子遍数:一遍
4. 油漆品种、刷漆遍数:乳胶漆两遍
5. 部位:天棚</td><td>天棚抹涂料面积</td><td>—</td><td colspan="2">走道净长×走道净宽＋悬空梁外露面积－悬空梁所占面积
(3.6×11－0.1×2)×(2.4－0.1×2)＋0.5×2.2×2×5＋2.2×0.25×5－0.25×2.2×5</td><td>97.68</td><td>m^3</td></tr>
<tr><td>定额</td><td>14-200</td><td colspan="2">乳胶漆 室内 天棚面 二遍</td><td>天棚抹涂料面积</td><td>—</td><td colspan="2">同清单工程量</td><td>0.98</td><td>$100m^2$</td></tr>
<tr><td>定额</td><td>14-251</td><td colspan="2">刮腻子 每增减一遍</td><td>天棚抹涂料面积</td><td>—</td><td colspan="2">同清单工程量</td><td>0.98</td><td>$100m^2$</td></tr>
</table>

表 6-30 首层宿舍（以首层1个房间为例）装修工程量计算表（参考建施-01、建施-02、建施-04）

首层

构件名称	算量类别	清单编码	项目名称	项目特征	算量名称	位置	计算公式	工程量	单位
宿舍地面（首层）	清单	011102003	块料楼地面	1. 8～10mm厚800mm×800mm地砖铺实拍平，擦缝 2. 黏结找平层 3. 80mm厚C15混凝土垫层 4. 素土夯实 5. 部位：首层走道，宿舍地面	块料地面积	2轴、3轴与B轴、C轴所围区域	（房间净长×房间净宽＋加门侧壁开口面积）×数量 [(3.6－0.2)×(5.4－0.2)＋0.275]×1	17.96	m^2
	定额	11-32	块料面层 陶瓷地面砖 $0.64m^2$ 以内		块料地面积	2轴、3轴与B轴、C轴所围区域	同上	0.18	$100m^2$
	定额	5-1	现浇混凝土 垫层		垫层体积	2轴、3轴与B轴、C轴所围区域	房间净长×房间净宽×垫层厚×数量 (3.6－0.2)×(5.4－0.2)×0.08×1	0.14	$10m^3$
宿舍踢脚（首层）	清单	011105001	水泥砂浆踢脚	1. 踢脚线高度：120mm 2. 做法：干混抹灰砂浆DP M10踢脚线 3. 部位：走道、宿舍、首层楼梯间	踢脚面积	2轴、3轴与B轴、C轴所围区域	房间踢脚净长×房间踢脚高度×数量 [(3.6－0.2)×2＋(5.4－0.2)×2－1.0－1.75＋0.1×4]×0.12×1	1.78	m^2
	定额	11-57	踢脚线 水泥砂浆		踢脚面积	2轴、3轴与B轴、C轴所围区域	同上	0.02	$100m^2$
宿舍内墙面（首层）	清单	011201001	墙面一般抹灰	1. (14＋6)mm干混抹灰砂浆DP M10抹灰 2. 刷建筑胶素水泥浆一遍，配合比为建筑胶：水＝1：4 3. 部位：门厅、走道、宿舍、楼梯间、管理室	墙面抹灰面积	2/C-B	房间净长×(层高－板厚) (5.4－0.2)×(3.6－0.1)	18.20	$(52.73)m^2$
						C/2-3	房间净长×(层高－板厚)＋柱外露面积－门所占面积 (3.6－0.1－0.275)×(3.6－0.1)＋0.175×(3.6－0.1)－1.0×2.7－0.05×0.5	9.18	
						3/C-B	房间净长×(层高－板厚)＋柱外露面积 (5.4－0.1－0.5)×(3.6－0.1)＋0.4×(3.6－0.1)－0.05×0.5	18.18	
						B/2-3	房间净长×(层高－板厚)－门所占面积 (3.6－0.2)×(3.6－0.1)－4.725	7.18	

续表

构件名称	算量类别	清单编码	项目名称	项目特征	算量名称	位置	计算公式	工程量	单位
宿舍内墙面（首层）	定额	12-1	墙面抹灰 一般抹灰 内墙 (14+6)mm		墙面抹灰面积	2/C-B C/2-3 3/C-B B/2-3	同清单汇总	0.53	$100m^2$
	定额	12-23	墙面抹灰 装饰抹灰 打底 素水泥浆界面剂		墙面抹灰面积		同清单汇总	0.53	$100m^2$
	清单	011406001	抹灰面油漆	1. 清理基层 2. 满刮腻子一遍 3. 刷底漆一遍，面漆(乳胶漆)两遍 4. 部位：门厅、走道、宿舍、楼梯间、管理室墙面	墙面涂料面积	2/C-B C/2-3 3/C-B B/2-3	抹灰面积+洞口侧壁 52.73+(1+2.7×2+1.75+2.7×2)×0.1	54.09	m^2
	定额	14-199	乳胶漆 室内 墙面 二遍		墙面涂料面积	同上	同清单工程量	0.54	$100m^2$
	定额	14-251	刮腻子 每增减一遍		墙面涂料面积	同上	同清单工程量	0.54	$100m^2$
宿舍天棚（首层）	清单	011301001	天棚抹灰	1.12 厚干混抹灰砂浆 DP M10 抹灰 2. 钢筋混凝土板底面清理干净 3. 部位：门厅、走道、宿舍、开水房，洗浴室，卫生间，阳台、管理室、楼梯平台	天棚抹灰面积	2 轴、3 轴与 B 轴、C 轴所围区域	房间净长×房间净宽×数量 (5.4−0.2)×(3.6−0.2)×1	17.68	m^2
	定额	13-1 换	天棚抹灰 混凝土天棚 一次抹灰(10mm) 实际厚度(mm):12		天棚抹灰面积	同上	同清单工程量	0.18	$100m^2$
	清单	011407002	天棚喷刷涂料	1. 基层类型：抹灰面 2. 腻子种类：满刮石膏腻子 3. 刮腻子遍数：一遍 4. 油漆品种、刷漆遍数：乳胶漆两遍 5. 部位：天棚	天棚抹涂料面积	2 轴、3 轴与 B 轴、C 轴所围区域	房间净长×房间净宽×数量 (5.4−0.2)×(3.6−0.2)×1	17.68	m^2
	定额	14-200	乳胶漆 室内 天棚面 二遍		天棚抹涂料面积	同上	同清单工程量	0.18	$100m^2$
	定额	14-251	刮腻子 每增减一遍		天棚抹涂料面积	同上	同清单工程量	0.18	$100m^2$

表 6-31 首层门厅房间装修工程量计算表（参考建施-01、建施-03、装修做法表）

构件名称	算量类别	清单编码	项目名称	项目特征	算量名称	位置	计算公式	工程量	单位
门厅地面	清单	020102001	石材楼地面	1. 花岗岩楼地面 2. 具体做法 1）20mm 厚 800mm×800mm 花岗石板铺实拍平，擦缝 2）黏结找平层 3）80mm 厚 C15 混凝土垫层 4）素土夯实 3. 部位：门厅	块料地面积	门厅处	［（房间净长）×（房间净宽）+（门开口面积+门开口面积）］×数量 （3.4×5.2+3.15×2.4+3.3×0.2+1.5×0.1+1.0×0.1）×2	52.30	m^2
	定额	11-18	块料面层 石材楼地面 每块面积 $0.64m^2$ 以内		块料地面积	门厅处	同清单工程量	0.52	$100m^2$
	定额	5-1	现浇混凝土 垫层		垫层体积	门厅处	（房间净长×房间净宽×厚度）×数量 （3.4×5.2+3.15×2.4）×0.08×2	0.40	$10m^3$
门厅踢脚线	清单	020105002	石材踢脚线	1. 踢脚线高度：120mm 2. 水泥砂浆粘贴大理石踢脚线 3. 部位：门厅	踢脚面积	E/1-2、E/13-14	（房间净长－门宽+门侧壁）×踢脚高×数量 （3.4－3.3+0.1×2）×0.12×2	0.07	$(4.06)m^2$
						C/1-2、C/13-14	（房间净长－门宽+门侧壁）×踢脚高×数量 （3.15－1.0+0.1×2）×0.12×2	0.56	
						1/C-E、14/C-E	房间净长×踢脚高×数量 （4.9+0.3+0.5+0.05+2.2）×0.12×2	1.91	
						2/C-E、13/C-E	（房间净长－门宽+门侧壁）×踢脚高×数量 （5.4+2.4－0.2－1.5+0.1×2）×0.12×2	1.51	
	定额	11-58	踢脚线 石材 水泥砂浆		踢脚面积	门厅处	同清单汇总量	0.04	$100m^2$

续表

构件名称	算量类别	清单编码	项目名称	项目特征	算量名称	位置	计算公式	工程量	单位
门厅墙面	清单	020201001	墙面一般抹灰	1.(14+6)mm 干混抹灰砂浆 DP M10 抹灰 2. 刷建筑胶素水泥浆一遍，配合比为建筑胶：水＝1：4 3. 部位:门厅、走道、宿舍、楼梯间、管理室	墙面抹灰面积	E/1-2、E/13-14	[房间净长×(层高－板厚)－门洞口面积]×数量 [3.4×(3.6－0.1)－3.3×2.7]×2	5.98	(110.84)m²
						C/1-2、C/13-14	[房间净长×(层高－板厚)－门洞口面积]×数量 [3.15×(3.6－0.1)－1×2.1－1.2×1.8]×2	13.53	
						1/C-E、14/C-E	[房间净长×(层高－板厚)－窗洞口面积]×数量 [(4.9＋0.3＋0.5＋0.05＋2.2)×(3.6－0.1)－2.2×2.55]×2	44.43	
						2/C-E、13/C-E	[房间净长×(层高－板厚)－门洞口面积]×数量 [(5.4＋2.4－0.2)×(3.6－0.1)－1.5×2.1]×2	46.90	
	定额	12-1	混合砂浆加气混凝土墙		墙面抹灰面积	门厅处	同清单汇总量	1.11	100m²
	定额	12-23	墙面抹灰 装饰抹灰 打底 素水泥浆界面剂		墙面抹灰面积	门厅处	同清单汇总量	1.11	100m²
	清单	011406001	抹灰面油漆	1. 清理基层 2. 满刮腻子一遍 3. 刷底漆一遍，面漆(乳胶漆)两遍 4. 部位:门厅、走道、宿舍、楼梯间、管理室墙面	墙面涂料面积	同清单	抹灰面积＋洞口侧壁 110.84＋(3.3＋2.7×2)×0.1×2＋(1.0＋2.1×2)×0.1×2＋(1.2＋1.8)×2×0.1×2＋(2.2＋2.55)×2×0.1×2＋(1.5＋2.1×2)×0.1×2	117.86	m²
	定额	14-199	乳胶漆 室内 墙面 二遍		墙面涂料面积	同上	同清单工程量	1.18	100m²
	定额	14-251	刮腻子 每增减一遍		墙面涂料面积	同上	同清单工程量	1.18	100m²

续表

构件名称	算量类别	清单编码	项目名称	项目特征	算量名称	位置	计算公式	工程量	单位
门厅顶棚	清单	020301001	天棚抹灰	1. 12mm厚干混抹灰砂浆DP M10抹灰 2. 钢筋混凝土板底面清理干净 3. 部位：门厅、走道、宿舍、开水房、洗浴室，卫生间，阳台、管理室、楼梯平台	天棚抹灰面积	门厅处	（房间净长×房间净宽＋梁侧）×数量 [5.2×3.4＋3.15×2.4＋(0.5×2)×3.1]×2	56.68	m^2
	定额	13-1换	天棚抹灰 混凝土天棚 一次抹灰(10mm) 实际厚度(mm):12		天棚抹灰面积	门厅处	同清单工程量	0.57	$100m^2$
	清单	011407002	天棚喷刷涂料	1. 满刮腻子一遍，刷底漆一遍，白色乳胶漆二遍 2. 部位：门厅、走道、宿舍、开水房，洗浴室，卫生间，阳台、管理室、楼梯平台	天棚涂料面积	门厅处	（房间净长×房间净宽＋梁侧）×数量 [5.2×3.4＋3.15×2.4＋(0.5×2)×3.1]×2	56.68	m^2
	定额	14-200	乳胶漆 室内 天棚面 二遍		天棚涂料面积	门厅处	同清单工程量	0.57	$100m^2$
	定额	14-251	刮腻子 每增减一遍		天棚涂料面积	门厅处	同清单工程量	0.57	$100m^2$

表 6-32 首层卫生间、阳台(以首层1个房间为例)**装修工程量计算表**(参考建施-03、装修做法表)

构件名称	算量类别	清单编码	项目名称	项目特征	算量名称	位置	计算公式	工程量	单位
首层卫生间、阳台地面	清单	011102003	块料楼地面	1. 8～10mm厚300mm×300mm地砖铺实拍平，擦缝 2. 黏结找平层 3. 1.5mm厚聚氨酯防水涂料，面上撒黄沙，四周沿墙上翻150高 4. 15mm厚干混地面砂浆DS M20找平 5. 50mm厚C15细石混凝土找坡不小于0.5%，最薄处不小于30mm厚 6. 60mm厚C15混凝土垫层 7. 素土夯实 8. 部位：首层阳台卫生间地面、阳台地面(单个房间面积小于$8m^2$)	块料地面积	卫生间、阳台	（房间净长×房间净宽＋门开口面积）×数量 (2.25×1.6＋1.05×1.7＋0.8×0.1＋1.75×0.1)×1	5.64	m^2
	定额	11-30	块料面层 陶瓷地面砖 $0.10m^2$以内		块料地面积	卫生间、阳台	同清单工程量	0.06	$100m^2$

续表

构件名称	算量类别	清单编码	项目名称	项目特征	算量名称	位置	计算公式	工程量	单位
首层卫生间、阳台地面	定额	9-71换	涂料防水 聚氨酯防水涂膜 2mm厚 平面 实际厚度(mm):1.5 单个房间楼地面面积≤8m² 人工×1.3		防水面积	卫生间、阳台	(房间净长×房间净宽+门开口面积+墙洞开口面积+(四周墙体周长−门长−墙洞长+墙洞宽)×防水上翻高)×数量 [2.25×1.6+0.05×0.8+1.75×0.1+(2.25×2+1.6×2−0.8−1.75+0.1×2+0.05×2)×0.15+1.05×1.7+0.05×0.8+(1.05×2+1.7×2−0.8+0.05×2)×0.15]×1	0.07	100m²
	定额	11-1换	平面砂浆找平层 混凝土或硬基层上 20mm 实际厚度(mm):15		地面积	卫生间、阳台	房间净长×房间净宽×数量 (2.25×1.6+1.05×1.7)×1	0.05	100m²
	定额	11-4换	细石混凝土地面找平层 30mm 实际厚度(mm):60 换为【预拌混凝土 C15】		地面积	卫生间、阳台	(2.25×1.6+1.05×1.7)×1	0.05	100m²
	定额	11-4换	细石混凝土地面找平层 30mm 实际厚度(mm):50 换为【预拌混凝土 C15】		地面积	卫生间、阳台	(2.25×1.6+1.05×1.7)×1	0.05	100m²
	定额	9-85换	涂料防水 防水层表面撒砂砾 单个房间楼地面面积≤8m² 人工×1.3		地面积	卫生间、阳台	(2.25×1.6+1.05×1.7)×1	0.05	100m²
首层卫生间、阳台墙面	清单	020204003	块料墙面	1. 200mm×300mm 墙砖,擦缝 2. 黏结找平层 3. 部位:开水房,洗浴室,卫生间,阳台	墙面块料面积	A/1-2	[房间净长×(层高−板厚)−窗洞口面积+窗侧壁面积]×数量 (2.25×3.5+1.05×3.5−1.75×2.85−0.6×1.75+2.85×0.15×2+1.75×0.1×1+1.75×0.1×3+0.6×0.1×2)×1	7.19	(34.97)m²
						B/1-2	[房间净长×(层高−板厚)−门洞口面积+门侧壁面积]×数量 (2.25×3.5+1.05×3.5−1.75×2.7+2.7×0.1×2+1.75×0.1)×1	7.54	
						卫生间/阳台之间100mm厚墙面	[房间净长×(层高−板厚)−门洞口面积+门侧壁面积]×数量 (1.6×3.5+1.7×3.5−2×0.8×2.1+2.1×0.1×2+0.8×0.1)×1	8.69	
						1/A-B	[房间净长×(层高−板厚)]×数量 1.6×3.5×1	5.60	
						2/A-B	房间净长×(层高−板厚)×数量 1.7×3.5×1	5.95	
	定额	12-61	墙面块料面层 面砖 预拌砂浆(干混) 每块面积≤0.06m²		墙面块料面积	同清单	同清单汇总量	0.35	100m²

续表

构件名称	算量类别	清单编码	项目名称	项目特征	算量名称	位置	计算公式	工程量	单位
首层卫生间、阳台天棚	清单	020301001	天棚抹灰	1. 12mm 厚干混抹灰砂浆 DP M10 抹灰 2. 钢筋混凝土板底面清理干净 3. 部位：门厅、走道、宿舍、开水房，洗浴室，卫生间，阳台、管理室、楼梯平台	天棚抹灰面积	卫生间/阳台	房间净长×房间净宽×数量 (2.25×1.6+1.7×1.05)×1	5.39	m^2
	定额	13-1 换	天棚抹灰 混凝土天棚 一次抹灰(10mm) 实际厚度(mm):12		天棚抹灰面积	卫生间/阳台	同清单工程量	0.05	$100m^2$
	清单	011407002	天棚喷刷涂料	1. 满刮腻子一遍，刷底漆一遍，白色乳胶漆二遍 2. 部位：门厅、走道、宿舍、开水房，洗浴室，卫生间，阳台、管理室、楼梯平台	天棚涂料面积	卫生间/阳台	房间净长×房间净宽×数量 (2.25×1.6+1.7×1.05)×1	5.39	m^2
	定额	14-200	乳胶漆 室内 天棚面 二遍		天棚涂料面积	卫生间/阳台	同清单工程量	0.05	$100m^2$
	定额	14-251	刮腻子 每增减一遍		天棚涂料面积	卫生间/阳台	同清单工程量	0.05	$100m^2$

表 6-33　首层外墙、独立柱装修工程量计算表(参考建施-02、建施-04、建施-09、建施-10、建施-11)

构件名称	算量类别	清单编码	项目名称	项目特征	算量名称	位置	计算公式	工程量	单位
外墙装饰	清单	011204003	块料墙面	1. 8 ～ 10mm 厚 100mm × 100mm 面砖，擦缝 2. 黏结找平层 3. 部位：外墙 1	块料墙面	A/1-14	外墙墙面长度×高度－扣门窗洞口面积＋门窗洞口侧壁面积＋柱外露面积－扣空调板 (46.8 + 0.7) × (3.55 + 0.45) − (1.75×2.85×13+0.6×1.75×13)+(1.75+2.85)×2×0.15×13+(0.6+1.75)×2×0.1×13+(0.3×12+0.2×2)×(3.55+0.45)−1.5×0.1×12	149.76	m^2

续表

构件名称	算量类别	清单编码	项目名称	项目特征	算量名称	位置	计算公式	工程量	单位
外墙装饰	清单	011204003	块料墙面	1. 8～10mm 厚 100mm×100mm 面砖,擦缝 2. 黏结找平层 3. 部位：外墙 1	块料墙面	F/14-1	外墙墙面长度×高度－扣门窗洞口面积＋门窗洞口侧壁面积＋柱外露面积－扣空调板－扣台阶－扣板 (46.8＋0.2)×(3.55＋0.45)－(1.75×2.85×9＋0.6×1.75×9＋3.3×2.7×2)＋(1.75＋2.85)×2×0.15×9＋(0.6＋1.75)×2×0.1×9＋(3.3×2＋2.7)×0.1×2＋(0.3×8＋0.5×2)×(3.55＋0.45)－1.5×0.1×16－0.45×3.6×2－(2.4＋3.6)×0.1×2	141.11	m^2
						1/F-A	外墙墙面长度×高度－扣门窗洞口面积＋门窗洞口侧壁面积＋柱外露面积－扣空调板－扣台阶 (16.8＋0.7＋0.4)×(3.55＋0.45)－2.2×2.55＋(2.2＋2.55)×2×0.1＋0.25×3×(3.55＋0.45)－2.4×0.45	68.86	m^2
						14/A-F	外墙墙面长度×高度－扣门窗洞口面积＋门窗洞口侧壁面积＋柱外露面积－扣空调板－扣台阶 (16.8＋0.7＋0.4)×(3.55＋0.45)－2.2×2.55＋(2.2＋2.55)×2×0.1＋0.25×3×(3.55＋0.45)－2.4×0.45	68.86	m^2
	定额	12-53	墙面块料面层 面砖 每块面积 0.01m^2 以内 预拌砂浆(干混) 面砖灰缝 5mm		块料墙面	所有外墙	同清单汇总工程量	4.29	100m^2
独立柱装修	清单	011202001	柱、梁面一般抹灰	1. 刷建筑胶素水泥浆一遍，配合比为建筑胶：水＝1∶4 2. (14＋6)mm 干混抹灰砂浆 DP M10 抹灰 3. 部位：首层台阶处独立柱	柱结构外围面积	F/1、F/14	(长＋宽)×2×高×数量 [(0.5＋0.5)×2×(3.55＋0.45)－0.3×0.6－0.25×0.6－0.3×0.4－0.25×0.4]×2	14.90	m^2

续表

构件名称	算量类别	清单编码	项目名称	项目特征	算量名称	位置	计算公式	工程量	单位
独立柱装修	定额	12-25	柱(梁)面抹灰 一般抹灰 独立柱(梁) 矩形柱(梁)面		柱结构外围面积	F/1、F/14	同清单工程量	0.15	$100m^2$
	清单	011406001	抹灰面油漆	1. 做法:清理基层,满刮腻子一遍,刷底漆一遍,面漆(乳胶漆)两遍 2. 部位:外墙2(首层台阶处独立柱)	柱结构外围面积	F/1、F/14	同柱抹灰面积	14.90	m^2
	定额	14-198换	乳胶漆 室外 墙面 二遍 独立柱抹灰面喷刷油漆、涂料、裱糊 人工×1.2		柱结构外围面积	F/1、F/14	同清单工程量	0.15	$100m^2$
	定额	14-251换	刮腻子 每增减一遍 人工乘以系数1.2		柱结构外围面积	F/1、F/14	同清单工程量	0.15	$100m^2$

表 6-34 阳台护窗栏杆工程量计算表(参考建施-06)

首层

构件名称	算量类别	清单编码	项目名称	项目特征	算量名称	计算公式	工程量	单位
阳台C2处护窗栏杆	清单	011503001	金属扶手、栏杆、栏板	1. 扶手材料种类、规格:50mm×50mm×2mm方钢立管 2. 栏杆材料种类、规格:50mm×50mm×2mm方钢立管 3. 部位:阳台C2处	扶手中心线长度	栏杆扶手中心线长×数量 1.75×22	38.50	m
	定额	15-86	铁栏杆 铁扶手		扶手中心线长度	同上	3.85	10m

表 6-35 空调栏杆工程量计算表(参考建施-06)

首层

构件名称	算量类别	清单编码	项目名称	项目特征	算量名称	计算公式	工程量	单位
空调栏杆	清单	011503001	金属扶手、栏杆、栏板	1. 扶手材料种类、规格:50mm×50mm×2mm方钢立管 2. 栏杆材料种类、规格:50mm×50mm×2mm方钢立管 3. 部位:空调格栅	扶手中心线长度	栏杆扶手中心线长×数量 (1.4+0.65×2)×10	27.00	m
	定额	15-86	铁栏杆 铁扶手		扶手中心线长度	同上	2.70	10m

表 6-36　坡道栏杆工程量计算表(参考建施-07)

首层

构件名称	算量类别	清单编码	项目名称	项目特征	算量名称	计算公式	工程量	单位
坡道栏杆	清单	011503001	金属扶手、栏杆、栏板	1. 扶手材料种类、规格：ϕ40 不锈钢管 2. 栏杆材料种类、规格：ϕ30 不锈钢管 3. 部位：坡道	扶手中心线长度	栏杆扶手中心线长×数量 (7.442＋1.262＋5.77＋0.3)×1	14.77	m
	定额	15-102	不锈钢管栏杆(带扶手)直形		扶手中心线长度	同上	1.48	10m

表 6-37　屋面层外墙装修工程量计算表(参考建施-02、建施-04、建施-09、建施-10、建施-11)

构件名称	算量类别	清单编码	项目特征	算量名称	位置	计算公式	工程量	单位
外墙装饰	清单	011204003	块料墙面 1. 8～10mm 厚 100mm×100mm 面砖，擦缝 2. 黏结找平层 3. 部位：外墙 1	块料墙面	女儿墙外侧	外墙墙面长度×高度 [46.8＋0.7＋(16.8＋0.6＋0.8)×2＋3.85×2＋32.2]×1.5	185.7	(390.04)m^2
					楼梯间外墙(D/12-13、D/2-3)	(外墙墙面长度×高度－扣门窗洞口面积＋门窗洞口侧壁面积＋柱外露面积－扣空调板)×个数 [(3.8×4.5)－1.5×2.2＋(2.2×2＋1.5)×0.1－2.1×0.1]×2	28.36	
					楼梯间外墙(12/D-F、13/D-F、2/D-F、3/D-F)	(外墙墙面长度×高度－扣门窗洞口面积＋门窗洞口侧壁面积＋柱外露面积－扣空调板)×数量 8×4.5×4－0.2×1.5×2×2	144	
					楼梯间外墙(F/12-13、F/2-3 向外 600)	外墙墙面长度×高度 [3.8×4.5－1.35×1.2＋(1.35＋1.2)×2×0.1]×2	31.98	
	定额	12-53	墙面块料面层 面砖 每块面积 0.01m^2 以内 预拌砂浆(干混)面砖灰缝 5mm	块料墙面	以上合计	同清单汇总	3.9004	100m^2

续表

构件名称	算量类别	清单编码	项目特征	算量名称	位置	计算公式	工程量	单位
外墙装饰	清单	011201001	墙面一般抹灰 1. 刷建筑胶素水泥浆一遍，配合比为建筑胶：水=1：4 2. (14+6)mm 干混抹灰砂浆 DP M10 抹灰 3. 部位：外墙 2(女儿墙内侧)	墙面抹灰	女儿墙内侧	外墙墙面长度×高度 [46.8+0.3+(16.8+0.4+0.6)×2+3.65×2+32.2]×1.5+(7.6+3.4)×2×0.9×2	222.9	m^2
	定额	12-2 换	墙面抹灰 一般抹灰 外墙(14+6)mm 人工乘以系数 1.1，机械乘以系数 1.1	墙面抹灰	同上	同清单工程量	2.229	$100m^2$
	定额	12-23 换	墙面抹灰 装饰抹灰 打底素水泥浆界面剂 人工乘以系数 1.1，机械乘以系数 1.1	墙面抹灰	同上	同清单工程量	2.229	$100m^2$
	清单	011406001	抹灰面油漆 1. 做法：清理基层，满刮腻子一遍，刷底漆一遍，面漆(乳胶漆)两遍 2. 部位：外墙 2(女儿墙内侧)	墙面涂料	女儿墙内侧	外墙墙面长度×高度 [46.8+0.3+(16.8+0.4+0.6)×2+3.65×2+32.2]×1.5+(7.6+3.4)×2×0.9×2	222.9	m^2
	定额	14-198	乳胶漆 室外 墙面 二遍	墙面抹灰	同上	同清单工程量	2.229	$100m^2$
	定额	14-251	刮腻子 每增减一遍	墙面抹灰	同上	同清单工程量	2.229	$100m^2$
外墙装饰	清单	011406002	抹灰线条油漆 1. 干混抹灰砂浆 DP M10 分层抹灰 2. 部位：女儿墙压顶上表面	压顶长度	主屋面女儿墙压顶、楼梯间女儿墙屋面压顶	压顶长度 123[主屋面]+45.6[楼梯间顶屋面]	168.6	m
	定额	12-8	墙面抹灰 一般抹灰 装饰线条抹灰	压顶长度	同上	同清单工程量	1.686	100m

表 6-38　坡道工程量计算表(参考建施-04、建施-11)

构件名称	算量类别	清单编码	项目名称	项目特征	算量名称	计算公式	工程量	单位
室外坡道	清单	010507001	坡道	具体做法： (1)20mm 厚干混地面砂浆 DS M20 抹面压光 (2)60mm 厚 C15 混凝土 (3)300mm 厚 3∶7 灰土 (4)素土夯实	坡道面层面积	坡道宽度×坡道长度 1.2×7.43+0.35×1.6	9.48	m^2
	定额	11-6	水泥砂浆楼地面 混凝土或硬基层上 20mm		坡道面层面积	同清单工程量	0.09	$100m^2$
	定额	5-49 换	现浇混凝土 散水 换为【预拌混凝土 C15】坡道		坡道面层面积	同清单工程量	0.09	$100m^2$
	定额	4-72	垫层 灰土		坡道垫层体积	坡度面积×垫层厚度 9.476×0.3	2.84	$10M^3$
	定额	1-129	原土夯实二遍 机械		坡道打夯面积	同清单工程量	0.09	$100m^2$
	清单	011702029	坡道	1. 现浇坡道复合模板 2. 工作内容:模板制作、安装、拆除、堆放、运输及清量模板内杂物、刷隔离剂等	混凝土与模板接触面积	(7.37+1.22+0.3+5.74)×0.06	0.88	m^2
	定额	5-171	现浇混凝土模板 基础垫层复合模板		混凝土与模板接触面积	同清单工程量	0.01	$100m^2$

表 6-39　散水工程量计算表(参考建施-04、建施-11)

构件名称	算量类别	清单编码	项目名称	项目特征	算量名称	计算公式	工程量	单位
散水	清单	010507001	散水	1. 60mm 厚 C15 混凝土面层，水泥砂浆随打随抹光 2. 150mm 厚 3∶7 灰土宽出面层 300mm 3. 素土夯实，向外坡 4% 4. 沥青砂浆嵌缝	散水面层面积	散水面积(略)，注意扣减重叠部分的台阶和坡道面积 106.41	106.41	m^2
	定额	5-49 换	现浇混凝土 散水 换为【预拌混凝土 C15】		散水面层面积	同清单工程量	10.64	$10m^2$

续表

构件名称	算量类别	清单编码	项目名称	项目特征	算量名称	计算公式	工程量	单位
散水	定额	1-129	原土夯实二遍 机械		散水外扩60mm面积	散水外扩60mm面积，注意扣减重叠部分的台阶和坡道面积 113.73	1.14	100m²
	定额	4-72	垫层 灰土		散水灰土垫层体积	散水灰土面积×垫层厚度（注意扣减重叠部分的台阶和坡道面积） 113.73×0.15	1.71	10m³
	清单	011702029	散水	1. 现浇散水复合模板 2. 工作内容：模板制作、安装、拆除、堆放、运输及清量模板内杂物、刷隔离剂等	混凝土与模板接触面积	（散水内侧长度＋外侧度长）×散水厚度	14.84	m²
	定额	5-171	现浇混凝土模板 基础垫层复合模板		混凝土与模板接触面积	14.845	0.15	100m²

表 6-40 台阶工程量计算表（参考建施-04、建施-13）

构件名称	算量类别	清单编码	项目特征	项目特征	算量名称	计算公式	工程量	单位
台阶踏步	清单	010507004	台阶	1. 混凝土种类：商品混凝土 2. 混凝土强度等级：C15(20)	台阶踏步水平投影面积	[（台阶宽）×（台阶长）]×数量 （0.6＋0.3）×3.85＋（0.6＋0.3）×3＋（0.6＋0.3）×（3.6－0.3）－0.6×0.3	8.96	m²
	定额	5-50 换	现浇混凝土 台阶 换为【预拌混凝土 C15】		台阶踏步水平投影面积	同上	0.90	10m²
	清单	011702027	台阶	1. 现浇混凝土模板 台阶 复合模板木支撑 2. 工作内容：模板及支撑制作、安装、拆除、堆放、运输及清量模板内杂物、刷隔离剂等	台阶踏步水平投影面积	同台阶混凝土工程量，按水平投影面积计算	8.96	m²
	定额	5-285	现浇混凝土模板 台阶 复合模板木支撑		台阶踏步水平投影面积	8.96	0.90	10m²

续表

构件名称	算量类别	清单编码	项目特征	项目特征	算量名称	计算公式	工程量	单位
台阶踏步	清单	011107004	水泥砂浆台阶面	1. 20mm 厚干混地面砂浆 DS M20 抹面压光 2. 60mm 厚 C15 混凝土，台阶面向外坡 1%（结构单列计算） 3. 300mm 厚 3∶7 灰土垫层 4. 素土夯实	台阶踏步水平投影面积	[（台阶宽）×（台阶长）]×数量 （0.6＋0.3）×3.85＋（0.6＋0.3）×3＋（0.6＋0.3）×（3.6－0.3）－0.6×0.3	8.96	m^2
	定额	11-79	台阶装饰 水泥砂浆 20mm		台阶踏步水平投影面积	同清单工程量	0.09	$100m^2$
		4-72	垫层 灰土		台阶踏步水平投影面积×0.3	8.96×0.3	0.27	$10m^3$
		1-129	原土夯实二遍 机械		台阶踏步水平投影面积	同清单工程量	0.09	$100m^2$
台阶平台	清单	011101001	水泥砂浆楼地面（台阶平台）	1. 20mm 厚干混地面砂浆 DS M20 抹面压光 2. 60mm 厚 C15 混凝土找平 3. 300mm 厚 3∶7 灰土垫层 4. 素土夯实 5. 部位：台阶平台处	台阶平台水平投影面积	[（台阶平台宽）×（台阶平台长）]×数量 3.85×（2.4－0.3）＋（2.5－0.3）×（3－0.3）－0.5×0.5	13.78	m^2
	定额	11-6	水泥砂浆楼地面 混凝土或硬基层上 20mm		台阶平台水平投影面积	同清单工程量	0.14	$100m^2$
		11-4 换	细石混凝土地面找平层 30mm 实际厚度（mm）：60 换为【预拌混凝土 C15】		台阶平台水平投影面积	同清单工程量	0.14	$100m^2$
		4-72	垫层 灰土		台阶平台水平投影面积×0.3	13.78×0.3	0.41	$10m^3$
		1-129	原土夯实二遍 机械		台阶平台水平投影面积	同清单工程量	0.14	$100m^2$

表 6-41　楼地面工程工程量汇总表

序号	算量类别	清单/定额编号	项目名称	特征描述	单位	工程量
1	清单	011101001001	水泥砂浆楼地面 台阶平台	1. 20mm 厚干混地面砂浆 DS M20 抹面压光 2. 60mm 厚 C15 混凝土找平 3. 300mm 厚 3∶7 灰土垫层 4. 素土夯实 5. 部位:台阶平台处	m^2	13.84
	定额	1-129	原土夯实二遍 机械		$100m^2$	0.14
	定额	4-72	垫层 灰土		$10m^3$	0.42
	定额	11-4 换	细石混凝土地面找平层 30mm 实际厚度(mm):60 换为【预拌混凝土 C15】		$100m^2$	0.14
	定额	11-6	水泥砂浆楼地面 混凝土或硬基层上 20mm 厚		$100m^2$	0.14
2	清单	011102001001	石材楼地面	1. 花岗石面层 2. 黏结找平层 3. 钢筋混凝土楼板 4. 部位:楼梯平台	m^2	24.78
	定额	11-18	块料面层 石材楼地面 每块面积 $0.64m^2$ 以内		$100m^2$	0.25
3	清单	011102001001	石材楼地面(门厅花岗岩地面)	1. 花岗岩楼地面 2. 具体做法 1)20mm 厚 800mm×800mm 花岗石板铺实拍平,擦缝 2)黏结找平层 3)80mm 厚 C15 混凝土垫层 4)素土夯实 3. 部位:门厅	m^2	52.30
	定额	5-1	现浇混凝土 垫层		$10m^3$	0.40
	定额	11-18	块料面层 石材楼地面 每块面积 $0.64m^2$ 以内		$100m^2$	0.52
4	清单	011102001004	石材楼地面(首层管理室花岗岩地面)	1. 花岗石面层 2. 黏结找平层 3. 80mm 厚 C15 混凝土垫层 4. 素土夯实 5. 部位:首层管理室地面	m^2	35.91
	定额	5-1	现浇混凝土 垫层		$10m^3$	0.28
	定额	11-18	块料面层 石材楼地面 每块面积 $0.64m^2$ 以内		$100m^2$	0.36

续表

序号	算量类别	清单/定额编号	项目名称	特征描述	单位	工程量
5	清单	011102003001	块料楼地面(首层走道、宿舍地面)	1. 8～10mm 厚 800mm×800mm 地砖铺实拍平，擦缝 2. 黏结找平层 3. 80mm 厚 C15 混凝土垫层 4. 素土夯实 5. 部位：首层走道，宿舍地面	m^2	430.51
	定额	5-1	现浇混凝土 垫层		$10m^3$	3.38
	定额	11-32	块料面层 陶瓷地面砖 $0.64m^2$ 以内		$100m^2$	4.31
6	清单	011102003001	块料楼地面(首层楼梯间地面)	1. 8～10mm 厚 800mm×800mm 地砖铺实拍平，擦缝 2. 黏结找平层 3. 80mm 厚 C15 混凝土垫层 4. 素土夯实 5. 部位：首层楼梯间地面	m^2	51.98
	定额	5-1	现浇混凝土 垫层		$10m^3$	0.41
	定额	11-32	块料面层 陶瓷地面砖 $0.64m^2$ 以内		$100m^2$	0.52
7	清单	011102003002	块料楼地面(二层走道、宿舍、管理室楼面)	1. 8～10mm 厚 800mm×800mm 地砖铺实拍平，水泥浆擦缝 2. 黏结找平层 3. 钢筋混凝土楼板 4. 部位：二层走道，宿舍楼面	m^2	499.26
	定额	11-32	块料面层 陶瓷地面砖 $0.64m^2$ 以内		$100m^2$	4.99
8	清单	011102003003	块料楼地面(首层 阳台卫生间地面、阳台地面)	1. 8～10mm 厚 300mm×300mm 地砖铺实拍平，擦缝 2. 黏结找平层 3. 1.5mm 厚聚氨酯防水涂料，面上撒黄砂，四周沿墙上翻 150mm 高 4. 15mm 厚干混地面砂浆 DS M20 找平 5. 50mm 厚 C15 细石混凝土找坡不小于 0.5%，最薄处不小于 30mm 厚 6. 60mm 厚 C15 混凝土垫层 7. 素土夯实 8. 部位：首层阳台卫生间地面、阳台地面(单个房间面积小于 $8m^2$)	m^2	118.44
	定额	9-71 换	涂料防水 聚氨酯防水涂膜 2mm 厚 平面 实际厚度(mm)：1.5 单个房间楼地面面积≤$8m^2$ 人工×1.3		$100m^2$	1.58
	定额	11-1 换	平面砂浆找平层 混凝土或硬基层上 20mm 实际厚度(mm)：15		$100m^2$	1.13
	定额	11-4 换	细石混凝土地面找平层 30mm 实际厚度(mm)：50 换为【预拌混凝土 C15】		$100m^2$	1.13
	定额	11-4 换	细石混凝土地面找平层 30mm 实际厚度(mm)：60 换为【预拌混凝土 C15】		$100m^2$	1.13
	定额	11-30	块料面层 陶瓷地面砖 $0.10m^2$ 以内		$100m^2$	1.18
	定额	9-85 换	涂料防水 防水层表面撒砂砾 单个房间楼地面面积≤$8m^2$ 人工×1.3		$100m^2$	1.13

续表

序号	算量类别	清单/定额编号	项目名称	特征描述	单位	工程量
9	清单	011102003003	块料楼地面（首层公共卫生间及盥洗室地面）	1. 8～10mm 厚 300mm×300mm 地砖铺实拍平，擦缝 2. 黏结找平层 3. 1.5mm 厚聚氨酯防水涂料，面上撒黄砂，四周沿墙上翻 150mm 高 4. 15mm 厚干混地面砂浆 DS M20 找平 5. 50mm 厚 C15 细石混凝土找坡不小于 0.5%，最薄处不小于 30mm 厚 6. 60mm 厚 C15 混凝土垫层 7. 素土夯实 8. 部位：首层公共卫生间及盥洗室地面	m^2	23.91
	定额	9-71 换	涂料防水 聚氨酯防水涂膜 2mm 厚 平面 实际厚度(mm)：1.5		$100m^2$	0.28
	定额	11-1 换	平面砂浆找平层 混凝土或硬基层上 20mm 实际厚度(mm)：15		$100m^2$	0.24
	定额	11-4 换	细石混凝土地面找平层 30mm 实际厚度(mm)：50 换为【预拌混凝土 C15】		$100m^2$	0.24
	定额	11-4 换	细石混凝土地面找平层 30mm 实际厚度(mm)：60 换为【预拌混凝土 C15】		$100m^2$	0.24
	定额	11-30	块料面层 陶瓷地面砖 $0.10m^2$ 以内		$100m^2$	0.24
	定额	9-85	涂料防水 防水层表面撒砂砾		$100m^2$	0.24
10	清单	011102003004	块料楼地面（二层阳台，阳台卫生间楼面，单个房间面积小于 $8m^2$）	1. 8～10mm 厚 300mm×300mm 地砖铺实拍平，擦缝 2. 黏结找平层 3. 1.5mm 厚聚氨酯防水涂料，面上撒黄砂，四周沿墙上翻 150mm 高 4. 15mm 厚干混地面砂浆 DS M20 找平 5. 50mm 厚 C15 细石混凝土找坡不小于 0.5%，最薄处不小于 30mm 厚 6. 现浇混凝土板 7. 部位：二层阳台，阳台卫生间楼面，单个房间面积小于 $8m^2$	m^2	129.81
	定额	9-71 换	涂料防水 聚氨酯防水涂膜 2mm 厚 平面 实际厚度(mm)：1.5 单个房间楼地面面积≤$8m^2$ 人工×1.3		$100m^2$	1.73
	定额	11-1 换	平面砂浆找平层 混凝土或硬基层上 20mm 实际厚度(mm)：15		$100m^2$	1.24
	定额	11-4 换	细石混凝土地面找平层 30mm 实际厚度(mm)：50 换为【预拌混凝土 C15】		$100m^2$	1.24
	定额	11-30	块料面层 陶瓷地面砖 $0.10m^2$ 以内		$100m^2$	1.30
	定额	9-85 换	涂料防水 防水层表面撒砂砾 单个房间楼地面面积≤$8m^2$ 人工×1.3		$100m^2$	1.24
11	清单	011102003004	块料楼地面（二层公共卫生间、盥洗室、开水房楼面）	1. 8～10mm 厚 300mm×300mm 地砖铺实拍平，擦缝 2. 黏结找平层 3. 1.5mm 厚聚氨酯防水涂料，面上撒黄砂，四周沿墙上翻 150mm 高 4. 15mm 厚干混地面砂浆 DS M20 找平 5. 50mm 厚 C15 细石混凝土找坡不小于 0.5%，最薄处不小于 30mm 厚 6. 现浇混凝土板 7. 部位：二层公共卫生间、盥洗室、开水房楼面	m^2	41.91
	定额	9-71 换	涂料防水 聚氨酯防水涂膜 2mm 厚 平面 实际厚度(mm)：1.5		$100m^2$	0.48
	定额	11-1 换	平面砂浆找平层 混凝土或硬基层上 20mm 实际厚度(mm)：15		$100m^2$	0.41
	定额	11-4 换	细石混凝土地面找平层 30mm 实际厚度(mm)：50 换为【预拌混凝土 C15】		$100m^2$	0.41
	定额	11-30	块料面层 陶瓷地面砖 $0.10m^2$ 以内		$100m^2$	0.42
	定额	9-85	涂料防水 防水层表面撒砂砾		$100m^2$	0.41

续表

序号	算量类别	清单/定额编号	项目名称	特征描述	单位	工程量
12	清单	011105001001	水泥砂浆踢脚线	1. 踢脚线高度:120mm 2. 做法:干混抹灰砂浆 DP M10 踢脚线 3. 部位:走道、宿舍、首层楼梯间	m^2	90.63
	定额	11-57	踢脚线 水泥砂浆		$100m^2$	0.91
13	清单	011105001001	水泥砂浆踢脚线	1. 踢脚线高度:120mm 2. 做法:干混抹灰砂浆 DP M10 踢脚线 3. 部位:楼梯平台	m^2	3.05
	定额	11-57	踢脚线 水泥砂浆		$100m^2$	0.03
14	清单	011105001002	水泥砂浆踢脚线	1. 踢脚线高度:120mm 2. 干混抹灰砂浆 DP M10 踢脚线 3. 部位:踏步段	m^2	5.77
	定额	11-57 换	踢脚线 水泥砂浆 弧形踢脚线、楼梯段踢脚线 人工×1.15,机械×1.15		$100m^2$	0.06
15	清单	011105001003	水泥砂浆踢脚线	1. 踢脚线高度:120mm 2. 干混抹灰砂浆 DP M10 踢脚线 3. 部位:休息平台	m^2	3.94
	定额	11-57	踢脚线 水泥砂浆		$100m^2$	0.04
16	清单	011105002001	石材踢脚线	1. 踢脚线高度:120mm 2. 水泥砂浆粘贴大理石踢脚线 3. 部位:门厅	m^2	4.06
	定额	11-58	踢脚线 石材 水泥砂浆		$100m^2$	0.04
17	清单	011105002002	石材踢脚线	1. 踢脚线高度:120mm 2. 水泥砂浆粘贴花岗岩踢脚线 3. 部位:管理室	m^2	7.13
	定额	11-58	踢脚线 石材 水泥砂浆		$100m^2$	0.07
18	清单	011106001001	石材楼梯面层	1. 花岗石面层 2. 黏结找平层 3. 钢筋混凝土楼板 4. 部位:楼梯踏步及休息平台	m^2	78.32
	定额	11-69	楼梯面层 石材 水泥砂浆		$100m^2$	0.78

续表

序号	算量类别	清单/定额编号	项目名称	特征描述	单位	工程量
19	清单	011107004001	水泥砂浆台阶面	1. 20mm厚干混地面砂浆 DS M20 抹面压光 2. 60mm厚 C15 混凝土，台阶面向外坡 1%(结构单列计算) 3. 300mm厚 3∶7 灰土垫层 4. 素土夯实	m^2	8.96
	定额	1-129	原土夯实二遍 机械		$100m^2$	0.09
	定额	4-72	垫层 灰土		$10m^3$	0.27
	定额	11-79	台阶装饰 水泥砂浆 20mm		$100m^2$	0.09
20	清单	011108004001	水泥砂浆零星项目	1. 找平层厚度、砂浆配合比:20mm厚干混地面砂浆 DS M20 2. 部位:楼梯侧面	m^2	5.67
	定额	11-85	零星装饰项目 水泥砂浆 20mm		$100m^2$	0.06

表 6-42 墙柱面工程工程量汇总表

序号	算量类别	清单/定额编号	项目名称	特征描述	单位	工程量
1	清单	011201001001	墙面一般抹灰	1. (14+6)mm 干混抹灰砂浆 DP M10 抹灰 2. 刷建筑胶素水泥浆一遍，配合比为建筑胶：水=1∶4 3. 部位：门厅、走道、宿舍、楼梯间、管理室	m^2	3305.1
	定额	12-1	墙面抹灰 一般抹灰 内墙 (14+6)mm		$100m^2$	33.05
	定额	12-23	墙面抹灰 装饰抹灰 打底 素水泥浆界面剂		$100m^2$	33.05
2	清单	011201001002	墙面一般抹灰	1. 刷建筑胶素水泥浆一遍，配合比为建筑胶：水=1∶4 2. (14+6)mm 干混抹灰砂浆 DP M10 抹灰 3. 部位：外墙 2(女儿墙内侧)	m^2	222.9
	定额	12-2 换	墙面抹灰 一般抹灰 外墙 (14+6)mm 人工乘以系数 1.1，机械乘以系数 1.1		$100m^2$	2.23
	定额	12-23 换	墙面抹灰 装饰抹灰 打底 素水泥浆界面剂 人工乘以系数 1.1，机械乘以系数 1.1		$100m^2$	2.23
3	清单	011202001001	柱、梁面一般抹灰	1. 刷建筑胶素水泥浆一遍，配合比为建筑胶：水=1∶4 2. (14+6)mm 干混抹灰砂浆 DP M10 抹灰 3. 部位：首层台阶处独立柱	m^2	14.9
	定额	12-23	墙面抹灰 装饰抹灰 打底 素水泥浆界面剂		$100m^2$	0.15
	定额	12-25	柱(梁)面抹灰 一般抹灰 独立柱(梁) 矩形柱(梁)面		$100m^2$	0.15

续表

序号	算量类别	清单/定额编号	项目名称	特征描述	单位	工程量
4	清单	011203001001	零星项目一般抹灰	1. 做法:20 厚干混 DS M20 砂抹面压光 2. 部位:空调板下表面及侧面	m^2	44.6
	定额	12-29	零星抹灰		$100m^2$	0.45
5	清单	011204003001	块料墙面	1. 200mm×300mm 墙砖,擦缝 2. 黏结找平层 3. 部位：开水房,洗浴室,卫生间,阳台	m^2	1762.93
	定额	12-61	墙面块料面层 面砖 预拌砂浆(干混) 每块面积 ≤0.06m^2		$100m^2$	17.63
6	清单	011204003002	块料墙面	1. 8～10mm 厚 100mm×100mm 面砖,擦缝 2. 黏结找平层 3. 部位：外墙 1	m^2	1210.15
	定额	12-53	墙面块料面层 面砖 每块面积 0.01m^2 以内 预拌砂浆(干混) 面砖灰缝 5mm		$100m^2$	12.1

表 6-43　天棚工程工程量汇总表

序号	算量类别	清单/定额编号	项目名称	项目特征	单位	工程量
1	清单	011301001001	天棚抹灰	1. 做法:20mm 厚干混 DS M20 砂抹面压光 2. 部位:挑檐底部、二层阳台底部	m^2	89.12
	定额	13-1 换	天棚抹灰 混凝土天棚 一次抹灰(10mm) 实际厚度(mm):20		$100m^2$	0.89
2	清单	011301001002	天棚抹灰	1. 12mm 厚干混抹灰砂浆 DP M10 抹灰 2. 钢筋混凝土板底面清理干净 3. 部位：门厅、走道、宿舍、开水房、洗浴室，卫生间，阳台、管理室、楼梯平台	m^2	1418.01
	定额	13-1 换	天棚抹灰 混凝土天棚 一次抹灰(10mm) 实际厚度(mm):12		$100m^2$	14.18
3	清单	011301001003	天棚抹灰	1. 做法:20mm 厚干混 DS M20 砂抹面压光 2. 部位:顶层雨篷板下表面及侧面	m^2	5.02
	定额	13-1 换	天棚抹灰 混凝土天棚 一次抹灰(10mm) 实际厚度(mm):20		$100m^2$	0.05
4	清单	011301001004	天棚抹灰	1. 12mm 厚干混抹灰砂浆 DP M10 抹灰 2. 钢筋混凝土板底面清理干净 3. 部位:楼梯踏步板底、休息平台板底	m^2	90.07
	定额	13-1 换	天棚抹灰 混凝土天棚 一次抹灰(10mm) 实际厚度(mm):12		$100m^2$	0.90

表 6-44 油漆、涂料、裱糊工程工程量汇总表

序号	算量类别	清单/定额编号	项目名称	项目特征	单位	工程量
1	清单	011405001001	金属面油漆	1. 部位:方钢栏杆、空调格栅 2. 油漆品种、刷漆遍数:外喷调和漆两道	m^2	200.79
	定额	14-172	金属面 调和漆二遍		$100m^2$	2.01
2	清单	011406001001	抹灰面油漆	1. 具体做法: 1)白色乳胶漆涂料 2)满刮腻子一遍,刷底漆一遍,乳胶漆两遍 2. 部位:空调板上下表面及侧面	m^2	44.60
	定额	14-200 换	乳胶漆 室内 天棚面 二遍,换室外乳胶漆 换为【苯丙乳胶漆外墙用】		$100m^2$	0.45
	定额	14-251	刮腻子 每增减一遍		$100m^2$	0.45
3	清单	011406001002	抹灰面油漆	1. 具体做法: 1)白色乳胶漆涂料 2)满刮腻子一遍,刷底漆一遍,乳胶漆两遍 2. 部位:挑檐底部、二层阳台底部	m^2	89.12
	定额	14-200 换	乳胶漆 室内 天棚面 二遍,换为室外乳胶漆 换为【苯丙乳胶漆外墙用】		$100m^2$	0.89
	定额	14-251	刮腻子 每增减一遍		$100m^2$	0.89
4	清单	011406001003	抹灰面油漆	1. 清理基层 2. 满刮腻子一遍 3. 刷底漆一遍,面漆(乳胶漆)两遍 4. 部位:门厅、走道、宿舍、楼梯间、管理室墙面	m^2	3406.05
	定额	14-199	乳胶漆 室内 墙面 二遍		$100m^2$	34.06
	定额	14-251	刮腻子 每增减一遍		$100m^2$	34.06
5	清单	011406001004	抹灰面油漆	1. 做法:清理基层,满刮腻子一遍,刷底漆一遍,面漆(乳胶漆)两遍 2. 部位:外墙 2(女儿墙内侧)	m^2	222.90
	定额	14-198	乳胶漆 室外 墙面 二遍		$100m^2$	2.23
	定额	14-251	刮腻子 每增减一遍		$100m^2$	2.23
6	清单	011406001005	抹灰面油漆	1. 做法:清理基层,满刮腻子一遍,刷底漆一遍,面漆(乳胶漆)两遍 2. 部位:外墙 2(首层台阶处独立柱)	m^2	14.90
	定额	14-198 换	乳胶漆 室外 墙面 二遍 独立柱抹灰面喷刷油漆、涂料、裱糊 人工×1.2		$100m^2$	0.15
	定额	14-251 换	刮腻子 每增减一遍 人工乘以系数 1.2		$100m^2$	0.15
7	清单	011406001006	抹灰面油漆	1. 具体做法: 1)白色乳胶漆涂料 2)满刮腻子一遍,刷底漆一遍,乳胶漆两遍 2. 部位:雨篷板下表面及侧面油漆	m^2	5.02
	定额	14-200	乳胶漆 室内 天棚面 二遍,换室外乳胶漆 换为【苯丙乳胶漆外墙用】		$100m^2$	0.05
	定额	14-251	刮腻子 每增减一遍		$100m^2$	0.05

续表

序号	算量类别	清单/定额编号	项目名称	特征描述	单位	工程量
8	清单	011406002001	抹灰线条油漆	1. 干混抹灰砂浆 DP M10 分层抹灰 2. 部位：女儿墙压顶上表面	m	168.60
	定额	12-8	墙面抹灰 一般抹灰 装饰线条抹灰		100m	1.69
9	清单	011407002001	天棚喷刷涂料	1. 满刮腻子一遍，刷底漆一遍，白色乳胶漆二遍 2. 部位：门厅、走道、宿舍、开水房、洗浴室、卫生间、阳台、管理室、楼梯平台	m^2	1418.01
	定额	14-200	乳胶漆 室内 天棚面 二遍		$100m^2$	14.18
	定额	14-251	刮腻子 每增减一遍		$100m^2$	14.18
10	清单	011407002002	天棚喷刷涂料	1. 满刮腻子一遍，刷底漆一遍，白色乳胶漆二遍 2. 部位：楼梯踏步板底、休息平台板底	m^2	90.07
	定额	14-200	乳胶漆 室内 天棚面 二遍		$100m^2$	0.90
	定额	14-251	刮腻子 每增减一遍		$100m^2$	0.90

表 6-45　其他装饰工程工程量汇总表

序号	算量类别	清单/定额编号	项目名称	项目特征	单位	工程量
1	清单	011503001001	金属扶手、栏杆、栏板	1. 扶手材料种类、规格：ϕ60×2 不锈钢圆管 2. 横撑材料种类、规格：ϕ30×1.5 不锈钢圆管 3. 立撑材料种类、规格：ϕ20×1.5 不锈钢圆管 4. 栏杆材料种类、规格：ϕ40×2 不锈钢圆管 5. 部位：楼梯栏杆	m	34.37
	定额	15-102	不锈钢管栏杆(带扶手) 直形		10m	3.437
2	清单	011503001002	金属扶手、栏杆、栏板	1. 扶手材料种类、规格：50mm×50mm×2mm 不锈钢管 2. 栏杆材料种类、规格：30mm×30mm×2mm 不锈钢管 3. 部位：二层 C4 处护窗栏杆	m	4.4
	定额	15-93	护窗 不锈钢栏杆 不锈钢扶手		10m	0.44
3	清单	011503001003	金属扶手、栏杆、栏板	1. 扶手材料种类、规格：ϕ40 不锈钢管 2. 栏杆材料种类、规格：ϕ30 不锈钢管 3. 部位：坡道	m	14.77
	定额	15-102	不锈钢管栏杆(带扶手) 直形		10m	1.477
4	清单	011503001004	金属扶手、栏杆、栏板	1. 扶手材料种类、规格：50mm×50mm×2mm 方钢立管 2. 栏杆材料种类、规格：50mm×50mm×2mm 方钢立管 3. 部位：空调格栅	m	54
	定额	15-86	铁栏杆 铁扶手		10m	5.4
5	清单	011503001005	金属扶手、栏杆、栏板	1. 扶手材料种类、规格：50mm×50mm×2mm 方钢立管 2. 栏杆材料种类、规格：50mm×50mm×2mm 方钢立管 3. 部位：阳台 C2 处	m	80.5
	定额	15-86	铁栏杆 铁扶手		10m	8.05

6.7.4 任务总结

室内装修的工程量计算大多数为面积计算，因此在看懂图纸所示的装修位置之后，计算本身没有太多难度，但要想计算准确，需要注意以下两点。

① 工程量列项。同大多数构造做法相同，图纸中对于装修的设计均以各种详细的施工做法、步骤展现，而在进行组价时，定额子目中关于工作内容、材料明细表中是否与图纸做法吻合，直接关系到套取定额子目的数量、子目换算等因素，因此图纸做法与定额的结合性直接关系到造价的准确，其最直观的表现就是工程量列项的数量。

② 计算规则细节理解。在进行工程量计算规则分析时，不难发现，在计算规则中对计算的规则常常与我们理解的施工工程量不同。

例如，在《河南省房屋建筑与装饰工程预算定额》（2016 版）装饰装修工程中第 7 页（楼地面工程）第一条关于楼地面和块料面层计算规则中描述“楼地面整体和块料面层按设计图示尺寸以面积计算。扣除凸出地面构筑物、设备基础、室内铁道、地沟等所占面积，不扣除间壁墙和 0.3m^2 以内的柱、垛、附墙烟囱及孔洞所占面积。门洞、空圈、暖气包槽、壁龛的开口部分不增加面积”。

以上例子中，出现了“不扣除……，不增加……”的描述，这种细节常常与常规的理解不同，因此诸如此类细节方面的规定将是决定工程量计算准确度的关键。

6.8 雨篷、空调板工程计量实例

6.8.1 阶段任务

根据《BIM 算量一图一练》专用宿舍楼案例图纸内容，根据《建设工程工程量清单计价规范》(GB 50500—2013)、《河南省房屋建筑与装饰工程预算定额》(2016 版）的规定，完成雨篷、空调板及其构造做法的工程量计算。

6.8.2 任务分析

雨篷、空调板分析见表 6-46。

表 6-46 雨篷、空调板分析

序号	位置	挑出外墙皮长度	防水及保温、装修	识图	备注
1	屋顶标高 7.2m 处	1.1m	详见建施说明、装修表、节点	屋顶平面图、结施-10 节点 1	共 2 处
2	首层空调板	0.65m		首层建筑平面图、建施-10 节点 6	共 10 处
3	二层空调板	0.65m		二层建筑平面图、建施-10 节点 6	共 10 处

注：排水系统在“其他”章节中计算。

6.8.3 任务实施

雨篷装饰抹灰工程量计算表见表 6-47。

6.8.4 任务总结

① 雨篷及空调板的结构、模板、防水在其他章节中介绍，本章节仅介绍其装修做法。

② 雨篷、空调板抹灰工程量需结合建施说明及节点详图列项计算。

表 6-47　雨篷、空调板装饰工程量计算表

构件名称	算量类别	清单编码	项目名称	项目特征	算量名称	位置	计算公式	工程量	单位
雨篷下表面及侧边装饰	清单	011301001	天棚抹灰	1. 做法:20mm 厚干混 DS M20 砂抹面压光 2. 部位:顶层雨篷板下表面及侧面	雨篷板底面积＋侧边面积	顶层楼梯间雨篷	顶层雨篷底面积＋侧边面积 2.1×1×2＋(2.1＋1×2)×0.1×2	5.02	m^2
	定额	13-1 换	天棚抹灰 混凝土天棚　一次抹灰(10mm) 实际厚度(mm):20		雨篷板底面积＋侧边面积	同上	同清单工程量	0.05	$100m^2$
	清单	011406001	抹灰面油漆	1. 具体做法: 1)白色乳胶漆涂料 2)满刮腻子一遍,刷底漆一遍,乳胶漆两遍 2. 部位:雨篷板下表面及侧面油漆	雨篷板底面积＋侧边面积	顶层楼梯间雨篷	顶层雨篷底面积＋侧边面积 2.1×1×2＋(2.1＋1×2)×0.1×2	5.02	m^2
	定额	14-200	乳胶漆 室内 天棚面 二遍,换室外乳胶漆		雨篷板底面积＋侧边面积	同上	同清单工程量	0.05	$100m^2$
	定额	14-251	刮腻子 每增减一遍		雨篷板底面积＋侧边面积	同上	同清单工程量	0.05	$100m^2$
空调板上下表面及侧边装饰	清单	011203001	零星项目一般抹灰	1. 做法:20mm 厚干混 DS M20 砂抹面压光 2. 部位:空调板下表面及侧面	空调板上下面及侧边		空调板上下面面积＋侧边面积 1.5×0.65×2×20＋ (1.5＋0.65×2)×0.1×20	44.60	m^2
	定额	12-29	零星抹灰		空调板上下面及侧边		同清单工程量	0.45	$100m^2$
	清单	011406001	抹灰面油漆	1. 具体做法: 1)白色乳胶漆涂料 2)满刮腻子一遍,刷底漆一遍,乳胶漆两遍 2. 部位:空调板上下表面及侧面	空调板上下面及侧边		空调板上下面面积＋侧边面积 1.5×0.65×2×20＋ (1.5＋0.65×2)×0.1×20	44.60	m^2
	定额	14-200	乳胶漆 室内 天棚面 二遍,换室外乳胶漆		空调板上下面及侧边		同清单工程量	0.45	$100m^2$
	定额	14-251	刮腻子 每增减一遍		空调板上下面及侧边		同清单工程量	0.45	$100m^2$

第7章 措施项目

学习目标

1. 掌握建筑工程措施项目费、其他项目费、间接费、利润和税金的计算规则、计价方法。

2. 掌握建筑工程措施项目工程，并能正确套用定额，具有建筑工程定额计价模式下措施项目费、其他项目费、间接费、利润和税金的计价能力。

学习要求

1. 掌握建筑工程措施项目费的计量计价能力。

2. 结合实际案例—宿舍楼案例工程，掌握案例工程措施项目工程量的计算。

7.1 措施项目概述

7.1.1 措施项目的种类

措施项目一般包括两类：一类是可以计算工程量的项目，如脚手架、混凝土模板及支架、垂直运输、超高施工增加、大型机械设备进出场及安拆和施工降水排水；另一类是不能计算工程量的安全文明施工及其他措施项目，如安全文明施工，夜间施工，非夜间施工照明，二次搬运，冬雨季施工，地上、地下设施，建筑物的临时保护设施，以及已完工程及设备保护。以下主要介绍可以计算工程量的项目的清单工程量和定额工程量计算规则。

7.1.2 《房屋建筑与装饰工程工程量计算规范》中的相关解释说明

① 使用综合脚手架时，不再使用外脚手架、里脚手架等单项脚手架；综合脚手架适用于能够按“建筑面积计算规则”计算建筑面积的建筑工程脚手架，不适用于房屋加层、构筑物及附属工程脚手架。

② 同一建筑物有不同檐高时，按建筑物竖向切面分别按不同檐高编列清单项目。

③ 整体提升架已包括 2m 高的防护架体设施。

④ 脚手架材质可以不描述，但应注明由投标人根据工程实际情况按照《建筑施工扣件式钢管脚手架安全技术规范》（JGJ 130—2011）、《建筑施工附着升降脚手架管理暂行规定》等规范自行确定。

⑤ 在《房屋建筑与装饰工程工程量计算规范》（GB 50854—2013）附录 S（措施项目）中，对脚手架工程工程量清单的项目设置、项目特征描述的内容、计量单位及工程量计算规则等做出了详细的规定。表 7-1 列出了部分常用项目的相关内容。

表 7-1　脚手架工程（编号：011701）

<table>
<tr><th>项目编码</th><th>项目名称</th><th>项目特征</th><th>计量单位</th><th>工程量计算规则</th><th>工作内容</th></tr>
<tr><td>011701001</td><td>综合脚手架</td><td>1. 建筑结构形式
2. 檐口高度</td><td rowspan="3">m^2</td><td>按建筑面积计算</td><td>1. 场内、场外材料搬运
2. 搭、拆脚手架、斜道、上料平台
3. 安全网的铺设
4. 选择附墙点与主体连接
5. 测试电动装置、安全锁等
6. 拆除脚手架后材料的堆放</td></tr>
<tr><td>011701002</td><td>外脚手架</td><td rowspan="4">1. 搭设方式
2. 搭设高度
3. 脚手架材质</td><td rowspan="2">按所服务对象的垂直投影面积计算</td><td rowspan="4">1. 场内、场外材料搬运
2. 搭、拆脚手架、斜道、上料平台
3. 安全网的铺设
4. 拆除脚手架后材料的堆放</td></tr>
<tr><td>011701003</td><td>里脚手架</td></tr>
<tr><td>011701005</td><td>挑脚手架</td><td>m</td><td>按搭设长度乘以搭设层数以延长米计算</td></tr>
<tr><td>077701006</td><td>满堂脚手架</td><td>m^2</td><td>按搭设的水平投影面积计算</td></tr>
</table>

7.2　措施项目工程量计算规则

7.2.1　脚手架工程的清单工程量和定额工程量计算规则

脚手架工程的清单工程量与定额工程量计算规则相同。

① 综合脚手架按建筑面积计算。

② 里脚手架和外脚手架、整体提升架和外装饰吊篮，均按所服务对象的垂直投影面积计算。

③ 悬空脚手架和满堂脚手架，均按搭设的水平投影面积计算。

④ 挑脚手架按搭设长度乘以搭设层数以延长米计算。

7.2.2　混凝土模板及支架（撑）工程量计算规则

在《房屋建筑与装饰工程工程量计算规范》（GB 50854—2013）附录 S（措施项目）中，对混凝土模板及支架（撑）工程量清单的项目设置、项目特征描述的内容、计量单位及工程量计算规则等做出了详细的规定。表 7-2 列出了部分常用项目的相关内容。

表 7-2 混凝土模板及支架（撑）（编号：011702）

项目编码	项目名称	项目特征	计量单位	工程量计算规则	工作内容
011702001	基础	基础类型	m^2	按模板与现浇混凝土构件的接触面积计算 ①现浇钢筋混凝土墙、板单孔面积≤0.3m^2的孔洞不予扣除，洞侧壁模板亦不增加；单孔面积＞0.3m^2时应予扣除，洞侧壁模板面积并入墙、板工程量内计算 ②现浇框架分别按梁、板、柱有关规定计算；附墙柱、暗梁、暗柱并入墙内工程量内计算 ③柱、梁、墙、板相互连接的重叠部分，均不计算模板面积 ④构造柱按图示外露部分计算模板面积	1. 模板制作 2. 模板安装、拆除、整理堆放及场内外运输 3. 清理模板黏结物及模内杂物、刷隔离剂等
011702002	矩形柱				
011702003	构造柱				
011702004	异形柱	柱截面形状			
011702005	基础梁	梁截面形状			
011702006	矩形梁	支撑高度			
011702007	异形梁	1. 梁截面形状 2. 支撑高度			
011702008	圈梁				
011702009	过梁				
017702011	直形墙	墙厚度			
011702014	有梁板	支撑高度			
011702015	无梁板				
011702016	平板				
011702021	栏板				
011702023	雨篷、悬挑板、阳台板	1. 构件类型 2. 板厚度		按图示外挑部分尺寸的水平投影面积计算，挑出墙外的悬臂梁及板边不另计算	
011702024	楼梯	类型		按楼梯(包括休息平台、平台梁、斜梁和楼层板的连接梁)的水平投影面积计算，不扣除宽度≤500mm的楼梯井所占面积，楼梯踏步、踏步板、平台梁等侧面模板不另计算，伸入墙内部分亦不增加	
011702027	台阶	台阶踏步宽		按图示台阶水平投影面积计算，台阶端头两侧不另计算模板面积；架空式混凝土台阶，按现浇楼梯计算	

7.2.2.1 混凝土基础、柱、墙、梁、板的模板清单工程量和定额工程量计算规则

（1）混凝土基础、柱、墙、梁、板的清单工程量计算规则

混凝土基础、柱、墙、梁、板的模板清单工程量均按模板与现浇混凝土构件的接触面积计算。

① 现浇钢筋混凝土墙、板的单孔面积≤0.3m^2 的孔洞不予扣除，洞侧壁模板亦不增加；单孔面积＞0.3m^2 时应予扣除，洞侧壁模板面积并入墙、板工程量内计算。

② 现浇框架分别按梁、板、柱有关规定计算；附墙柱、暗梁、暗柱并入墙内工程量计算。

③ 柱与梁、柱与墙、梁与梁等连接的重叠部分，均不计算模板面积。

④ 构造柱按图示外露部分计算模板面积。

构造柱与砌体交错咬茬连接时，按混凝土外露面的最大宽度计算。构造柱与墙的接触面不计算模板面积，即：

构造柱与砖墙咬口模板工程量＝混凝土外露面的最大宽度×柱高

（2）混凝土基础、柱、墙、梁、板的定额工程量计算规则

根据《河南省房屋建筑与装饰工程预算定额》（2016 版）相关计算规则，对比清单工程

量计算规则，不同之处在于以下两点：

① 附墙柱突出墙面部分按柱工程量计算。

② 柱、梁、墙、板、栏板相互连接的重叠部分，均不扣除模板面积。

【例 7-1】 试计算如图 7-1 所示现浇混凝土独立基础模板清单工程量。

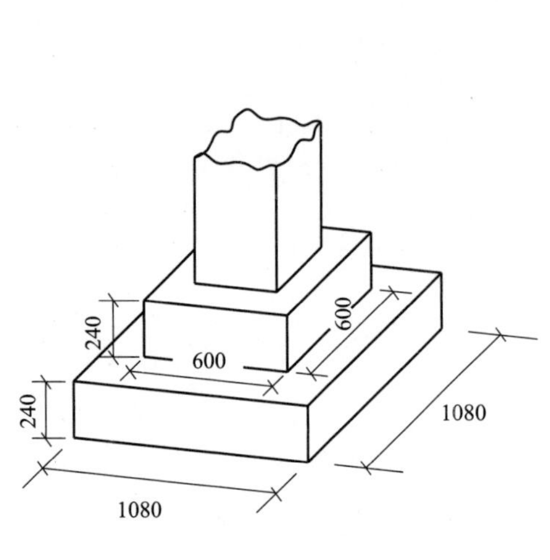

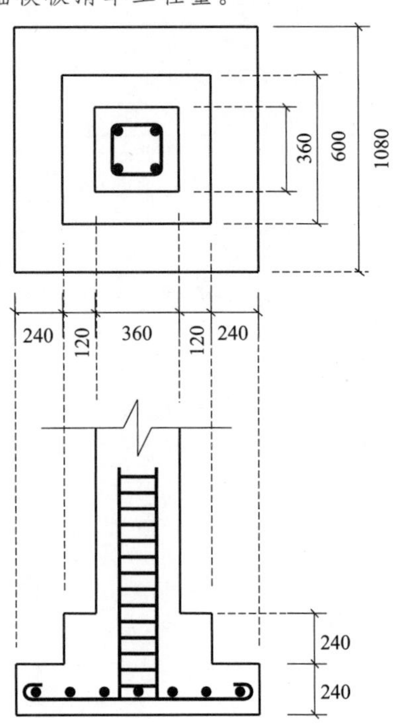

图 7-1 现浇混凝土独立基础

【解】 现浇混凝土独立基础模板的清单工程量：$S=4\times(1.08+0.6)\times0.24=1.61(m^2)$

提示： 第 2 个不同处，存在争议较多，定额综合解释未对此条进行明确说明，如定额综合解释有了相关说明，以定额综合解释为准。

7.2.2.2 雨篷、悬挑板、阳台板的模板清单工程量和定额工程量计算规则

现浇钢筋混凝土悬挑板、雨篷、阳台板的模板的清单工程量计算规则与定额工程量计算规则相同，均按图示外挑部分尺寸的水平投影面积计算。挑出墙外的悬臂梁及板边模板不另计算。

7.2.2.3 现浇混凝土楼梯的模板清单工程量和定额工程量计算规则

现浇钢筋混凝土楼梯的模板的清单工程量与定额工程量计算规则相同，均按楼梯（包括休息平台、平台梁、斜梁、和楼层板的连接梁）的水平投影面积计算，不扣除宽度≤500mm 的楼梯井所占面积。楼梯的踏步、踏步板平台梁等侧面模板，不另计算。伸入墙内的部分亦不增加。

7.2.2.4 混凝土台阶的模板清单工程量和定额工程量计算规则

混凝土台阶的模板的清单工程量与定额工程量计算规则相同，均按图示台阶水平投影面积计算，台阶端头两侧不另计算模板面积。架空式混凝土台阶，按现浇楼梯计算。

7.2.2.5 其余混凝土构件的模板工程量计算规则

其余混凝土构件的模板工程量均按模板与现浇混凝土构件的接触面积计算。

提示：1. 以水平投影面积计算的模板工程量均不计算侧面模板面积。

2. 原槽浇灌的混凝土基础、垫层，不计算模板。

3. 此混凝土模板及支撑（架）项目，只适用于以“m^2”计量的项目，按模板与混凝土构件的接触面积计算；以“m^3”计量的项目，模板及支撑（支架）不再单列，按混凝土及钢筋混凝土实体项目执行，综合单价中应包含模板及支架。

4. 若现浇混凝土梁、板支撑高度超过3.6m时，项目特征应描述支撑高度。

7.2.3 垂直运输工程量计算规则

(1) 垂直运输的工作内容

垂直运输包括垂直运输机械的固定装置、基础制作、安装；行走式垂直运输机械轨道的铺设、拆除、摊销。

(2) 垂直运输的项目特征

垂直运输的项目特征需要从以下三个方面来进行描述：建筑物建筑类型及结构形式；地下室建筑面积；建筑物檐口高度、层数。

(3) 垂直运输的清单工程量计算规则

① 按建筑物的建筑面积计算；

② 按施工工期日历天数计算。

(4) 相关说明

① 建筑物的檐口高度是指设计室外地坪至檐口滴水的高度（平屋顶系指屋面板底高度），突出主体建筑物屋顶的电梯机房、楼梯出口间、水箱间、瞭望塔、排烟机房等不计入檐口高度。

② 垂直运输机械指施工工程在合理工期内所需垂直运输机械。

③ 同一建筑物有不同檐高时，按建筑物的不同檐高做纵向分割，分别计算建筑面积，以不同檐高分别编码列项。

7.2.4 超高施工增加工程量计算规则

(1) 超高施工增加包括的工作内容

① 建筑物超高引起的人工工效降低，以及由于人工工效降低引起的机械降效；

② 高层施工用水加压水泵的安装、拆除及工作台班；

③ 通信联络设备的使用及摊销。

(2) 超高施工增加的项目特征

超高施工增加的项目特征应从以下三个方面进行描述：建筑物建筑类型及结构形式；建筑物檐口高度、层数；单层建筑物檐口高度超过20m，多层建筑物超过6层部分的建筑面积。

(3) 超高施工增加的工程量计算规则

按建筑物超高部分的建筑面积计算。

(4) 相关说明

单层建筑物檐口高度超过20m，多层建筑物超过6层时，可按超高部分的建筑面积计算超高施工增加。计算层数时，地下室不计入层数。同一建筑物有不同檐高时，可按不同高度的建筑面积分别计算，以不同檐高分别编码列项。

7.2.5 大型机械设备进出场及安拆工程量计算规则

(1) 大型机械设备进出场及安拆包含的工作内容

① 大型机械设备进出场包括施工机械整体或分体自停放场地运至施工现场，或由一个施工地点运至另一个施工地点，所发生的施工机械进出场运输及转移费用，由机械设备的装卸、运输及辅助材料费等构成。

② 大型机械设备安拆费包括施工机械在施工现场进行安装、拆卸所需的人工费、材料费、机械费、试运转费和安装所需的辅助设施的费用。

(2) 大型机械设备进出场及安拆的项目特征

大型机械设备进出场及安拆的项目特征应从以下两个方面描述：机械设备名称；机械设备规格、型号。

(3) 大型机械设备进出场及安拆的清单工程量计算规则

大型机械设备进出场及安拆的清单工程量应按使用机械设备的数量以“台次”计算。

7.2.6 施工排水、降水工程量计算规则

(1) 施工排水、施工降水

施工排水是指为保证工程在正常条件下施工，所采取的排水措施所发生的费用。

施工降水是指为保证工程在正常条件下施工，所采取的降低地下水位的措施所发生的费用。

(2) 施工排水、降水包括的分项

施工排水、降水包括成井和排水、降水两个分项。

(3) 成井的清单工程量计算

① 成井的工作内容：准备钻机机械、埋设护筒、钻机就位、泥浆制作、固壁、成孔、出渣、清孔、对接上下井管（滤管）、焊接、安放、下滤料、洗井、连接试抽等。

② 成井的项目特征：成井的方式；地层情况；成井直径；井（滤）管类型、直径。

③ 成井的清单工程量计算规则　成井的清单工程量应按设计图示尺寸以钻孔深度计算。

(4) 施工排水、降水的清单工程量计算规则

① 施工排水、降水的工作内容：管道安装、拆除，场内搬运，抽水，值班，降水设备维修等。

② 施工排水、降水的项目特征：机械规格、型号；降排水管规格。

③ 施工排水、降水的清单工程量计算规则：按排、降水日历天数以昼夜计算。

7.3 措施项目工程量计算实例

7.3.1 阶段任务

根据《BIM算量一图一练》专用宿舍楼案例图纸内容，根据《建设工程工程量清单计

价规范》(GB 50500—2013)、《河南省房屋建筑与装饰工程预算定额》(2016 版)的规定,完成技术措施部分工程量计算(详见任务分析)。

7.3.2 任务分析

在计算工程量之前,需结合施工技术及方案进行列项,见表 7-3。

表 7-3 措施项目费分析表

序号	项目	河南 16 定额计算分析	2013 清单计算规则分析	备注
1	脚手架工程	P982: (1)综合脚手架:按建筑面积计算 (2)单项脚手架:略 (3)注意:综合脚手架与单项脚手架的适用范围与价格规定(P979)	P105: (1)综合脚手架:按建筑面积计算 (2)单项脚手架:略	定额与 13 清单计算规则基本一致
2	混凝土模板及支架(撑)	详见定额《第五章 混凝土及钢筋混凝土工程》	P106:按 (1)按模板与现浇混凝土构件的接触面积计算 (2)按外挑部分水平投影面积计算,如雨篷、悬挑板、阳台板 (3)按水平投影面积计算,如楼梯、台阶等	模板及支撑已本教材中混凝土相关章节中介绍,本章不再赘述
3	垂直运输	P982: (1)计算规则:区分建筑物结构及檐高按建筑面积计算,地下室与地上面积合并计算 (2)组价时:注意当采用非泵送混凝土时,垂直运输费需要进行换算 (3)注意:檐高 3.6 米以内的单层建筑物不计算垂直运输费;层高超过 3.6 米时,应另计超高垂直运输增加费(P980)	P108: (1)按建筑面积计算(m^2) (2)按施工工期日历天数计算	—
4	超高施工增加	P982:按建筑物超高部分的建筑面积计算。注意超高费的计算条件(P980)	P109:按建筑物超高部分的建筑面积计算	定额与 13 清单计算规则一致
5	大型机械设备进出场及安拆	P982:按“台次”计算	P109:按使用机械设备的数量计算	定额与 13 清单计算规则一致
6	施工排水、降水	P982: (1)轻型井、喷射井点排水的进管安装、拆除以根为单位计算;使用以“套·天”计算;真空深井、自流井排水的安装拆除以每口井计算,使用以每口“井·天”计算 (2)使用天数以每昼夜(24H)为一天,并按施工组织设计要求的使用天数计算 (3)集水井按设计图示数量以“座”计算,大口井按累计井深以长度计算	P110: (1)成井,按设计图示尺寸以钻孔深度计算 (2)排水、降水:按排、降日历天数计算	—
7	地下室施工照明措施增加费	P982:地下室施工照明措施增加费按地下室建筑面积计算	无	河南省扩充项目

7.3.3 任务实施

措施项目工程工程量计算汇总表见表 7-4。

表 7-4 措施项目汇总表（除模板外）

序号	算量类别	编码	项目名称	项目特征	单位	算量名称	工程量	备注
1	清单	011701001001	综合脚手架	多层建筑综合脚手架 框架结构檐高20m以内	m^2	建筑面积	1680.39	建筑面积计算方法在本书相关章节介绍，本章不再赘述
	定额	17-9	多层建筑综合脚手架 框架结构檐高20m以内		$100m^2$	建筑面积	16.80	
2	清单	011701003001	里脚手架	1. 高度：1.5m 2. 部位：主屋面女儿墙	m^2	主屋面女儿墙内侧垂直投影面积	183.3	工程量计算方法可参考本书女儿墙相关章节介绍，本章不再赘述
	定额	17-56	单项脚手架 里脚手架		$100m^2$	主屋面女儿墙内侧垂直投影面积	1.83	
3	清单	011703001001	垂直运输	垂直运输 20m（6层）以内塔式起重机施工 现浇框架	m^2	建筑面积	1680.39	建筑面积计算方法在本书相关章节介绍，本章不再赘述
	定额	17-79	垂直运输 20m（6层）以内塔式起重机施工 现浇框架		$100m^2$	建筑面积	16.80	
4	清单	011705001001	大型机械设备进出场及安拆		项	结合施工组织情况拟定	1	
	定额	17-130	进出场费 履带式 挖掘机 $1m^3$ 以外		台次	结合施工组织情况拟定	1	结合施工组织设计及实际情况拟定
	定额	17-113	塔式起重机 固定式基础（带配重）		座	结合施工组织情况拟定	1	
	定额	17-116	自升式塔式起重机安拆费		台次	结合施工组织情况拟定	1	
	定额	17-147	进出场费自升式塔式起重机		台次	结合施工组织情况拟定	1	

注：混凝土模板及支架（撑）相关内容详见本书“混凝土及钢筋混凝土”相关内容。

7.3.4 任务总结

措施项目费，作为工程造价的重要组成部分，需要结合施工方案列项计算，且在图纸上不能找到相应的措施方法，致使初学预算者在进行此类计算时，不能全面分析。因此，在列项方面，初学者应结合工程特点、现场情况、造价规定列项计算。

本章小结

工程量计算规则，是规定在计算分项工程实物数量时，从施工图纸中摘取数值的取定原则。在计算工程量时，必须按照工程量清单计价规范或所采用的定额规定的计算规则进行计算。

工程量计算的依据，包括经审定的施工设计图纸及设计说明，工程量清单计价规范，建筑工程预算定额，审定的施工组织设计，施工技术措施方案和施工现场情况，经确定的其他有关技术经济文件等。

计算工程量时，应遵循一定的原则，计算的内容要符合一定的要求，为了提高计算的效率和防止重算或漏算，应按一定的顺序进行列项计算。

在《房屋建筑与装饰工程工程量计算规范》的附录中，对各分项工程的工程量计算规则以表格的形式做了规定。表格中，工程量清单项目设置的内容包括项目编号、项目名称、项目特征、工程量计算规则及工作内容等。

思考题

1. 什么是工程计量？工程计量有什么作用？
2. 工程计量的依据有哪些？
3. 工程计量应遵循哪些原则？
4. 简述工程量计算的基本方法和顺序。
5. 简述《建设工程工程量清单计价规范》中所规定的平整场地、挖一般土方、挖沟槽土方和挖基坑土方的工程量计算规则。
6. 请分别阐述预制钢筋混凝土桩和沉管灌注桩的清单工程量计算规则。
7. 分别简述砖基础、实心砖墙的清单工程量计算规则。
8. 分别简述现浇混凝土基础、柱、墙、梁、板及钢筋的工程量计算规则。
9. 一般措施项目包括哪些内容？
10. 简述脚手架工程的清单工程量计算规则。
11. 简述模板工程的清单工程量计算规则。

第8章

工程量清单计价

学习目标

1. 掌握建筑工程工程招标控制价的编制方法。
2. 掌握建筑工程工程投标控制价的编制方法。
3. 掌握建筑工程分部分项工程及措施项目工程综合单价的编制方法。

学习要求

1. 熟悉工程量清单计价相关概念，以及工程量清单计价与定额计价的区别。
2. 掌握建筑工程招标及投标控制价的编制，以及工程计价表格的组成与使用。
3. 结合实际案例——宿舍楼案例工程，掌握案例工程招标控制价的编制。

本章内容框架

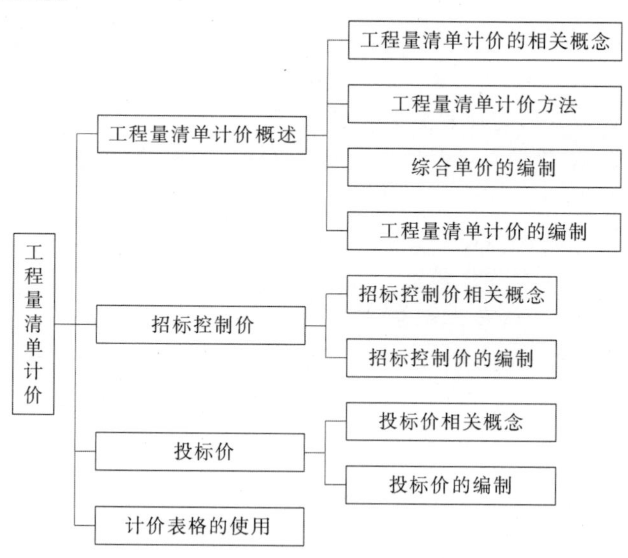

8.1 工程量清单计价概述

8.1.1 工程量清单计价的概念

工程量清单计价是国际上通用的一种计价模式，推行工程量清单计价是适应我国工程投资体制和建设项目管理体制改革的需要，是深化我国工程造价管理改革的一项重要工作。

(1) 工程量清单计价

工程量清单计价是工程造价计价的一种模式，是指在建设工程招投标过程中，招标人按照《建设工程工程量清单计价规范》(GB 50500—2013) 各专业统一的工程量计算规则提供招标工程量清单，投标人依据招标工程量清单、拟建工程的施工方案，结合自身实际情况并考虑风险因素，确定工程项目各部分的单价，进而确定工程总价的过程或活动。

工程量清单计价是国际上普遍采用的工程招标方式，是一个广义的概念，它包括招标人的招标控制价和投标人的投标报价。

(2) 采用工程量清单计价时，建筑安装工程造价的组成

采用工程量清单计价时，建筑安装工程造价由分部分项工程费、措施项目费、其他项目费、规费和税金组成，如图 8-1 所示。

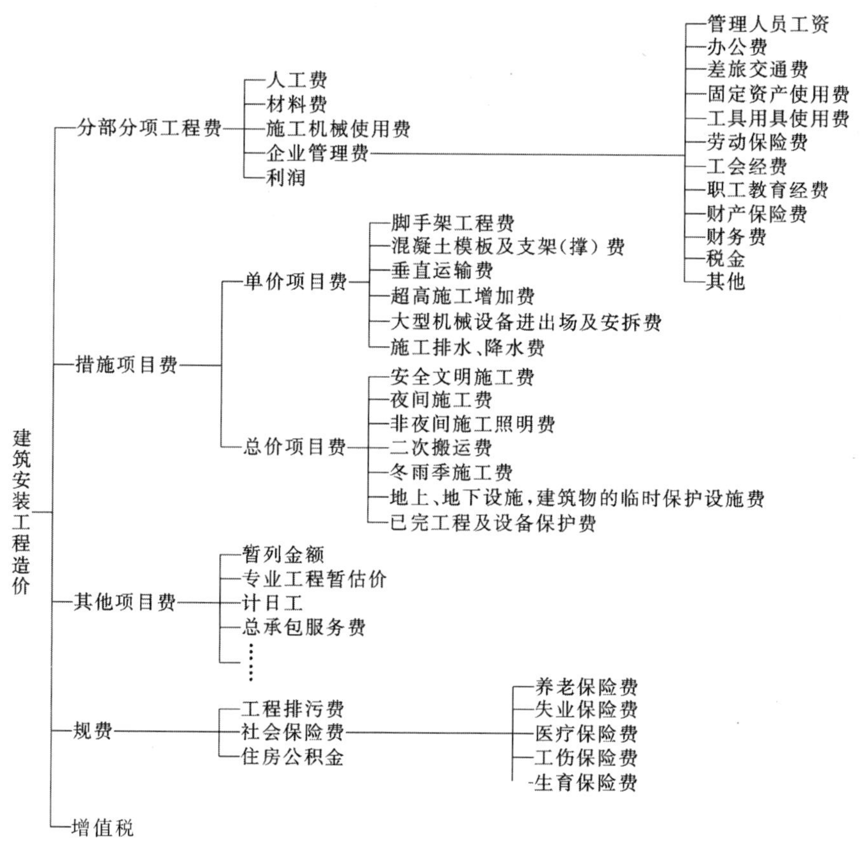

图 8-1 工程量清单计价模式下的建筑安装工程造价组成

提示：工程量清单计价模式下的建筑安装工程造价组成与《建筑安装工程费用项目组成》（建标［2013］44号文件）包含的内容无实质差异，仅在计算角度上存在差异。

8.1.2 2013版“清单计价规范”中相关概念和有关规定

8.1.2.1 相关概念

（1）综合单价

综合单价是指完成一个规定清单项目所需的人工费、材料费和工程设备费、施工机具使用费和企业管理费、利润及一定范围内的风险费用。

综合单价中的“综合”包含两层含义：一是包含所完成清单项目所需的全部工作内容；二是包含完成单位清单项目所需的各种费用。

此处的综合单价是一种狭义上的综合单价，并不是真正意义上的全费用综合单价，规费和税金等不可竞争的费用并不包括在项目单价中。

（2）风险费用

风险费用隐含于已标价工程量清单综合单价中，用于化解发承包双方在合同中约定内容和范围内的市场价格波动风险的费用。

（3）单价项目

单价项目是指工程量清单中以单价计价的项目，即根据合同工程图纸（含设计变更）和相关工程现行国家计量规范规定的工程量计算规则进行计量，与已标价工程量清单相应综合单价进行价款计算的项目。

（4）总价项目

总价项目是指工程量清单中以总价计价的项目，即此类项目在相关工程现行国家计量规范中无工程量计算规则，以总价（或计算基础乘费率）计算的项目。

8.1.2.2 有关规定

使用国有资金投资的建设工程施工发承包，必须采用工程量清单计价。

非国有资金投资的建设工程，宜采用工程量清单计价。

工程量清单宜采用综合单价计价。

提示：本条为强制性条文，必须严格执行。

措施项目中的安全文明施工费必须按国家或省级、行业建设主管部门的规定计算，不得作为竞争性费用。

规费和税金必须按国家或省级、行业建设主管部门的规定计算，不得作为竞争性费用。

建设工程发承包，必须在招标文件、合同中明确计价中的风险内容及其范围，不得采用无限风险、所有风险或类似语句规定计价中的风险内容及其范围。

8.1.3 工程量清单计价的基本过程

工程量清单计价过程可以分为两个阶段：即工程量清单编制和工程量清单计价。工程量清单编制程序如图8-2所示，工程量清单计价过程如图8-3所示。

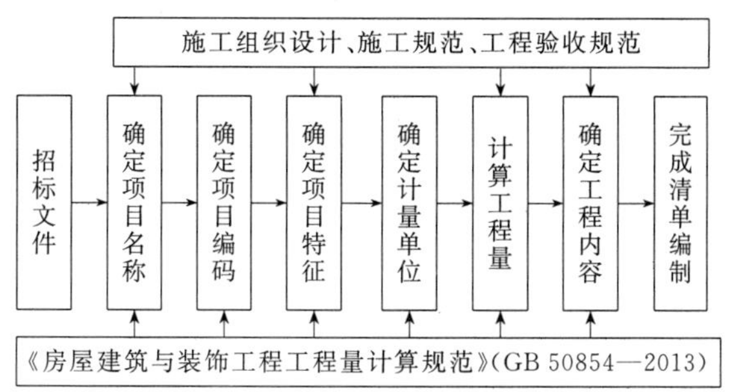

图 8-2 工程量清单编制程序

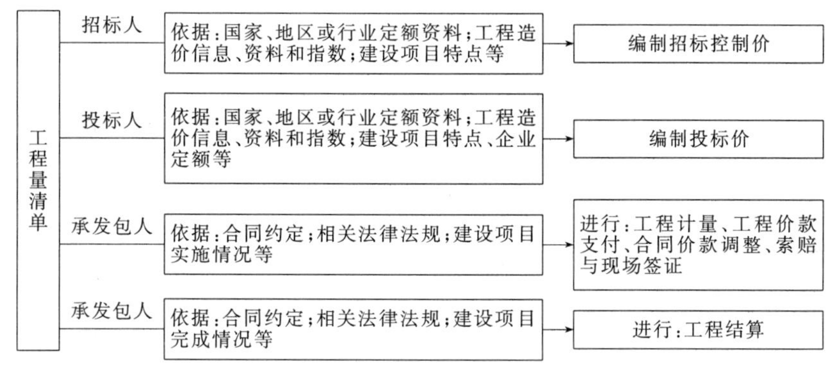

图 8-3 工程量清单计价过程

8.1.4 工程量清单计价与定额计价的区别

工程量清单计价是区别于定额计价的一种计价模式，两种计价方法的具体区别见表 8-1。

表 8-1 工程量清单计价与定额计价的比较

比较内容	工程量清单计价	定额计价
项目设置	工程量清单项目的设置是以一个“综合实体”考虑的,一般而言,一个清单项目包括若干个定额项目工程内容	定额计价法采用的定额项目其工程内容一般是单一的,是按施工工序、工艺进行设置的
定价原则	按“清单计价规范”的要求,由施工企业自主报价,市场决定价格,反映的是市场价格	按工程造价管理机构发布的有关规定及定额基价进行计价,反映的是计划价格
计价价款构成	采用工程量清单计价时,一个单位工程的造价包括完成招标工程量清单项目所需的全部费用,即包括分部分项工程费、措施项目费、其他项目费、规费和税金	采用定额计价法计价时,一个单位工程的造价包括直接费、间接费、利润和税金
单价构成	工程量清单计价采用综合单价。综合单价包括人工费、材料费、机械费、企业管理费和利润,且各项费用均由投标人根据企业自身情况并考虑一定风险因素费用自行编制。综合单价依据市场自主报价,反映了企业自身的管理水平和技术水平	定额计价采用定额子目基价,定额子目基价只包含定额编制时期完成定额分部分项工程项目所需的人工费、材料费、机械费,并不包含利润和各种风险因素影响的费用。定额基价没有反映企业的真正水平
价差调整	按工程承发包双方约定的价格直接计算,除招标文件规定外,不存在价差调整的问题	按工程承发包双方约定的价格与定额价调整价差
计价过程	招标方必须设置清单项目并计算其清单工程量,同时对清单项目的特征必须清晰、完整地描述,以便投标人报价,所以清单计价模式由两个阶段组成:一是招标方编制工程量清单;二是投标方根据招标工程量清单报价	招标方只负责编写招标文件,不设置工程项目内容,也不计算工程量。工程计价时的分部分项工程子目和相应的工程量是由投标方根据设计文件和招标文件确定的。项目设置、工程量计算、工程计价等工作都在一个阶段(即投标阶段)内完成

续表

比较内容	工程量清单计价	定额计价
人工、材料、机械消耗量	工程量清单计价时的人工、材料、机械台班消耗量是由投标方根据企业自身情况采用企业定额确定的。这个定额标准是按企业个别水平编制的，它真正反映企业的个别成本	定额计价中的人工、材料、机械台班消耗量是采用地区或行业定额确定的。这个定额标准是按社会平均水平编制的，反映的是社会平均成本
工程量计算规则	按清单工程量计算规则，计算所得的工程量只包括图示尺寸净量，而措施增量和损耗量由投标人在报价时考虑在综合单价中	按定额工程量计算规则，计算所得的工程量一般包含图示尺寸净量、措施增量和损耗量三项
计价方法	清单计价模式下，一个项目可能由一个或多个子项组成，相应的，一个清单实体项目综合单价的计价往往要计算多个子项才能完成其组价，即每一个清单项目组合计价	按施工顺序，将不同的分项工程的工程量计算出来，然后选套定额单价，每一个分项工程独立计价
价格表现形式	清单计价时采用的综合单价是一个相对完全的单价，是投标报价、评标、结算的重要依据	定额计价时采用的定额单价是一个不完全单价，并不具有单独存在的意义
适用范围	全部使用国有资金投资的工程建设项目，必须采用工程量清单计价	非国有资金投资的工程项目可以采用定额计价
工程风险	招标人负责编制工程量清单，所以工程量错误风险由招标人承担；投标人自主报价，所以报价风险由投标人承担	定额工程量由投标人确定，所以采用定额计价时投标人不但承担工程量计算错误风险，而且还承担报价风险

8.1.5 工程量清单计价的编制方法

工程量清单计价是确定工程总价的活动。那么，如何计算得到工程总价呢？

根据《建设工程工程量清单计价规范》（GB 50500—2013）规定，利用综合单价计算清单项目各项费用，然后汇总得到工程总造价，即：

分部分项工程费＝∑分部分项工程量×分部分项工程综合单价

措施项目费＝∑单价措施项目工程量×措施项目综合单价＋∑总价项目措施费

其他项目费＝暂列金额＋专业工程暂估价＋计日工＋总承包服务费

单位工程报价＝分部分项工程费＋措施项目费＋其他项目费＋规费＋税金

单项工程报价＝∑单位工程报价

建筑安装工程总造价＝∑单项工程报价

8.1.6 工程量清单计价的依据

通过工程量清单计价可以确定工程总价。实际计价时有哪些依据？

工程量清单计价的编制依据如图 8-4 所示。

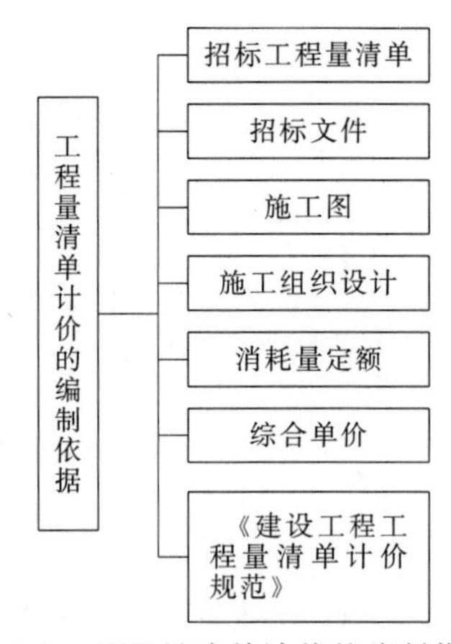

图 8-4　工程量清单计价的编制依据

① 招标工程量清单　招标人随招标文件发布的工程量清单，是承包商投标报价的重要依据。承包商在计价时需全面了解清单项目特征及其所包含的工程内容，才能做到准确计价。

② 招标文件　招标文件中具体规定了承发包工程范围、内容、期限、工程材料及设备采购供应办法，只有在计价时按规定进行，才能保证计价的有效性。

③ 施工图　清单工程量是分部分项工程量清单项

目的主项工程量，不一定反映全部工程内容，所以承包商在投标报价时，需要根据施工图和施工方案计算报价工程量（计价工程量）。因而，施工图也是编制工程量清单报价的重要依据。

④ 施工组织设计　施工组织设计或施工方案是施工单位针对具体工程编制的施工作业指导性文件，其中对施工技术措施、安全措施、施工机械配置、是否增加辅助项目等进行的详细设计，在计价过程中应予以重视。

⑤ 消耗量定额　消耗量定额有两种，一种是由建设行政主管部门发布的社会平均消耗量定额，如预算定额；另一种是反映企业平均先进水平的消耗量定额，即企业定额。企业定额是确定人工、材料、机械台班消耗量的主要依据。

⑥ 综合单价　从单位工程造价的构成分析，不管是招标控制价的计价，还是投标报价的计价，还是其他环节的计价，只要采用工程量清单方式计价，都是以单位工程为对象进行计价的。单位工程造价是由分部分项工程费、措施项目费、其他项目费、规费和税金组成，而综合单价是计算以上费用的关键。

⑦《建设工程工程量清单计价规范》（GB 50500—2013）　它是工程量清单计价中计算措施项目清单费、其他项目清单费的依据。

8.1.7　分部分项工程和单价措施项目综合单价的编制方法

8.1.7.1　清单工程量与定额工程量

在计算综合单价时，涉及两种工程量，即清单工程量和计价工程量。

(1) 清单工程量

清单工程量是工程量清单计价模式下分部分项工程和单价措施项目清单工程量的简称，是指工程计量时按照现行国家标准《建设工程工程量清单计价规范》（GB 50500—2013）、《房屋建筑与装饰工程工程量计算规范》（GB 50854—2013）的相关规定计算出的工程量。在房屋建筑与装饰工程的招投标阶段，清单工程量由招标人或受其委托、具有相应资质的工程造价咨询人计算；在工程的实施及竣工结算阶段，清单工程量由承包人或受其委托、具有相应资质的工程造价咨询人计算并应由发包人或受其委托、具有相应资质的工程造价咨询人核对。

(2) 定额工程量

定额工程量是在定额计价模式下工程计量时按照工程所在地现行地方定额或所属行业定额的相关规定计算出的工程量。如河南省现行地方定额《河南省房屋建筑与装饰工程预算定额》（2016版）。

工程量清单计价的本质特征是由市场竞争形成工程造价。现行国家标准《建设工程工程量清单计价规范》（GB 50500—2013）规定：使用国有资金投资的建设工程发承包，必须采用工程量清单计价。非国有资金投资的建设工程，宜采用工程量清单计价。工程量清单计价方式已经成为招投标阶段的主流计价方式。但是，在工程造价控制的其他阶段，甚至是建设工程的发承包以及实施阶段，由于工程特别复杂、时间特别紧迫、图纸设计和工程进度不同步等因素的存在，作为计价方式的另一种补充，定额计价方式还将在一定的时间内存在并发挥作用。因此，做好定额工程量计算也很重要。

① 清单工程量　清单工程量是分部分项清单项目和措施清单项目工程量的简称，是招标人按照《建设工程工程量清单计价规范》中规定的计算规则和施工图纸计算的、提供给投标人作为统一报价的数量标准。

清单工程量是按设计图纸的图示尺寸计算的“净量”，不含该清单项目在施工中考虑具体施工方案时增加的工程量及损耗量。

② 定额工程量　定额工程量又称报价工程量或实际施工工程量，是投标人根据拟建工程的分项清单工程量、施工图纸、所采用定额及其对应的工程量计算规则，同时考虑具体施工方案，对分部分项清单项目和措施清单项目所包含的各个工程内容（子项）计算出的实际施工工程量。

定额工程量既包括了按设计图纸的图示尺寸计算的“净量”，又包含了对各个工程内容（子项）施工时的增加量以及损耗量。

提示：定额工程量是用以满足工程量清单计价的实际作业工程量，是计算工程项目投标报价的重要基础。

8.1.7.2　综合单价的编制

综合单价的计算采用定额组价的方法，即以计价定额为基础进行组合计算。因为《建设工程工程量清单计价规范》（GB 50500—2013）和《河南省房屋建筑与装饰工程预算定额》（2016 版）中的工程量计算规则、计量单位、工程内容不尽相同，此情况，不只河南存在，其他省份也存在，综合单价的计算不是简单地将其所含的各项费用进行汇总，而是需通过具体计算后综合而成。综合单价的编制步骤如图 8-5 所示。

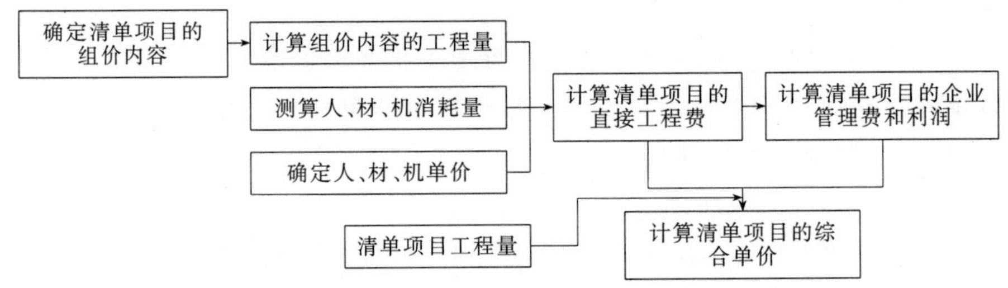

图 8-5　综合单价的编制步骤

（1）确定清单项目的组价内容

组价内容是指投标人根据工程量清单项目及其项目特征按报价使用的计价定额的要求确定的、组成“综合单价”的定额分项工程。

清单项目一般以一个“综合实体”列项，其包含了较多的工程内容，这样计价时可能出现一个清单项目对应多个定额子目的情况。因此，计算综合单价的第一步就是比较清单项目的工程内容与定额项目的工程内容，结合清单项目的特征描述，确定拟组价清单项目应该由哪几个定额子目来组合。

【例 8-1】　结合《房屋建筑与装饰工程工程量计算规范》和各地定额，以砌筑工程中的“砖基础”和楼地面工程中楼梯装饰的“现浇水磨石楼梯面层”清单项目为例，说明可能组合的定额子目名称，分别见表 8-2、表 8-3。

表 8-2 砖基础

<table>
<tr><th>项目编码</th><th>项目名称</th><th>项目特征</th><th>计量单位</th><th>工程量计算规则</th><th>工程内容</th><th>可能组合的定额项目名称</th></tr>
<tr><td rowspan="2">010401001</td><td rowspan="2">砖基础</td><td rowspan="2">1. 砖品种、规格、强度等级
2. 基础类型
3. 砂浆强度等级
4. 防潮层材料种类</td><td rowspan="2">m^3</td><td rowspan="2">按设计图示尺寸以体积计算。包括附墙垛基础宽出部分体积，扣除地梁（圈梁）、构造柱所占体积，不扣除基础大放脚T形接头处的重叠部分及嵌入基础内的钢筋、铁件、管道、基础砂浆防潮层和单个面积≤0.3m^2的孔洞所占体积，靠墙暖气沟的挑檐不增加
基础长度：外墙按外墙中心线，内墙按内墙净长线计算</td><td>1. 砂浆制作、运输
2. 砌砖
3. 材料运输</td><td>砖基础</td></tr>
<tr><td>4. 防潮层铺设</td><td>刚性防潮</td></tr>
</table>

表 8-3 现浇水磨石楼梯面层

<table>
<tr><th>项目编码</th><th>项目名称</th><th>项目特征</th><th>计量单位</th><th>工程量计算规则</th><th>工程内容</th><th>可能组合的定额项目名称</th></tr>
<tr><td rowspan="3">011106005</td><td rowspan="3">现浇水磨石楼梯面层</td><td rowspan="3">1. 找平层厚度、砂浆配合比
2. 面层厚度、水泥石子浆配合比
3. 防滑条材料种类、规格
4. 石子种类、规格、颜色
5. 颜料种类、颜色
6. 磨光、酸洗、打蜡要求</td><td rowspan="3">m^2</td><td rowspan="3">按设计图示尺寸以楼梯（包括踏步、休息平台及≤500mm的楼梯井）水平投影面积计算。楼梯与楼地面相连时，算至梯口梁内侧边沿；无梯口梁者，算至最上一层踏步边沿加300mm</td><td>1. 基层清理
2. 抹找平层</td><td>找平层</td></tr>
<tr><td>3. 抹面层
4. 磨光、酸洗、打蜡
5. 材料运输</td><td>现浇水磨石面层（楼梯）</td></tr>
<tr><td>6. 贴嵌防滑条</td><td>防滑条</td></tr>
</table>

（2）计算组价内容的工程量

由于一个清单项目可能对应几个定额子目，而清单工程量计算的是主项工程量，与各定额子目的工程量可能不一致；即便一个清单项目对应一个定额子目，也可能由于清单工程量计算规则与所采用的定额工程量计算规则之间存在差异，而导致二者的计价单位和计算出来的工程量不一致。因此，清单工程量不能直接用于计价，在计价时必须考虑施工方案等各种影响因素，根据所采用的计价定额及相应的工程量计算规则重新计算各定额子目的施工工程量。

定额子目工程量应严格按照与所采用的定额相对应的工程量计算规则计算。

（3）测算人、材、机消耗量

人、材、机消耗量的测算，在编制招标控制价时一般参照政府颁发的消耗量定额进行确定；在编制投标报价时，一般采用反映企业水平的企业定额确定，若投标企业没有企业定额时可参照政府颁发的消耗量定额进行调整。

（4）确定人、材、机单价

人工单价、材料单价和施工机械台班单价，应根据工程项目的具体情况及市场资源的供求状况进行确定，采用市场价格作为参考，并考虑一定的调价系数。

（5）计算清单项目的直接工程费

根据确定的分项工程人工、材料和机械的消耗量及人工单价、材料单价和施工机械台班单价，与相应的计价工程量相乘即可得到各定额子目的直接工程费，汇总各定额子目的直接工程费得到清单项目的直接工程费。

直接工程费＝Σ计价工程量×［Σ(人工消耗量×人工单价)＋Σ(材料消耗量×材料单价)＋Σ(机械台班消耗量×台班单价)］

(6) 计算清单项目的企业管理费和利润

企业管理费和利润通常根据各地区规定的费率乘以规定的计价基础得出。

企业管理费＝直接工程费（或直接工程费中人工费）×管理费费率

利润＝直接工程费（或直接工程费中人工费）×利润率

(7) 计算清单项目的综合单价

汇总清单项目的直接工程费、企业管理费和利润得到该清单项目合价，将该清单项目合价除以清单项目的工程量即可得到该清单项目的综合单价。

清单项目综合单价＝(直接工程费＋企业管理费＋利润)/清单工程量

式中　企业管理费——应分摊到某一计价定额分项工程中的企业管理费，可以根据所用定额规定的计算方法确定；

利润——某一分项工程应收取的利润，可以根据费用定额规定的利润率和计算方法确定。

提示：综合单价是工程量清单计价的关键，要熟练掌握需要做到以下几点：(1) 深刻理解清单计价中的相关概念；(2) 深刻理解清单计价的原理，以及清单项目与组价定额子目之间的关系；(3) 掌握综合单价的编制流程。

【例 8-2】 某工程室内楼地面自上而下的具体做法如下：紫红色瓷质耐磨地砖(600mm×600mm) 面层，白水泥嵌缝；20mm 厚 1∶4 干硬性水泥砂浆结合层；30mm 厚 C20 细石混凝土找平层；聚氨酯两遍涂膜防水层，四周卷起 150mm 高；20mm 厚 1∶3 水泥砂浆找平层；现浇混凝土楼板；招标文件中提出的紫红色瓷质耐磨地砖（600mm×600mm）的暂估价为50 元/m^2。

问题：

1. 试列出该清单项目名称。
2. 试描述该清单项目的项目特征。
3. 试确定组价内容。
4. 试确定该清单项目的综合单价。

【解】

1. 确定清单项目名称

经查 2013 版《房屋建筑与装饰工程工程量计算规范》，项目前九位编码为 011102003，项目名称为“块料楼地面”。这个“块料楼地面”就是一般特征，它没有区别“块料”的材质、大小、颜色，没有区别楼面、地面，也没有区别铺贴方式、铺贴部位等，即该清单项目的个体特征（包括影响施工的特征、工艺特征、自身特征等）并没有通过该项目名称反映出来。所以，要基于“块料楼地面”结合工程具体做法来确定项目名称。因此，该清单项目的名称应该是“在混凝土板上，铺贴瓷质耐磨地砖楼面”，这个项目名称反映了铺贴的部位是楼面，铺贴的块料种类是瓷质耐磨地砖。

2. 确定项目特征

(1) 在确定项目名称后，进一步还应该确定该清单项目的项目特征。“在混凝土板上，铺贴瓷质耐磨地砖楼面”这个清单项目的项目特征，应根据工程设计、《房屋建筑与装饰工程工程量计算规范》编码为011102003项目中的“项目特征”所列内容，并参考“工程内容”，去掉多余的、补充缺项的，进而详细准确地描述该清单项目的项目特征。本项目“工程内容”所提示的项目有：a. 基层清理；b. 抹找平层；c. 面层铺设、磨边；d. 嵌缝；e. 刷防护材料；f. 酸洗、打蜡；g. 材料运输。对照工程设计和规范所列“项目特征”，在分层叙述做法的同时，对块料的规格、黏结材料的种类进行描述。

该清单项目的项目特征描述详见表8-4。

表8-4 房屋建筑与装饰工程分部分项工程量清单与计价表

序号	项目编码	项目名称	项目特征	计量单位	工程量	综合单价/元	合价/元
1	011102003001	混凝土板上，铺贴瓷质耐磨地砖楼面	1. 20mm厚1∶3水泥砂浆找平层； 2. 30mm厚C20细石混凝土找平层； 3. 20mm厚1∶4干硬性水泥砂浆结合层； 4. 紫红色瓷质耐磨地砖（600mm×600mm）面层，白水泥嵌缝	m^2	7.53		

【注意】 在2013版规范中，“聚氨酯两遍涂膜防水层，四周卷起150mm高”不包括在“铺贴瓷质耐磨地砖楼面”清单项目的项目特征描述中，“聚氨酯涂膜防水层”需单独设立清单项。

(2) 在描述项目特征时，应注意以下问题。

① 项目特征不等于计价定额的分项工程。本项目对应多个计价定额项目。因此，在描述项目特征时，不必考虑该清单项目对应几个定额分项工程，只需考虑描述的项目特征是否把设计图纸要求的施工过程全部概括在内。

② 凡与企业施工特点有关的施工过程，可不描述。

3. 确定组价内容

见表8-5。

表8-5 房屋建筑与装修工程分部分项工程清单项目组价分析表

序号	项目编码	项目名称	项目特征	计量单位	工程量	可能组合的定额项目名称
1	011102003001	混凝土板上，铺贴瓷质耐磨地砖楼面	1. 20mm厚1∶3水泥砂浆找平层； 2. 30mm厚C20细石混凝土找平层； 3. 20mm厚1∶4干硬性水泥砂浆结合层； 4. 紫红色瓷质耐磨地砖（600mm×600mm）面层，白水泥嵌缝	m^2	7.53	水泥砂浆找平层11-1子目 细石混凝土找平层11-4子目 铺贴紫红色瓷质耐磨地砖面层11-31子目

4. 确定综合单价

根据2013版《房屋建筑与装饰工程工程量计算规范》中的清单工程量计算规则，铺设紫红色瓷质耐磨地砖楼地面这个清单项目工程量为7.53m^2，组价内容工程量分别是：水泥砂浆找平层7.53m^2，细石混凝土找平层7.53m^2，瓷质地砖面层7.53m^2。按照编制招标控制价的要求（按总承包不考虑风险），该清单项目综合单价计算如下。

（1）水泥砂浆找平层：《河南省房屋建筑与装饰工程预算定额》（2016版）

人工费：8.76×7.53=65.96（元），其中：

工日消耗量：0.0645×7.53=0.486（工日），工日单价43.00元

材料费：3.98×7.53=29.99（元），其中：

1∶3水泥砂浆；0.0202×7.53=0.1521（m^3），其中：

矿渣硅酸盐水泥32.5级：0.404×0.1521=61.4484（t），每公斤0.28元；

中（粗）砂：1.02×0.1521=0.1795（m^3），每立方米80元；

工程用水：0.3×0.1521=0.04563（m^3），每立方米4.05元。

工程用水：0.006×7.53=0.04518（m^3），每立方米4.05元；

机械费：0.0015×7.53=0.011295（元），其中：

灰浆搅拌机200L：0.0025×7.53= 0.018825（台班），台班单价61.82元。

企业管理费：（97.82/100）×7.53=7.37（元）

利润：0.871×7.53=6.56（元）

（2）细石混凝土找平层：2008年《河南省建设工程工程量清单综合单价》7-203将定额子目中的混凝土换算为商品混凝土

人工费：3.098×7.53=23.33（元），其中：

工日消耗量：0.0721×7.53= 0.542537（工日），工日单价43.00元。

材料费：5.73×7.53=43.15（元），其中：

工程用水：0.021 ×7.53= 0.15813（m^3），每立方米4.05元。

商品现浇碎石混凝土C20，粒径15mm；0.0303×7.53=0.2282（m^3），单价为240 m^3

工程用水：0.22×0.2282= 0.050195（m^3），每立方米4.05元。

机械费：0.04×7.53=0.3012（元），其中：

① 水泥砂浆找平层：7.53m^2×2022.71元/100m^2=152.31元

② 细石混凝土找平层：7.53m^2×3117.47元/100m^2=234.75元

③ 瓷质地砖面层：7.53m^2×[10957.33+(50－58)×103] 元/100m^2=763.04

混凝土振动器：0.0031×7.53=0.023343（台班），台班单价12.89元。

企业管理费：1.0519×7.53=7.92（元）。

利润：0.9367×7.53=7.053（元）。

（3）瓷质地砖面层：2008年《河南省建设工程工程量清单综合单价》装饰工程1-39

人工费：12.97×7.53=97.66（元），其中：

工日消耗量：0.3055×7.53=2.30（工日），工日单价43.00元。

材料费：47.68×7.53=359.03（元），其中：

瓷质耐磨地砖 600mm×600mm，紫红色：0.284×7.53=2.138（m^2），暂估价 50 元/m^2，定额基价 15 元/m^2。差价（50－15）×0.284×7.53=99.4（元）。

素水泥浆：0.001 ×7.53=0.00753（m^3），单价 421 元/ m^2

1∶4 水泥砂浆：0.0216×7.53=0.1626（m^3），其中：

矿渣硅酸盐水泥 32.5 级：0.351×0.1626=0.05708（t），每公斤 0.28 元；

中（粗）砂：1.182×0.1626=0.1921（m^3），每立方米 80 元。

工程用水：0.3×0.1626=0.0487（m^3），每立方米 4.05 元。

机械费：0.68×7.53=5.12。

企业管理费：5.01×7.53=37.72（元）。

利润：3.05×7.53=22.97（元）。

（4）（1）～（3）项实物量汇总：

序号	材料名称	规格、型号等特殊要求	单位	数量	单价	合价
1	C20 商品混凝土	最大粒径 15mm	m^3	0.0303	240	7.27
2	地板砖	600mm×600mm	千块	0.00284	50000	142
3	水泥	32.5	t	0.017245	280	4.83
4	水		m^3	0.06984	4.05	0.28
5	砂子	中粗	m^3	0.046135	80	3.69
6	白水泥		kg	0.1	0.42	0.04
7	石料切割锯片		片	0.0032	12	0.04
8	其他材料费		元	0.0742	1	0.07

综合单价分析表见表 8-6。

铺贴瓷质耐磨地砖楼面项目的合价为：152.31+234.75+763.04=1150.1（元）

铺贴瓷质耐磨地砖楼面的综合单价为：1150∶1/7.53=152.74（元/m^2）

表 8-6　综合单价分析表

工程名称：　预算书 1　　　　标段：　　　　第 1 页　共 1 页

<table>
<tr><td colspan="2">项目编码</td><td colspan="2">011102003001</td><td colspan="2">项目名称</td><td colspan="2">块料楼地面</td><td>计量单位</td><td>m^2</td><td>工程量</td><td>1</td></tr>
<tr><td colspan="12">清单综合单价组成明细</td></tr>
<tr><td rowspan="2">定额编号</td><td rowspan="2">定额项目名称</td><td rowspan="2">定额单位</td><td rowspan="2">数量</td><td colspan="4">单价</td><td colspan="4">合价</td></tr>
<tr><td>人工费</td><td>材料费</td><td>机械费</td><td>管理费和利润</td><td>人工费</td><td>材料费</td><td>机械费</td><td>管理费和利润</td></tr>
<tr><td>B 1-39</td><td>地板砖楼地面 规格 600mm×600mm</td><td>$100m^2$</td><td>0.01</td><td>1297.74</td><td>14688.96</td><td>48.82</td><td>892.06</td><td>12.98</td><td>146.89</td><td>0.49</td><td>8.92</td></tr>
<tr><td>A 7-203 换</td><td>楼地面、屋面找平层细石混凝土在硬基层上厚30mm[C20～C16(32.5 水泥)现浇碎石混凝土]换为【C20 商品混凝土 最大粒径 15mm】</td><td>$100m^2$</td><td>0.01</td><td>309.82</td><td>735.71</td><td>4</td><td>219.03</td><td>3.1</td><td>7.36</td><td>0.04</td><td>2.19</td></tr>
<tr><td>A 7-206</td><td>楼地面、屋面找平层水泥砂浆在混凝土或硬基层上厚 20mm(1∶3 水泥砂浆)</td><td>$100m^2$</td><td>0.01</td><td>277.35</td><td>398.23</td><td>15.46</td><td>203.68</td><td>2.77</td><td>3.98</td><td>0.15</td><td>2.04</td></tr>
<tr><td colspan="2">人工单价</td><td colspan="6">小计</td><td>18.85</td><td>158.23</td><td>0.68</td><td>13.15</td></tr>
<tr><td colspan="2">43 元/工日</td><td colspan="6">未计价材料费</td><td colspan="4">0</td></tr>
<tr><td colspan="8">清单项目综合单价</td><td colspan="4">190.91</td></tr>
<tr><td rowspan="9">材料费明细</td><td colspan="5">主要材料名称、规格、型号</td><td>单位</td><td>数量</td><td>单价/元</td><td>合价/元</td><td>暂估单价/元</td><td>暂估合价/元</td></tr>
<tr><td colspan="5">水</td><td>m^3</td><td>0.057</td><td>4.05</td><td>0.23</td><td></td><td></td></tr>
<tr><td colspan="5">地板砖 600mm×600mm</td><td>千块</td><td>0.0028</td><td>50000</td><td>140</td><td></td><td></td></tr>
<tr><td colspan="5">白水泥</td><td>kg</td><td>0.1</td><td>0.42</td><td>0.04</td><td></td><td></td></tr>
<tr><td colspan="5">石料切割锯片</td><td>片</td><td>0.0032</td><td>12</td><td>0.04</td><td></td><td></td></tr>
<tr><td colspan="5">其他材料费</td><td>元</td><td>0.0742</td><td>1</td><td>0.07</td><td></td><td></td></tr>
<tr><td colspan="5">C20 商品混凝土 最大粒径 15mm</td><td>m^3</td><td>0.0303</td><td>240</td><td>7.27</td><td></td><td></td></tr>
<tr><td colspan="5">其他材料费</td><td>—</td><td></td><td>8.57</td><td>—</td><td>0</td><td></td></tr>
<tr><td colspan="5">材料费小计</td><td>—</td><td></td><td>156.23</td><td>—</td><td>0</td><td></td></tr>
</table>

注：1. 如不使用省级或行业建设主管部门发布的计价依据，可不填定额编码、名称等；

2. 招标文件提供了暂估单价的材料，按暂估的单价填入表内“暂估单价”栏及“暂估合价”栏。

8.2 招标控制价的编制

8.2.1 2013 版清单计价规范对招标控制的一般规定

(1) 招标控制价

招标控制价是指招标人根据国家或省级、行业建设主管部门颁发的有关计价依据和办法，以及拟定的招标文件和招标工程量清单，结合工程具体情况编制的招标工程的最高投标限价。

(2) 关于招标控制价的一般规定

国有资金投资的建设工程招标，招标人必须编制招标控制价。我国对国有资金投资项目的投资控制实行的是投资概算审批制度，国有资金投资的工程原则上不能超过批准的投资概算。国有资金投资的工程实行工程量清单招标，为了客观、合理地评审投标报价和避免哄抬标价，避免造成国有资产流失，招标人必须编制招标控制价，规定最高投标限价。

提示： 本条为强制性条文，必须严格执行。

招标控制价应由具有编制能力的招标人或受其委托具有相应资质的工程造价咨询人编制和复核。

工程造价咨询人接受招标人委托编制招标控制价，不得再就同一工程接受投标人委托编制投标报价。

招标控制价应按照本规范的相关规定编制，不应上浮或下调。

当招标控制价超过批准的概算时，招标人应将其报原概算审批部门审核。

招标人应在招标人发布招标文件时公布招标控制价，同时应将招标控制价及有关资料报送工程所在地或有该工程管辖权的行业管理部门工程造价管理机构备查。

招标控制价的作用决定了招标控制价不同于标底，无需保密。为体现招标的公平、公正性，防止招标人有意抬高或压低工程造价，招标人应在招标文件中如实公布招标控制价。

提示： 关于招标控制价，需要注意以下几点：①何种投资项目必须编制招标控制价；②招标控制价与项目批准概算之间的关系；③招标控制价与投标报价之间的关系；④关于编制招标控制价的工程造价咨询人的规定。

8.2.2 招标控制价的编制

8.2.2.1 编制招标控制价的依据

招标控制价的编制依据，如图 8-6 所示。

8.2.2.2 编制招标控制价

编制招标控制价应遵循下列程序。

① 了解编制要求与范围；

② 熟悉工程图纸及有关设计文件；

③ 熟悉与建设工程项目有关的标准、规范、技术资料；

④ 熟悉拟定的招标文件及其补充通知、答疑纪要等；

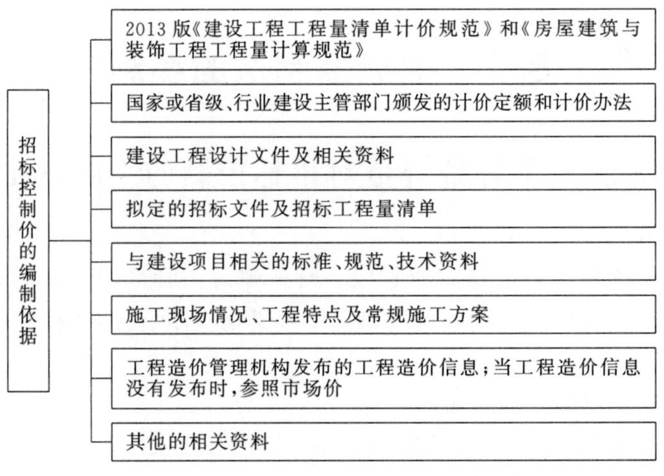
招标控制价的编制依据
2013版《建设工程工程量清单计价规范》和《房屋建筑与装饰工程工程量计算规范》
国家或省级、行业建设主管部门颁发的计价定额和计价办法
建设工程设计文件及相关资料
拟定的招标文件及招标工程量清单
与建设项目相关的标准、规范、技术资料
施工现场情况、工程特点及常规施工方案
工程造价管理机构发布的工程造价信息；当工程造价信息没有发布时，参照市场价
其他的相关资料

图 8-6　招标控制价编制依据

⑤ 了解施工现场情况、工程特点；

⑥ 熟悉工程量清单；

⑦ 掌握工程量清单涉及计价要素的信息价格和市场价格，依据招标文件确定其价格；

⑧ 进行分部分项工程量清单计价；

⑨ 论证并拟定常规的施工组织设计或施工方案；

⑩ 进行措施项目工程量清单计价；

⑪ 进行其他项目、规费项目、税金项目清单计价；

⑫ 工程造价汇总、分析、审核；

⑬ 成果文件签认、盖章；

⑭ 提交成果文件。

8.2.2.3　招标控制价的编制内容

采用工程量清单计价时，招标控制价的编制内容包括分部分项工程费、措施项目费、其他项目费、规费和税金。

(1) 分部分项工程费的编制

分部分项工程费应根据拟定的招标文件中的分部分项工程量清单项目的特征描述及有关要求计价，并应符合下列规定。

① 分部分项工程费采用综合单价的方法编制。综合单价中应包括招标文件中划分的应由投标人承担的风险范围及其费用。招标文件中没有明确的，如是工程造价咨询人编制，应提请招标人明确；如是招标人编制，应予明确。

② 分部分项工程项目中的单价项目，应根据拟定的招标文件和招标工程量清单项目中的特征描述及有关要求确定综合单价计算。

(2) 措施项目费的编制

① 措施项目中的单价项目，应根据拟定的招标文件和招标工程量清单项目中的特征描述及有关要求确定综合单价计算。

② 措施项目中的总价项目应根据拟定的招标文件和常规施工方案按照国家或省级、行业建设主管部门的规定计算。

(3) 其他项目费的编制

① 暂列金额　暂列金额应按招标工程量清单中列出的金额填写。招标工程量清单中列出的金额可根据工程的复杂程度、设计深度、工程环境条件（包括地质、水文、气候等）进行估算。一般可按分部分项工程费的10%～15%为参考。

② 暂估价　暂估价中的材料、工程设备单价应按招标工程量清单中列出的单价计入综合单价，不再计入其他项目费。暂估价中的材料应按照工程造价管理机构发布的工程造价信息或参考市场价格确定。

③ 暂估价中的专业工程金额应按招标工程量清单中列出的金额填写。

④ 计日工　招标人应按招标工程量清单中所列出的项目根据工程特点和有关计价依据确定综合单价计算。

(4) 总承包服务费

招标人应根据招标工程量清单列出的内容和向承包人提出的要求参照下列标准计算：招标人仅要求对分包的专业工程进行总承包管理和协调时，按分包的专业工程估算造价的1.5%计算；招标人要求对分包的专业工程进行总承包管理和协调并同时要求提供配合服务时，根据招标文件中列出的配合服务内容和提出的要求按分包的专业工程估算造价的3%～5%计算；招标人自行供应材料的，按招标人供应材料价值的1%计算。

(5) 规费和税金的编制

规费和税金应按国家或省级、行业建设主管部门的规定计算，不得作为竞争性费用。

8.2.3　招标控制价的投诉与处理

在工程招投标过程中，若投标人对招标控制价的编制有质疑时，应按下列规定办理投标人经复核认为招标人公布的招标控制价未按照2013版清单计价规范的规定进行编制的，应当在招标控制价公布后5天内向招投标监督机构和工程造价管理机构投诉。投诉人投诉时，应当提交由单位盖章和法定代表人或其委托人的签名或盖章的书面投诉书。投诉书应包括以下内容：

① 投诉人与被投诉人的名称、地址及有效联系方式；

② 投诉的招标工程名称、具体事项及理由；

③ 投诉依据及有关证明材料；

④ 相关请求及主张。

投诉人不得进行虚假、恶意投诉，阻碍招投标活动的正常进行。工程造价管理机构在接到投诉书后应在2个工作日内进行审查。对有下列情况之一的，不予受理：

① 投诉人不是所投诉招标工程招标文件的收受人；

② 投诉书提交的时间不符合相应规定的；

③ 投诉书内容不符合相关内容规定的；

④ 投诉事项已进入行政复议或行政诉讼程序的。

工程造价管理机构应在不迟于结束审查的次日将是否受理投诉的决定书面通知投诉人、被投诉人及负责该工程招投标监督的招投标管理机构。

工程造价管理机构受理投诉后，应立即对招标控制价进行复查，组织投诉人、被投诉人或其委托的招标控制价编制人等单位人员对投诉问题逐一核对。有关当事人应当予以配合，并保证所提供资料的真实性。

工程造价管理机构应当在受理投诉的10天内完成复查，特殊情况下可适当延长，并作出书面结论通知投诉人、被投诉人及负责该工程招投标监督的招投标管理机构。

当招标控制价复查结论与原公布的招标控制价误差大于±3%时，应当责成招标人改正。

招标人根据招标控制价复查结论需要重新公布招标控制价的，其最终公布的时间至招标文件要求提交投标文件截止时间不足15天的，应当延长投标文件的截止时间。

8.3 投标价的编制

8.3.1 2013版“清单计价规范”对投标报价的一般规定

(1) 投标价

投标价是指投标人投标时响应招标文件要求所报出的对已标价工程量清单汇总后标明的总价。

(2) 关于投标价的一般规定

① 投标价应由投标人或受其委托具有相应资质的工程造价咨询人编制。

② 投标人应按照投标报价编制依据自主确定投标报价。

③ 投标报价不得低于工程成本。

提示：本条为强制性条文，必须严格执行。

④ 投标人必须按招标工程量清单填报价格。项目编码、项目名称、项目特征、计量单位、工程量必须与招标工程量清单一致。

提示：本条为强制性条文，必须严格执行。

⑤ 投标人的投标报价高于招标控制价的应予废标。

提示：关于投标报价，下面几点需特别关注：①投标报价与招标控制价之间的关系；②《建设工程工程量清单计价规范》(GB 50500—2013) 中关于报价的强制性规定；③投标报价时分部分项工程量清单是闭口清单，必须与招标工程量清单一致，不得改动；措施项目清单是开口清单，可依据施工组织设计增补。

8.3.2 投标报价的编制

8.3.2.1 编制投标价应遵循的原则

报价是投标的关键工作，报价是否合理直接关系投标工作的成败。工程量清单计价模式下编制投标报价时应遵循如下原则。

① 投标报价由投标人自主确定，但必须执行“清单计价规范”中的强制性规定。投标价应由投标人或受其委托具有相应资质的工程造价咨询人编制。

② 投标人的投标报价不得低于工程成本。

③ 按招标人提供的工程量清单填报价格。

④ 投标报价要以招标文件中设定的承发包双方责任划分，作为设定投标报价费用项目和费用计算的基础。

⑤ 投标报价的计算应以施工方案、技术措施等作为基本条件。

⑥ 报价计算方法要科学严谨，简明适用。

8.3.2.2 编制投标报价的依据

投标报价的编制依据，如图 8-7 所示。

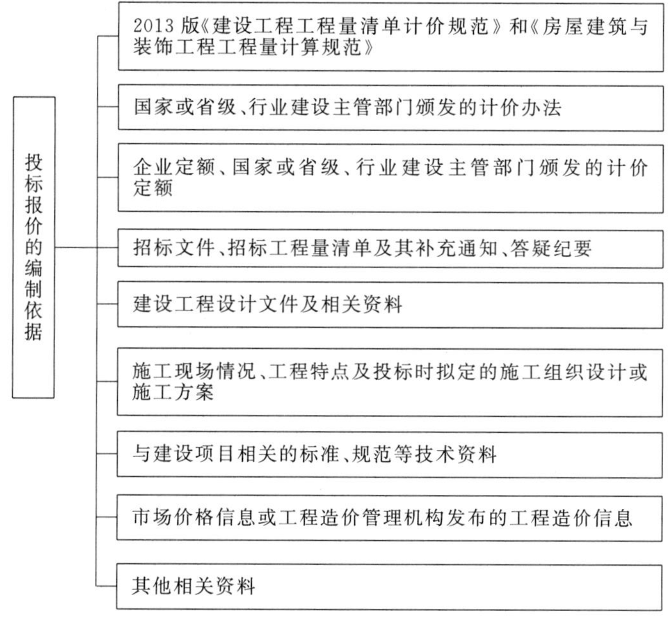

投标报价的编制依据
2013 版《建设工程工程量清单计价规范》和《房屋建筑与装饰工程工程量计算规范》
国家或省级、行业建设主管部门颁发的计价办法
企业定额、国家或省级、行业建设主管部门颁发的计价定额
招标文件、招标工程量清单及其补充通知、答疑纪要
建设工程设计文件及相关资料
施工现场情况、工程特点及投标时拟定的施工组织设计或施工方案
与建设项目相关的标准、规范等技术资料
市场价格信息或工程造价管理机构发布的工程造价信息
其他相关资料

图 8-7 投标报价的编制依据

8.3.2.3 投标报价的编制内容

在编制投标价前，需要先对招标工程量清单项目及工程量进行复核。

投标价的编制过程，应首先根据招标人提供的工程量清单编制分部分项工程项目清单计价表、措施项目清单计价表、其他项目清单计价表和规费、税金项目清单计价表，然后汇总得到单位工程投标报价汇总表，再层层汇总，分别得出单项工程投标报价汇总表和工程项目投标总价汇总表。

(1) 分部分项工程费的编制

综合单价中应包括招标文件中划分的应由投标人承担的风险范围及其费用，招标文件中没有明确的，应提请招标人明确。在施工过程中，当出现的风险内容及其范围（幅度）在合同约定的范围内时，合同价款不作调整。分部分项工程中的单价项目，应根据招标文件和招标工程量清单项目中的特征描述确定综合单价计算。编制分部分项工程费的核心是确定其综合单价。综合单价的确定方法与招标控制价的确定方法相同，但确定的依据有所差异，主要体现在以下 5 方面。

① 工程量清单项目特征描述　工程量清单中项目特征的描述决定了清单项目的实质，直接决定了工程的价值，是投标人确定综合单价最重要的依据。

在招投标过程中，若出现招标文件中分部分项工程量清单特征描述与设计图纸不符时，投标人应以分部分项工程量清单的项目特征描述为准，确定投标报价的综合单价；若施工中施工图纸或设计变更与工程量清单项目特征描述不一致时，发、承包双方应按实际施工的项目特征，依据合同约定重新确定综合单价。

② 企业定额　企业定额是施工企业根据本企业具有的管理水平、拥有的施工技术和施

工机械装备水平而编制的，完成一个规定计量单位的工程项目所需的人工、材料、施工机械台班的消耗标准，是施工企业内部进行施工管理的标准，也是施工企业投标报价确定综合单价的依据之一。

投标企业没有企业定额时，可根据企业自身情况参照消耗量定额进行调整。

③ 资源可获取价格　综合单价中的人工费、材料费、机械费是以企业定额的人、料、机消耗量乘以人、料、机的实际价格得出的，因此投标人拟投入的人、料、机等资源的可获取价格直接影响综合单价的高低。

④ 企业管理费费率、利润率　企业管理费费率可由投标人根据本企业近年的企业管理费核算数据自行测定，也可以参照当地造价管理部门发布的平均参考值。

利润率可由投标人根据本企业当前盈利情况、施工水平、拟投标工程的竞争情况及企业当前经营策略自主确定。

⑤ 风险费用　招标文件中要求投标人承担的风险范围及其费用，投标人应在综合单价中予以考虑，通常以风险费率的形式进行计算。风险费率的测算应根据招标人要求结合投标人当前风险控制水平进行定量测算。

在施工过程中，当出现的风险内容及其范围（幅度）在招标文件规定的范围（幅度）内时，综合单价不得变动，工程款不作调整。

(2) 措施项目费的编制

招标人在招标文件中列出的措施项目清单是根据一般情况确定的，没有考虑不同投标人的具体情况。因此，投标人投标报价时应根据自身拥有的施工装备、技术水平和采用的施工方法确定的施工方案，对招标人所列的措施项目进行调整，并确定措施项目费。

措施项目中的单价项目，应根据招标文件和招标工程量清单项目中的特征描述确定按综合单价计算。措施项目中的总价项目金额，应根据招标文件及投标时拟定的施工组织设计或施工方案，按照2013版清单计价规范的规定自主确定。其中安全文明施工费应按照国家或省级、行业建设主管部门的规定计算，不得作为竞争性费用。

(3) 其他项目的编制

投标人对其他项目应按下列规定报价：

① 暂列金额应按招标工程量清单中列出的金额填写，不得变动；

② 材料、工程设备暂估价应按招标工程量清单中列出的单价计入综合单价，不得更改，材料、设备暂估价不再计入其他项目费；

③ 专业工程暂估价应按招标工程量清单中列出的金额填写，不得更改；

④ 计日工应按招标工程量清单中列出的项目和数量，自主确定综合单价并计算计日工金额；

⑤ 总承包服务费应根据招标工程量清单中列出的内容和提出的要求自主确定。

(4) 规费和税金报价

应按国家或省级、行业建设主管部门的规定计算，不得作为竞争性费用。

招标工程量清单与计价表中列明的所有需要填写的单价和合价的项目，投标人均应填写且只允许有一个报价。未填写单价和合价的项目，可视为此项费用已包含在已标价工程量清单中其他项目的单价和合价中。当竣工结算时，此项目不得重新组价、调整。

投标价的汇总：投标总价应当与分部分项工程费、措施项目费、其他项目费和规费、税金的合计金额相一致。

8.4 招标控制价的编制及工程实例

8.4.1 工程量清单计价表格

工程量清单计价表应采用统一格式，并应随招标文件发至投标人。工程量清单计价表格包括下列内容。

(1) 工程计价文件封面，包括：

① 招标工程量清单封面（封-1）；

② 招标控制价封面（封-2）；

③ 投标总价封面（封-3）；

④ 竣工结算书封面（封-4）；

⑤ 工程造价鉴定意见书封面（封-5）。

(2) 工程计价文件扉页，包括：

① 招标工程量清单扉页（扉-1）；

② 招标控制价扉页（扉-2）；

③ 投标总价扉页（扉-3）；

④ 竣工结算总价扉页（扉-4）；

⑤ 工程造价鉴定意见书扉页（扉-5）。

(3) 工程计价总说明：总说明（表-01）。

(4) 工程计价汇总表，包括：

① 建设项目招标控制价/投标报价汇总表（表-02）；

② 单项工程招标控制价/投标报价汇总表（表-03）；

③ 单位工程招标控制价/投标报价汇总表（表-04）；

④ 建设项目竣工结算汇总表（表-05）；

⑤ 单项工程竣工结算汇总表（表-06）；

⑥ 单位工程竣工结算汇总表（表-07）。

(5) 分部分项工程和措施项目计价表，包括：

① 分部分项工程和单价措施项目清单与计价表（表-08）；

② 综合单价分析表（表-09）；

③ 综合单价调整表（表-10）；

④ 总价措施项目清单与计价表（表-11）。

(6) 其他项目计价表，包括：

① 其他项目清单与计价汇总表（表-12）；

② 暂列金额明细表（表-12-1）；

③ 材料（工程设备）暂估单价及调整表（表-12-2）；

④ 专业工程暂估价及结算价表（表-12-3）；

⑤ 计日工表（表-12-4）；

⑥ 总承包服务费计价表（表-12-5）；

⑦ 索赔与现场签证计价汇总表（表-12-6）；

⑧ 费用索赔申请（核准）表（表-12-7）；
⑨ 现场签证表（表-12-8）。
（7）规费、税金项目计价表（表-13）。
（8）工程计量申请（核准）（表-14）。
（9）合同价款支付申请（核准）**表，包括：**
① 预付款支付申请（核准）（表-15）；
② 总价项目进度款支付分解表（表-16）；
③ 进度款支付申请（核准）表（表-17）；
④ 竣工结算款支付申请（核准）表（表-18）；
⑤ 最终结清支付申请（核准）表（表-19）。
（10）主要材料、工程设备一览表，包括：
① 发包人提供材料和工程设备一览表（表-20）；
② 承包人提供主要材料和工程设备一览表（适用于造价信息差额调整法）（表-21）；
③ 承包人提供主要材料和工程设备一览表（适用于价格指数差额调整法）（表-22）。

以上各组成内容的具体格式见《建设工程工程量清单计价规范》（GB 50500—2013）附录B至附录L。

8.4.2 工程量清单计价表格的使用规定

工程计价表宜采用统一格式。各省、自治区、直辖市建设行政主管部门和行业建设主管部门可根据本地区、本行业的实际情况，在《建设工程工程量清单计价规范》（GB 50500—2013）计价表格的基础上补充完善。但工程计价表格的设置应满足工程计价的需要，方便使用。

8.4.2.1 招标控制价、投标报价、竣工结算的编制规定

使用表格包括：

① 招标控制价使用的表格，包括封-2、扉-2、表-01、表-02、表-03、表-04、表-08、表-09、表-11、表-12（不含表-12-6～表-12-8）、表-13、表-20、表-21或表-22；

② 投标报价使用的表格，包括封-3、扉-3、表-01、表-02、表-03、表-04、表-08、表-09、表-11、表-12（不含表-12-6～表-12-8）、表-13、表-16、招标文件提供的表-20、表-21或表-22；

③ 竣工结算使用的表格，包括封-4、扉-4、表-01、表-05、表-06、表-07、表-08、表-09、表-10、表-11、表-12、表-13、表-14、表-15、表-16、表-17、表-18、表-19、表-20、表-21或表-22。

扉页应按规定的内容填写、签字、盖章，除承包人自行编制的投标报价和竣工结算外，受委托编制的招标控制价、投标报价、竣工结算，由造价员编制的应有负责审核的造价工程师签字、盖章及工程造价咨询人盖章。

总说明应按下列内容填写：工程概况包括建设规模、工程特征、计划工期、合同工期、实际工期、施工现场及变化情况、施工组织设计的特点、自然地理条件、环境保护要求等，编制依据等。

8.4.2.2 工程造价鉴定规定

① 工程造价鉴定使用表格，包括封-5、扉-5、表-01、表-05～表-20、表-21或表-22。

② 扉页应按规定内容填写、签字、盖章，应有承担鉴定和负责审核的注册造价工程师

签字、盖执业专用章。

③ 说明应按规范规定填写。

提示：在投资项目招投标工作中会涉及大量的表格，关于表格的使用下面几点需明确：①工程量清单计价表格宜采用统一格式，但并不是一成不变的，在统一的基础上可以根据地区、行业的实际情况对“清单计价规范”中的表格进行完善；②要熟悉招标控制价、投标报价、竣工结算各阶段使用哪些表格，进而正确使用；③熟悉扉页、总说明的填写内容，便于各方了解熟悉工程情况，进而指导工作的开展。

8.4.3 招标控制价的编制工程实例

提供部分案例工程文件表，见表 8-7～表 8-10，完整的工程实例文件见电子文档，下载地址见前言。

专用宿舍楼工程-建筑装饰工程

招 标 控 制 价

招标控制价：（小写）：3208423.85

（大写）：叁佰贰拾万捌仟肆佰贰拾叁元捌角伍分

招 标 人：（单位盖章）

造价咨询人：（单位资质专用章）

法定代表人

法定代表人

或其授权人：（签字或盖章）

或其授权人：（签字或盖章）

编 制 人：（造价人员签字盖专用章）

复核人：（造价工程师签字盖专用章）

编制时间：年 月 日

复核时间：年 月 日

编制说明

一、工程概况

1. 工程名称：专用宿舍楼工程-建筑装饰

2. 结构类型：框架结构

3. 工程概述：本工程采用钢筋混凝土独立基础，地上两层为宿舍，总建筑面积为1680.39m^2。

二、编制依据

1. 施工图纸及委托方编制要求

2.《河南省房屋建筑与装饰工程预算定额 HA》(01-31-2016)、《宣贯材料》(河南2016定额)、《建设工程工程量清单计价规范》(GB 50500—2013) 及配套文件。

三、取费及价格说明

1. 本工程预算价格调整依据“豫建标定［2016］40号文”，采用“动态调整规则”处理。

2. 安全文明施工费、规费属不可竞争费，按照2013清单及2016定额的规定足额计取，税金按照增值税原理，采用一般计税方法（增值税为11%）计算。

3. 材料二次搬运费、冬雨季施工增加费、夜间施工增加费均按河南16定额规定，足额计取。

4. 人工费、机械费、管理费均按照豫建标定［2016］40号文中第1期价格指数调整。

5. 材料费按《郑州市建设工程材料价格信息》2017年第二季度以除税价格计入造价，部分采用市场价。

四、其他

1. 本预算未考虑土方运输、公共卫生间卫生设施、砌体墙空调留洞、楼梯踏步铜防滑条等造价，实际发生时按实际情况考虑。

2. 按相关规定，本工程混凝土均采用商品预拌混凝土（商品混凝土运输费已考虑在混凝土材料价格内），并考虑泵送；砂浆均采用干混预拌砂浆。(结合培训需要，砂浆可根据当地定额和图纸规定处理)

3. 本造价为结合培训需要编制，不可作为实际造价文件使用。

表 8-7　单位工程招标控制价汇总表

工程名称：专用宿舍楼工程-建筑装饰　　　　标段：　　　　第 1 页　共 1 页

序号	汇总内容	金额/元	其中:暂估价/元
1	分部分项工程费	2194415.71	
1.1	A.1 土石方工程	44506.69	
1.2	A.4 砌筑工程	155540.4	
1.3	A.5 混凝土及钢筋混凝土工程	731993.57	
1.4	A.8 门窗工程	210157.2	
1.5	A.9 屋面及防水工程	219611.24	
1.6	A.11 楼地面装饰工程	224558.41	
1.7	A.12 墙、柱面装饰与隔断、幕墙工程	430127.22	
1.8	A.13 天棚工程	44714.19	
1.9	A.14 油漆、涂料、裱糊工程	94629.92	
1.10	A.15 其他装饰工程	38576.87	
2	措施项目费	595744.48	
2.1	其中:安全文明施工费	80889.35	
2.2	其他措施费(费率类)	37221.64	
2.3	单价措施费	477633.49	
3	其他项目费		—
3.1	其中:暂列金额	—	
3.2	其中:专业工程暂估价	—	
3.3	其中:计日工	—	
3.4	其中:总承包服务费	—	
3.5	其中:其他		
4	规费	100311.75	—
4.1	定额规费	100311.75	—
4.2	工程排污费	—	
4.3	其他		
5	不含税工程造价	2890471.94	
6	增值税	317951.91	—
7	含税工程造价	3208423.85	
招标控制价合计=1+2+3+4+6		3208423.85	

注：本表适用于单位工程招标控制价或投标报价的汇总，如无单位工程划分，单项工程也使用本表汇总。

表 8-8 分部分项工程和单价措施项目清单与计价表

工程名称：专用宿舍楼工程-建筑装饰　　　　标段：　　　　第 1 页 共 15 页

序号	项目编码	项目名称	项目特征描述	计量单位	工程量	金额/元		
						综合单价	合价	其中 暂估价
	A. 1	土石方工程					44506.69	
1	010101001001	平整场地	1. 土壤类别:一般土 2. 工作内容:±30cm 挖填找平	m^2	806.29	1.32	1064.3	
2	010101003001	挖沟槽土方	1. 土壤类别:一般土 2. 挖土深度:1m 以内 3. 弃土运距:坑边堆放 4. 部位:坡道处	m^3	6.12	24.17	147.92	
3	010101004001	挖基坑土方	1. 土壤类别:一、二类土 2. 挖土深度:2.1m 3. 弃土运距:坑边堆放 4. 部位:独基处	m^3	2359.93	8.88	20956.18	
4	01B001	基底钎探	基底钎探	m^2	463.95	4.17	1934.67	
5	010103001001	回填方	1. 密实度要求:夯填 2. 填方材料品种:素土 3. 填方来源、运距:坑边堆放 4. 部位:独立基础回填	m^3	2016.09	9.29	18729.48	
6	010103001002	回填方	1. 密实度要求:夯填 2. 填方材料品种:素土 3. 部位:房心回填	m^3	230.77	7.1	1638.47	
7	010103001003	回填方	1. 密实度要求:夯填 2. 填方材料品种:一般土 3. 部位:坡道处	m^3	3.84	9.29	35.67	
		分部小计					44506.69	
	A. 4	砌筑工程					155540.4	
1	010401001001	砖基础	1. 砖品种、规格、强度等级:标准黏土砖 240mm×115mm×53mm 2. 砂浆强度等级:干混砌筑砂浆 DM M5 3. 垫层种类:80mm 厚碎石垫层 4. 部位:坡道基础	m^3	3	491.58	1474.74	
2	010402001001	砌块墙	1. 砌块品种、规格、强度等级:加气混凝土砌块 2. 墙体厚度:200mm 3. 砂浆强度等级:干混砌筑砂浆 DM M10	m^3	412.94	344.64	142315.64	
3	010402001003	砌块墙	1. 砌块品种、规格、强度等级:加气混凝土砌块 2. 墙体厚度:100mm 3. 砂浆强度等级:现拌水泥砂浆 M5.0 4. 部位:卫生间	m^3	18.98	352.16	6684	
本页小计							194981.07	

注：为计取规费等的使用，可在表中增设其中："定额人工费"。

分部分项工程和单价措施项目清单与计价表

工程名称：专用宿舍楼工程-建筑装饰　　标段：　　第 2 页　共 15 页

序号	项目编码	项目名称	项目特征描述	计量单位	工程量	金额/元		
						综合单价	合价	其中 暂估价
4	010402001004	砌块墙	1. 砌块品种、规格、强度等级：加气混凝土砌块 2. 墙体厚度：300mm 3. 砂浆强度等级：干混砌筑砂浆 DM M10	m^3	15.56	325.58	5066.02	
		分部小计					155540.4	
	A.5	混凝土及钢筋混凝土工程					731993.57	
1	010501001001	垫层	1. 混凝土种类：预拌 2. 混凝土强度等级：C15(20)	m^3	46.4	394.73	18315.47	
2	010501003001	独立基础	1. 混凝土种类：预拌 2. 混凝土强度等级：C30(20)	m^3	235.27	353.58	83186.77	
3	010502001001	矩形柱	1. 混凝土种类：预拌 2. 混凝土强度等级：C30(20)	m^3	108.19	425.16	45998.06	
4	010502001001	矩形柱	1. 混凝土种类：预拌 2. 混凝土强度等级：C30(20) 3. 部位：梯柱	m^3	1.15	425.93	489.82	
5	010502002001	构造柱	1. 混凝土种类：预拌混凝土 2. 混凝土强度等级：C25(20)	m^3	19.16	552.78	10591.26	
6	010503002001	矩形梁	1. 混凝土种类：预拌 2. 混凝土强度等级：C30(20) 3. 部位：梁顶标高 0.05m、3.55m、7.22m、10.8m 处	m^3	170.21	361.49	61529.21	
7	010503004001	圈梁	1. 混凝土种类：预拌 2. 混凝土强度等级：C25(20) 3. 部位：卫生间墙体根部止水带	m^3	14.98	506.17	7582.43	
8	010503005001	过梁	1. 混凝土种类：预拌混凝土 2. 混凝土强度等级：C25(20) 3. 部位：现浇混凝土过梁	m^3	5.42	535.58	2902.84	
9	010505001001	有梁板	1. 混凝土种类：预拌 2. 混凝土强度等级：C30(20)	m^3	23.39	365.39	8546.47	
10	010505001001	有梁板	1. 混凝土种类：预拌 2. 混凝土强度等级：C30(20) 3. 板厚：100mm	m^3	103.68	365.45	37889.86	
本页小计							282098.21	

注：为计取规费等的使用，可在表中增设其中：“定额人工费”。

分部分项工程和单价措施项目清单与计价表

工程名称：专用宿舍楼工程-建筑装饰　　标段：　　第 3 页 共 15 页

序号	项目编码	项目名称	项目特征描述	计量单位	工程量	金额/元		
						综合单价	合价	其中 暂估价
11	010505003001	平板	1. 混凝土种类：预拌 2. 混凝土强度等级：C30(20) 3. 板厚：100mm	m^3	33.79	377.13	12743.22	
12	010505007001	天沟(檐沟)、挑檐板	1. 混凝土种类：预拌 2. 混凝土强度等级：C30(20)	m^3	5.2	493.59	2566.67	
13	010505008001	雨篷、悬挑板、阳台板(雨篷板)	1. 混凝土种类：预拌 2. 混凝土强度等级：C30(20) 3. 部位：屋顶雨篷板	m^3	0.42	483.21	202.95	
14	010505008002	雨篷、悬挑板、阳台板(空调板)	1. 混凝土种类：预拌 2. 混凝土强度等级：C30(20) 3. 部位：空调板	m^3	1.95	475.9	928.01	
15	010506001001	直形楼梯	1. 混凝土种类：预拌 2. 混凝土强度等级：C30 3. 类型：一个自然层双跑	m^2	78.32	120.87	9466.54	
16	010507001001	散水	1. 60mm 厚 C15 混凝土面层，水泥砂浆随打随抹光 2. 150mm 厚 3∶7 灰土宽出面层 300mm 3. 素土夯实，向外坡 4% 4. 沥青砂浆嵌缝	m^2	106.41	81.39	8660.71	
17	010507001002	坡道	1. 干混地面砂浆 DS M20 抹面压光 2. 60mm 厚 C15 混凝土 3. 300mm 厚 3∶7 灰土 4. 素土夯实	m^2	9	131.38	1182.42	
18	010507004001	台阶	1. 混凝土种类：商品混凝土 2. 混凝土强度等级：C15(20)	m^2	8.96	63.6	569.86	
19	010507005001	扶手、压顶	1. 混凝土种类：预拌混凝土 C25(20) 2. 部位：窗台压顶	m^3	1.46	601	877.46	
20	010507005001	扶手、压顶	1. 混凝土种类：预拌混凝土 C25(20) 2. 部位：女儿墙压顶	m^3	6.74	603.01	4064.29	
21	010515001001	现浇构件钢筋	1. 钢筋种类：砌体内加固钢筋 2. 规格：带肋钢筋 HRB400 以内直径≤10mm	t	3.189	3338	10644.88	
22	010515001002	现浇构件钢筋	现浇构件圆钢筋 钢筋 HPB-300 直径≤10mm	t	0.015	4700.66	70.51	
23	010515001003	现浇构件钢筋	箍筋 圆钢 HPB300 直径≤10mm	t	0.557	5733.21	3193.4	
本页小计							55170.92	

注：为计取规费等的使用，可在表中增设其中："定额人工费"。

分部分项工程和单价措施项目清单与计价表

工程名称：专用宿舍楼工程-建筑装饰　　　　标段：　　　　第 4 页　共 15 页

序号	项目编码	项目名称	项目特征描述	计量单位	工程量	金额/元		
						综合单价	合价	其中 暂估价
24	010515001004	现浇构件钢筋	现浇构件带肋钢筋 带肋钢筋 HRB400 以内 直径≤10mm	t	14.859	4621.43	68669.83	
25	010515001005	现浇构件钢筋	现浇构件带肋钢筋 带肋钢筋 HRB400 以内 直径≤18mm	t	25.07	4639.11	116302.49	
26	010515001006	现浇构件钢筋	现浇构件带肋钢筋 带肋钢筋 HRB400 以内 直径≤25mm	t	25.584	4193.56	107288.04	
27	010515001007	现浇构件钢筋	箍筋 带肋钢筋 HRB400 以内 直径≤10mm	t	14.567	5759.74	83902.13	
28	010515001008	现浇构件钢筋	箍筋 带肋钢筋 HRB400 以内 直径＞10mm	t	1.461	4841.19	7072.98	
29	010515009001	支撑钢筋（铁马）	1. 钢筋种类：马凳筋 2. 规格：现浇构件带肋钢筋 带肋钢筋 HRB400 以内 直径≤10mm	t	0.269	4621.41	1243.16	
30	010516002001	预埋铁件	1. 钢材种类：预埋铁件 2. 部位：栏杆	t	0.1	7317.6	731.76	
31	010516003001	电渣压力焊接	钢筋焊接、机械连接、植筋 电渣压力焊接 ≤ϕ18	个	500	4.93	2465	
32	010516003002	电渣压力焊接	钢筋焊接、机械连接、植筋 电渣压力焊接 ≤ϕ32	个	694	5.85	4059.9	
33	01B002	混凝土泵送费		项	1	8055.17	8055.17	
		分部小计					731993.57	
	A.8	门窗工程					210157.2	
1	010801004001	木质防火门	1. 门代号及洞口尺寸：FHM 乙 2. 材质：乙级木质单开防火门（未考虑闭门器、顺序器）	m^2	4.2	267.5	1123.5	
2	010801004002	木质防火门	1. 门代号及洞口尺寸：FHM 乙－1 2. 材质：乙级木质双开防火门（未考虑闭门器、顺序器）	m^2	6.3	393.78	2480.81	
3	010802001001	金属（塑钢）门	1. 门代号及洞口尺寸：M1、M3 2. 门框、扇材质：单开成品塑钢平开门（含五金）	m^2	182.94	289.55	52970.28	
本页小计							456365.05	

注：为计取规费等的使用，可在表中增设其中："定额人工费"。

分部分项工程和单价措施项目清单与计价表

工程名称：专用宿舍楼工程-建筑装饰　　　　标段：　　　　第 5 页　共 15 页

序号	项目编码	项目名称	项目特征描述	计量单位	工程量	金额/元		
						综合单价	合价	其中 暂估价
4	010802001002	金属（塑钢）门	1. 门代号及洞口尺寸：M2 2. 门框、扇材质：双开成品塑钢平开门（含五金）	m^2	22.8	289.55	6601.74	
5	010802001003	金属（塑钢）门	1. 门代号及洞口尺寸：M4 2. 门框、扇材质：成品塑钢门联窗　平开（含五金）	m^2	207.9	289.55	60197.45	
6	010802001004	金属（塑钢）门	1. 门代号及洞口尺寸：M5 2. 门框、扇材质：成品塑钢门联窗　推拉（含五金）	m^2	17.82	229.24	4085.06	
7	010807001001	金属（塑钢、断桥）窗	1. 窗代号及洞口尺寸：C1、C3、C4 2. 框、扇材质：墨绿绝塑钢平开窗 3. 玻璃品种、厚度：中空玻璃 5+9A+5	m^2	77.22	279.75	21602.3	
8	010807001002	金属（塑钢、断桥）窗	1. 窗代号及洞口尺寸：C2 2. 框、扇材质：墨绿绝塑钢推拉窗 3. 玻璃品种、厚度：中空玻璃 5+9A+5	m^2	229.43	229.62	52681.72	
9	010807002001	金属防火窗	1. 窗代号及洞口尺寸：FHC 2. 框、扇材质：乙级防火窗：向有专业资质的厂家定制(距地 600mm) 3. 玻璃品种、厚度：防火玻璃	m^2	4.32	603.82	2608.5	
10	010807004001	金属纱窗	1. 窗代号及洞口尺寸：C1、C3、C4 2. 框、扇材质：墨绿色塑钢平开纱扇	m^2	40.88	63.48	2595.06	
11	010807004002	金属纱窗	1. 窗代号及洞口尺寸：C2 2. 框、扇材质：墨绿色塑钢推拉纱扇	m^2	50.31	63.82	3210.78	
		分部小计					210157.2	
	A.9	屋面及防水工程					219611.24	
本页小计							153582.61	

注：为计取规费等的使用，可在表中增设其中："定额人工费"。

分部分项工程和单价措施项目清单与计价表

工程名称：专用宿舍楼工程-建筑装饰　　　　标段：　　　　第 6 页　共 15 页

序号	项目编码	项目名称	项目特征描述	计量单位	工程量	金额/元		
						综合单价	合价	其中 暂估价
1	010902001001	屋面 2	屋面 2 做法： (1)防水层:3＋3SBS 卷材防水层(防水卷材上翻 500) (2)找平层:20mm 厚干混 DS M20 砂浆 (3)保温层:60mm 厚岩棉保温层 (4)找坡层:1∶8 膨胀珍珠岩找坡最薄处 20mm 厚 (5)结构层:钢筋混凝土板 部位:楼梯间屋面	m^2	51.68	270.54	13981.51	
2	010902001002	屋 3	1.20mm 厚预拌砂浆(干拌)DS M15,掺 5%防水剂 2. 结构层:钢筋混凝土楼板 3. 部位:屋 3(顶层楼梯间门口上方雨篷顶)	m^2	4.2	26.46	111.13	
3	010902003002	屋面 1	屋面 1 做法： (1)保护层:40mm 厚 C20 混凝土内配直径 4 双向钢筋网@150×150 (2)防水层:3＋3SBS 卷材防水层(防水卷材上翻 500mm) (3)找平层:20mm 厚干混 DS M20 砂浆 (4)保温层:60mm 厚岩棉保温层 (5)找坡层:1∶8 膨胀珍珠岩找坡最薄处 20mm 厚 (6)结构层:钢筋混凝土板 部位:主楼屋面	m^2	779.86	255.14	198973.48	
4	010902004002	屋面排水管	施工要求:UPV 硬质管材 DN100,穿楼板时设置刚性防水套管、屋面板设置阻火圈、雨水斗、雨水口	m	83.25	78.62	6545.12	
		分部小计					219611.24	
	A.11	楼地面装饰工程					224558.41	
1	011101001001	水泥砂浆楼地面 台阶平台	1.20mm 厚干混地面砂浆 DS M20 抹面压光 2.60mm 厚 C15 混凝土找平 3.300mm 厚 3∶7 灰土垫层 4. 素土夯实 5. 部位:台阶平台处	m^2	13.84	123.33	1706.89	
本页小计							221318.13	

注：为计取规费等的使用，可在表中增设其中：“定额人工费”。

分部分项工程和单价措施项目清单与计价表

工程名称：专用宿舍楼工程-建筑装饰　　标段：　　第 7 页　共 15 页

序号	项目编码	项目名称	项目特征描述	计量单位	工程量	金额/元		
						综合单价	合价	其中 暂估价
2	011102001001	石材楼地面	1. 花岗石面层 2. 黏结找平层 3. 钢筋混凝土楼板 4. 部位：楼梯平台	m^2	24.78	131.72	3264.02	
3	011102001001	石材楼地面（门厅花岗岩地面）	1. 花岗岩楼地面 2. 具体做法 1）20mm 厚 800mm×800mm 花岗石板铺实拍平，擦缝 2）黏结找平层 3）80mm 厚 C15 混凝土垫层 4）素土夯实 3. 部位：门厅	m^2	52.3	162.2	8483.06	
4	011102001004	石材楼地面（首层管理室花岗岩地面）	1. 花岗石面层 2. 黏结找平层 3. 80mm 厚 C15 混凝土垫层 4. 素土夯实 5. 部位：首层管理室地面	m^2	35.91	162.82	5846.87	
5	011102003001	块料楼地面（首层走道、宿舍地面）	1. 8～10mm 厚 800mm×800mm 地砖铺实拍平，擦缝 2. 黏结找平层 3. 80mm 厚 C15 混凝土垫层 4. 素土夯实 5. 部位：首层走道，宿舍地面	m^2	430.51	134.47	57890.68	
6	011102003001	块料楼地面（首层楼梯间地面）	1. 8～10mm 厚 800mm×800mm 地砖铺实拍平，擦缝 2. 黏结找平层 3. 80mm 厚 C15 混凝土垫层 4. 素土夯实 5. 部位：首层楼梯间地面	m^2	51.98	134.87	7010.54	
7	011102003002	块料楼地面（二层走道、宿舍、管理室楼面）	1. 8～10mm 厚 800mm×800mm 地砖铺实拍平，水泥浆擦缝 2. 黏结找平层 3. 钢筋混凝土楼板 4. 部位：二层走道，宿舍楼面	m^2	499.26	103.46	51653.44	
本页小计							134148.61	

注：为计取规费等的使用，可在表中增设其中："定额人工费"。

分部分项工程和单价措施项目清单与计价表

工程名称：专用宿舍楼工程-建筑装饰　　标段：　　第 8 页　共 15 页

序号	项目编码	项目名称	项目特征描述	计量单位	工程量	金额/元		
						综合单价	合价	其中 暂估价
8	011102003003	块料楼地面（首层阳台卫生间地面、阳台地面）	1. 8～10mm 厚 300mm×300mm 地砖铺实拍平，擦缝 2. 黏结找平层 3. 1.5mm 厚聚氨酯防水涂料，面上撒黄沙，四周沿墙上翻 150mm 高 4. 15mm 厚干混地面砂浆 DS M20 找平 5. 50mm 厚 C15 细石混凝土找坡不小于 0.5%，最薄处不小于 30mm 厚 6. 60mm 厚 C15 混凝土垫层 7. 素土夯实 8. 部位：首层阳台卫生间地面、阳台地面（单个房间面积小于 $8m^2$）	m^2	118.44	199.18	23590.88	
9	011102003003	块料楼地面（首层公共卫生间及盥洗室地面）	1. 8～10mm 厚 300mm×300mm 地砖铺实拍平，擦缝 2. 黏结找平层 3. 1.5mm 厚聚氨酯防水涂料，面上撒黄砂，四周沿墙上翻 150mm 高 4. 15mm 厚干混地面砂浆 DS M20 找平 5. 50mm 厚 C15 细石混凝土找坡不小于 0.5%，最薄处不小于 30mm 厚 6. 60mm 厚 C15 混凝土垫层 7. 素土夯实 8. 部位：首层公共卫生间及盥洗室地面	m^2	23.91	197.26	4716.49	
10	011102003004	块料楼地面（二层阳台，阳台卫生间楼面，单个房间面积小于 $8m^2$）	1. 8～10mm 厚 300mm×300mm 地砖铺实拍平，擦缝 2. 黏结找平层 3. 1.5mm 厚聚氨酯防水涂料，面上撒黄砂，四周沿墙上翻 150mm 高 4. 15mm 厚干混地面砂浆 DS M20 找平 5. 50mm 厚 C15 细石混凝土找坡不小于 0.5%，最薄处不小于 30mm 厚 6. 现浇混凝土板 7. 部位：二层阳台，阳台卫生间楼面，单个房间面积小于 $8m^2$	m^2	129.81	157.07	20389.26	
本页小计							48696.63	

注：为计取规费等的使用，可在表中增设其中："定额人工费"。

分部分项工程和单价措施项目清单与计价表

工程名称：专用宿舍楼工程-建筑装饰　　标段：　　第 9 页　共 15 页

序号	项目编码	项目名称	项目特征描述	计量单位	工程量	金额/元		
						综合单价	合价	其中 暂估价
11	011102003004	块料楼地面(二层公共卫生间、盥洗室、开水房楼面)	1.8～10mm 厚 300mm×300mm 地砖铺实拍平，擦缝 2. 黏结找平层 3. 1.5mm 厚聚氨酯防水涂料，面上撒黄砂，四周沿墙上翻150mm 高 4. 15mm 厚干混地面砂浆 DS M20 找平 5. 50mm 厚 C15 细石混凝土找坡不小于 0.5%，最薄处不小于 30mm 厚 6. 现浇混凝土板 7. 部位：二层公共卫生间、盥洗室、开水房楼面	m^2	41.91	153.57	6436.12	
12	011105001001	水泥砂浆踢脚线	1. 踢脚线高度：120mm 2. 做法：干混抹灰砂浆 DP M10 踢脚线 3. 部位：走道、宿舍、首层楼梯间	m^2	90.63	60.45	5478.58	
13	011105001001	水泥砂浆踢脚线	1. 踢脚线高度：120mm 2. 做法：干混抹灰砂浆 DP M10 踢脚线 3. 部位：楼梯平台	m^2	3.05	60.45	184.37	
14	011105001002	水泥砂浆踢脚线	1. 踢脚线高度：120mm 2. 干混抹灰砂浆 DP M10 踢脚线 3. 部位：踏步段	m^2	5.77	65.99	380.76	
15	011105001003	水泥砂浆踢脚线	1. 踢脚线高度：120mm 2. 干混抹灰砂浆 DP M10 踢脚线 3. 部位：休息平台	m^2	3.94	60.45	238.17	
16	011105002001	石材踢脚线	1. 踢脚线高度：120mm 2. 水泥砂浆粘贴大理石踢脚线 3. 部位：门厅	m^2	4.06	224.72	912.36	
17	011105002002	石材踢脚线	1. 踢脚线高度：120mm 2. 水泥砂浆粘贴花岗岩踢脚线 3. 部位：管理室	m^2	7.13	224.71	1602.18	
18	011106001001	石材楼梯面层	1. 花岗石面层 2. 黏结找平层 3. 钢筋混凝土楼板 4. 部位：楼梯踏步及休息平台	m^2	78.32	302.86	23720	
本页小计							38952.54	

注：为计取规费等的使用，可在表中增设其中："定额人工费"。

分部分项工程和单价措施项目清单与计价表

工程名称：专用宿舍楼工程-建筑装饰　　　　标段：　　　　第 10 页　共 15 页

序号	项目编码	项目名称	项目特征描述	计量单位	工程量	金额/元		
						综合单价	合价	其中 暂估价
19	011107004001	水泥砂浆台阶面	1. 20mm 厚干混地面砂浆 DS M20 抹面压光 2. 60mm 厚 C15 混凝土，台阶面向外坡 1%（结构单列计算） 3. 300mm 厚 3∶7 灰土垫层 4. 素土夯实	m^2	8.96	90.78	813.39	
20	011108004001	水泥砂浆零星项目	1. 找平层厚度、砂浆配合比：20mm 厚干混地面砂浆 DS M20 2. 部位：楼梯侧面	m^2	5.67	42.39	240.35	
		分部小计					224558.41	
	A.12	墙、柱面装饰与隔断、幕墙工程					430127.22	
1	011201001001	墙面一般抹灰	1. (14＋6)mm 干混抹灰砂浆 DP M10 抹灰 2. 刷建筑胶素水泥浆一遍，配合比为建筑胶∶水＝1∶4 3. 部位：门厅、走道、宿舍、楼梯间、管理室	m^2	3305.1	33.2	109729.32	
2	011201001002	墙面一般抹灰	1. 刷建筑胶素水泥浆一遍，配合比为建筑胶∶水＝1∶4 2. (14＋6)mm 干混抹灰砂浆 DP M10 抹灰 3. 部位：外墙 2（女儿墙内侧）	m^2	222.9	46.62	10391.6	
3	011202001001	柱、梁面一般抹灰	1. 刷建筑胶素水泥浆一遍，配合比为建筑胶∶水＝1∶4 2. (14＋6)mm 干混抹灰砂浆 DP M10 抹灰 3. 部位：首层台阶处独立柱	m^2	14.9	39.05	581.85	
4	011203001001	零星项目一般抹灰	1. 做法：20mm 厚干混 DS M20 砂抹面压光 2. 部位：空调板下表面及侧面	m^2	44.6	77.23	3444.46	
5	011204003001	块料墙面	1. 200mm × 300mm 墙砖，擦缝 2. 黏结找平层 3. 部位：开水房，洗浴室，卫生间，阳台	m^2	1762.93	100.67	177474.16	
6	011204003002	块料墙面	1. 8～10mm 厚 100mm × 100mm 面砖，擦缝 2. 黏结找平层 3. 部位：外墙 1	m^2	1210.15	106.19	128505.83	
		本页小计					431180.96	

注：为计取规费等的使用，可在表中增设其中："定额人工费"。

分部分项工程和单价措施项目清单与计价表

工程名称：专用宿舍楼工程-建筑装饰　　标段：　　第 11 页　共 15 页

序号	项目编码	项目名称	项目特征描述	计量单位	工程量	金额/元		
						综合单价	合价	其中 暂估价
		分部小计					430127.22	
	A. 13	天棚工程					44714.19	
1	011301001001	天棚抹灰	1. 做法：20mm 厚干混 DS M20 砂抹面压光 2. 部位：挑檐底部、二层阳台底部	m^2	89.12	44.69	3982.77	
2	011301001002	天棚抹灰	1.12mm 厚干混抹灰砂浆 DP M10 抹灰 2. 钢筋混凝土板底面清理干净 3. 部位：门厅、走道、宿舍、开水房，洗浴室，卫生间，阳台、管理室、楼梯平台	m^2	1418.01	26.86	38087.75	
3	011301001003	天棚抹灰	1. 做法：20mm 厚干混 DS M20 砂抹面压光 2. 部位：顶层雨篷板下表面及侧面	m^2	5.02	44.7	224.39	
4	011301001004	天棚抹灰	1.12mm 厚干混抹灰砂浆 DP M10 抹灰 2. 钢筋混凝土板底面清理干净 3. 部位：楼梯踏步板底、休息平台板底	m^2	90.07	26.86	2419.28	
		分部小计					44714.19	
	A. 14	油漆、涂料、裱糊工程					94629.92	
1	011405001001	金属面油漆	1. 部位：方钢栏杆、空调格栅 2. 油漆品种、刷漆遍数：外喷调和漆两道	m^2	200.788	8.14	1634.41	
2	011406001001	抹灰面油漆	1. 具体做法： (1)白色乳胶漆涂料 (2)满刮腻子一遍，刷底漆一遍，乳胶漆两遍 2. 部位：空调板上下表面及侧面	m^2	44.6	19.55	871.93	
3	011406001002	抹灰面油漆	1. 具体做法： (1)白色乳胶漆涂料 (2)满刮腻子一遍，刷底漆一遍，乳胶漆两遍 2. 部位：挑檐底部、二层阳台底部	m^2	89.12	19.55	1742.3	
			本页小计				48962.83	

注：为计取规费等的使用，可在表中增设其中："定额人工费"。

分部分项工程和单价措施项目清单与计价表

工程名称：专用宿舍楼工程-建筑装饰　　　　标段：　　　　第 12 页　共 15 页

序号	项目编码	项目名称	项目特征描述	计量单位	工程量	金额/元		
						综合单价	合价	其中 暂估价
4	011406001003	抹灰面油漆	1. 清理基层 2. 满刮腻子一遍 3. 刷底漆一遍，面漆（乳胶漆）两遍 4. 部位：门厅、走道、宿舍、楼梯间、管理室墙面	m^2	3406.05	15.72	53543.11	
5	011406001004	抹灰面油漆	1. 做法：清理基层，满刮腻子一遍，刷底漆一遍，面漆（乳胶漆）两遍 2. 部位：外墙 2（女儿墙内侧）	m^2	222.9	18.76	4181.6	
6	011406001005	抹灰面油漆	1. 做法：清理基层，满刮腻子一遍，刷底漆一遍，面漆（乳胶漆）两遍 2. 部位：外墙 2（首层台阶处独立柱）	m^2	14.9	20.38	303.66	
7	011406001006	抹灰面油漆	1. 具体做法： (1)白色乳胶漆涂料 (2)满刮腻子一遍，刷底漆一遍，乳胶漆两遍 2. 部位：雨篷板下表面及侧面油漆	m^2	5.02	19.56	98.19	
8	011406002001	抹灰线条油漆	1. 干混抹灰砂浆 DP M10 分层抹灰 2. 部位：女儿墙压顶上表面	m	168.6	22.88	3857.57	
9	011407002001	天棚喷刷涂料	1. 满刮腻子一遍，刷底漆一遍，白色乳胶漆二遍 2. 部位：门厅、走道、宿舍、开水房，洗浴室，卫生间，阳台、管理室、楼梯平台	m^2	1418.01	18.83	26701.13	
10	011407002002	天棚喷刷涂料	1. 满刮腻子一遍，刷底漆一遍，白色乳胶漆二遍 2. 部位：楼梯踏步板底、休息平台板底	m^2	90.07	18.83	1696.02	
		分部小计					94629.92	
	A.15	其他装饰工程					38576.87	
1	011503001001	金属扶手、栏杆、栏板	1. 扶手材料种类、规格：ϕ60×2 不锈钢圆管 2. 横撑材料种类、规格：ϕ30×1.5 不锈钢圆管 3. 立撑材料种类、规格：ϕ20×1.5 不锈钢圆管 4. 栏杆材料种类、规格：ϕ40×2 不锈钢圆管 5. 部位：楼梯栏杆	m	34.37	294.03	10105.81	
			本页小计				100487.09	

注：为计取规费等的使用，可在表中增设其中："定额人工费"。

分部分项工程和单价措施项目清单与计价表

工程名称：专用宿舍楼工程-建筑装饰　　标段：　　第 13 页　共 15 页

序号	项目编码	项目名称	项目特征描述	计量单位	工程量	金额/元		
						综合单价	合价	其中 暂估价
2	011503001002	金属扶手、栏杆、栏板	1. 扶手材料种类、规格：50mm×50mm×2mm 不锈钢管 2. 栏杆材料种类、规格：30mm×30mm×2mm 不锈钢管 3. 部位：二层 C4 处护窗栏杆	m	4.4	154.4	679.36	
3	011503001003	金属扶手、栏杆、栏板	1. 扶手材料种类、规格：ϕ40 不锈钢管 2. 栏杆材料种类、规格：ϕ30 不锈钢管 3. 部位：坡道	m	14.77	294.04	4342.97	
4	011503001004	金属扶手、栏杆、栏板	1. 扶手材料种类、规格：50mm×50mm×2mm 方钢立管 2. 栏杆材料种类、规格：50mm×50mm×2mm 方钢立管 3. 部位：空调格栅	m	54	174.34	9414.36	
5	011503001005	金属扶手、栏杆、栏板	1. 扶手材料种类、规格：50mm×50mm×2mm 方钢立管 2. 栏杆材料种类、规格：50mm×50mm×2mm 方钢立管 3. 部位：阳台 C2 处	m	80.5	174.34	14034.37	
		分部小计					38576.87	
		措施项目					477633.49	
1	011701001001	综合脚手架	多层建筑综合脚手架 框架结构 檐高 20m 以内	m^2	1680.39	49.43	83061.68	
2	011701003001	里脚手架	1. 高度：1.5m 2. 部位：主屋面女儿墙	m^2	183.3	5.41	991.65	
3	011702001001	基础垫层模板	1. 现浇独立基础垫层复合模板 2. 工作内容：模板及支撑制作、安装、拆除、堆放、运输及清量模板内杂物、刷隔离剂等	m^2	42.54	43.36	1844.53	
4	011702001002	基础	1. 现浇独立基础复合模板、木支撑 2. 工作内容：模板及支撑制作、安装、拆除、堆放、运输及清量模板内杂物、刷隔离剂等	m^2	248.45	54.45	13528.1	
5	011702002001	矩形柱	1. 现浇混凝土模板 矩形柱复合模板 钢支撑 2. 工作内容：模板及支撑制作、安装、拆除、堆放、运输及清量模板内杂物、刷隔离剂等	m^2	802.66	57.9	46474.01	
		本页小计					174371.03	

注：为计取规费等的使用，可在表中增设其中："定额人工费"。

分部分项工程和单价措施项目清单与计价表

工程名称：专用宿舍楼工程-建筑装饰　　　　标段：　　　　第 14 页　共 15 页

序号	项目编码	项目名称	项目特征描述	计量单位	工程量	金额/元		
						综合单价	合价	其中 暂估价
6	011702003001	构造柱	1. 现浇混凝土模板 构造柱 复合模板 钢支撑 2. 工作内容：模板及支撑制作、安装、拆除、堆放、运输及清量模板内杂物、刷隔离剂等	m^2	176.44	45.12	7960.97	
7	011702006001	矩形梁	1. 现浇矩形梁复合模板、钢支撑 2. 工作内容：模板及支撑制作、安装、拆除、堆放、运输及清量模板内杂物、刷隔离剂等	m^2	1607.86	49.72	79942.8	
8	011702008001	圈梁	1. 现浇混凝土模板 圈梁 直形 复合模板 钢支撑 2. 工作内容：模板及支撑制作、安装、拆除、堆放、运输及清量模板内杂物、刷隔离剂等	m^2	146.77	55.57	8156.01	
9	011702009001	过梁	1. 现浇混凝土模板 过梁 复合模板 钢支撑 2. 工作内容：模板及支撑制作、安装、拆除、堆放、运输及清量模板内杂物、刷隔离剂等	m^2	92.04	70.67	6504.47	
10	011702014001	有梁板	1. 现浇有梁板复合模板、钢支撑 2. 工作内容：模板及支撑制作、安装、拆除、堆放、运输及清量模板内杂物、刷隔离剂等	m^2	1303.9	55.52	72392.53	
11	011702016001	平板	1. 现浇平板复合模板、钢支撑 2. 工作内容：模板及支撑制作、安装、拆除、堆放、运输及清量模板内杂物、刷隔离剂等	m^2	336.88	53.63	18066.87	
12	011702022001	天沟、檐沟(挑檐板)	1. 现浇混凝土模板 天沟挑檐 复合模板钢支撑 2. 工作内容：模板及支撑制作、安装、拆除、堆放、运输及清量模板内杂物、刷隔离剂等	m^2	64.7	71.69	4638.34	
13	011702023001	雨篷、悬挑板、阳台板(空调板)	1. 现浇混凝土模板 空调板 直形 复合模板钢支撑 2. 工作内容：模板及支撑制作、安装、拆除、堆放、运输及清量模板内杂物、刷隔离剂等	m^2	19.5	72.55	1414.73	
			本页小计				199076.72	

注：为计取规费等的使用，可在表中增设其中："定额人工费"。

分部分项工程和单价措施项目清单与计价表

工程名称：专用宿舍楼工程-建筑装饰　　标段：　　第 15 页　共 15 页

序号	项目编码	项目名称	项目特征描述	计量单位	工程量	金额/元		
						综合单价	合价	其中 暂估价
14	011702023002	雨篷	1. 现浇混凝土模板 雨篷板直形 复合模板钢支撑 2. 工作内容：模板及支撑制作、安装、拆除、堆放、运输及清量模板内杂物、刷隔离剂等	m^2	4.2	88.33	370.99	
15	011702027001	台阶	1. 现浇混凝土模板 台阶 复合模板木支撑 2. 工作内容：模板及支撑制作、安装、拆除、堆放、运输及清量模板内杂物、刷隔离剂等	m^2	8.96	64.03	573.71	
16	011702028001	扶手(压顶)	1. 现浇混凝土模板 扶手压顶 复合模板木支撑 2. 工作内容：模板及支撑制作、安装、拆除、堆放、运输及清量模板内杂物、刷隔离剂等	m^2	82	50.6	4149.2	
17	011702029001	坡道	1. 现浇坡道复合模板、钢支撑 2. 工作内容：模板制作、安装、拆除、堆放、运输及清量模板内杂物、刷隔离剂等	m^2	1.76	43.35	76.3	
18	011702029002	散水	1. 现浇散水复合模板 2. 工作内容：模板制作、安装、拆除、堆放、运输及清量模板内杂物、刷隔离剂等	m^2	14.84	43.36	643.46	
19	011702024001	楼梯	1. 现浇混凝土模板 楼梯 直形 复合模板钢支撑 2. 工作内容：模板及支撑制作、安装、拆除、堆放、运输及清量模板内杂物、刷隔离剂等	m^2	78.32	136.41	10683.63	
20	011703001001	垂直运输	垂直运输 20m(6 层)以内塔式起重机施工 现浇框架	m^2	1680.39	28.9	48563.27	
21	011705001001	大型机械设备进出场及安拆		项	1	67596.24	67596.24	
本页小计							132656.8	
合计							2672049.2	

注：为计取规费等的使用，可在表中增设其中："定额人工费"。

表 8-9　综合单价分析表

工程名称：专用宿舍楼工程-建筑装饰　　　　标段：　　　　第 1 页　共 1 页

项目编码		010101001001		项目名称		平整场地		计量单位	m^2	工程量	806.29
清单综合单价组成明细											
定额编号	定额项目名称	定额单位	数量	单价				合价/元			
				人工费	材料费	机械费	管理费和利润	人工费	材料费	机械费	管理费和利润
1-124	机械场地平整	$100m^2$	0.01	5.4		120.07	6.75	0.05		1.2	0.07
人工单价		小计						0.05		1.2	0.07
63.53 元/工日		未计价材料费									
清单项目综合单价								1.32			
材料费明细	主要材料名称、规格、型号					单位	数量	单价/元	合价/元	暂估单价/元	暂估合价/元
	其他材料费							—	0.00	—	
	材料费小计							—		—	

注：如不使用省级或行业建设主管部门发布的计价依据，可不填定额编号、名称等。

表 8-10 总价措施项目清单与计价表

工程名称：专用宿舍楼工程-建筑装饰　　　　标段：　　　　第 1 页 共 1 页

序号	项目编码	项 目 名 称	计 算 基 础	费率/%	金额/元	调整费率/%	调整后金额/元	备注
1	011707001001	安全文明施工费	分部分项安全文明施工费＋单价措施安全文明施工费		80889.35			
2		其他措施费(费率类)			37221.64			
2.1	011707002001	夜间施工增加费	分部分项其他措施费＋单价措施其他措施费	25	9305.41			
2.2	011707004001	二次搬运费	分部分项其他措施费＋单价措施其他措施费	50	18610.82			
2.3	011707005001	冬雨季施工增加费	分部分项其他措施费＋单价措施其他措施费	25	9305.41			
3		其他（费率类）						
合计					118110.99			

编制人（造价人员）：　　　　复核人（造价工程师）：

注：1. “计算基础”中安全文明施工费可为“定额基价”、“定额人工费”或“定额人工费＋定额机械费”，其他项目可为“定额人工费”或“定额人工费＋定额机械费”。

2. 按施工方案计算的措施费，若无“计算基础”和“费率”的数值，也可只填“金额”数值，但应在备注栏说明施工方案出处或计算方法。

本章小结

工程量清单计价是国际上通用的一种计价模式，也是我国深化工程造价管理改革的一项重要工作，但在定额计价模式下的施工图预算仍发挥着不可或缺的作用。在本章的学习中，应深刻理解和认识推行工程量清单计价的重要意义及其作用；应熟悉工程量清单计价的相关概念，以及工程量清单计价与定额计价的区别；进一步掌握综合单价的确定和工程量清单计价的编制，最终做到学以致用。

思考题

1. 何谓工程量清单计价？建筑安装工程造价包括哪些费用内容？
2. 何谓综合单价？如何理解这个概念？
3. 如何理解工程量清单计价中的单价项目和总价项目？
4. 清单计价与定额计价有何区别？
5. 清单工程量与计价工程量有何区别？
6. 何谓组价内容？如何理解这个概念？
7. 如何编制综合单价？
8. 如何编制招标控制价和投标价？二者的本质区别在哪？
9. 2013 版“清单计价规范”对招标控制价和投标报价有哪些一般规定？

第9章

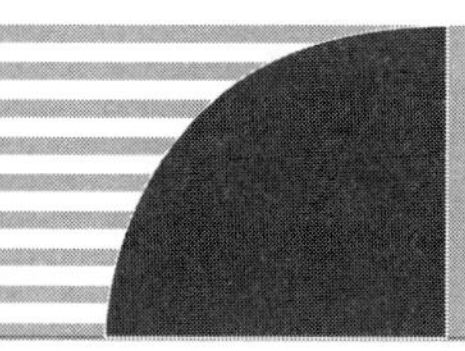

建筑业营改增对工程造价的影响

学习目标

1. 了解营业税与增值税的区别。
2. 熟悉增值税的计税方法。
3. 掌握营改增对工程造价的影响。

学习要求

1. 理解营业税与增值税的征税范围、计税方法等方面的区别。
2. 掌握增值税的计税方法。
3. 掌握增值税下工程造价的计算。

9.1 营业税概述

9.1.1 营业税的征税范围

营业税的征税范围包括在中国境内提供应税劳务、转让无形资产或销售不动产。试点前，营业税应税劳务包括交通运输业、建筑业、金融保险业、邮电通信业、文化体育业、娱乐业、服务业等 七大行业提供的劳务。营业税的税目税率见表 9-1。

表 9-1 营业税的税目税率

序号	税目	税率	序号	税目	税率
（一）	交通运输业	3%	（六）	娱乐业	5%～20%
（二）	建筑业	3%	（七）	服务业	5%
（三）	金融保险业	5%	（八）	转让无形资产	5%
（四）	邮电通信业	3%	（九）	销售不动产	5%
（五）	文化体育业	3%			

9.1.2 营业税的计税方法

营业税从属性划分属于价内税，计税方法简便，应纳税额以营业额乘以相应税率，营业额中包括应纳税额。应纳税额计算公式为：应纳税额=营业额×税率。

案例：某工程的营业额是1000万元，应纳税额=1000万×3%=30万元

9.1.3 营业税的会计处理

企业购进货物或接受劳务和服务时实际支付或应付的含税金额，分别核算为“主营业务成本”、“管理费用”、“销售费用”和“财务费用”。

企业提供营业税应税劳务、转让无形资产或者销售不动产时，以实际收到或应收的价款，借记“银行存款”、“应收账款”等科目，贷记“主营业务收入”科目；以实际收到或应收价款乘以营业税税率计算的金额，借记“营业税金及附加”科目，贷记“应交税费-应交营业税”科目。

解缴税款时，借记“应交税费-应交营业税”科目，贷记“银行存款”科目。

从以上会计处理看出，营业税下购进货物或接受劳务和服务以包括进项税额的“含税金额”进行成本费用核算，营业税应纳税额进行当期损益核算。

9.2 增值税概述

9.2.1 增值税的征税范围

营改增试点前，增值税的征税范围包括在中华人民共和国境内销售货物或者提供加工、修理修配劳务以及进口货物。

自2014年1月1日起，交通运输业、邮政业以及部分现代服务业已在全国范围内开展营改增试点。营改增试点的部分现代服务业包括研发和技术服务、信息技术服务、文化创意服务、物流辅助服务、有形动产租赁服务、鉴证咨询服务、广播影视服务等。

9.2.2 增值税的计税方法

增值税从属性划分属于价外税，计税方法分一般计税方法和简易计税方法。

(1) 计税方法的适用

一般纳税人销售货物或者提供加工修理修配劳务和应税服务适用一般计税方法计税。一般纳税人销售财政部和国家税务总局规定的特定货物或提供财政部和国家税务总局规定的特定应税服务，可以选择适用简易计税方法计税，但一经选择，36个月内不得变更。小规模纳税人销售货物或提供加工修理修配劳务或应税服务适用简易计税方法计税。

(2) 一般计税方法

一般计税方法应纳税额，是指当期销项税额抵扣当期进项税额后的余额。当期销项税额小于当期进项税额不足抵扣时，其不足部分可以结转下期继续抵扣。应纳税额计算公式：应纳税额=当期销项税额－当期进项税额，是指纳税人购进货物或者接受增值税应税劳务和服务而支付或者负担的增值税额。销项税额，是指纳税人提供应税服务按照销售额和增值税税率计算的增值税额。(注：销项税额为增值税纳税人销售货物和应交税劳务，按照销售额和

适用税率计算并向购买方收取的增值税税额；进项税额是指纳税人购进货物或应税劳务所支付或者承担的增值税税额）。

销项税额计算公式：销项税额＝销售额×税率。

一般计税方法的销售额不包括销项税额，纳税人采用销售额和销项税额合并定价方法的，按照下列公式计算销售额：销售额＝含税销售额÷（1＋税率）。增值税（一般计税）的税目税率见表9-2。

表9-2 增值税（一般计税）的税目税率

序号	税目	税率
（一）	销售或进口以外的货物	17％
（二）	销售或进口下列货物： 1. 粮食、食用植物油 2. 自来水、暖气、冷水、热水、煤气、石油液化气、天然气、沼气、居民用煤炭制品 3. 图书、报纸、杂志 4. 饲料、化肥、农药、农机、农膜 5. 国务院规定的其他货物 （1）农产品 （2）音像制品 （3）电子出版物 （4）二甲醚	13％
（三）	出口货物，国务院另有规定的除外	0
（四）	提供加工、修理修配劳务	17％
（五）	提供交通运输业、邮政业服务和基础电信服务	11％
（六）	提供有形动产租赁服务	17％
（七）	提供研发和技术服务、信息技术服务、文化创意服务、物流辅助服务、鉴证咨询服务、广播影视服务以及增值电信	6％

【例9-1】 某商店为增值税一般纳税人，2012年6月零售粮食、食用植物油、各种蔬菜和水果取得含税收入500000元，销售酸奶、奶油取得含税收入80000元，销售其他商品取得含税收入240000元，本月购进货物取得增值税专用发票30张，共计税金85000元；本月购进税控收款机抵扣信息的扫描器具一批，取得增值税普通发票注明价款为3000元，则应缴纳的增值税税额为多少元？

【解】

应纳增值税＝500000÷（1＋13％）×13％＋（80000＋240000）÷（1＋17％）×17％－85000＝19017.85（元）

（3）简易计税方法

简易计税方法的应纳税额，是指按照销售额和增值税征收率计算的增值税额，不得抵扣进项税额。应纳税额计算公式：应纳税额＝销售额×征收率。

简易计税方法的销售额不包括其应纳税额，纳税人采用销售额和应纳税额合并定价方法的，按照下列公式计算销售额：销售额＝含税销售额÷（1＋征收率）。增值税（简易计税）的税目税率见表9-3。

表 9-3　增值税（简易计税）的税目税率

序号	税　目	税率
（一）	小规模纳税人	3%
（二）	一般纳税人销售自产的下列货物： 1. 县级及县级以下小型水力发电单位生产的电力 2. 建筑用和生产建筑材料所用的砂、土、石料 3. 以自己采掘的砂、土、石料或其他矿物连续生产的砖、瓦、石灰(不含黏土实心砖、瓦) 4. 用微生物、微生物代谢产物、动物毒素、人或动物的血液或组织制成的生物制品 5. 自来水 6. 商品混凝土(仅限于以水泥为原料生产的水泥混凝土)	6%

9.2.3　增值税的会计处理

企业购进货物或接受增值税应税劳务和服务时，按照增值税扣税凭证注明或计算的进项税额借记“应交税费－应交增值税（进项税额）”科目，实际支付或应付的金额与进项税额的差额分别核算为“主营业务成本”、“管理费用”、“销售费用”和“财务费用”，以实际支付或应付的金额，贷记“银行存款”、“应付账款”等科目。

企业销售货物或提供增值税应税劳务和服务时，以实际收到或应收的金额，借记“银行存款”、“应收账款”等科目，以销售额乘以相应税率计算的销项税额贷记“应交税费－应交增值税（销项税额）”科目，以实际收到或应收的金额与销项税额的差额贷记“主营业务收入”科目。

解缴税款时，以“应交税费－应交增值税”科目“贷”方期末余额为增值税应纳税额，借记“应交税费－应交增值税”科目，贷记“银行存款”科目。

从以上会计处理看出，增值税下购进货物或接受增值税应税劳务和服务以扣除进项税额后的“不含税金额”进行成本费用核算，销项税额亦不包括在主营业务收入中，进项税额和销项税额分别在“应交税费－应交增值税”科目的“借”、“贷”两个相反方向核算，应纳税额（销项税额－进项税额）直接在“应交税费－应交增值税”科目核算，不进行当期损益核算。

9.3　营业税与增值税的区别

9.3.1　征税范围

营业税与增值税是我国长期共存的两大流转税税种，分别适用不同的征税范围，且在征税范围既相互排斥又互为补充，即同一应税对象要么适用营业税，要么适用增值税，不会既征营业税又征增值税。

9.3.2　计税方法

比较分析营业税与增值税的计税方法，两者呈现两项显著性差异。

(1) 计税依据的差异

营业税属价内税，应纳税额的计算依据——营业额包括应纳税额；增值税属价外税，应纳税额的计算依据——销售额不包括销项税额或应纳税额，即使销售货物或提供增值税应税劳务和服务采用“价税合并”定价方法，含税销售额也要折减为不含税销售额。折减计算式为：销售额＝含税销售额÷（1＋税率）；或销售额＝含税销售额÷（1＋征收率）。

（2）进项抵扣的差异

营业税计税简便，不需要抵扣，应纳税额相对于营业额税负比率为“定值”，不受购进货物或接受增值税应税劳务和服务的影响。而增值税一般计税方法计税相对复杂，需要进行进项税额抵扣，应纳税额相对于销售额税负比率为“变值”，不仅与销项税额相关，而且受购进货物或接受增值税应税劳务和服务而取得的进项税额的影响；增值税简易计税方法与营业税计算方法基本一致，只是计算依据为不含税的销售额，而不是含税的营业额见表 9-4。

表 9-4 差异对比

税种	计税方法		成本核算	营业收入核算	应纳税额核算
营业税	应纳税额＝营业额×税率		以“含税金额”进行成本核算（包括进项税额）	包括营业税额	营业税应纳税额参与了当期损益核算，计算营业利润时需要从营业收入中扣减应纳税额
增值税	一般计税法	应纳税额＝销项税额－进项税额 销项税额＝销售额×税率	成本费用不包括可抵扣的进项税额	不包括进项税额和销项税额	增值税应纳税额不参与当期损益核算，计算营业利润时不需要扣除应纳税额
	简易计税法	应纳税额＝销售额×税率			

注：1. 进项税额：指纳税人购进货物或者接受增值税应税劳务和服务而负担的增值税额。

2. 销售额：增值税下的销售额，特指不含应交税金额。

9.3.3 财务核算

财务核算方面的差异由营业税与增值税分别属于价内税与价外税的本质属性差异所决定，是财务核算对税制属性差异的反应，是研究工程计价规则的基础。

（1）成本费用核算的差异

营业税与增值税两种税制在成本费用核算方面的本质差异在于：购进货物或接受劳务和服务的可抵扣进项税额是否计入成本费用核算。营业税下成本费用以包括可抵扣进项税额的含税价格核算，成本费用项目包括可抵扣的进项税额；增值税下成本费用核算以扣除可抵扣进项税额的不含税价格核算，成本费用项目不包括可抵扣的进项税额。简言之，营业税下成本费用包括进项税额，增值税下成本费用不包括进项税额。

（2）应纳税额核算的差异

营业税与增值税两种税制在应纳税额核算方面的本质差异在于：应纳税额是否计入当期损益核算，是否影响营业利润。营业税下应纳税额计入当期损益核算，营业收入扣减应纳税额后计算营业利润，应纳税额影响营业利润。增值税下应纳税额不计入当期损益核算，通过债务类科目“应交税金－应交增值税”核算，营业利润的核算与应纳税额无关，应纳税额不影响营业利润。简言之，营业税下营业利润扣减应纳税额，增值税下营业利润不扣减应纳税额。

（3）营业收入核算的差异

营业税与增值税两种税制在营业收入核算方面的本质差异在于：营业收入核算是否包括

应纳税额或销项税额。营业税下以营业额核算营业收入，包括应纳税额。增值税下以销售额核算营业收入，销售额不包括销项税额或应纳税额。简言之，营业税下营业收入包括应纳税额，增值税下营业收入不包括销项税额或应纳税额。

9.3.4 “营改增”的意义

(1) 避免重复征税，减轻企业负担

改变营业税的“道道征收、全额征税”模式，仅对商品生产、流通、劳务服务中的“增值部分”征税，减少重复征税。

(2) 服务业和制造业税制统一

完善和打通二三产业增值税抵扣链条，促进社会分工协作，使我国财税制度更加符合市场经济的发展要求，提高市场效率。

(3) 有效避免偷税漏税

增值税形成的“环环征收，层层抵扣”链条，可以形成上下游产业之间的相互监督与督促，有效避免偷税漏税。

9.4 营改增政策与现状

9.4.1 “营改增”的概念

1994 年我国税制改革，确立了我国流转税的两大主要税种——营业税和增值税。“营改增”就是将现行征收营业税的应税劳务（交通运输业、建筑业、金融保险业、邮电通信业、文化体育业、娱乐业、服务业 7 项劳务）、转让无形资产或销售不动产由营业税改征增值税。

9.4.2 “营改增”进程

2009 年 1 月 1 日，《中华人民共和国增值税暂行条例》实施。

2011 年 11 月 1 日《中华人民共和国增值税暂行条例实施细则》；2011 年 11 月 16 日印发《营业税改征增值税试点方案》通知，先从交通运输业与部分现代服务业试点。

2012 年 1 月 1 日上海试点；2012 年 7 月 31 日，试点扩大至北京等 8 个省市。

2013 年 8 月 1 日起全国试点。

2014 年 1 月 1 日起，全国铁路运输和邮政服务业纳入营改增试点；2014 年 6 月 1 日，电信业纳入试点。

2015 年 5 月 18 日，《关于 2015 年深化经济体制改革重点工作的意见》中表述要全面完成营改增，将营改增范围扩大到建筑业、房地产业、金融业和生活服务业等领域。

2015 年底，财政部部长楼继伟在全国财政工作会议上表示，2016 年将全面推开营改增改革，将建筑业、房地产业、金融业和生活服务业纳入试点范围。

2016 年 2 月 22 日，住房和城乡建设部发布《关于做好建筑业营改增建设工程计价依据调整准备工作的通知》，明确建筑业的增值税税率拟为 11%。各部门要在 2016 年 4 月底前完成计价依据的调整准备。

9.4.3　建筑业“营改增”已经纳入了“营业税改增值税试点方案”试点行业范围

2016 年“营改增”的实行箭在弦上；“营改增”的计税方式变化，建筑业“营改增”势必对工程造价产生影响，所以需了解“营改增”，了解它对建筑业工程造价带来的影响。

9.5　“营改增” 对建筑业的影响分析

9.5.1　“营改增”的关键

增值税下费用项目“价税分离”是“产品定价”的前提，是计价规则的核心，是现行计价规则的本质变化，是适应税制变化的根本要求。

工程计价时：实行“价税分离”，税金以税前造价乘以税率计算，关键是要合理计算人、材、机、管理费的除税价格，合理分析与计算进项税额。

实际纳税时：实行预缴销项税额，定期核算增值税，关键是要尽量取得当期的进项增值税额进行抵扣。

9.5.2　对于资质共享、联营挂靠、混合经营、资质、合同等经营模式会受到影响

① 进销项税无法匹配，无法抵扣进项税：合同签订主体与实际施工主体不一致，销项税主体是合同签约方（资质企业），进项税主体是实际施工方（挂靠方），进销项不匹配。

② 无法建立增值税抵扣链条，不能实现分包成本进项税抵扣：一是内部总分包时，中标单位与实际施工单位之间无合同关系，不开具发票，影响进项抵扣；二是外部挂靠时，中标单位与实际施工单位未按照总分包进行核算，无法建立增值税抵扣链条。

9.5.3　物资采购的影响

商品混凝土可抵扣进项税低：一是一般纳税人销售自产的生产原料中掺兑废渣比例不低于 30％的混凝土，免征增值税；二是一般纳税人销售自产的商品混凝土，可按照简易办法征收 3％缴纳增值税；三是其他企业按照 17％。目前一般是前两种，前两种居多。

沙石土料难以取得进项税额：一是按照简易办法征收 3％的增值税，建筑业只能按照 3％抵扣；二是就地取材，从个人手中购买，尤其是偏远地区，这种情况无法取得发票。

甲乙双方争夺大宗材料获取进项抵扣：甲方直接向材料商采购可获得增值税发票，可抵扣自身的销项税额，降低税负。而施工单位从甲方获得材料，甲方无法开具 17％的材料专用发票，施工企业自然无法抵扣。产生甲乙双方争夺进项税额的现象。

9.5.4　分包管理

劳务分包费税收和抵扣政策不明朗：建筑劳务成本越来越高，如果按照管理规定是不能抵扣的，这必将加大企业负担；如果按照现有规定，劳务分包开具 3％的增值税发票，总包企业实际税负依然上升；如果劳务企业税率到 6％或 11％，劳务企业难以获取进项税额，必然转嫁成本给总包企业，劳务费将出现大幅度涨价。

分包商的选择难度增加：分包商资格选择将直接影响企业税负水平。

9.5.5 工程造价组成的变化

(1) 增值税下的工程造价与营业税的不同

营业税下的工程造价如图 9-1 所示。增值税下的工程造价如图 9-2 所示。

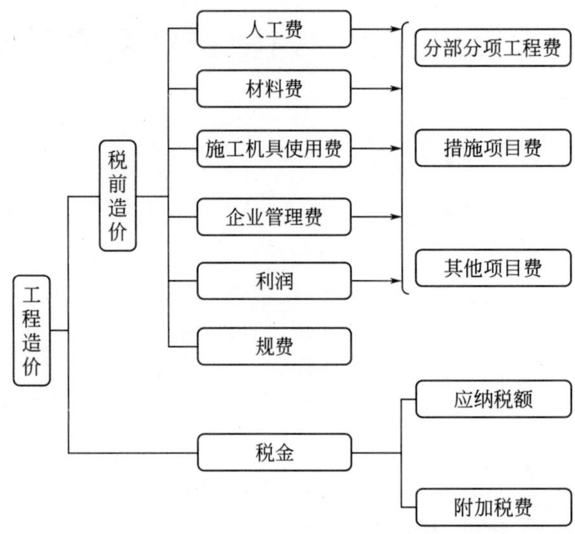

图 9-1 营业税下的工程造价

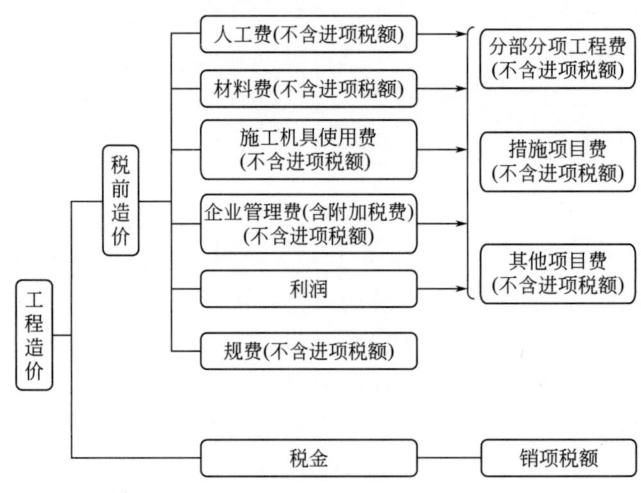

图 9-2 增值税下的工程造价

(2) 增值税下工程造价的计算

通过一个工程在营业税与增值税两种税制下的造价计算为例说明工程计价规则应用，计算案例表见表 9-5。

① 直接费 营业税下以包括进项税额的含税金额计算，进项业务所支付的不含税价款、进项税额，两者之和为直接费含税金额；增值税下以不含进项税额的不含税价款计算直接费。其中水费按市场不能取得增值税专用发票考虑，进项税额为“0”；人工费按工资总额计

算，不包括进项税额。

表 9-5 计算案例表

序号	项目	营业税下/万元	增值税下/万元
一	直接费	446	400
(一)	人工费	60	60
(二)	材料费	344	304
1	钢筋	200+34=234	200
2	商品混凝土	100+6=106	100
3	水(无票)	4+0=4	4
(三)	机械费	36+6=42	36
二	企业管理费	446×5%=22	22－22×35%/1.15×15%=21
三	规费	60×16.7%=10	10
四	利润	446×4.5%=20	20
五	税前造价	446+22+10+20=498	400+21+10+20=451
六	税金	498×3.09%=15.4	451×11%=49.6
七	工程造价	498+15.4=513.4	451+49.6=500.6

② 企业管理费　营业税下根据现行费用定额规定以直接费为基数乘以 5%计算，其费用的 35%包含进项税额，进项业务增值税平均税率 15%；增值税下企业管理费水平不变，扣除进项税额=22×35%/1.15×15%=1 万元。

③ 规费　营业税下根据现行费用定额规定以人工费为基数乘以 16.7%计算；增值税下无变化。

④ 利润　营业税下根据现行费用定额规定以直接费为基数乘以 4.5%计算；增值税下获利水平维持不变，获利金额无变化。

⑤ 税金　税金均未考虑附加税费：营业税下以税前造价计算，计算税率=营业税税率/(1－营业税税率）=3%/(1－3%）=3.09%；增值税下以不含进项税额的税前造价计算，计算税率=增值税税率=11%。

情境三

建筑工程计量计价案例实训

第10章

土建工程投标报价编制实训

实训目标

独立完成练习实例的工程投标报价的编制。

实训要求

结合实际案例——《BIM 算量一图一练》员工宿舍楼案例工程（练习图纸），完成员工宿舍楼练习案例工程招标控制价的编制。

10.1 概　　述

10.1.1 实训要求

教师给定具体施工图样，并提供工程量清单，学生根据提供的工程量清单进行投标报价的编制。内容包括分部分项工程报价（土石方工程报价、打桩及基础垫层报价、砌筑工程报价、混凝土工程报价、屋面工程报价等）、措施项目报价（模板、脚手架、垂直运输、大型机械进出场及安拆费、临时设施费等）和其他项目报价（暂估价、总承包服务费等）并提交完整的报表资料。

10.1.2 训前准备

学生应准备如下的基本资料：

①《建设工程工程量清单计价规范》(GB 50500—2013)、《房屋建筑与装饰工程工程量计算规范》(GB 50854—2013)。

② 当地适用的建筑工程计价表。

③ 相关的标准图集。

④ BIM 造价应用系列软件。

⑤ 计算器等常用工具。

10.1.3 实训组织

① 实训的时间安排：教师根据图样的难易程度可将实训时间定为一周或二周，或根据

学校培养大纲所确定的时间安排适宜的图样。

② 实训的主要组织形式：可以为集中安排，也可以分散安排，可以分组进行，也可以每个人独立完成。

③ 实训的管理：由任课教师负责实训指导与检查、督促与验收。

10.1.4 成绩评定

由教师根据每个人的表现、在过程中所起的作用、实训作品验收、实训报告等评定，具体可参照表 10-1 来执行。

表 10-1 项目实训成绩评定

序号	评定内容	分值	评定标准	得分
1	任务前期准备情况	10	熟悉相关知识;熟悉任务书内容及要求并按要求准备好所需资料、工具	
2	出勤率	15	按时出勤,无缺课迟到现象	
3	团队协作、沟通协调能力	10	积极参与小组的任务统筹,服从组长的安排,与成员配合良好,沟通顺畅	
4	学习态度	5	认真踏实、勤学好问	
5	任务成果完成情况	25	数据计算准确,基本不漏项;定额套用、换算正确,书写工整	
6	成果答辩	10	思路清晰、概念明确、回答准确	
7	发现问题、解决问题的能力	10	能够在自审、互审中发现问题、解决问题	
8	上交资料	15	上交资料符合要求,便于审计	

10.2 分部分项工程费投标报价

10.2.1 实训目的

掌握分部分项工程的清单计算规则和计价表计算规则，熟悉分部分项工程的清单计算规则和计价表计算规则的不同之处，能结合施工图样根据所给分部分项清单进行合理报价。

10.2.2 实训目标

① 能够正确核对分部分项工程清单工程量，根据项目特征结合工程实际找出每个清单项目所对应的二级子目。

② 会计算分部分项工程计价表子目的工程量，并准确套用计价表子目。

③ 会结合工程实际情况根据计价表的规定进行相应的换算。

④ 会填写分部分项清单综合单价分析表。

⑤ 会填写分部分项清单计价表。

10.2.3 实训步骤及方法

分部分项工程费投标报价的一般步骤见表 10-2。

表 10-2　分部分项工程费投标报价的一般步骤

步骤	要求	内容
第一步	仔细阅读招标文件	了解招投标文件中关于投标报价的有关要求，工程量清单中关于总说明所涉及的范围，清单工程量的项目内容
第二步	详细了解并识读施工图样和施工说明	1. 了解结构类型、抗震等级、室内外标高、土壤类别等基本数据
		2. 查看基础类型，如为桩基础，查找桩顶标高、承台尺寸等基本数据
		3. 查看砌体类型，查找砌体材质及砌筑砂浆的相关说明，注意砌体中的构造柱、圈梁、过梁、门窗分布情况
		4. 查看混凝土构件类型与种类、混凝土强度等级和供应方式等基本情况
		5. 查看门窗的相关说明及清单中的基本数据
		6. 查看室内装饰的相关说明及构造做法
		7. 查看屋面类型，了解屋面构造组成情况
		8. 查看室外保温工程量及装饰面层工程量如有注意其类型、材料种类
第三步	检验并计算清单中的工程量	按照施工图样内容，计算相应的清单工程量，每计算一个项目名称的工程量后，就与清单工程量对比一下，看是否有出入，如果有出入就要找出问题所在
第四步	掌握项目特征	1. 了解施工现场实际情况，特别是了解与投标报价有关联的施工场地情况及平面布置等 2. 熟悉新材料的名称和施工说明 3. 掌握施工操作方法
第五步	编制分部分项工程量清单综合单价分析表	套用消耗量定额，并找出二级子目的工程量与清单工程量不同的项目，重新计算定额工程量，并根据定额说明和定额附注进行相应换算，求出每个分项项目名称所需的综合单价，注意清单工程量与计价工程量计量单位的区别
第六步	编制分部分项工程量清单计价表	将每个清单项目编码的清单工程量和计算出的综合单价填入清单计价表中，计算出各工程量所需的合价。最后即可求得各分部工程的合计金额

10.2.4　实训指导

(1)掌握分部分项工程的清单工程量计算规则和计价表计算规则(表 10-3)

表 10-3　清单规则与计价表常用项目工程量计算规则对照表

清单编码	项目名称	清单工程量计算规则		计价表工程量计算规则	
		计量单位	计算规则	计量单位	计算规则
010101001	平整场地	m^2	按设计图示尺寸，以建筑物首层外墙外边面积计算	$10m^2$	按设计图示尺寸，以建筑物首层建筑面积计算。建筑物地下室结构外边线突出首层结构外边线时，其突出部分的建筑面积与首层建筑面积合并计算
010101002	挖一般土方(及挖基础土方)	m^3	以垫层底面积乘深度计算	m^3	按设计图示基础(含垫层)尺寸，另加工作面宽度、土方放坡宽度或石方允许超挖量乘以开挖深度，以体积计算
010101007	管沟土方	m	以管道中心线长度计算	m^3	管沟宽度乘垫层底面到设计室外地坪深度，再乘以中心线长度
010401012	零星砌体	m^3	按设计图示尺寸以体积计算，扣除混凝土及钢筋混凝土梁垫、梁头、板头所占体积	m^3	体积计算同左 小型砌体指：砖砌门墩、房土烟囱、地垄墙、水槽、水池脚、垃圾箱、台阶面上矮墙、花台、煤箱、容积在 $3m^3$ 内的水池、大小便槽(包括踏步)、阳台栏板等体积

续表

清单编码	项目名称	清单工程量计算规则		计价表工程量计算规则	
		计量单位	计算规则	计量单位	计算规则
010501002	带形基础	m^3	按体积计算 不扣除伸入承台基础的桩头体积 注意:不分有梁式与无梁式	m^3	计算规则同清单 有梁式带基:梁高与梁宽之比在4∶1以内按有梁式带基 超过4∶1基础,底按无梁式带基,上部按墙计算
010501004	满堂基础	m^3	按体积计算 不扣除伸入承台基础的桩头体积 注意:不分有梁式与无梁式	m^3	有梁式与无梁式分开计算,仅带边肋者按无梁式计算
010501006	设备基础	m^3	按体积计算 不扣除伸入承台基础的桩头体积	m^3	除块体外:其他类型设备基础分别按基础、梁、柱、板、墙套相应定额
010502001	柱(有梁板的柱高)	m^3	楼板上表面算至下表面(即不扣梁、不扣板厚)	m^3	楼板上表面算至下表面(即不扣梁扣板厚)
	柱(无梁板的柱高)	m^3	楼板上表面算至柱帽下表面	m^3	同左
	柱(预制板的框架柱)	m^3	柱基上表面至柱顶高度	m^3	同左
010502002	构造柱	m^3	按全高计算,马牙槎并入柱计算(扣梁,不扣圈梁,不扣板厚)	m^3	按全高计算,马牙槎并入柱计算(扣梁,扣板厚,不扣圈梁)
010503002	矩形梁	m^3	按图示尺寸以体积计算 1. 梁与柱连接时,梁长算至柱侧面 2. 主次梁连接时,次梁算至主梁侧面	m^3	同清单规范
010505001	有梁板	m^3	根据规则: 1. 柱是不扣梁,不扣板 2. 梁是扣柱,不扣板 3. 因此板必须扣柱扣梁	m^3	根据规则: 1. 柱不扣梁,扣板 2. 梁是扣柱扣板 3. 因此板按实铺面积不扣柱不扣梁
010504001	直行墙	m^3	按体积计算,墙垛及凸出墙面部分并入墙体体积	m^3	1. 单面垛其凸出部分并入墙面计算,双面垛(包括墙)按柱计算 2. 墙面:墙与梁平行,墙高算至梁顶面,梁宽大于墙宽时,梁与墙分别计算 3. 墙与板相交,墙高算至板底面
010508001	后浇带	m^3	不分构件类别按体积计算	m^3	后浇墙带与后浇板带有不同的定额子目
010505008	雨篷、阳台板	m^3	按挑出墙外部分体积计算,包括伸出墙外的牛腿及雨篷反挑檐的体积	m^3	按伸出墙外的水平投影面积计算,伸出墙外的牛腿不另计算,三个檐边往上翻套用复式雨篷

续表

清单编码	项目名称	清单工程量计算规则		计价表工程量计算规则	
		计量单位	计算规则	计量单位	计算规则
010506001	直形楼梯	m^2	不扣宽度小于500mm的楼梯井	$10m^2$	不扣宽度小于200mm的楼梯井
011101001	水泥砂浆楼地面	m^2	按图示尺寸以面积计算，门洞开口部分不增加，应扣凸出地面构筑物、设备基础、室内铁道、地沟面积，不扣0.3m^2以内的柱、垛附墙烟囱及孔洞所占面积	$10m^2$	按主墙间净面积计算，门洞开口部分不增加，应扣凸出地面构筑物、设备基础、室内铁道、地沟，不扣除柱、垛及0.3m^2以内的洞口
011102003	块料楼地面	m^2	同上	$10m^2$	按实铺面积计算，门洞开口部分并入相应的面层，应扣柱、间壁墙等不做面层的面积
011105003	块料踢脚线	m^2	按图示长度乘高度，扣门洞加侧壁	10m	水泥砂浆的不扣门洞，侧壁不加，块料扣门洞加侧壁
011201001	墙面一般抹灰	m^2	内外粉刷均扣门窗洞，不增加门窗洞侧面及顶面	$10m^2$	内粉不增加门窗洞口侧面，外粉增加侧面
011204003	块料面层	m^2	按实贴面积(该扣的扣，该增的要增)	$10m^2$	均按建筑尺寸计算面积，侧壁另加
010801001	木质门	樘/m^2	按图示数量或面积计算	$10m^2$	按洞口面积计算

(2) 熟悉分部分项工程费投标报价的注意点

1）土（石）方工程分部分项工程费投标报价的注意点

①“平整场地”可能出现±300mm以内的全部是挖方或全部是填方，需外运方或取（购）土回填时，运输应包括在“平整场地”项目报价内；如施工组织设计规定超面积平整场地时，超出部分面积的费用应包括在报价内。

②“挖基础土方”在工程量清单计价时要把按施工方案或计价表规定的放坡、工作面等增加的施工量，计算在“挖基础土方”项目报价内。

③“挖基础土方”项目中施工增量的弃土运输包括在“挖基础土方”项目报价内。

④ 深基础的支护结构以及施工降水等，应列入工程量清单措施项目费内。

⑤“土（石）方回填”项目中基础土方放坡等施工的增加量，应包括在报价内。

⑥ 管沟土方工程量不论有无管沟设计均按长度计算，管沟开挖加宽工作面、放坡和接口处加宽工作面，以及管沟土方回填都应包括在“管沟土方”报价内。

⑦ 土（石）方清单报价应包括指定范围内的土石方一次或多次运输、装卸以及基底夯实、修理边坡、清理现场等全部施工工序。

⑧ 因地质情况变化或设计变更引起的土（石）方工程量的变更，由业主与承包人双方现场认证，依据合同条件进行调整。

2）桩与地基基础分部分项工程费投标报价的注意点

① 试桩与打桩之间间歇时间，机械在现场的停置，应包括在打、试桩报价内。

②“预制钢筋混凝土桩”项目中预制桩刷防护材料应包括在报价内。

③“混凝土灌注桩”项目中人工挖孔时采用的护壁（如：砖砌护壁、预制钢筋混凝土护

壁、现浇钢筋混凝土护壁、钢模周转护壁、钢护筒护壁等），应包括在报价内。

④ 钻孔护壁泥浆的搅拌运输，泥浆池、泥浆沟槽的砌筑、拆除，应包括在报价内。

⑤“砂石灌注桩”的砂石级配、密实系数均应包括在报价内。

⑥“挤密桩”的灰土级配、密实系数均应包括在报价内。

⑦“地下连续墙”项目中的导槽，由投标人考虑在地下连续墙综合单价内。

⑧“锚杆支护”项目中的钻孔、布筋、锚杆安装、灌浆、张拉等搭设的脚手架，应列入措施项目费用。

⑨ 各种桩（除预制钢筋混凝土桩）的充盈量，应包括在报价内。

⑩ 振动沉管、锤击沉管若使用预制钢筋混凝土桩尖时，应包括在报价内。

⑪ 爆扩桩扩大头的混凝土量，应包括在报价内。

3）砌筑工程分部分项工程费投标报价的注意点

①“砖基础”项目所包含的工作内容：基础、防潮层、材料运输等，应包括在报价内。

②“实心砖墙”项目中墙内砖平碹、砖拱碹、砖过梁的体积不扣除，应包括在报价内。

③“砖窨井、检查井”、“砖水池、化粪池”项目中包括挖土、运输、回填、井池底板、池壁、井池盖板、池内隔断、隔墙、隔栅小梁、隔板、滤板、内外粉刷等全部工程内容，应全部计入报价内。

④“石基础”项目包括剔打石料天、地座荒包等全部工序及搭拆简易起重架等应全部计入报价内。

⑤“石勒脚”、“石墙”项目中石料天、地座打平、拼缝打平、打扁口等工序包括在报价内。

⑥“石挡土墙”项目报价时应注意以下几点。

变形缝、泄水孔、压顶抹灰等应包括在项目内。

挡土墙若有滤水层要求的应包括在报价内。

搭、拆简易起重架应包括在报价内。

4）混凝土及钢筋混凝土分部分项工程费投标报价的注意点

①“设备基础”项目的螺栓孔灌浆包括在报价内。

② 混凝土板采用浇筑复合高强薄型空心管时，复合高强薄型空心管应包括在报价内。采用轻质材料浇筑在有梁板内，轻质材料应包括在报价内。

③“散水、坡道”项目需抹灰时，应包括在报价内。

④“水磨石构件”需要打蜡抛光时，打蜡抛光的费用应包括在报价内。

⑤ 购入的商品构配件以商品价进入报价内。

⑥ 钢筋的制作、安装、运输损耗由投标人考虑在报价内。

⑦ 预制构件的吊装机械（除塔式起重机）包括在项目内，塔式起重机应列入措施项目费。

⑧ 滑模的提升设备（如：千斤顶、液压操作台等）应列在模板及支撑费内。

⑨ 钢网架在地面组装后的整体提升、倒锥壳水箱在地面就位预制后的提升设备（如液压千斤顶及操作台等）应列在措施项目（垂直运输费）内。

5）厂库房大门、特种门、木结构工程分部分项工程费投标报价的注意点

①“钢木大门”项目的钢骨架制作安装包括在报价内。

②“木屋架”项目中与屋架相连接的挑檐木应包括在木屋架报价内；钢夹板构件、连接螺栓应包括在报价内。

③“钢木屋架”项目中的钢拉杆（下弦拉杆）、受拉腹杆、钢夹板、连接螺栓应包括在

报价内。

④“木柱”、“木梁”项目中的接地、嵌入墙内部分的防腐应包括在报价内。

⑤“木楼梯”项目中防滑条应包括在报价内。

⑥ 设计规定使用干燥木材时，干燥损耗及干燥费应包括在报价内。

⑦ 木材的出材率应包括在报价内。

⑧ 木结构有防虫要求时，防虫药剂应包括在报价内。

6）金属结构工程分部分项工程费投标报价的注意点

①“钢管柱”项目中钢管混凝土柱的盖板、底板、穿心板、横隔板、加强环、明牛腿、暗牛腿应包括在报价内。

② 钢构件的除锈刷漆应包括在报价内。

③ 钢构件的拼装台的搭拆和材料摊销应列入措施项目费。

④ 钢构件需探伤（包括射线探伤、超声波探伤、磁粉探伤、金相探伤、着色探伤、荧光探伤等）应包括在报价内。

7）屋面及防水工程分部分项工程费投标报价的注意点

①“瓦屋面”项目中屋面基层包括檩条、椽子、木屋面板、顺木条、挂瓦条等，应全部计入报价中。

②“型材屋面”的钢檩条或木檩条以及骨架、螺栓、挂钩等应包括在报价内。

③“膜结构屋面”项目中支撑和拉固膜布的钢柱、拉杆、金属网架、钢丝绳、锚固的锚头等应包括在报价内。

④“屋面卷材防水”项目报价时应注意以下几点。

抹屋面找平层、基层处理（清理修补、刷基层处理剂）等应包括在报价内。

檐沟、天沟、水落口、泛水收头、变形缝等处的卷材附加层应包括在报价内。

浅色、反射涂料保护层、绿豆砂保护层、细砂、云母及蛭石保护层应包括在报价内。

⑤“屋面涂膜防水”项目报价时应注意以下几点。

抹屋面找平层，基层处理（清理修补、刷基层处理剂等）应包括在报价内。

需加强材料的应包括在报价内。

檐沟、天沟、水落口、泛水收头、变形缝等处的附加层材料应包括在报价内。

浅色、反射涂料保护层、绿豆砂保护层、细砂、云母、蛭石保护层应包括在报价内。

⑥“屋面刚性防水”项目中的分格缝、泛水、变形缝部位的防水卷材、密封材料、背衬材料、沥青麻丝等应包括在报价内。

⑦“屋面排水管”项目报价时应注意以下几点。

排水管、雨水口、箅子板、水斗等应包括在报价内。

埋设管卡箍、裁管、接嵌缝应包括在报价内。

⑧“屋面天沟、檐沟”项目报价时应注意。

天沟、檐沟固定卡件、支撑件应包括在报价内。

天沟、檐沟的接缝、嵌缝材料应包括在报价内。

⑨“卷材防水，涂膜防水”项目报价时应注意以下几点。

抹找平层、刷基础处理剂、刷胶黏剂、胶黏防水卷材应包括在报价内。

特殊处理部位（如：管道的通道部位）的嵌缝材料、附加卷材衬垫等应包括在报价内。

⑩“砂浆防水（潮）”的外加剂应包括在报价内。

⑪“变形缝”项目中的止水带安装、盖板制作、安装应包括在报价内。

8）防腐、隔热、保温工程分部分项工程费投标报价的注意点

①“聚氯乙烯板面层”项目中聚氯乙烯板的焊接应包括在报价内。

②“防腐涂料”项目需刮腻子时应包括在报价内。

③“保温隔热屋面”项目中屋面保温隔热的找坡、找平层应包括在报价内，如果屋面防水层项目包括找平层和找坡，屋面保温隔热不再计算，以免重复。

④“保温隔热天棚”项目下贴式如需底层抹灰时，应包括在报价内。

⑤“保温隔热墙”项目报价时应注意以下几点。

外墙内保温和外保温的面层应包括在报价内。

外墙内保温的内墙保温踢脚线应包括在报价内。

外墙外保温、内保温、内墙保温的基层抹灰或刮腻子应包括在报价内。

⑥ 防腐工程中需酸化处理时应包括在报价内。

⑦ 防腐工程中的养护应包括在报价内。

10.3　措施项目费投标报价

10.3.1　实训目的

掌握模板、脚手架等套定额的措施费计算，应结合员工宿舍楼案例工程和施工方案进行其他措施费的确定。

10.3.2　实训目标

① 会根据按接触面积计算模板工程量，并正确进行报价。

② 会计算脚手架工程量并准确套用计价表子目。

③ 会结合计价表的规定，结合费用定额完成其他措施费的计算。

10.3.3　实训步骤及方法（表10-4）

表10-4　措施项目费投标报价的一般步骤

第一步	计算脚手架措施费	主要包括砌筑脚手架、浇捣脚手架、抹灰脚手架等
第二步	计算模板措施费	可以按计算接触面积
第三步	计算垂直运输机械费	垂直运输机械要找出定额工期
第四步	计算大型机械进退场费	主要指吊装等大型机械
第五步	确定按系数计算的其他措施费	

10.3.4　实训指导

10.3.4.1　掌握脚手架工程计价表计算规则

（1）综合脚手架计算规则

综合脚手架按设计图示尺寸以建筑面积计算。

(2) 单项脚手架工程量计算规则

1) 外脚手架、整体提升架按外墙外边线长度(含墙垛及附墙井道)乘以外墙高度以面积计算。

2) 计算内、外墙脚手架时，均不扣除门、窗、洞口、空圈等所占面积。同一建筑物高度不同时，应按不同高度分别计算。

3) 里脚手架按墙面垂直投影面积计算。

4) 独立柱按设计图示尺寸，以结构外围周长另加 3.6m 乘以高度以面积计算。执行双排外脚手架等额项目乘以系数。

5) 现浇钢筋混凝土梁按梁顶面至地面(或楼面)间的高度乘以梁净长以面积计算。执行双排外脚手架等额项目乘以系数。

6) 满堂脚手架按室内净面积计算，其高度在 3.6～5.2m 之间时计算基本层，5.2m 以外，每增加 1.2m 计算一个增加层，不足 0.6m 按一个增加层乘以系数 0.5 计算。

计算公式如下：满堂脚手架增加层＝(室内净高－5.2)/1.2

7) 挑脚手架按搭设长度乘以层数以长度计算。

8) 悬空脚手架按搭设水平投影面积计算。

9) 吊篮脚手架按外墙垂直投影面积计算，不扣除门窗洞口所占面积。

10) 内墙面粉饰脚手架按内墙面垂直投影面积计算，不扣除门窗洞口所占面积。

11) 立挂式安全网按架网部分的实挂长度乘以实挂高度以面积计算。

12) 挑出式安全网按挑出的水平投影面积计算。

(3) 其他脚手架工程量计算规则

电梯井架按单孔以座计算。

10.3.4.2 掌握现浇混凝土模板工程计价表计算规则

1) 现浇混凝土构件模板，除另有规定者外，均按模板与混凝土的接触面积(扣除后浇带所占面积)计算。

2) 基础

① 有肋式带形基础，肋高(指基础扩大顶面至梁顶面的高)小于等于 1.2m 时，合并计算；大于 1.2m 时，基础底板模板按无肋带形基础项目计算，扩大顶面以上部分模板按混凝土墙项目计算。

② 独立基础：高度从垫层上表面计算到柱基上表面。

③ 满堂基础：无梁式满堂基础有扩大或角锥形柱墩时，并入无梁式满堂基础内计算。有梁式满堂基础梁高(从板面或板底计算，梁高不含板厚)小于等于 1.2m 时，基础和梁合并计算；大于 1.2m 时，底板按无梁式满堂基础模板项目计算，梁按混凝土墙模板项目计算。箱式满堂基础应分别按无梁式满堂基础、柱、墙、梁、板的有关规定计算。地下室底板按无梁式满堂基础模板项目计算。

④ 设备基础：块体设备基础按不同体积，分别计算模板工程量。框架设备基础应分别按基础、柱以及墙的相应项目计算；楼层面上的设备基础并入梁、板项目计算，如在同一设备基础中部分为块体，部分为框架时，应分别计算。框架设备基础的柱模板高度应由底板或柱基的上表面算至板的下表面；梁的长度按净长计算，梁的悬臂部分应并入梁内计算。

⑤ 设备基础地脚螺栓套孔按不同深度以数量计算。

3）构造柱均应按图示外露部分计算模板面积。带马牙槎构造柱的宽度按马牙槎处的宽度计算。

4）现浇混凝土墙、板上单孔面积在0.3m^{2}以内的孔洞，不予扣除，洞侧壁模板亦不增加；单孔面积在0.3m^{2}以外时，应予扣除，洞侧壁模板面积并入墙、板模板工程量以内计算。对拉螺栓堵眼增加费按墙面、柱面、梁面模板接触面分别计算工程量。

5）现浇混凝土框架分别按柱、梁、板有关规定计算，附墙柱突出墙面部分按柱工程量计算，暗梁、暗柱并入墙内工程量计算。

6）柱、梁、墙、板、栏板相互连接的重叠部分，均不扣除模板面积。

7）挑檐、天沟与板（包括屋面板、楼板）连接时，以外墙外边线为分界线；与梁（包括圈梁等）连接时，以梁外边线为分界线；外墙外边线以外或梁外边线以外为挑檐、天沟。

8）现浇混凝土悬挑板、雨篷、阳台按图示外挑部分尺寸的水平投影面积计算。挑出墙外的悬臂梁及板边不另计算。

9）现浇混凝土楼梯（包括休息平台、平台梁、斜梁和楼层板的连接的梁），按水平投影面积计算。

不扣除宽度小于500mm楼梯井所占面积，楼梯的踏步、踏步板、平台梁等侧面模板不另行计算，伸入墙内部分亦不增加。当整体楼梯与现浇楼板无梯梁连接时，以楼梯的最后一个踏步边缘加300mm为界。

10）混凝土台阶不包括梯带，按图示台阶尺寸的水平投影面积计算，台阶端头两侧不另计算模板面积；架空式混凝土台阶按现浇楼梯计算；场馆看台按设计图示尺寸，以水平投影面积计算。

11）凸出的线条模板增加费，以凸出棱线的道数分别按长度计算，两条及多条线条相互之间净距小于100mm的，每两条按一条计算。

12）后浇带按模板与后浇带的接触面积计算。

10.3.4.3 掌握措施费计算

措施项目费：是指为完成建设工程施工，发生于该工程施工前和施工过程中的技术、生活、安全、环境保护等方面的费用。内容包括以下几点。

1）安全文明施工费　按照国家现行的建筑施工安全、施工现场环境与卫生标准和有关规定，购置和更新施工安全防护用具及设施、改善安全生产条件和作业环境及因施工现场扬尘污染防治标准提高所需要的费用。2016版预算定额已包含此项费用。

2）单价类措施费　是指计价定额中规定的，在施工过程中可以计量的措施项目。具体内容如下。

① 脚手架费：是指施工需要的各种脚手架搭、拆、运输费用及脚手架购置费的推销（或租赁）费用。详见脚手架计算规则。

② 垂直运输费。建筑物垂直运输机械台班用量，区分不同建筑物结构及檐高按建筑面积计算。地下室面积与地上面积合并计算。

③ 超高增加费。各项定额中包括的内容指单层建筑物檐口高度超过20m，多层建筑物超过6层的全部工程项目，但不包括垂直运输、各类构件的水平运输及各项脚手架。建筑物超高施工增加的人工、机械按建筑物超高部分的建筑面积计算。

④ 大型机械设备进出场及安拆费：是指计价定额中列项的大型机械设备进出场及安拆

费。按台次计算。

⑤ 施工排水及井点降水。轻型井、喷射井点排水的井管安装、拆除以根为单位计算，使用以“套·天”计算；真空深井、自流深井排水的安装、拆除以“每口井”计算，使用以“井·天”计算。使用天数以每昼夜（24h）为一天，并按施工组织设计要求的使用天数计算。集水井按设计图示数量以“座”计算，大口井按累计井深以长度计算。

⑥ 其他。地下室施工照明措施增加费按地下室建筑面积计算。

3）其他措施费（费率类） 是指计价定额中规定的，在施工过程中不可计量的措施项目。具体内容如下。

① 夜间施工增加费：是指因夜间施工所发生的夜班补助费、夜间施工降效、夜间施工照明设备摊销及照明用电等费用。

② 二次搬运费：是指因施工场地条件限制而发生的材料、构配件、半成品等一次运输不能到达堆放地点，必须进行二次或多次搬运所发生的费用。

③ 冬雨季施工增加费：是指在冬季施工需增加的临时设施、防滑、除雪，人工及施工机械效率降低等费用。见表10-5。

表10-5 冬雨季施工增加费

序号	费用名称	所占比例(占定额其他措施费比例)
1	夜间施工增加费	25%
2	二次搬运费	50%
3	冬雨季施工增加费	25%

④ 其他。

【相关知识链接】

“投标报价”的概念：是指工程采用招标发包的过程中，由投标人按照招标文件的要求，根据工程特点，并结合自身的施工技术、设备和管理水平，依据有关计价规定自主确定的工程造价，是投标人希望达成工程承包交易的期望价格，原则上它不能高于招标人设定的招标控制价。

投标报价的填写原则：投标人应按招标人提供的工程量清单填报价格。填写的项目编码、项目名称、项目特征、计量单位、工程量必须与招标人提供的一致。

投标报价的编制依据：

① 2013版《建设工程工程量清单计价规范》。

② 国家或省级、行业建设主管部门颁发的计价办法。

③ 企业定额，国家或省级、行业建设主管部门颁发的计价定额。

④ 招标文件、工程量清单及其补充通知、答疑纪要。

⑤ 建设工程设计文件及相关资料。

⑥ 施工现场情况、工程特点及拟定的投标施工组织设计或施工方案。

⑦ 与建设项目相关的标准、规范等技术资料。

⑧ 市场价格信息或工程造价管理机构发布的工程造价信息。

⑨ 其他的相关资料

投标人对分部分项工程费中综合单价的确定依据和原则：

① 综合单价的组成内容应符合规范的规定。

② 招标文件中提供了暂估单价的材料，应按暂估的单价计入综合单价。

③ 综合单价中应考虑招标文件中要求投标人承担的风险内容及其范围（幅度）产生的风险费用，在施工过程中，当出现的风险内容及其范围（幅度）在合同约定的范围内时，工程价款不做调整。

措施项目费投标报价的原则：投标人可根据工程实际情况结合施工组织设计，对招标人所列的措施项目进行增补。措施项目费应根据招标文件中的措施项目清单及投标时拟定的施工组织设计或施工方案按规范的规定自主确定。

由于各投标人拥有的施工装备、技术水平和采用的施工方法有所差异，招标人提出的措施项目清单是根据一般情况确定的，没有考虑不同投标人的“个性”，投标人投标时应根据自身编制的投标施工组织设计或施工方案确定措施项目，对招标人提供的措施项目进行调整。投标人根据投标施工组织设计或施工方案调整和确定的措施项目应通过评标委员会的评审。

措施项目费的计算包括以下几点。

① 措施项目的内容应依据招标人提供的措施项目清单和投标人投标时拟定的施工组织设计或施工方案。

② 措施项目费的计价方式应根据招标文件的规定，可以计算工程量的措施清单项目采用综合单价方式报价，其余的措施清单项目采用以“项”为计量单位的方式报价。

③ 措施项目费由投标人自主确定，但其中安全文明施工费应按国家或省级、行业建设主管部门的规定确定。

其他项目费的投标报价原则：

① 暂列金额应按招标人在其他项目清单中列出的金额填写。

② 材料暂估价应按招标人在其他项目清单中列出的单价计入综合单价；专业工程暂估价应按招标人在其他项目清单中列出的金额填写。

③ 计日工按招标人在其他项目清单中列出的项目和数最，自主确定综合单价并计算计日工费用。

④ 总承包服务费根据招标文件中列出的内容和提出的要求自主确定。

规费和税金的投标报价原则：规费和税金的计取标准是依据有关法律、法规和政策规定制定的，具有强制性。投标人是法律、法规和政策的执行者，他不能改变，更不能制定，而必须按照法律、法规、政策的有关规定执行。因此，投标人在投标报价时必须按照国家或省级、行业建设主管部门的有关规定计算规费和税金。

投标人投标总价的计算原则：投标总价应当与分部分项工程费、措施项目费、其他项目费和规费、税金的合计金额一致。

实行工程量清单招标，投标人的投标总价应当与组成工程量清单的分部分项工程费、措施项目费、其他项目费和规费、税金的合计金额相一致，即投标人在投标报价时，不能进行投标总价优惠（或降价、让利），投标人对招标人的任何优惠（或降价、让利）均应反映在相应清单项目的综合单价中。

第11章

钢筋工程算量实训

实训目标

独立完成练习实例的钢筋工程量的计算。

实训要求

结合《BIM算量一图一练》员工宿舍楼案例工程（练习图纸），完成员工宿舍楼练习案例工程钢筋工程量的计算。

11.1 概　　述

11.1.1 实训要求

教师给定具体图样，要求学生首先根据提供的图样进行手工钢筋翻样，然后采用广联达BIM钢筋算量软件进行电算，最终比较这两种方法计算的结果，找出两个结果差异的原因，并进行总结。实训内容应包括以下三步。

① 利用混凝土结构设计规范和平法图集相关规定对图样进行钢筋手工翻样，提交一份钢筋明细表清单。

② 利用广联达BIM钢筋算量软件，根据提供的图样结合图形法和构件法建立结构计算模型进行钢筋计算汇总，提交一份钢筋明细表清单。

③ 比较两份钢筋明细表清单，找出差异存在的原因，并进行总结得出结论。

11.1.2 训前准备

应准备如下的基本资料。

① 混凝土结构设计规范。

② 16G101系列平法图集。

③ 相关的标准构造图集。

④ 广联达 BIM 钢筋算量软件。

11.1.3　实训组织

① 实训的时间安排：教师根据图样的难易程度可将实训时间定为一周或二周，或根据学校培养大纲所确定的时间安排图样。

② 实训的主要组织形式可以为集中安排，也可以分散安排，可以分组进行，也可以每个人独立完成。

③ 实训的管理：由任课教师负责实训指导与检查、督促与验收。

11.1.4　成绩评定

由教师根据每个人的表现、在过程中所起的作用、实训作品验收、实训报告等评定，具体可参照表 11-1 来执行。

表 11-1　项目实训成绩评定

序号	评定内容	分值	评定标准	得分
1	任务前期准备情况	10	熟悉相关知识；熟悉任务书内容及要求并按要求准备好所需资料、工具	
2	出勤率	15	按时出勤，无缺课迟到现象	
3	团队协作、沟通协调能力	10	积极参与小组的任务统筹，服从组长的安排，与成员配合良好，沟通顺畅	
4	学习态度	5	认真踏实、勤学好问	
5	任务成果完成情况	25	计算过程详细，计算结果准确，符合平法规范	
6	成果答辩	10	思路清晰、概念明确、回答准确	
7	发现问题解决问题的能力	10	能够在自审互审中发现问题、解决问题	
8	上交资料	15	上交资料符合要求，便于审计	

11.2　钢筋手工算量

11.2.1　实训目标

① 熟记常见的各类构件钢筋的类型和构造。

② 掌握各类构件钢筋的手工算量方法，进行钢筋手工算量。

③ 会结合计价表的规定进行钢筋汇总、套用计价表并做相应的换算。

11.2.2　实训步骤及方法

钢筋手工算量的一般步骤见表 11-2。

表 11-2　钢筋手工算量的一般步骤

步骤	内容	说明	
第一步	熟悉并认真研究结构图，读懂平法标注、研究分析集中标注、原位标注	目前平法图集的发行情况 16G101-1　现浇混凝土框架、剪力墙、梁、板 16G101-2　现浇混凝土板式楼梯 16G101-3　独立基础、条形基础、筏板基础、桩基础	
第二步	确定房屋的抗震等级	工程有抗震设防和不抗震设防，抗震设防时有抗震等级，抗震的工程中也有抗震构件（如桩基础、框架柱、框架梁、剪力墙）和不抗震构件（如板、框架梁、楼梯、非承重墙）	不抗震构件其锚固长度用 l_a，抗震时锚固长度用 l_{aE}
第三步	确定混凝土强度等级、各类构件的混凝土保护层厚度	锚固长度的取值要用到混凝土强度和混凝土保护层厚度	
第四步	确定钢筋的连接方式	钢筋连接方式有绑扎搭接、焊接和机械连接三种	搭接有两种：一是受力搭接，取 L_{lE} 或 L_l；一是构造搭接，一般取 150mm
第五步	确定柱钢筋的顶部节点	区分边角柱、中柱进行计算	
第六步	研究相关的钢筋构造平法图集		

11.2.3　实训指导

各类构件钢筋的分类和构造、钢筋的计算，请登录 www.cipedu.com.cn，会员注册，关键词处输入：建筑工程计量与计价（河南版），查询范围选：课件，免费下载。

参考文献

[1] 阎俊爱，张素姣．建筑工程概预算．北京：化学工业出版社，2014.

[2] 中华人民共和国国家标准．建设工程工程量清单计价规范（GB 50500—2013）．北京：中国计划出版社，2013.

[3] 中华人民共和国国家标准．房屋建筑与装饰工程工程量计算规范（GB 50854—2013）．北京：中国计划出版社，2013.

[4] 朱溢镕，阎俊爱，韩红霞．建筑工程计量与计价．北京：化学工业出版社，2016.